# 太空安全战略

李苏军　主编

清华大学出版社
北　京

## 内 容 简 介

太空是未来战略制高点、大国竞争新焦点、综合国力新支柱、国家安全高边疆。太空安全关乎国家安全,制约国家发展。随着太空相关科学技术的快速发展,太空的地位和作用日益凸显,世界各国太空安全意识普遍觉醒,纷纷制定太空战略政策,调整组建太空安全力量,维护国家太空安全。

本书以战略为中心,阐述了太空安全战略的概念内涵、构成要素、创新发展和世界太空安全战略形势,梳理了世界主要航天国家和地区的太空安全战略的战略历程、战略形势、战略目标、战略方针和战略手段,总结了太空安全战略管理的基本方法、主要策略。本书侧重于太空安全战略基础知识的概述,内容浅显易懂,是了解太空安全战略的入门教材。

本书为航天专业高校的基础教材,主要供本科高年级各类专业的学生使用,也可供研究生、在职人员使用,还可供从事相关专业的人员参考。

**图书在版编目(CIP)数据**

太空安全战略/李苏军主编. —北京: 清华大学出版社,2023.4
ISBN 978-7-302-62677-0

Ⅰ.①太… Ⅱ.①李… Ⅲ.①外太空–国家安全–研究 Ⅳ.①V11

中国国家版本馆 CIP 数据核字(2023)第 037467 号

**责任编辑:** 马庆洲
**封面设计:** 李苏军
**责任校对:** 薄军霞
**责任印制:** 朱雨萌

**出版发行:** 清华大学出版社
    网  址:http://www.tup.com.cn,http://www.wqbook.com
    地  址:北京清华大学学研大厦 A 座  邮  编:100084
    社 总 机:010-83470000  邮  购:010-62786544
    投稿与读者服务:010-62776969,c-service@tup.tsinghua.edu.cn
    质量反馈:010-62772015,zhiliang@tup.tsinghua.edu.cn
**印 装 者:** 三河市春园印刷有限公司
**经  销:** 全国新华书店
**开  本:** 165mm×240mm  **印 张:** 22  **插 页:** 1  **字 数:** 387 千字
**版  次:** 2023 年 6 月第 1 版  **印 次:** 2023 年 6 月第 1 次印刷
**定  价:** 88.00 元

产品编号:094686-01

主　编　李苏军

副主编　王　谦

编　写　郑维伟　常　壮　张文静　姜　荣

　　　　陈凌云　王勇平　刘甜甜　赵志勇

# 前　言

1957 年 10 月 4 日，人类第一颗人造地球卫星苏联的"斯普特尼克 1 号"发射成功，标志着人类正式进入太空时代。

太空是未来战略制高点、大国竞争新焦点、综合国力新支柱、国家安全高边疆。太空安全关乎国家安全，制约国家发展。随着科学技术的发展，进出太空门槛越来越低，太空安全面临的威胁挑战越来越多，太空安全问题日益凸显。为应对太空领域的威胁挑战，有效维护国家太空安全，世界主要国家围绕进出太空、利用太空、控制太空、探索太空展开激烈角逐，太空安全战略博弈日益显现。

为开展"太空安全战略"课程教学，提高广大太空领域学员、研究者、爱好者的太空安全战略意识，了解、熟悉和掌握太空安全战略的相关知识，航天工程大学太空安全研究中心组织精干力量编写了《太空安全战略》。

《太空安全战略》重点围绕"为什么、是什么、怎么办"三大战略问题，分为战略综述、战略内容、战略管理三篇。第一章和第二章为"战略综述篇"，第三章至第八章为"战略内容篇"，第九章至第十二章为"战略管理篇"。通过"战略综述篇"，学习为什么太空安全战略很重要；通过"战略内容篇"，学习世界各国太空安全战略是什么；通过"战略管理篇"，学习太空安全战略怎么落实。

各章主要内容如下：第一章《太空安全战略导论》，主要介绍太空安全战略的概念内涵、要素构成、理论创新。第二章《世界太空安全战略形势》，主要介绍世界太空安全战略的历史发展阶段、世界太空安全战略态势、太空领域面临的主要威胁挑战、世界主要航天国家和地区太空安全战略实力、世界各国太空安全战略动向、大国竞争聚焦太空领域。第三章《美国太空安全战略》，主要介绍美国太空安全战略的战略历程、初步形成、发展演变，概述近五年美国太空安全战略的战略形势、战略目标、战略方针、战略手段。第四章《俄罗斯太空安全战略》，主要介绍俄罗斯太空安全战略的战略历程、战略目标、战略方针、战略手段。第五章《欧洲太空安全战略》，主要介绍欧洲太空安全战略的战略历程、战略形势、战略目标、战略方针、战略手段。第六章《日本太空安全战略》，主要介绍日本太空安全战略的战略历程、战略形势、战略目标、战略方针、战略手段。第七章《印度太空安全战略》，主要介绍印度太空安全战略的战略历程、战略目标、战略方针、战略手段。第八章《中国太空安全战略》，主要介绍中国太空安全战略的战略历程、战略目标、战略方针、战略手段。第九章《太空安全法治》，主要介绍法的一般原理、太空法的由来和地位作用、国际太空法、国家太空法、推进太空安全法治、典型案例。第十章《太空安全战略演习》，主要介绍太空安全战略演习的概念内涵、地位作用、组织实施、典型案例。第十一章《太空安全战略评估》，主要介绍太空安全战略评估的概念内涵、地位作用、主要内容、基本方法、组织实施、典型案例。第十二章《太空安全战略危机管理》，主要介绍太空安全战略危机管理的概念内涵、地位作用、主要内容、基本流程、典型案例。附录《世界太空战略发展图谱》，主要介绍中国、美国、俄罗斯、欧洲、日本、印度等国家和地区的太空战略规划计划、战略组织、战略事件等。

各章作者如下：

第一章《太空安全战略导论》（李苏军、赵志勇）

第二章《世界太空安全战略形势》（李苏军、郑维伟、张文静）

第三章《美国太空安全战略》（李苏军）

第四章《俄罗斯太空安全战略》（李苏军、刘甜甜、郑维伟）

第五章《欧洲太空安全战略》（李苏军、王谦、郑维伟）

第六章《日本太空安全战略》（李苏军、王谦）

第七章《印度太空安全战略》（李苏军、王谦）

第八章《中国太空安全战略》（李苏军、王勇平、郑维伟）

第九章《太空安全法治》（李苏军、陈凌云、姜荣）

第十章《太空安全战略演习》（李苏军、常壮、张文静）

第十一章《太空安全战略评估》（李苏军、常壮、郑维伟）

第十二章《太空安全战略危机管理》（李苏军、姜荣、常壮）

附录《世界太空战略发展图谱》（李苏军、张文静、郑维伟、王谦）

《太空安全战略》教材由国家社科基金重大项目和航天工程大学"双重"建设精品课程项目共同支持，在 2018 年以来对太空安全战略研究的基础上编写完成，经过了 2020 年、2021 年、2022 年、2023 年共四年的教学实践。在编写过程中，吸收了相关课题的研究成果，参考了国内外许多资料，得到了航天工程大学以及太空领域、战略领域的有关领导专家学者的指导与支持，在此表示衷心的感谢。由于编者水平有限、编写时间仓促，不足之处敬请批评指正。

李苏军

2023 年 4 月

# 目　　录

## 下篇　战略管理篇

# 上篇　战略综述篇

# 第一章　太空安全战略导论

## 第一节　太空安全战略的概念内涵

### 一、太空

#### （一）太空的概念特点

##### 1. 太空的概念

（1）物理界的太空概念

物理界以物理特征为标准，普遍认为，太空亦称外空，是指地球大气层以外广阔的宇宙物理空间，一般指地球表面 100 千米之上无限延伸的区域和天体，包括月球和其他天体。联合国和平利用外层空间委员会科学和技术小组委员会指出，当前还不可能提出确切和持久的科学标准来界定太空的范围。近些年来，国际上趋向于以人造卫星距离地球表面的最低高度 100～110 千米为太空的最低极限界限。

（2）法律规范领域的太空概念

法规界以法律规范为依据，普遍认为，太空又称"外层空间"，是指地球表面上空气空间以外的不属于任何国家主权管辖范围的整个空间，供各国自由探索和使用，任何国家不得占为己有。法规界认为空气空间影响国家安全，国家对其空气空间的主权范围应以其能够行使有效控制的能力为限，空气空间是"私有物""有主之地"，各国拥有主权。外层空间与空气空间不同，是全人类的共同继承财产，是"共有物"，而不是"无主地"，具有特殊的法律地位：①不属于国家领土主权范围，不受任何国家的管辖；②应对各国开放，各国均可自由探索和利用，但不能成为任何国家、国际组织之间转让、交换、买卖的对象，任何国家、实体不得垄断或独占；③对外层空间的利用应为全人类谋福利；④禁止将外层空间用于军事和战争目的。

##### 2. 太空的特点

（1）大疆域

地球宇宙空间可分为：近地空间，距离地面约 100～150 千米；近宇宙空间，距离地面约 150~2000 千米;中宇宙空间,距离地面约 2000~50 000 千米;远宇宙空间,距离地面约 50 000 千米以上。现在人类太空活动的主要区域虽然还局限在近地空间内,但随着太空技术的不断发展,人类的活动疆域将更为广阔。

（2）高视野

与陆、海、空等地理域相比,太空高远,视野较好。太空是对地球表面和大气层进行观测的最有利位置,并且观察角度不受限制,既可以观测大面积区域,也可以对小面积区域进行高分辨率观测,一张卫星照片可覆盖地球表面数万平方千米。在太空,不仅能为地面上两个相距遥远的区域提供无线电信号中继或传播,也能提供地基系统无法实现或很难实现的遥感、通信和导航等多种功能。

（3）奇环境

太空环境奇特,与地面环境差别较大。一是近真空。太空中没有空气动力作用于空间物体,航天器按轨道动力学原理飞行(航空器在空中借助空气升力飞行),能较为容易地预测物体的飞行路线。太空中没有大气对电磁波的衰减,可以接收到全波段的数据。二是微重力。太空具有微重力环境,为新材料的制造创造了非常有利的环境条件。三是强辐射。太空中充满各种能量流和高能粒子,未加保护的设备可能会严重受损。四是高威胁。太空存在大量的"空间碎片",它们在太空中长时间运行,对在轨航天器和宇航员构成威胁。

（4）无主权

《外层空间条约》规定,太空包括月球与其他天体在内,不得由国家通过提出主权主张,通过使用或占领,或以任何其他方法,据为己有。太空不属于任何国家主权管辖,属于国际公域,供世界各国使用,任何国家不得占为己有。太空没有主权限制,航天器可以自由进入任何国家领空之上的太空领域。探测及使用外层空间,应本着为所有国家谋福利与利益的精神,不论其经济或科学发展的程度如何,这种探测及使用应是全人类的共同使命和任务。

**3. 太空相关概念的联系与区别**

（1）宇宙与空间

在现代汉语中,"宇宙"一词有两种理解:一是指包括地球及其他一切天体的无限空间;二是指一切物质及其存在形式的总体("宇"指无限空间,"宙"指无限时间)。在现代的自然科学中,"宇宙"采用上述第二种解释,通俗地说就是:宇宙是空间和时间的总和。汉代的《淮南子·齐俗训》有言:"四方上下谓之宇,往古来今谓之宙。"汉代著名天文学家张衡说"宇之表无极,宙之端无穷"。

空间是与时间相对的一种物质存在的客观存在形式,但两者密不可分,按照宇宙大爆炸理论,宇宙从奇点爆炸之后,宇宙的状态由初始的"一"分裂开来,从而有了不同的存在形式、运动状态等差异,物与物的位置差异度量称之为"空间",位置的变化则由"时间"度量。空间由长度、宽度、高度、大小表现出来,通常指四方(方向)上下。空间有宇宙空间、网络空间、思想空间、数字空间等。宇宙空间,亦称外太空、外层空间,简称空间、外空或太空,指的是相对于地球大气层之外的虚空区域,外太空通常用来和领空(领土)划分区别。

(2)太空、领空和临近空间

太空,简称"天",是指距离地面100千米以上的空间范围。

领空,是指领陆和领水(包括内水和领海)上空的大气空间,是国家领土的组成部分,其高度大约距地面20千米。

临近空间,是指太空和领空之间的区域,范围为20~100千米,亦称近空间,可简单地理解为现有飞机飞行的最高高度和卫星运行轨道的最低高度之间的空域。在这个空间区域里,空气几近于无,温度恒定不变,湿度接近于零,除火箭偶尔穿越外,一直是人类飞行的禁区。但是,其安全价值较高,能够存在于该区域的航空器既可以避免目前绝大多数的地面攻击,又可以提高侦察和对地攻击的精度,对于未来安全意义非凡。目前,该空间仍属于公共空间,但随着该空间在国家安全中的地位日益凸显,其属性正逐渐向类似于领海之外"专属经济区"的方向发展,成为国家的"专属安全区"。

空气空间,简称"空",是指距离地球表面100千米以下的空间范围,包括领空层和临近空间层。

(3)航空与航天

航空是指载人或不载人的飞行器在地球大气层中的航行活动。航空必须具备空气介质和克服航空器自身重力的升力,大部分航空器还要有产生相对于空气运动所需的推力。任何航空器要升到空中,都必须产生一个能克服自身重力的向上的力,这个力叫升力。航空器要在空中长时间飞行,还必须具备动力装置,产生推力或拉力来克服前进的阻力。根据产生升力的基本原理的不同,航空器分为轻于同体积空气的航空器和重于同体积空气的航空器两大类。前者靠空气的静浮力升空,又称浮空器,常见的有气球和飞艇;后者靠与空气相对运动产生的升力升空,常见的主要包括固定翼(飞机和滑翔机)和旋转翼(直升机和旋翼机)两类航空器。

航天是指载人或不载人的航天器在地球大气层之外的航行活动,又称空间飞行或宇宙航行。航天的实现必须使航天器克服或摆脱地球的引力,如想飞出太阳系,还要摆脱太阳引力。从地球表面发射的飞行器,环绕地球、脱离地球和飞出太阳系所需要的最小速度,分别称为第一、第二和第三宇宙速度(7.91km/s、11.18km/s、16.6km/s),是航天所需的三个特征速度。中国著名科学家钱学森认为,人类飞行活动可以分为三个阶段,即航空、航天和航宇。他认为航空是在大气层中的活动,航天是飞出地球大气层在太阳系内活动,而航宇则是飞出太阳系到广袤无垠的宇宙中去航行。在地球大气层以外的宇宙空间,航天器按照天体力学的规律运动。与自然天体不同的是,航天器可以在人的控制下改变其运行轨道或回收。航天器为了完成航天任务,还必须具备发射场、运载器、航天测控和数据采集系统、用户台站以及回收设施等。航天器分为无人航天器和载人航天器。根据是否环绕地球运行,无人航天器分为人造地球卫星和空间探测器两大类。载人航天器分为载人飞船、空间站和航天飞机三大类,与无人航天器的主要不同是具有生命保障系统。

## (二) 太空的地位作用

### 1. 太空是巩固国家安全的新支柱

从应对太空安全威胁角度看,太空作为国家的重要领域、新兴领域,太空安全有效支撑国家相关领域安全,是促进国家安全格局演变的活跃因素之一。一是太空安全成为国家安全的重要领域。太空是未来战略竞争制高点,世界各国相继将太空安全纳入国家安全。二是太空安全支撑传统安全的作用有增无减。太空重大成果和重要活动彰显国家形象,提升国家声誉,助推国际地位。太空安全力量在海湾战争、伊拉克战争、科索沃战争、阿富汗战争、俄乌冲突中的支撑作用日益显现,关乎进程,影响胜负。三是太空安全支撑非传统安全的作用持续增强。地震、水灾、恐怖袭击、能源与粮食危机、重大传染性疾病等非传统安全威胁已经构成了全球性挑战。在应对这些非传统威胁挑战过程中,以卫星通信、导航、遥感为主体的太空信息系统,发挥着越来越重要的作用。四是太空安全支撑国家信息安全的作用不可或缺。太空为全世界提供了持续稳定、安全可控的遥感测绘、通信中继、导航时频、气象水文等服务,在当代信息化社会稳定运行、综合治理中发挥着关键基础性作用。五是太空安全助建国际安全新秩序的作用日渐显现。太空领域战略竞争日益加剧,世界各国均把太空能力作为重要的战略追求,正催生国际安全新秩序,推动国际太空安全治理,提升国际太空治理主动权、主导权。

**2. 太空是拓展国家利益的新领域**

从维护太空发展权益角度看,国家安全本质是国家利益的安全,太空利益价值在国家利益中的占比持续增长,日益突出。一是太空贡献经济发展新增量。在全球经济持续低迷,增长动能减缓的大背景下,航天产业发展成为带动世界经济发展的新引擎。近年来商业航天持续繁荣,产业规模占比持续上涨,已成为带动全球太空经济发展的重要引擎,贡献世界航天经济增长最大份额。二是太空催生产业拓展新链条。太空探索和太空开发直接催生了新的经济产业,包括太空运输、卫星制造、太空信息应用、载人航天、太空制造、太空采矿等,未来随着人类进入太空生活,还将有一大批新的产业诞生。太空旅游经济初现端倪,已有多位非专业宇航员成为太空游客。

**3. 太空是驱动国家创新的新引擎**

从加强国家科技能力看,大国竞争核心是科技的竞争,太空科学与技术是多学科与技术高度综合的集成域,太空科技发展所产生的牵引、融合和辐射效应,为当代科学技术持续发展提供不竭动力。一是太空提供科学技术发展新动力。太空技术发展初期,直接带动了电子、材料、动力、自动化、计算机等工程技术的突飞猛进,推动了天文学、天体物理学、微重力物理学等基础科学的发展,促进了管理科学、系统科学等综合学科的诞生和完善。进入太空应用时代,太空遥感、太空通信、太空导航定位和授时等技术的迅速推广应用,推动了信息化技术的发展和信息应用的普及。未来一段时期内,太空制药、太空育种、太空制造、深空探测、太空治理、太空采矿、太空基地建造等的巨大需求和丰厚回报,将拉动多学科领域科学技术的深度交叉融合,引发新一轮大规模新科学新技术突破涌现。二是太空正在塑造智能化应用新前沿。随着太空开发新浪潮的兴起,大量采用新科学新技术新材料新系统的通信、导航、遥感等星座不断涌现,为万物互联、智能应用等提供了基础条件手段,为太空系统自身智能技术的创新突破提供了需求牵引和应用驱动。

## 二、太空安全

### (一) 安全

从辞源上来说,现代意义上的"安全"概念起源于古代汉语中的"安"字。按照《辞源》的解释,"安"字本身有多种释义,其中与现代意义上"安全"概念比较接近的释义主要有两种:一是安全,稳定。《周易·系辞下》中指出:"是故君子安而不忘危。"二是对环境或事物感到安适满足或习惯。《吕氏春秋·乐成》中指出:"舟车之始见也,三世然后安之。"《现代汉语词典》对"安全"的解释是:没有危险;不受威胁;不出事故。英语中的 secure,security,safe,safety,含义都有安全的、保险的意思。其中"security"一词接近国家安全战略学中的"安全"本义,包含两种释义:一是指安全的状态,即安全(感);二是指对安全的维护,如安全保障、防卫措施等。法语中的"安全"通常用 securite(表示一种"感觉")和 surete(表示一种"状态")。可见英语、法语中的"安全"既指一种主观感觉,又指一种客观状态,即客观上不存在威胁,主观上不存在恐惧。中文"安全"与英文"security"都具有表示一种存在状态的共同含义,即表示"没有危险"或"免于危险"的状态。没有危险是安全的特有属性,也是本质属性。"没有危险"表现在没有外在威胁和没有内在忧患两个方面。安全是一种没有危险的客观状态,不以人的主观意志为转移。

准确界定安全这一概念,需要关照状态、过程和能力之间的内在逻辑关系,应以综合全面的视角揭示"安全"的本质内涵。安全是主观与客观、过程与结果、状态与能力有机结合的概念,应将词源意义上的"安全"与学术意义上的"安全"结合起来考虑,达成本源上有依据、研究上有拓展的目的。"安全"概念本身包括两层基本含义:一方面,安全是主体没有危险的状态,客观现实上没有威胁或危险,主观感受上没有恐惧或担忧;另一方面,安全是主体避免危险、消除威胁的一种能力,贯穿于主体消解内外危险和威胁的全部行动过程中。

## (二) 国家安全

"国家安全"一词在 20 世纪三四十年代的中文文献中已经有据可查,1936年《世界知识》第一期刊出的《德国废弃罗加诺公约与欧洲政局》一文中曾使用"国家安全"一词。在西方,"国家安全"(National Security)一词最早出现于美国报纸专栏作家沃尔特·李普曼(Walter Lippman)1943 年出版的《美国外交政策》一书中。1945 年 8 月,美国海军部长詹姆斯·福里斯特尔(James Forrestal)在出席参议院听证会时第一次使用了该词。美国《1947 年国家安全法》中首次将"国家安全"一词应用于官方法律文件中。自此,"国家安全"成为国际政治学和军事战略学中的一个重要概念,以及世界各国内外政策表述时使用最为频繁的词汇和概念之一,其内涵与外延也随着时代变迁与国家安全实践不断发展。

对"国家安全"的定义,代表性的概括有三种:一是状态(感受)说,认为国家安全是一种客观状态或者对这种状态的主观感受。一个国家没有安全的现状是不安全,没有安全的心态也是不安全。二是能力说,认为国家安全是维护和实现国家安全的一种能力。保持国家的统一和领土完整,基于合理的条件维持国家与外部世界的经济联系,防止外来力量打断国家的特质、制度和统治,并且控制国家的边界。三是活动说,认为国家安全是国家实现和维护所认定的没有危险、不受威胁状态的活动。国家安全的客观状态与主观感受不是一直静止不变的,而是动态调整变化的,存在于国家应对和处置内外威胁与危险的活动中。

综合分析,国家安全既是一种安全状态,也包含维持这种状态的能力。国家安全是指国家政权、主权、统一和领土完整、人民福祉、经济社会可持续发展和国家其他重大利益相对处于没有危险和不受内外威胁的状态,以及保障持续安全状态的能力。

在国家发展的不同历史阶段,国家安全的构成要素和包含领域不同,随着人类社会实践的发展而发展,随着国家对自身安全问题认识的深化而不断变化调整。从国家安全的构成要素来看,一般包括国民安全、经济安全、领土安全、主权安全、政治安全、军事安全等。随着国际安全形势的发展变化,特别是冷战结束以后,经济、社会、科技、文化、宗教和生态等"低政治"领域的安全问题开始显现,非传统安全问题进入国家安全议程,国家安全构成要素更加丰富、多元。美国 2010 年出台的《国家安全战略》提出了政治、军事、经济、文化、信息、能源、生态环境、粮食 8 个安全领域。俄罗斯 2009 年颁布的《2020 年前俄联邦国家安全战略构想》提出了包括内政、经济、社会、科学、教育、国际、宗教、信息、军事、国防工业、生态、公共安全在内的 12 个安全领域。2015 年中国颁布的《中华人民共和国国家安全法》提出了维护政治安全、人民安全、国土安全、军事安全、经济安全、金融安全、资源安全、粮食安全、文化安全、科技安全、网络与信息安全、社会安全、生态安全、核安全、海外利益安全,以及外层空间安全、国际海底区域安全和极地安全等任务。在总体国家安全观理论体系下,国家安全就是一个国家所有国民、所有领域、所有方面、所有层级安全的总和。当代国家安全包括 16 个方面的基本内容:政治安全、国土安全、军事安全、经济安全、文化安全、社会安全、科技安全、网络安全、生态安全、资源安全、核安全、海外利益安全、生物安全、太空安全、极地安全、深海安全,见图 1-1。

## (三) 太空安全的概念内涵

对于太空安全的概念,不同安全主体有不同的理解。基于全人类的安全,

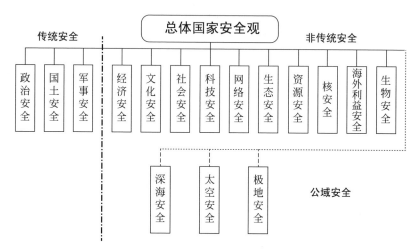

图 1-1　总体国家安全观安全体系

联合国和平利用外层空间委员会认为，"无论现在还是将来，外层空间将对全人类保持开放并用于和平目的：安全、可持续地进入太空和使用太空，免受来自太空威胁"。这一定义的外延适用于全人类，但并不具体指向国家、商业组织及其利益。美国官方至今没有对太空安全的概念给出明确表述，其认识主要体现在历届政府国家安全政策和太空政策中，2010 年美国国家太空战略中的表述为"美国认为，对太空持续、稳定和自由的利用对美国的利益很重要"。2017 年美国《国家安全战略》中进一步强调"美国认为，不受限制地进入太空并在太空自由行动是一项核心利益"，由此可见"不受限制地进入太空并在太空自由行动"是美国官方太空安全概念的核心要义。相对美国，英国官方对太空安全的表述更加明确和系统，2014 年英国首份《国家太空政策》中指出，太空安全是指国家"安全、可靠、可持续地获取空间能力，（国家空间系统）有充分的抗毁能力应对威胁与灾害"，并且指出太空安全"包括太空生存安全、太空发展安全两种安全：其中太空生存安全可扩展为三类：航天活动安全；太空资产和设施的安全性、可靠性和有效性；防范来自太空的威胁"。欧盟太空安全概念在 2016 年《欧洲太空战略》中表述为"增强欧洲平安、安全地自主进入和利用太空能力"。《德国安全政策与国防军的未来白皮书（2016）》提出"德国必须努力确保不受阻碍地使用太空"，"不受阻碍地使用太空"是德国对于太空安全内涵的理解。日本 2019 年《防卫白皮书》中表示，"安全利用外层空间的风险已成为各国的重要安全问题"。避免"利用外层空间的安全风险"是日本官方对太空安全的认识。

相对于官方,学界近年来对于太空安全的理解有所突破,2015 年德国学者卡伊-乌维、施罗格(kai-Uwe Schrogl)等编著、施普林格出版社出版的《太空安全手册》对太空安全进行了定义,其内涵包括三个方面:一是太空的安全;二是避免来自太空的威胁;三是来自太空的安全支持。学界对太空安全的表述比较多,归纳起来主要表现为三类差异。第一类不同,表现在太空安全是限于太空域,还是扩大到其他域;第二类不同,表现在太空安全是仅限于安全状态,还是安全状态与安全能力的复合;第三类不同,表现在太空安全的客体表述是国家利益还是具体的太空活动、项目。

综上所述,太空安全的概念可以定义为:太空安全是指国家太空资产和人员不受威胁和损害、太空进出和利用等活动不受干扰和破坏、太空发展权益不受压制、国家其他重大利益不受来自太空威胁和损害的状态,以及保障持续安全状态的能力。太空安全的内涵可以归结为"四个状态一个能力"。"四个状态":一是国家太空资产和人员不受威胁和损害的状态,主要是指国家太空系统、太空地面设施、太空科技工业机构和设施及从事太空活动人员的安全;二是国家太空活动不受干扰和破坏的状态,主要是指国家开展的太空进出、太空利用、太空国际合作、太空军控等活动的安全;三是国家太空发展权益不受压制的状态,主要是指国家公平、可持续地组织航天装备科研生产、获得太空发展所需的太空轨频使用权和太空资源开采权等;四是国家其他重大利益不受来自太空的威胁和损害的状态,主要是指国家政权、主权、发展等权益不受来自太空的威胁和损害。"一个能力",即国家具有保障持续安全状态的能力,主要是指国家具备维护上述太空安全的能力。

## (四) 太空安全的影响因素

引起太空安全问题的因素主要分为自然因素、人为因素两大类。

### 1. 自然影响因素

自然影响因素分为太空自然影响因素和地表自然影响因素两大类。太空自然影响因素主要有引力场、稀薄大气、电离层、太阳辐射、陨石彗星等。地表自然影响因素主要有地面风、雷电、发射场测控设施环境、科研生产基地环境等。

(1) 雷电对发射安全的影响

在晴天正常状态下,大气中含有净的正电荷。而地面带有负电场,形成一种垂直向下的正电场。全球平均电场强度,陆地上为 120V/m,海洋上为 130V/m,随高度向上减小。但是当存在激烈天气现象(如云层、降水、雷暴等)

时,大气电场受到扰动,电场的强度和方向会发生极不规则的变化。局部范围内电场强度高达 $10^4$V/m,比晴天电场强度强 2~3 个数量级。通常云厚至少 3~4km 才能产生强电场,造成闪电;云中有冰晶云存在时,容易造成闪电;强对流和降水是造成闪电的重要条件。

航天发射场高耸的发射架和竖立在发射台上的运载火箭都是良好的尖端放电物,极易遭受雷击。因此,雷电是危及发射安全的重要因素。在航天史上已经多次发生由雷电造成的重大意外事故。例如,1969 年 11 月 14 日肯尼迪航天中心发射土星 5 号火箭——"阿波罗"12 号飞船时,在离地面 240~450m、640~3300m,以及更高层有云层,并且有小雨,当火箭升空到 1920m 和 4300m时两次遭雷击,造成电子系统失灵。1987 年 3 月 26 日美国宇航局在佛罗里达卡纳维拉尔角基地发射宇宙神/半人马座火箭,升空时遭雷击而爆炸。在航天史上也有成功防护雷击的事例。例如,1983 年 8 月"挑战者"号航天飞机在肯尼迪航天中心准备发射时,遇到一次强闪电,由于发射场采取了严密的防护措施,闪电从发射台左上方绕过塔架,沿一弧形通道被安全地引到雷电防护系统的接地点。

因此,为了保证航天发射安全,必须采取周密的防雷电措施。通常有四个方面应予以密切注意:一是勤务塔、脐带塔、推进剂房等高大建筑物都应设有完好的避雷装置;二是在发射场周围建立稠密的雷电监测网;三是建立严格的发射规范,例如美国卡纳维拉尔角发射场规定,发射前 15 分钟,9.3km 范围内地面电场强度绝对值不超过 1kV/m,发射前 30 分钟内发射场或计划航线 18.5km 范围内不得有任何类型的闪电等,否则不得发射;四是加强雷电的天气预报保障。

(2)地磁暴影响航天器正常入轨

太空中常会伴随极端天气,对航天器正常入轨影响较大。据太空网(www. space. com)消息,2022 年 2 月 3 日最新发射的一批共计 49 颗星链卫星,受到了近期地磁暴的影响,当时所处高度大约为 210km,正在测试轨道上进行发动机点火前的各项状态确认。磁暴发生之后,该轨道高度上的大气密度突然增大并给卫星飞行造成额外的阻力,SpaceX 公司也很快做出了响应,将该区域的星链卫星调至安全模式,改变飞行姿态以减小飞行阻力,但最终并没有取得较好的效果,其中的 40 颗星链卫星未能按照计划进入预定轨道,损失高达 80% 以上。

(3)大气环境的其他影响

大气环境产生的影响还有很多,如大气环境影响航天发射窗口选择、推进剂加注,大气云层、晴空大气气溶胶、大气湍流等影响航天光学侦察,大气的吸收、水凝物的衰减、大气和降雨噪声、大气闪烁等影响卫星通信,大气环境的衰减、电离层和对流层的折射等影响 GPS 制导。

**2. 人为影响因素**

人为影响因素可分为外部安全环境影响因素、内部安全环境影响因素、国际太空战略环境影响因素、国家太空战略环境影响因素、科学技术及太空应用影响因素五类。外部安全环境影响因素主要有世界安全形势、周边安全形势、世界主要国家实力与政策、国际恐怖主义等。内部安全环境影响因素主要有政治安全、经济安全、科技安全、社会安全、生物安全、人才安全等。国际太空战略环境影响因素主要有世界主要航天国家实力与政策、太空战略竞争、航天器密度、太空军事化武器化、太空碎片等。国家太空战略环境影响因素主要有国家太空利益、国家太空政策、国家太空实力、国家太空安全环境、国家太空文化等。科学技术及太空应用影响因素主要有与太空相关的颠覆性技术、两用技术发展等。

随着太空技术的快速发展,世界各国全面推进空间探索与利用,航天器和太空碎片数量快速增长。太空碎片是太空中人造物体废弃或损毁后形成的"太空垃圾",大量滞留在地球空间轨道上,形成了包围地球的碎片云。目前滞留在太空的碎片约 60 万件,大于 10cm 的约 14 000 件,约 7000 吨。5cm 的太空碎片可对高速运行的航天器造成损害,0.5mm 的金属颗粒可穿透航天员的宇航服。为避免碎片碰撞损害,航天器制造、发射、运行成本增加 5%~10%。

太空碎片的持续增长导致太空环境日益恶化,太空安全问题日益突显。一是目前太空碎片多,面临空间碰撞的风险挑战。日益拥挤的太空环境给空间系统安全带来严重隐患。特别是近年来,空间碰撞事故频发,险情不断。1991 年,俄罗斯的一颗失效卫星与其本国的另一颗卫星相撞;1996 年,欧洲航天局的"阿丽亚娜"火箭残骸撞断法国侦察卫星的设施;2005 年 1 月 17 日,距离地球表面 885km 的近地轨道,一段在近地轨道运行了 31 年的美国"雷神"火箭废弃物与在近地轨道飞行了 5 年的中国"长征四号"火箭残骸当空相撞;2006 年 5 月,美国一艘无人飞船在与一颗废弃卫星对接时发生碰撞事故;美国东部时间 2009 年 2 月 10 日上午 11 时 55 分,失控的美国铱星 33 与俄罗斯已报废的宇宙-2251 卫星在西伯利亚上空发生相撞,产生了数以千计的空间碎片。空间目标(航天器和空间碎片)不仅现有数量可观,而且还在加快增长。据统计,全世界在役和退役的留轨航天器数量已达 8000 多个。5cm(低轨)和 30cm(中高轨)的空间目标总量约 22 000 个。1cm 以上的太空碎片超过 60 万个。大于 1mm 的约 3.2 亿个。随着太空碎片的不断增多,太空装备空间碰撞的风险日益加大。二是未来太空发射增多,面临碎片快速增长的风险挑战。近几年,发射卫星的数量快速增长,尤其是美国 SpaceX 公司的"星链"(StarLink)星座(约 12 000 颗)、一网公司的"一网"星座(648 颗卫星构成)、俄罗斯国家航天集团的"天域"系统(600 余颗)等,都由数百至上万颗卫星构成,很有可能造成密集使用的低地球轨道上的碎片增加,威胁卫星飞行安全。

太空安全影响因素多、影响范围大、影响时间长,但靠局部的治理、单方面的预防、短时间的管理等都难以获得较好的效果。为了预防太空中各种事故、风险的发生,要从总体上、全局上对影响太空安全的各种因素进行全面分析研判,统筹谋划设计,一体推进落实。

## 三、太空安全战略

### (一) 战略

#### 1. 战略的概念

战略是随着人类战争实践而产生和发展起来的。汉语中的"战略"一词最早以书名的形式出现,见于公元 3 世纪末西晋史学家、军事家司马彪所著《战略》一书。"战略"作为一个概念使用,则第一次出现在《宋书》"授以兵经战略"中。英文"strategy"(战略)一词源于希腊文"stratos"(意为军队)及其衍生出的"strategos"(意为将军或领袖)。约公元 580 年,东罗马(拜占庭)帝国皇帝毛莱斯编写了名为 *strategikon* 的军事教科书,意为"将军之学"或"为将之道"。这是西方关于"战略"一词的最早使用。此时,战略的内涵还比较模糊,战略和战术尚未进行明确区分。近代随着战争物质和技术基础的变化,人们正式把战略与战术分离开来并予以明确界定,现代意义上的"战略"概念由之产生。法国人梅齐乐在 1777 年出版的《战争理论》一书中首次标准化地使用了"战略"(法文为 strategie),并把它界定为"作战的指导",是"战略"一词现代军语的起源。18 世纪普鲁士的比洛在《最新战法要旨》中认为,"战略是关于在视界和大炮射程以外进行军事行动的科学"。19 世纪瑞士的若米尼在《战争艺术概论》中认为,"战略是进行战争的艺术";普鲁士的克劳塞维茨在《战争论》中认为,"战略是为了达到战争目的而对战斗的运用"。这些论著均对战略进行了界定,基本上定位于军事战略,并据此揭示了战略的本质特征。20世纪英国的军事战略家利德尔·哈特被称为是古典战略的最后完成者和开创现代战略的第一人,他在《战略论(间接路线)》中认为,"战略是一种分配和运用军事手段以求达到政策(军事)目的的艺术"。这一定义明确把战略的目的由军事目的引向政治目的,此后随着时代特点、战略环境、军事技术和战略任务的发展,战略概念的内涵向国家战略、大战略层面延展。事实上,第一次世界大战以后,战略的概念已突破了传统的战争和军事领域,特别是第二次世界大战后,战略概念迅速向政治、外交、经济、安全、文化、能源、技术等众多领域拓展,并催生出国家安全战略概念。

战略一词发展到今天,有广义和狭义两种定义。广义上,战略是泛指对全局性、高层次的重大问题的筹划和指导。如国家战略、国防战略、经济发展战略、外交战略等。狭义上,战略亦称军事战略,筹划和指导军事斗争全局的方略。基本含义是战略指导者基于对军事斗争全局性客观规律的认识,全面计划、部署、指导平时和战时军事力量的建设与运用,以保证有效达成既定的政治目的。由此定义可知,军事战略主要包括军事力量怎么用、军事力量怎么建两个方面,即军事力量运用战略、军事力量发展战略。

**2. 战略的基本特性**

任何事物都有其内在的基本特性,战略的基本特性通过其特定的内容和形式表现。战略的基本特性主要有政治性、全局性、对抗性、谋略性和相对稳定性。

第一,政治性。战略服从政略是一条基本法则。战略的制定和实施必须站在政治高度,从国家利益全局出发进行宏观筹划,保证党和国家政治目标的实现。战略指导者在进行战略决策和战略指导时,必须认清政治背景、分析政治条件、明确政治目标、考虑政治后果。在任何情况下,战略都不能超越国家的政治目标,都不能脱离政治而独立存在。

第二,全局性。全局性是战略最基本的特性,战略处于领域的最高层次,是对领域问题的最高决策,要始终把握好整个领域斗争的全局,照顾好领域力量运用和建设的各方面、各部分和各阶段。当然,全局是可以区分层次的。凡是相对独立的,具有照顾各个方面、各个部分、各个阶段性质的事物,都可以称为全局。在领域里,战略的层次最高,指导的范围最广,具有统领作用,是领域各种活动的依据和遵循。

第三,对抗性。对抗性是战略的一个显著特征。战略的政治性决定了其必然具有对抗性。任何战略都是为一定的民族、国家、政治集团的利益服务,而这种服务往往又是在充满矛盾和冲突的斗争中实现。任何战略都是针对特定的威胁和挑战提出。战略对手是对抗的目标,战略力量是对抗的物质基础,充分发挥主观能动性,灵活运用各种力量和斗争方式是在对抗中夺取主动的重要条件。因此,战略的对抗性,要求一个国家必须根据战略斗争对象的特点,建设一支能有效维护国家利益的战略力量;要求战略指导者不仅要有高超的谋略和卓越的组织指挥才能,而且要有不屈不挠的精神。只有这样,才能在敌对双方的激烈对抗中灵活运用和充分发挥战略力量的最大效能,夺取战略斗争的胜利。

第四,谋略性。谋略是战略指导者基于客观情况而提出的计谋和策略。战略指导在一定意义上是对抗双方以一定的物质力量为基础进行的智慧和谋略的较量。自古以来,任何战略都体现着一定的谋略思想。实践证明,战略上高对方一筹的谋略往往能产生单纯的物质力量难以达到的结果,或成为物质力量的"倍增器",使物质力量发挥出超常的功效,甚至可以达到"不战而屈人之兵"的目的。在世界历史上,运用谋略使自己摆脱困境、转弱为强、取得胜利的例子不胜枚举。在战略指导上主要表现在审时度势、权衡利弊,运筹帷幄、深谋远虑,整体运筹、谋局造势,灵活应变、出奇制胜等方面。

第五,相对稳定性。战略必须随着斗争和建设的发展而发展,一成不变的战略是不存在的。然而,战略是对战略力量运用和建设全局的筹划和指导,处于领域的最高层次,指导范围广,影响重大而深远,只要总的战略形势和目标任务没有发生根本性的改变,战略就需要保持基本稳定。因此,战略又具有相对的稳定性,主要体现在以下几个方面:首先,战略指导的对象相对稳定。战略指导的对象是战略力量运用和建设的全局,只要全局情况没有发生根本性变化,战略就需要保持稳定。其次,战略的基本指导原则相对稳定。战略基本指导原则受国家所遵循的理论和方针政策的支配和制约,因而在一定时期内也是基本稳定的。再次,战略的基本内容相对稳定。战略主要是通过规定战略目标和任务、战略方针、战略手段等内容而表现出来的。这些内容指导范围广,具有全局性、前瞻性和导向性,一旦确定,就成为行动的准则和依据,必须保持基本稳定。

### 3. 战略相关概念的联系与区别

(1) 战争与战略

战争作为一种社会历史现象,是人类发展到一定阶段的产物。随着原始社会的发展和氏族集团人口的增长,氏族集团的物质需求与所在地区天然生活资料总量之间的平衡被打破,人们就不得不向其他地区迁移,这种迁移往往侵犯其他社会集团的经济利益,由此导致了人类社会最早形态的战争。马克思指出,"战争或是为了占领生存的客观条件,或是为了保护并永久保持这种占领所要求的巨大的共同任务,巨大的共同工作"。进入阶级社会的战争已失去与生产过程的直接联系,它所争夺的不仅是天然资源,而且是人们创造的物质财富,乃至劳动本身。它是政治通过特殊手段(暴力)的继续,是解决国家与国家、民族与民族、政治集团与政治集团之间的矛盾的一种最高斗争形式,是一种流血的政治。

随着战争实践的发展和长期实战经验的积累,人们逐渐懂得了战争中运用计谋,逐渐摸索出不同的作战方法和战争指导方法,开始依据不同的作战手段和作战需要进行不同的作战部署和作战运筹,于是产生了战略。战略从一开始就与战争密切联系在一起,战略的本义就是从事战争的谋略,是"战之方略"。

随着社会的发展,今天的战略概念已突破了传统的战争和军事领域,战略概念迅速向政治、经济、外交、文化、能源、技术、网络、太空等众多领域拓展,广义的战略是泛指对全局性、高层次的重大问题的筹划和指导。

(2) 战略、战役与战术

战略是指导战争全局的方略。通常指军事战略,即战争指导者为达成战争的政治目的,依据战争规律所制定和采取的准备和实施战争的方针、策略和方法。

战役作为介于战争与战斗之间的一个承上启下的重要层次和中间环节,是军队(必须是大兵团)为达成战争的局部目的,按照总的企图,在统一的计划和指挥下,于一定的时间和空间内,所进行的一系列战斗的总和。

战术是指导和进行战斗的方法。战斗是敌对双方的兵团、部队、分队以及单机、单舰,在较小的空间和较短的时间内进行的有组织的武装活动,是夺取战争胜利的主要手段。战斗的目的是歼灭或击溃敌人,攻占或扼守某些地区和目标。战斗从属于战役。但战斗又有自己的独立性。战斗的持续时间比战役要短,长的可达几天,短的只有几分钟。

(3) 战略、规划与计划

战略是指在激烈竞争的环境中,国家(地区)、组织、企业等为求得生存和发展而做出的长远性、全局性的规划,以及实现远景规划和使命而采取的竞争行动和管理方法。

规划是一项确定国家(地区)、组织、企业等的宗旨、目标与实现目标的方法、步骤的重要活动。

战略和规划都是对未来的一种设想行为。战略是安全和发展的路线和原则、灵魂与纲领,停留在理念和概念层面上。规划需结合实际情况和主要矛盾,给出切实可行的具体安排,为实现这些战略目标,完成工作任务,是一种能力和行为,具有实际性、可操作性以及效应性。战略指导规划,规划落实战略。战略和规划都服务于安全和发展目标。战略重在谋略,规划重心在筹划和执行。战略讲究点,而规划讲究面,战略只定性,规划要定量。制定战略时,都会包括长期、中期、近期的规划;在制定规划时,必须首先确定安全与发展的战略。因此,规划是为战略服务的。

计划是个广泛的概念,有长期计划、短期计划等。战略作为一种谋划,本身也是计划的一种,有时为表明长远性,也叫作战略规划。不过计划或规划不仅有战略规划,还包括其他许多规划,战略可以说是一种长远规划。

规划是实现战略目标和策略手段的一系列相互联系相互制约的活动。计划是规划的子集,规划可以包含着一个或若干个"计划"。规划需要由一个个小的计划来实现。这或许就是规划和计划的有机关系。计划偏侧重主观,规划更多带有客观意味。规划是在特定的时间,为完成特定目标体系,对展开活动所处综合环境、内外影响因素以及自身安全与发展历史对比等的总结和科学分析。计划是依据"归纳总结和科学分析"所得出的结论,然后制定出相应的措施、办法以及执行原则和标准。规划比计划的规模更大,涉及面更广,综合概括度更高。

## (二) 国家安全战略

### 1. 美、俄等对"国家安全战略"概念的界定

国家作为政治实体出现在人类历史舞台上之后,维护国家安全就成为古今中外世界各国的重要使命。国家安全战略的实践和思想源远流长,在人类漫长的战争与和平交织转换的历史中发挥着独特作用。"国家安全战略"概念的出现比较晚,人们对其内涵的认识经历了一个不断深化、由表及里、逐渐清晰的过程。国家安全战略思想起源于英国的"大战略"。利德尔·哈特在《历史上的决定性战争》一书中,首次明确提出了"大战略"的概念,而这一概念可以视为国家安全战略概念的雏形。

美国依据《1947年国家安全法》成立了国家安全委员会。1950年,国家安全委员会出台了《美国国家安全的目标和计划》,其核心内容是"遏制战略",成为美国历史上第一份具有国家安全战略性质的正式文件。美国战略理论家约翰·柯林斯在其代表作《大战略》一书中,对国家战略、大战略与军事战略的关系进行了详细论述,并将大战略实质上等同于国家安全战略。他认为,大战略"是在各种情况下运用国家力量的一门艺术和科学,以便通过威胁、武力、间接压力、外交、诡计以及其他可以想到的手段,对敌方实施所需要的各种程度

和各种样式的控制,以实现国家安全的利益和目标"。1986 年,美国国会通过《戈德华特-尼科尔斯国防部改组法》,规定总统每年要向国会提交一份综合性的"国家安全战略报告","国家安全战略"一词首次出现在官方文件中。1987年,美国总统里根向国会提交历史上首份以"国家安全战略"命名的正式报告。20 世纪 90 年代,美国官方才对"国家安全战略"概念进行了较为清晰的界定。1993 年,美国陆军《野战条令 FM100-5:作战纲要》明确指出"国家军事战略的基础在于国家安全战略",由此厘清了两者的逻辑关系。1997 年,美国参联会的联合出版物《军语及相关术语》首次明确定义了"国家安全战略",即"为达到巩固国家安全目标而发展、运用和协调国力的各部分(包括外交、经济、军事和信息等)的艺术和科学。也称国家战略或大战略"。美国 2010 年版《国防部军事及相关术语》对国家安全战略概念进行了修正,表述为"为达到有利于国家安全的目标而发展、运用和协调国家力量(外交、经济、军事和情报)之手段的艺术和科学"。

俄罗斯一直使用独具特色的"国家安全构想",2009 年才开始使用"国家安全战略"的提法。1997 年俄罗斯颁布了首份《俄罗斯联邦国家安全构想》,认为"俄联邦国家安全构想"是有关在俄联邦的国度内保障个人、社会和国家在所有活动领域安全,使其免受内外威胁的一整套观点,是俄联邦解决所有安全问题的最高纲领和基本依据。俄罗斯著名战略学者沙瓦耶夫认为,俄联邦国家安全构想是关于确保国家利益免受一切现实和潜在危险的威胁,为整个社会的有效运作和不断发展创造条件的官方观点体系。二者观点基本一致,都认为国家安全构想作为一种官方正式文件,本质上是维护国家安全的"官方观点体系"和政策依据,实质上就是俄罗斯国家安全战略。

随着国家安全内涵与外延的拓展,国家安全问题日趋复杂多变,世界主要国家逐渐认识到了"国家安全战略"在维护国家安全中的重要作用。尽管称谓不尽相同,但世界主要国家在国家安全战略的概念理解和内涵认识上与美国趋同,都陆续提出了自己正式的国家安全战略报告或官方文件。除英国称其为"国家安全战略"外,德国称其为"安全政策白皮书",法国将国防白皮书与国家安全战略文件合二为一,称为"国防与国家安全白皮书",日本称为"综合安全保障战略",印度则称为"国家安全政策文件"。这些国家安全战略文本大同小异,大都包括战略环境评估、安全威胁判断、战略目标和任务、战略方针和原则、战略途径和举措等要素。

**2. 中国对"国家安全战略"概念的界定**

国家安全战略的概念起源于西方,中国使用这个概念时间比较晚。《1983

年国务院政府工作报告》中开始正式使用"国家安全"一词。2004 年,中国共产党十六届四中全会首次明确提出,要"增强国家安全意识,完善国家安全战略"。2013 年,中国共产党十八届三中全会明确提出,"设立国家安全委员会,完善国家安全体制和国家安全战略,确保国家安全",不仅历史性地提出要建立国家安全委员会,而且把制定和实施国家安全战略作为国家安全委员会的首要任务。2014 年 4 月,习近平总书记在中央国家安全委员会第一次会议上提出总体国家安全观的重大战略思想,强调走中国特色国家安全道路。2015 年 1 月,中共中央政治局审议通过了《国家安全战略纲要》,这是新中国成立以来首份正式的国家安全战略文本。

目前,中国学术界对国家安全战略的概念界定大体有三种。一是认为国家安全战略是"科学和艺术"。国家安全战略是筹划和指导国家安全斗争全局的方略,是组织和运用国家力量来实现国家安全目标的科学和艺术,主要由战略目标、战略指导思想和原则、战略能力、战略途径和战略措施等要素构成。二是认为国家安全战略是"计划和方案"。国家安全战略是一定主体确立的关于一定国家的国家安全目标及实现这些目标的途径和手段的全局性和持久性的计划和方案。这一界定突出强调了国家安全战略的可操作性和实践指导功能,但忽略了战略运筹的主观能动性和动态变化性,把宏观战略运筹归结到"持久性的计划和方案"。三是认为国家安全战略是"方针和策略"。国家安全战略是筹划和指导国家生存与发展安全全局的方针和策略,是国家战略的重要组成部分。这一界定与对战略概念的界定一脉相承。国家安全战略虽然是战略扩展的产物,但在"方针和策略"的属性定位上完全一致。以上三种界定,第三种观点较好地体现了中国的理论特色,比较准确地反映了国家安全战略的本质内涵,符合对"战略"这一核心概念的认知主线,有利于避免出现"有多少战略著作就有多少战略定义"的情况,有利于构建完整一致的战略理论体系。国家安全战略概念的界定应以方略为基础,突出最核心的要素,简洁鲜明地揭示其最本质的属性,为此国家安全战略可确定为:筹划和指导国家安全全局的方略。

### 3. 国家安全战略内涵

各国关于国家安全战略的提法虽各不相同,但其内涵却大体相同,都强调站在国家战略全局的高度、运用国家综合资源筹划国家安全重大问题。对国家安全战略的内涵,可以从战略主体、本质属性、主要范畴、构成要素等方面认识和理解。

关于国家安全战略主体。国家是国家安全战略制定和实施的主体。由于历史上的国家有着各种不同的表现形式,因此对"国家"这一概念内涵的理解要结合具体的历史条件。从国家安全战略研究的视角来看,以 1648 年《威斯特伐利亚条约》为分水岭,历史上多种多样的国家形态逐步演变成现代民族国家和主权国家。因此,"国家"主要是指 17 世纪开始出现的民族国家。在现代国际政治体系中,主权国家通常在国际关系中扮演着重要角色,而体现主权国家安全意志的主要是具有法律授权的国家安全领导决策机构。世界多数国家把国家安全委员会作为国家安全领导决策体制的核心和中枢,并把制定和组织实施国家安全战略作为其重要任务。

关于国家安全战略属性。法国战略大师薄富尔有句名言:只要有对立意志的冲突存在,就离不了战略。这句话揭示了战略的本质属性。战略本质上是"战之方略",是对以战争为核心的武装力量建设与运用全局的筹划指导。国家安全战略是战略概念不断扩展的产物,二者在宏观思维、整体把握、深谋远虑等方面同根同源。国家安全战略是有目的、有计划、有规划的战略运筹活动,具有立足全局、着眼长远进行顶层设计的一般战略属性,是运用之妙存乎于心的思维艺术,也是一种规律可以认识和把握的认知科学。

关于国家安全战略范畴。恩格斯在《自然辩证法》中指出:"每一个时代的理论思维,包括我们这个时代的理论思维,都是一种历史的产物,它在不同的时代具有完全不同的形式,同时具有完全不同的内容。"国家安全战略的主要任务是预防和应对国家安全威胁,满足国家核心安全需求,研究和解决带有全局性、长远性的国家安全重大问题。随着国家安全实践的发展,国家安全的内涵和外延越来越丰富,时空领域越来越宽广,内外影响因素越来越复杂,使得现代意义上国家安全战略的范畴不断拓展。一方面,国家安全的外延不断扩大。国家安全战略决策者在关注政治安全、军事安全等传统安全的前提下,把经济安全、社会安全、信息安全、能源安全、文化安全等非传统安全纳入了国家安全议程。在和平与发展的时代背景下,非传统安全问题成为各国战略决策者必须关注的重大问题。另一方面,国家安全核心理念不断发展。随着国家安全活动的不断变化,多种新型安全观念应运而生,产生了综合安全观、合作安全观、共同安全观、集体安全观、总体安全观等重要安全理念,形成了国家安全观念体系,为国家安全战略实践提供了理论基础和行动指南。

## (三) 太空安全战略

### 1. 太空安全战略的定义

定义是提示概念内涵的逻辑方法,通常用一组语词对概念的内涵进行表述,一般由被定义项、定义项和定义联项三个部分构成。被定义项是其内涵需要加以明确的概念,这里"太空安全战略"就是被定义项。定义项就是用来揭示被定义项内涵的概念,通常是事物的本质特征。定义联项表示被定义项与定义项之间的必然联系的概念,在汉语中常用"……是……""……即……""所谓……就是……"来表示。用模型表示,定义=被定义项+定义联项+定义项(属+种差)。

"属+种差"是最常用的定义方法。关于"属概念"和"种概念",在形式逻辑学中概念间有一种关系称为从属关系,即有概念 A 和 B,如果 A 的全部外延是 B 部分外延,则称 A 从属于 B,B 是 A 的属概念,A 是 B 的种概念。

通常,A 有多层的属概念,与 A 外延重合比率最大的属概念 B 称为相邻属概念,被定义概念与其他种概念间的差异称种差。根据种差的维度不同,分为性质种差、功能种差、发生种差、关系种差。据此,定义又分为性质定义、功能定义、发生定义、关系定义。

"属+种差"定义方法通常分为四步:第一步找出被定义概念的邻近属概念,第二步找出被定义概念与同属种概念间的种差,第三步将邻近属与种差结合并形成定义项,第四步用定义联项将被定义项与定义项关联,形成定义。

应用"属+种差"定义方法,对"太空安全战略"概念下定义。第一,找出邻近属。太空安全战略从属于国家安全战略,国家安全战略是太空安全战略的邻近属概念,太空安全战略是国家安全战略在一个领域的战略,是国家安全战略的组成部分。第二,找出种差。国家安全战略之下有众多的种概念,国家网络安全战略、国家极地安全战略、国家海上安全战略、国家生物安全战略、国家环境安全战略等,太空安全战略与他们共同属于国家安全战略的种概念。在这些种概念中,太空安全战略与其他种概念最本质区别是服务对象区别,太空安全战略服务于"国家太空安全",即太空安全战略用于筹划和指导国家太空安全,其他安全战略则各自服务于不同的国家安全领域。第三,形成定义项。属与种差的结合,"指导国家太空安全"+"国家安全战略"。国家安全战略可以扩展为"筹划和指导国家安全全局的方针和策略"。那么,定义项可以表述为"筹划和指导国家太空安全全局的方针和策略"。第四,形成定义。加上定义联项,太空安全战略的定义表述为:太空安全战略是筹划和指导国家太空安全全局的方针和策略,是国家安全战略的组成部分。这是太空安全战略内涵的基本表述。

理解太空安全战略的内涵要把握以下几点:一是太空安全战略服务于国家安全,是国家安全战略在太空安全领域指导方针和实施策略的集中体现。

太空安全战略在基本方针、思想上要与国家安全战略保持一致,为国家安全战略提供手段选择和成效支撑。同时,太空安全战略又从国家安全战略中得到保障、从其他领域安全战略得到支持。二是太空安全战略服务于太空安全全局,既包括太空安全力量的建设,也包括太空安全力量的运用;既包括太空领域的国家利益安全,也包括受太空威胁下的国家利益,还包括对太空支撑下的国家利益安全的指导。从这一意义上讲,太空安全战略的制定主体应包括众多利益主体,而非仅限于太空领域主体。太空安全战略与其他领域安全战略之间在指导对象上存在交叉重合部分。对于交叉重合对象的指导要求,太空安全战略关注于太空对其安全的影响,研究和指导其如何应对太空影响的安全问题。领域战略则关注领域安全全局,包括太空影响的安全。三是太空安全战略通过一定科学方法制定,并以方针和策略的形式指导太空安全全局。

**2. 太空安全战略在国家安全战略体系中的定位**

太空安全战略是国家安全战略在太空安全领域的贯彻和落实,是关于太空的国家安全战略,与政治安全战略、军事安全战略、经济安全战略、海洋安全战略等一样,从属于国家安全战略体系,是国家安全战略的重要组成,既服从、服务于国家安全目标和国家总体战略目标,同时又得到国家安全战略的支持、保证。

太空安全战略与国家其他领域的安全战略在指导对象上存在交叉,在指导内容上既相互兼容又相互约束。因此,太空安全战略与其他战略之间既相互支撑又相互制约,共同服务于国家安全战略。如图 1-2、图 1-3 所示。

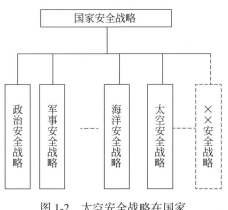

图 1-2　太空安全战略在国家
战略体系中的位置

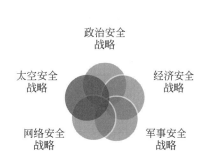

图 1-3　太空安全战略与其他领域
安全战略的关系

## 第二节　太空安全战略的要素构成

战略的构成要素,是构成战略的基本成分,是战略内容和形式的具体体现。战略的内容丰富、形式多样,由于观察的角度不同,战略的构成要素有多种不同的提法。克劳塞维茨将战略要素归纳为五类:精神要素、物质要素、数学要素、地理要素、统计要素。约翰·柯林斯在讨论"大战略"的结构时,认为"利益和目标确定了战略要求。政策提供了满足这些战略要求的准则。现有的人力物力提供了达成战略要求的手段。这些要素综合起来就形成大战略的结构"。战略要素之间是相互作用和影响的,著名战略家利德尔·哈特曾经指出,"调整你的目标以适应你的手段。在决定目标时必须有明确的眼光和冷静的计算,咬下的分量超过你能嚼烂的限度是一种愚行,对于何者为可能的认识实为军事智慧的起点"。

太空安全战略的内容丰富多彩,形式多种多样,各种著述对其构成要素的论述也不尽相同,但就太空安全战略的本质特性和功能而言,战略目标、战略方针、战略手段这三个要素不可或缺,是构成太空安全战略的基本要素。

### 一、太空安全战略目标

战略目标是国家为了实现总的政治目标而对诸领域斗争提出的基本要求,是战略指导者对全局上所要达到的最终结果,战略目标主要解决"做什么"的问题。

太空安全战略目标,是国家太空安全在战略上所要达到的预期结果,包括达到和保持的安全状态以及维持这一状态的安全力量拥有的能力。太空安全战略目标是制定和实施太空安全战略的出发点和归宿点。

太空安全战略目标通常包括总目标和各个方面、各个阶段的分目标。太空安全战略目标是进一步确定其他战略构成要素的基本依据,太空安全战略的其他构成要素都要围绕实现战略目标而制定和调整。

确定太空安全战略目标主要依据国家太空利益、国家太空战略能力、国家太空安全战略形势、国家安全战略及太空相关战略要求四个方面内容。

第一,国家太空利益。国家太空利益是指一个主权国家在世界太空领域生存需求和发展需求的总和。维护国家太空利益是国家太空安全战略的基本职能,与太空安全战略相关的国家太空利益包括 3 个方面内容:一是太空领域的国家利益,即国家太空系统(含现有的天地系统人员、制造发展太空系统的设施人员)、进出太空和太空运行的权力、利用和开发太空的权力;二是太空支撑下的国家利益,即与太空能力密切相关的政治、军事、经济以及网络、信息、交通、金融、生态等利益;三是受太空威胁的国家利益,即由于太空危险源的存在而受到威胁的国家利益,如天基打击威胁、天基侦察威胁、太空成就对国家荣誉的威胁等。

第二,国家太空战略能力。国家太空战略能力,主要是指在政治、经济、科技、军事、外交等方面,国家可以为维护太空安全提供的支持资源以及资源可转化的能力,包括实力和潜力。这是太空安全战略实施的基础,制定的依据。太空安全战略目标的确定以其为基础,受其制约。国家太空战略能力以太空安全力量为主体,但不仅限于太空安全力量。太空安全战略的制定和实施以国家太空安全能力为基础,同时太空安全战略又把建设新的太空安全战略能力作为战略目标。

第三,国家太空安全战略形势。国家太空安全战略形势,是对太空安全战略形势的分析,是指太空战略制定者为确定战略目标、制定战略方针和策略,对影响太空战略的诸因素的综合权衡分析。主要包括太空战略环境分析、太空战略威胁分析、太空战略资源分析。太空战略环境分析,主要分析国际太空战略格局、周边太空战略形势、国内太空战略环境。太空战略威胁分析,判断各种太空安全危险因素的态势及综合态势,预测太空危险因素的安全影响,研判战略对手的太空战略态势。太空战略资源分析,主要分析可用的太空战略资源实力和太空战略潜力,综合评估现有太空安全能力与威胁。通过太空战略形势综合分析,明确太空安全威胁和太空安全能力资源,确定太空战略初始状态,评估优势、劣势,提出太空战略需求。

第四,国家安全战略及太空相关战略要求。国家安全战略是太空安全战略的上一级战略,太空安全战略是国家安全战略的战略手段,为国家安全战略服务,为国家安全战略提供战略支撑。同时,国家安全战略又为太空安全战略目标的确定提出要求,为其实现提供保障。太空相关战略与太空安全战略目标的确定也存在相互支撑和相互制约的作用。

确定太空安全战略目标,突出强调需要与可能相结合,具有科学性和可行性,符合国家的路线方针政策,与国家的总体目标和国家实力相适应,满足国家在一定时期对维护自身利益的基本要求。

战略目标要通过战略任务的完成才能实现,战略任务是战略目标的分解,战略任务是详细的具体的。太空安全战略任务,是达成战略目标需要完成的具体任务,是为达成战略目标对重大问题的解决,是战略目标的具体体现,是实现战略目标的直接条件。太空安全战略任务通常包括太空安全战略力量运用任务和太空安全战略力量建设任务。太空安全战略力量运用任务包括:消除威胁,有效控制危险升级;控制危机发生或清除、降低危机影响。太空安全战略力量建设任务包括:建设应对威胁、维护安全的能力。建设与运用任务二者之间既相辅相成,又互为支撑。太空安全战略任务,又可分为总任务和具体任务。总任务是战略目标的直接体现和集中体现。具体任务是各个部分和各个阶段的任务,贯彻和反映总的战略目标,是总任务在各个阶段、各个方面的具体体现。

## 二、太空安全战略方针

战略方针,是指导国家战略斗争和战略力量建设全局的总纲领、总原则。它规定实现战略目标、完成战略任务的基本途径,规定一定时期内斗争和建设的重点、方向、样式和原则,规定使用的主要力量、斗争的进程和持续时间等,主要解决"怎么做"的问题。

太空安全战略方针,是筹划和指导国家太空安全全局的总纲领和总原则。太空安全战略方针明确了实现国家太空安全战略目标的基本要求和方法路径,对于太空安全战略的实施方式、实现效果和资源投入程度等具有直接的规定性,是实现太空安全战略目标的方法论的集中体现。

战略方针的确定是在科学分析太空安全战略形势的基础上,依据太空战略资源,根据太空安全战略目标和任务的要求而制定。对不同的时期、不同的战略条件、不同的战略环境、不同的战略目标,应采取不同的战略方针。战略方针有指导整个战略规划期的总方针,也有每个阶段、领域的具体方针,以确定不同情况的战略任务、战略重点、主要战略方向等战略资源的分配和战略力量的运用等问题。

## 三、太空安全战略手段

战略手段,是实现战略目标的力量及其作用方式。任何战略都是建立在一定的战略力量之上的,都需要通过一定的方式来实现。战略手段主要解决"用什么做"的问题,即用什么进行斗争和怎样进行斗争,是战略指导者根据战略目标和战略方针的要求,使用国家力量,开展斗争的具体行动。

太空安全战略力量,是为实现太空安全战略目标和任务而运用的战略资源,是战略实施的物质基础。太空安全战略力量既包括太空领域的战略资源,也包括太空领域之外可以运用于太空安全的资源;既包括科技、工业、经费、人力等物质资源,也包括政策、法规、文化等非物质资源;既包括国内资源,也包括可以联合、引进的国外资源。战略力量既是战略实施的依托,也是战略目标的诉求。战略力量在整个战略期内是一个变量,上一个阶段作为战略目标的战略力量,是下一阶段战略实施的依托。

太空战略力量的作用方式,是为达成太空安全战略目标而使用的具体方法和措施。通常以军事方法和措施为主,与政治、经济、外交、舆论等其他措施和方法配合使用。国家太空安全领导层首先需要进行谨慎的战略决策,定下战略决心和行动方向,而后根据目标和战略力量,选择与之相匹配的具体方法和措施。太空战略竞争和太空领域发展的历史表明,选择合适的太空安全战略力量及其作用方法并形成强大的太空安全战略能力,是实现太空安全战略目标的重要保障。

## 第三节　太空安全战略的创新

太空是新兴领域,是未来战略竞争制高点,是创新发展最快的领域。著名战略专家 D.O.格雷厄姆在《高边疆——新的国家战略》中指出,"世界上最先进入一个新领域的国家,就能在战略上占据主动。谁先进入了太空,谁就拥有太空优势"。为赢得未来战略竞争制高点,世界主要国家围绕制天权展开激烈争夺,在核心能力和关键技术等方面持续进行创新。创新是引领发展的第一动力,是国家综合国力和核心竞争力的最关键因素。谁能更快、更多、更持久地进行战略创新,谁将最终赢得战略主导权。要保证国家太空安全建设发展的正确方向,不走弯路,少犯错误,当务之急,就是解决好战略创新问题,即"为什么创新、创新什么、如何创新"等问题,科学谋划未来太空安全发展。

### 一、太空安全战略创新的必要性

洞察太空安全战略创新发展形势,研判太空安全战略创新基础,分析太空安全战略创新需求,是确保顺利开展太空安全战略创新研究的现实基础和重要依据。只有把握好创新的起点,汲取以往的经验教训和理论成果,才能使创新更具活力。

## （一）太空安全战略创新发展迅速

为抢占太空领域战略高地，世界各国竞相展开太空安全战略创新，美国谋求全面主导太空领域战略创新，俄罗斯力图主导部分关键领域战略创新，其他国家或区域组织力拼太空安全战略创新领域一席之地。

美国谋求全面主导太空战略创新。2016 年 2 月 22 日美国《防务新闻》发表了题为《美国需要为太空战做好准备》的文章，美国新安全研究中心太空专家埃尔布里奇·科尔在该文中指出："美国正在迅速接近一个时刻，即每一条轨道上的每一个卫星都可能受到威胁。""太空是美军的'阿喀琉斯之踵'（即唯一致命弱点）。""美国目前尚未构成一套清晰的战略，如果缺少这样的战略，美国就有可能浪费资金，或只是给对手提供一个稍微坚固一些的目标。"美国一直高度重视战略创新，21 世纪以来，先后出台国家太空战略政策，制定太空防护战略，发布太空安全评估报告。综合评估得出，太空领域日益拥挤、竞争和对抗，面临动能攻击、非动能攻击、电子攻击、网络攻击四大威胁。研究提出，将太空提升为优先领域，奉行"美国优先"理念，突出强调"以实力求和平"，成立国家太空安全委员会，组建天军，发布国家太空战略、国防太空战略、数字化太空军战略、太空优先战略等，营造一种使商业航天部门具有竞争力、创新力并蓬勃发展的政策和监管环境。组建太空联盟，主导太空行为准则制定，开发"太空有限战"概念，攻关太空重复发射、智能卫星、深空探测等关键技术，构建太空弹性体系，加大太空领域创新力度，谋求太空绝对优势，维持美国在太空的领导力和行动自由。

俄罗斯力争主导太空部分关键领域战略创新。俄罗斯为重拾昔日太空优势，将维护太空力量平衡列为国家安全优先考虑事项，把太空优势作为确保国家安全的重要手段，多次对国家太空安全力量进行调整改革，提出有限制衡制人的战略理念，努力夺取从信息到打击的全面优势，并在部分领域威慑和制衡美国，试图形成与美国的相互制衡战略态势。

其他国家或区域组织大力推进太空战略创新。欧盟委员会发布新版《欧洲太空战略》，提出了强化太空安全等目标，引领 2030 年前欧洲太空领域发展方向，大力增强太空态势感知与应对威胁的能力。2015 年，英国发布首个《国家太空政策》，突出强调利用航天能力为军事行动提供支撑；2022 年发布新版《太空军事战略》，拟在未来 10 年向低轨卫星和其他技术投资 19 亿美元。2017 年在针对防卫大纲修订应调整的领域时，日本首相安倍晋三明确表示，"将太空领域作为研究课题"。

### （二）太空安全战略创新基础薄弱

太空是一个新兴领域,太空安全战略创新经过多年大力建设,虽取得了一定成绩,但与人类征服太空的战略需求相比,太空安全战略创新的"原始积累"较为薄弱、体制机制还不完善、高端人才相对短缺,在一定程度上影响和制约太空安全战略创新的广度和深度。

### （三）太空安全战略创新需求迫切

开展太空安全战略创新是探索浩瀚宇宙、破解太空安全重大现实问题的必由之路。太空浩瀚无垠,人类对太空的探索只迈出了一小步,还有许多未知的领域等待人类进一步去探索。随着人类社会对太空通信、太空导航、太空遥测等应用日益依赖,太空系统自身固有的脆弱性,加上太空环境日益恶化,使得太空安全成为国家安全的"软肋"。随着太空领域威胁挑战日益显现,必须警惕和避免"太空珍珠港"事件。因此,为维护国家太空安全,需要加强太空安全战略创新,为实时洞察太空安全形势新情况、综合研判太空安全新形势、提前预防太空安全重大隐患、及时阻止太空安全重大事件发生、全面掌握太空安全主动权等提供有效支撑。

## 二、太空安全战略创新的主要内容

太空安全战略创新的内容,主要包括战略指导、战略需求、力量发展、力量运用、融合模式、安全法治和战略评估等方面。

### （一）太空安全战略指导创新

研判国际太空形势、未来太空安全形态演变、太空安全危机管理体制机制等,研究世界各国的航天思想、历史经验教训和发展规律,研究维护国家太空安全的战略指导思想、基本原则、方法策略等。

### （二）太空安全战略需求创新

研究世界太空安全战略形势,研判太空领域的战略政策、组织编制、武器装备和前沿技术的调整变化和发展趋势等问题,评估太空领域面临的重大威胁挑战,分析可能出现的利益需求、发展需求、安全需求和能力需求。

### （三）太空安全战略力量发展创新

研究太空发展由进入太空、利用太空向开放利用、和平利用转型,发展模式由烟囱式发展向一体发展、融合发展转型,力量发展由以科研试验为主向维护太空权益和科研试验相结合转型等战略问题。研究大力培育孵化太空安全力量问题,建设规模适度、结构合理、要素齐全的太空安全力量体系等问题。研究太空安全组织、人才、技术、装备的发展目标、指导思想、发展规模、发展方式、发展步骤、经费投入、能力生成等的具体策略措施。

### （四）太空安全战略力量运用创新

研究太空领域面临的动能、非动能、电磁、网络等方面的威胁挑战,以及规则、舆论、技术、经济等方面的挑战风险。研究在维护国家太空资产安全、太空利益安全时,利用哪些太空安全力量有效应对问题。研究在执行太空安全危机管控等任务时,太空安全战略力量运用的指导思想、基本原则、主要时机、力量规模、方法手段、策略措施等。

### （五）太空安全深度融合创新

研究需进一步在国家层面厘清的太空领域融合的重大问题,健全并完善统筹协调、分工实施的太空领域融合机制,明确国家干什么、地方干什么、市场干什么。研究国家、地方、商业缺什么、有什么,查摆各自优势特长和短板弱项,分析融合最佳结合点和最大公约数,研判太空安全融合关键领域,制定推进太空经济发展和社会安全的具体办法措施。研究分析当前和未来一段时期内可能面临的太空安全危机,研究提出各方协同应对的指导思想、基本原则、力量编组、应对方式、临机策略等。

### （六）太空安全法治创新

研判太空领域存在的战略竞争、规则博弈、出口管制、技术封锁、碎片威胁、交通管理、太空试验等重大法治问题,修改完善太空战略竞争、太空规则博弈、太空出口管制、太空碎片减缓、太空军备控制、太空武器装备试验、太空透明与信任等方面的政策法规制度,进一步建立健全加强太空安全问题法治化管理的体制机制。

### （七）太空安全战略评估创新

洞察太空安全战略环境变化,分析太空安全利益范畴,研判太空战略利益的轻重缓急,确定太空安全核心利益,评估太空核心利益战略资源投入效益。依据太空战略利益,结合太空安全战略形势变化,评估太空安全战略目标、战略方针、战略手段的合理性、有效性和可行性,评估太空安全战略布局调整变化的优劣。根据太空战略目标、太空战略方针、太空战略手段,评估国家综合太空安全战略能力的运用水平和执行效果。

## 三、太空安全战略创新的对策措施

聚焦太空安全力量体系建设、太空战略资产安全防护等现实需求,采取统一思想、凝聚共识,优选人才、固强队伍,完善法规、加强管理等创新策略,开展太空安全战略创新,充分发挥战略创新的先导性、基础性和指导性作用。

### (一)更新思想理念

进一步拓展思维。太空安全涉及政治安全、经济安全、科技安全、外交安全、社会安全等,单纯从太空领域思考问题已不能满足未来太空安全需求,要善于运用跨界思维,将不同领域、不同学科、不同文化、不同行业的思想、概念、技术等相互交叉融合,应用于太空安全领域,助力太空安全战略创新。

进一步关联思维。用联系的、发展的眼光审视太空安全战略创新问题,应突破思维藩篱,找出太空安全战略创新问题与其他问题的不同点,发现太空安全学科与其他学科的相关性,准确把握太空安全战略创新与其他创新之间的内在联系,灵活运用多学科知识,提取彼此的"特征项",合并"同类项",找出最佳"契合点",形成新理论、新知识、新技术、新组织、新装备、新能力,发挥"1+1>2"的效果。

进一步转变理念。用新理念推进创新研究,实现由跟进式、图解式、总结性研究为主,向战略性、前沿性、关键性研究为主转变;破除条条框框的制约,不受限于现状、不迷信学术权威、不盲从其他国家的太空安全战略理论,有理有据地提出具有独创性的战略认识和对策建议。

### (二)建强人才队伍

遴选领军人才、成立创新团队、建设开放型智库。太空安全战略创新需要知名专家引领、研究团队支撑、开放智库协作,要在全国范围内,培养一批具有国际先进水平的学术大师、领军人才和重点学科带头人,造就一批具有创新能力和发展潜力的中青年学术带头人和学术骨干,建设一批特别能吃苦、特别能战斗的创新团队和优秀群体,根据工作和发展需要适时建立太空安全战略创新研究智库。

建设专职化的研究指导力量、专业化的研究主体力量、多元化的研究辅助力量。发挥好机关的决策管理优势,精选懂理论、善谋划的人员加强统筹协调,加强战略管理和计划管控,为各级开展创新搞好服务、创造条件;发挥好研究院专司主营优势,厘清工作界面,用好重大问题联合攻关、重大任务历练等途径,提高理论研究人员专业化水平;发挥大学的优势,以基础理论研究为重点,坚持人才培养、技术创新、理论创新相融合,提高教员队伍整体能力。

充分挖掘利用政策建强队伍。采取合同制、聘用制、借用制等方式,在稳定现有兼职理论研究队伍的同时,要争取建设专职理论研究机构,搞好任务、课题、团队之间的协作,建强太空安全战略研究队伍。真正发现和培养一批肯研究、能研究、懂研究的创新型人才,切实把理论研究能力和成果质量作为干部考察使用的重要指标,量身定制倾斜性政策,为他们创造研究机会、提供便利条件,做到人尽其才、才尽其用。

## (三)完善体制机制

完善统筹管理体制机制。结合国家航天强国建设,以太空安全战略创新研究的统筹管理体制机制为重点,统筹归口研究管理,统筹设计研究内容,统筹分配研究任务,统筹使用研究力量,统筹评估研究成果,推进组织形态和运作方式的现代化,解决太空安全战略创新研究分散封闭、交叉重复、任资不符等问题,提高科研资源配置效益。

完善联合攻关体制机制。打破太空安全战略创新研究单位、部门各自为战的研究模式,打通跨领域、跨专业、跨单位研究的"壁垒",充分发挥机关、使用单位和研究院所的特色优势和整体优势,大力开展跨国家、跨地域、跨单位、跨部门、跨领域、跨专业的协作攻关,开展多学科多专业的研究协作,集智攻关,提高联合研究效益。

完善综合评价体制机制。建立健全以创新能力、质量、贡献为导向的科技人才评价体系,提高代表作、成果实践的评价占比,降低论文、专利、资金数量的评价分值。在坚持现有"会议""专家"等评价方式的基础上,提倡"实践""匿名""查重"评价,推进"跨单位、跨部门"评价,试点"网络"评价、"代表作"评价。把评价结果作为评价单位和个人先进性的重要指标,对成绩显著的单位和个人,在晋职、调岗、任用等方面给予激励,释放人才创新活力。

# 习题

1. 简答太空的概念内涵。
2. 简答太空的重要战略地位作用。
3. 简答太空领域面临的主要安全问题。
4. 简答太空安全的概念内涵。
5. 简答太空安全战略的概念内涵。
6. 简答太空安全战略的构成要素。
7. 简述太空安全战略目标、战略方针和战略手段之间的关系。
8. 结合自己的专业,论述如何进行太空安全战略创新。

# 第二章　世界太空安全战略形势

太空安全关乎全球安全、国家安全和人类安全,引起全球人民和世界各国高度重视。太空是未来国家战略竞争新领域、大国竞争新焦点、军事斗争新战场。太空领域挑战与机遇并存,先入国家将获得巨大的战略优势。世界各国为赢得主动,纷纷抢抓战略机遇,相继出台国家太空安全战略,全面谋划太空安全与发展。太空安全战略形势进入新阶段、呈现新态势、面临新威胁、展现新实力、出现新动向、开展新竞争,太空安全战略格局在世界大变局中调整重塑。

世界太空安全战略形势受国际航天组织、世界各国的太空安全战略形势影响,由国际航天组织、世界各国的相互作用决定。目前,国际航天组织主要有联合国太空委、欧空局等,世界主要航天国家有中国、俄罗斯、美国、法国、德国、英国、印度、日本等。

世界各国是指世界上所有国家和地区,世界上共有 233 个国家和地区,其中有 197 个国家(主权国家 195 个,准主权国家 2 个:库克群岛和纽埃,不含马其他骑士国)、36 个地区。世界各国经济发展水平和经济实力差异较大,根据各国官方数据,表 2-1 列出了 2020 年 GDP 全球前十五强的国家。

**表 2-1　2020 年 GDP 全球前十五强国家**

| 排名 | 国家 | 万亿美元 | 实际增速 | 排名 | 国家 | 万亿美元 | 实际增速 |
|------|------|---------|---------|------|------|---------|---------|
| 1 | 美国 | 20.955 | −3.3% | 9 | 加拿大 | 1.64 | −5.4% |
| 2 | 中国 | 14.73 | 2.3% | 10 | 韩国 | 1.63 | −1.0% |
| 3 | 日本 | 5.02 | −4.6% | 11 | 俄罗斯 | 1.479 | −3.0% |
| 4 | 德国 | 3.81 | −4.9% | 12 | 巴西 | 1.444 | −4.1% |
| 5 | 英国 | 2.71 | −9.9% | 13 | 澳大利亚 | 1.362 | −1.1% |
| 6 | 印度 | 2.62 | −7.0% | 14 | 西班牙 | 1.279 | −11.0% |
| 7 | 法国 | 2.60 | −8.2% | 15 | 墨西哥 | 1.076 | −8.2% |
| 8 | 意大利 | 1.89 | −8.9% | | | | |

# 第一节　世界太空安全战略发展阶段

随着人类社会的进步、国家实力的提升和太空科技的扩散,太空领域得到快速发展,跨入新的阶段,太空领域发展阶段概括起来可分为太空萌芽、太空建设、太空利用、太空控用四个阶段。

## 一、太空萌芽阶段

太空萌芽阶段,是指 1957 年人类第一颗卫星上天之前。人类太空思想的早期萌芽主要见于民间故事或科幻小说,如中国公元前 139 年的“嫦娥奔月”传说,明朝初期的“万户飞天”故事,法国著名科幻小说家儒勒·凡尔纳 1895 年出版的《从地球到月球》,英国著名科幻小说家赫伯特·乔治·威尔斯 1898 年创作的《星际战争》。20 世纪 40 年代,德国、美国和苏联先后启动了多级运载火箭和卫星研究工程,均认识到以卫星为代表的太空技术开发对国家政治和军事都具有重大影响。1942 年,德国成功发射 V-2 火箭。1946 年,美国海军也成功发射 V-2 火箭,飞行高度达 107 千米。1949 年,美“保险杠”二级火箭首次进入太空,飞行高度达 393 千米。1950 年春,世界上一批著名的科学家在马里兰的银泉聚会,讨论通过了探空火箭、气球和地面观测来研究上部大气层和外层空间的一个广泛的国际科学项目——“国际地球物理年”项目,周期为 1957 年 7 月 1 日到 1958 年 12 月 31 日。1955 年春,受美国空军资助的麻省理工学院提交了一份“技术能力小组报告”,即著名的“基利安报告”,指出:人造卫星飞越各国时可以达成高空侦察的效果,为实施卫星战略侦察,需要倡导和建立“太空自由”国际共识。该报告的主要观点被美国国家安全委员会所采纳,收入艾森豪威尔时期第 5522 号国家安全政策文件,国家太空安全问题首次被提出,维护“太空自由”是国家太空安全的最初观点。1955 年 7 月 29 日,美国白宫声明,美国将在国际地球物理年会上发射一枚小型人造卫星。仅隔 4 天之后,1955 年 8 月 2 日,苏联也宣布在国际地球物理年会上发射自己的卫星。

## 二、太空建设阶段

太空建设阶段,是指 1957 年 10 月 4 日苏联第一颗人造卫星发射成功开始,到 1991 年 1 月 17 日海湾战争爆发前为止。1957 年 10 月 4 日,苏联第一颗人造卫星上天,吹响人类向太空进军的号角,标志着人类进入太空时代,开启太空发展建设阶段。人造卫星的上天,在世界引发了关于国家太空安全的新思考,美国认为苏联的太空成就不仅影响了美国和"自由世界"的政治形象,而且未来可能通过太空对美国部署战略力量进行侦察和打击。1958年,美国国家安全委员会出台首份美国太空政策文件,指出:如果任由苏联继续领先,将会对美国的声誉和领导地位造成损害,继而严重威胁美国的国家安全。20世纪60年代,美国肯尼迪总统曾说过:"谁控制了太空,谁就控制了整个地球。"20世纪80年代,美国里根总统提出了著名的"星球大战计划"。在利益和威胁双重推动下,太空发展进入"快车道"。冷战时期,美国和苏联围绕争夺太空优势展开激烈竞争,两国卫星占全球卫星的93%。

## 三、太空利用阶段

太空利用阶段,是指从1991年1月17日海湾战争爆发开始,到2019年12月20日美国正式建立太空军止。1991年,海湾战争爆发,通信卫星、导航定位卫星、侦察卫星、气象保障卫星等在海湾战争中的成功运用,警醒世界各国,推动太空发展利用进入"快车道"。除了美国、俄罗斯、中国、欧洲、日本等传统航天发展大国继续推进航天事业,众多中小国家也开始涉足航天领域,以色列、加拿大、伊朗、巴西、韩国、越南、朝鲜等纷纷进行自己的航天技术发展,以提高国家的国际竞争力和国际地位。在此阶段,以国际空间站为代表的太空国际合作迈上新台阶,推进太空科学探索与应用。1998年11月20日第一块国际空间站组件发射升空,2000年11月2日国际空间站迎来了第一批国际居民,人类在太空中建立了长期居住点。这个阶段,太空能力开始扩散到许多其他国家和商业公司,太空环境更具多样化、破坏性、更加无序、危险,太空领域呈现出许多其他领域不同的不对称性,形成了特定的威慑环境和独特的政策影响。

## 四、太空控用阶段

太空控用阶段,是指2019年12月20日美国正式建立太空军开始至今。2019年12月20日,美国成立太空军,成为美国第六支独立武装力量,标志着世界太空安全进入新阶段,发展重点由"太空利用"向"太空利用与太空控制并重"转变。在这个阶段,太空成为新的作战域,美国、法国、日本等相继成立太空军,各主要国家加速研发太空攻防装备、频繁组织太空安全活动。美国在太空概念构想、太空战略政策、太空产业投资、太空科学技术、太空教育管理等多方面展开行动,以确保在太空领域的领导地位。俄罗斯、中国、欧洲、日本、印度等传统航天大国及时研判世界太空安全战略形势,纷纷加快加大航天科技和航天事业发展,以抗衡美国或者敌对国家的太空干扰和威慑。以色列、加拿大、伊朗、巴西、韩国等中小航天国家,在其各自擅长的领域继续努力,推进国家太空安全力量建设。经过半个多世纪的发展,太空领域已经成为新的兵家必争之地。人类越来越发现国家太空安全力量的重要性,越来越感到有效制天的必要性。只有保持清醒的认识、发展先进的技术、制定合理的法规,才能保证人类在开发利用太空而不是毁灭太空这条路上越走越远。

# 第二节　世界太空安全战略态势

太空是新兴领域,是未来战略竞争制高点,世界各国纷纷抢抓战略机遇,逐梦太空,世界太空安全呈现"抢、用、抗"的战略态势。安全与发展仍是太空领域的两大主题,和平利用太空仍是主流,太空安全问题日益显现,太空军事化武器化趋势加剧。

## 一、抢抓太空安全发展机遇

### (一) 抢抓战略谋划

航天强国美国先后发布《国家太空战略》《国防太空战略》,坚持"太空优先""全球领导""以实力求和平"的战略指导,谋求太空领域全面优势。航天大国俄罗斯、欧盟、日本等分别推出《联邦航天规划》《欧洲太空战略》《宇宙基本法》等,大力提升太空科技经济军事能力,谋求太空领域部分优势。航天发展中国家以色列、巴西、南非、印度尼西亚等开始关注太空,谋求太空领域的一席之地。

### (二) 抢抓发展创新

联合国和平利用太空委员会成员国增至 95 国,美国重建"国家太空委员会"、成立商业航天管理局和航天发展局、建立太空态势感知联盟和太空探索联盟,俄罗斯组建国家航天中心,运营航天国家公司,统筹管理太空发展创新。美国、印度、日本等国持续加大太空投资力度,为打造太空安全力量提供了可靠资金的保障。各国大力推进国家太空安全体系架构、太空互联网、太空运输、太空态势感知、太空碎片清除、太空探索、卫星导航定位等重点工程建设,稳步提升太空能力(图2-1)。

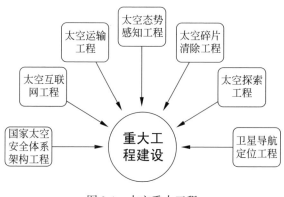

图 2-1　太空重大工程

## (三) 抢抓规则话语

世界航天大国秉持不同观点,美欧主导外空透明与建立信任措施等谈判进程,为碎片清除、天基反导等发展扫除法律障碍;中俄主导防止对外空物体使用或威胁使用武力等谈判进程,致力于防止太空军备竞赛。太空安全利益协调困难,太空治理正由以国际硬法为主向以国际软法为主转变、由政府主导向多方共同治理转变。

## 二、和平利用太空仍是主流

### (一) 民商航天系统发展强劲

世界航天每年发射次数保持相对稳定、入轨航天器数量持续增多,大规模低轨卫星星座不断涌现,四大卫星导航系统投入运行,遥感卫星系统变革性发展,载人航天国际合作日益增强。

### (二) 卫星应用助力经济、社会、科技安全

卫星通信融合互联网业务快速发展,从多个维度对传统行业发展模式与格局产生冲击。卫星导航在航空航海、公路铁路、工业农业等领域广泛融合应用。卫星遥感在抗击疫情、气象预报、灾害响应中发挥的作用越来越大。

## （三）太空探索拓展人类新认识、助力人类新安全

太空探索成效明显,一方面取得了月球表面存在水、火星或存在生命、暗物质粒子被探测、首张黑洞照片面世等创新成果,拓展了人类新认知;另一方面促进了空间生命科学、微重力科学、材料科学研究,开辟了解决人类能源、生态、环境、人口安全问题的新途径。

## 三、太空军事竞争对抗加剧

### （一）太空领域战场化

美国 2018 年 4 月版《太空作战》条令首次将太空列为与陆、海、空并列的作战域,北约、英国、法国、日本等紧随其后,将太空列为新作战域;在军事战略上强调太空实力,在战争设计上强调弹性集成,在作战样式上强调攻防对抗。

### （二）太空军事组织实体化

美国 2019 年正式批准并组建太空军,2020 年 6 月推出太空军组织架构方案。俄 2015 年 8 月组建空天军,并启动空天防御与防空反导综合值班。日本、法国、印度、英国也相继成立太空军事组织机构,统筹太空军事能力建设。

### （三）太空系统装备化

随着太空运输装备多样化、太空信息装备更新换代,太空进出和太空信息支援能力大幅提升。动能、非动能、电子干扰、网络攻击、抵近操控、化学喷涂等太空攻防装备日新月异,太空慑止与攻防对抗能力大幅升级。太空态势感知、太空指挥控制系统日益信息化智能化,太空态势感知与指控能力实现全面综合集成。

### （四）太空演训实战化

美国举行"施里弗""太空旗""全球哨兵""彩色天空"等太空演习,俄罗斯空天军历年参加战略演习和战备检查,印度、法国也相继开始举办太空战略演习。太空演训能力实战化,由战略推演向技战术检验转变;太空演训维度立体化,由单域推演向多域联合转变;太空演训模式联盟化,由国内演练向盟国联动拓展。

# 第三节 太空领域面临的主要威胁挑战

## 一、太空战略政策面临被规制的威胁挑战

### （一）渲染"太空威胁论"

随着太空应用的快速发展、太空技术装备的广泛扩散、太空地位作用的日益凸显，越来越多的国家太空意识觉醒，纷纷开始向太空进军。澳大利亚、埃及、沙特等国相继成立航天局，加拿大、阿联酋、沙特等国相继发布太空战略，卢森堡、芬兰、菲律宾等国相继颁布航天法规。传统航天国家高调渲染"太空威胁论"，认为这一做法对国际太空安全构成严重威胁，对本国在太空领域保持优势地位的焦虑上升。

### （二）封锁太空关键技术装备

世界主要航天大国通过强化出口管制，限制其他国家参与国际交流合作，严格封锁进入、利用和控制太空的核心关键技术装备，增加寻求国际太空技术装备合作的难度，企图进一步拉大与发展中国家的技术装备差距，保持其在太空关键技术装备方面的绝对领先优势。

### （三）剥夺太空规则主导权

某些航天国家为建立"控制空间""主导发展""制定规则"的空间新秩序，一再地拒绝发展中国家提出的签署国际条约、防止外太空部署武器等相关提议，明确提出将主导制定空间相关数据标准，适时推出空间行为准则和军控措施。

## 二、太空资产资源面临被监视、干扰、摧毁、瓜分的威胁挑战

随着科学技术的迅猛发展和各国对太空武器研发的大力投入，军民两用太空装备形成了相互支撑的完整体系，太空侦察监视、太空电磁干扰、动能反卫等能力有了较大提高，进入太空、利用太空、控制太空、探索太空的门槛和成本急剧降低，太空装备日益扩散到更多的国家、组织和非政府武装集团，使之拥有了随时进出太空、利用太空、控制太空、探索太空的能力，太空不再是某些大国独享的特区，太空不再是庇护所，远离地球的太空资产资源不再安全，太

空资产资源被监视、干扰、破坏甚至摧毁的威胁明显增大。

### （一）太空资产被监视

美国太空态势感知系统可以对 10 厘米低轨目标和 30 厘米中高轨目标进行监视和编目管理，俄罗斯空间态势感知能力基本覆盖目前航天器的运行轨道范围，可以对在轨航天器的活动进行严密的监视。

### （二）太空资产被干扰

美国地基电子干扰武器"反通信卫星系统"（CCS），已完成实装部署，能干扰大多数主要的商业频率和最常见的军事频率。俄罗斯发布《太空武器前沿关键先进技术的分析和分类》，发展抗干扰空间系统技术和能遏制太空侵略行为的太空设备。英国 2015 年年底发布首部《国家太空政策》，明确提出致力于维护太空活动安全，保证太空活动免受干扰和打击。

### （三）太空资产被摧毁

美国以导弹防御名义发展反导反卫一体化武器装备，并已实战化部署，具备对低轨卫星动能拦截能力。俄罗斯激光武器可搭载在陆、海、空、天基平台上，能损毁数百公里外的太空资产资源。

### （四）太空资源被瓜分

目前，太空领域 60% 以上的轨道频率资源已被美国、俄罗斯、欧洲瓜分。随着世界主要航天国家大力推进"星链""一网""天域"等大规模低轨星座计划，将开启新一轮太空频轨战略资源争夺，未来太空频轨资源将变得更加稀缺。

## 三、太空安全能力面临被降级失效的威胁挑战

世界主要航天国家加紧研发新型天基侦察监视、预警探测、网络攻击、电磁干扰等手段，积极打造新一代弹性太空安全能力体系，进一步拉大差距，确保太空领域压倒性优势地位，其他国家的太空安全能力面临被降级失效的威胁挑战。

### （一）太空安全权益面临被限制的威胁

少数航天国家公然提出："任何国家和组织（包括盟国）没有获得美国认

可,不允许将太空资源用于发展军事情报或其他军事目的。"《国家太空政策》中明确提出"必要时拒止敌方太空行动自由"的战略策略。

### （二）太空信息优势面临被降级的威胁

世界主要航天国家越来越先进的太空信息支持能力,在倍增其自身太空信息整体效能的同时,将制约其他国家太空信息效能发挥,导致其他国家太空信息能力面临严重削弱降级的威胁。

### （三）太空威慑效果面临失效的威胁

世界主要航天国家不断更新导弹预警卫星,加速发展导弹防御技术,并竭力将其他国家和地区纳入其导弹防御体系。少数航天国家陆基、海基、空基和天基反导手段相结合,可以对弹道导弹在临射状态、主动段、自由飞行段和再入段进行全程拦截,将严重影响他国太空能力战略威慑效果。

## 第四节　世界主要航天国家和地区太空安全战略实力

从太空战略政策、太空领域投资、太空进出能力、太空利用能力等方面的数据对比分析可知,世界各国太空安全战略实力正发生深刻变化,正由"一超多极"向"一超多极诸支点"转变,一超主要指航天强国美国,多极主要指俄罗斯、欧洲(航天一体化)、印度、日本、中国等航天大国,诸支点主要指埃及、澳大利亚、卢森堡、菲律宾、以色列、巴西、印度尼西亚等航天新兴或发展中国家。

### 一、世界主要航天国家和地区太空战略政策概况

近年来,世界主要航天国家和地区为抢占太空未来战略竞争制高点,在稳步推动既定太空战略与政策落实的基础上,纷纷紧盯太空领域最新发展形势,修订或出版新版太空战略政策,引领太空领域安全发展。世界主要航天国家和地区的太空战略政策发布时间、数量、类型等,从一定程度上映射了本国或本地区的太空安全战略实力(表 2-2)。

表 2-2　近年来世界主要国家太空战略政策概览

| 序号 | 国别 | 名称 | 时间 |
|------|------|------|------|
| 1 | 中国 | 《2016 中国的航天》 | 2016 年 12 月 27 日 |
| 2 | | 《2021 中国的航天》 | 2022 年 1 月 28 日 |

续表

| 序号 | 国别 | 名称 | 时间 |
|---|---|---|---|
| 3 | 美国 | 《(白宫)国家太空战略》 | 2018 年 3 月 23 日 |
| 4 | | 《国防部太空战略》 | 2020 年 6 月 17 日 |
| 5 | | 《(太空委员会)深空探索与开发的新时代》 | 2020 年 7 月 23 日 |
| 6 | | 《(太空军)太空力量(SpacePower)》 | 2020 年 8 月 10 日 |
| 7 | | 《(白宫)国家太空政策》 | 2020 年 12 月 9 日 |
| 8 | | 《(能源部)太空能源战略》 | 2021 年 1 月 8 日 |
| 9 | | 《(太空司令部)司令官战略愿景》 | 2021 年 1 月 29 日 |
| 10 | | 《美国太空军数字化愿景》 | 2021 年 5 月 6 日 |
| 11 | | 《(太空委员会)太空优先事项框架》 | 2021 年 12 月 1 日 |
| 12 | | 《(白宫)太空服务、组装与制造国家战略》 | 2022 年 4 月 4 日 |
| 13 | | 《(太空司令部)商业卫星整合战略》 | 2022 年 4 月 6 日 |
| 14 | | 《(太空军)太空试验体系愿景》 | 2022 年 5 月 10 日 |
| 15 | | 《(国土安全部)弹性定位导航和授时合规性框架(2.0 版)》 | 2022 年 5 月 31 日 |
| 16 | | 《(国土安全部)国家太空政策》 | 2022 年 7 月 11 日 |
| 17 | | 《(白宫)国家应对太空轨道碎片威胁计划》 | 2022 年 7 月 28 日 |
| 18 | | 《(白宫)国家地月科技战略》 | 2022 年 11 月 17 日 |
| 19 | | 航天政策 1 号指令《重启美国太空探索计划》 | 2017 年 12 月 11 日 |
| 20 | | 航天政策 2 号指令《简化对太空商业化利用的监管》 | 2018 年 5 月 24 日 |
| 21 | | 航天政策 3 号指令《国家太空交通管理政策》 | 2018 年 6 月 18 日 |
| 22 | | 航天政策 4 号指令《建立美国太空军》 | 2019 年 2 月 19 日 |
| 23 | | 航天政策 5 号指令《太空系统网络安全原则》 | 2020 年 9 月 4 日 |
| 24 | | 航天政策 6 号指令《太空核动力与推进国家战略》 | 2020 年 12 月 16 日 |
| 25 | | 航天政策 7 号指令《美国天基定位、导航与授时政策》 | 2021 年 1 月 15 日 |
| 26 | 俄罗斯 | 《2016—2025 年联邦航天规划》 | 2016 年 |
| 27 | | 《2017—2025 年航天发射场发展规划》 | 2017 年 9 月 19 日 |
| 28 | | 《太空活动领域许可新规定》 | 2020 年 3 月 18 日 |
| 29 | | 《俄罗斯联邦太空活动法》第 13 次修订 | 2020 年 12 月 8 日 |
| 30 | 欧洲 | 《为欧洲统一的空间战略迈向 4.0 时代》 | 2016 年 12 月 2 日 |
| 31 | | 《欧洲航天局既定事务资源支持水平(2017—2021)》 | |
| 32 | | 《欧洲航天局项目计划》 | |
| 33 | | 《(欧洲航天局)2021 年度太空环境报告》 | 2021 年 5 月 27 日 |
| 34 | | 《(北约)太空政策》 | 2022 年 1 月 17 日 |

| 序号 | 国别 | 名称 | 时间 |
|------|------|------|------|
| 35 | 法国 | 《太空防务战略》 | 2019 年 7 月 25 日 |
| 36 | 英国 | 《对地观测技术战略》 | 2017 年 11 月 30 日 |
| 37 | | 《太空防卫战略》 | 2019 年 5 月 22 日 |
| 38 | | 《天基定位导航与授时计划》 | 2020 年 10 月 |
| 39 | | 《太空军事战略》 | 2022 年 2 月 1 日 |
| 40 | | 《太空力量（SpacePower）》 | 2022 年 9 月 1 日 |
| 41 | 日本 | 《日本航天工业展望 2030》 | 2017 年 5 月 12 日 |
| 42 | | 《卫星发射和管理法》 | 2018 年 11 月 15 日 |
| 43 | | 《宇宙基本计划》(第四版) | 2018 年 12 月 11 日 |
| 44 | | 《宇宙基本计划》(第五版) | 2020 年 6 月 30 日 |
| 45 | 爱尔兰 | 《国家太空企业战略 2019—2025》 | 2019 年 6 月 |
| 46 | 卢森堡 | 《外空资源探索与利用草案》 | 2017 年 8 月 1 日 |
| 47 | 芬兰 | 《航天法案》 | 2018 年 1 月 23 日 |
| 48 | 菲律宾 | 《菲律宾航天法》 | 2019 年 8 月 8 日 |
| 49 | 加拿大 | 《加拿大新太空战略：探索、想象、创新》 | 2019 年 3 月 6 日 |
| 50 | 阿联酋 | 《2030 国家太空战略》 | 2019 年 3 月 11 日 |
| 51 | 澳大利亚 | 《国防太空战略》 | 2022 年 3 月 23 日 |

## 二、世界主要航天国家和地区太空领域投资概况

依据太空战略形势、各国优先事项和国际政治环境，世界各国政府太空领域投资的差异较大，如表 2-3 以可视化方式展现了世界各国政府太空领域投资概况。

表 2-3　2017 年世界各国政府太空领域预算

| 序号 | 国家/机构 | 预算/亿美元 | 来源 | 描述 |
|------|-----------|-------------|------|------|
| 1 | 美国 | 433.44 | 美国航天支出 | 美国航天支出 |
| 2 | 欧洲航天局 | 65.58 | 欧洲航天局预算 | 欧洲航天局预算 |
| 3 | 日本 | 30.45 | 日本宇宙航空研究开发机构 | 日本航天支出 |
| 4 | 法国* | 17.13 | 法国国家空间研究中心 | 法国国家空间研究中心预算 |
| 5 | 俄罗斯 | 15.63 | 俄罗斯新闻社塔斯社 | 俄罗斯联邦航天局预算 |
| 6 | 印度 | 14.17 | 印度空间研究组织 2017—2018 年度报告 | 印度航天支出 |

续表

| 序号 | 国家/机构 | 预算/亿美元 | 来源 | 描述 |
|---|---|---|---|---|
| 7 | 德国* | 8.25 | 航天基金会估计 | 德国航天局(DLR)航天支出 |
| 8 | 韩国 | 5.76 | 韩国航天研究所预算 | 韩国航天支出 |
| 9 | 欧洲气象卫星开发组织* | 4.38 | 欧洲气象卫星开发组织2016年年度报告 | 欧洲气象卫星开发组织预算 |
| 10 | 意大利* | 4.21 | 意大利航天局预算 N. 251/2017 | 意大利航天局预算 |
| 11 | 加拿大* | 3.04 | 加拿大航天局2017—2018年部门计划 | 加拿大航天局预算 |
| 12 | 西班牙* | 1.57 | 西班牙国防部国家总预算 | 国家航空航天技术研究所(INTA)预算 |
| 13 | 英国* | 1.27 | 英国航天局2017—2018年企业计划 | 英国航天局预算 |
| 14 | 欧洲联盟* | 0.57 | 欧洲航天工业协会 | 欧洲委员会航天支出 |
| 15 | 巴西 | 0.50 | 巴西政府透明度门户网站 | 巴西航天支出 |
| 16 | 阿根廷 | 1.4778 | 阿根廷政府透明度门户网站 | 2017年阿根廷国家空间活动委员会预算 |
| 17 | 澳大利亚 | 0.3838 | ABC新闻 | 澳大利亚航天开发和探索费用 |
| 18 | 奥地利 | 0.2118 | 奥地利航天局 | 2017年奥地利航天局(ASA)预算 |
| 19 | 玻利维亚 | 0.3021 | 玻利维亚经济和公共财政部 | 2017年玻利维亚航天局预算 |
| 20 | 以色列 | 0.8594 | 以色列航天局 | 2017年以色列航天局预算 |
| 21 | 荷兰 | 0.2282 | 荷兰空间研究所 | 2017年荷兰空间研究所预算 |
| 22 | 尼日利亚 | 0.3154 | 尼日利亚联邦政府 | 拨款 |
| 23 | 巴基斯坦 | 0.2384 | 巴基斯坦政府 | 2017—2018年巴基斯坦航天支出 |
| 24 | 南非 | 0.3544 | 南非国家航天局 | 修正后的支出预估 |
| 25 | 瑞典 | 0.5402 | 瑞典财政部 | 瑞典国家航天委员会(SNSB)年度预算 |
| 26 | 瑞士 | 0.1868 | 瑞士联邦金融管理局 | 2017年瑞士航天支出 |
| 27 | 阿拉伯联合酋长国 | 0.9849 | 阿联酋财政部 | 2017年阿联酋航天支出 |

注:* 不包含向欧洲航天局的出资。

## 三、世界主要航天国家和地区太空进出概况

### (一) 世界主要航天国家和地区的航天发射场

1957 年 10 月 4 日,苏联使用世界上第一枚洲际弹道导弹(ICBM)将人造卫星送入轨道,标志着人类第一次成功实现轨道太空发射。从那时起,运载火箭相继从遍布世界各地的 27 个航天发射场发射,并进入轨道。未来几年时间里,年度入轨航天器数量预计将呈指数级增长,航天发射场成为全球航天器进出太空能力的关键限制因素。现将至今仍在使用的 22 个航天发射场的情况按国别列表,从国别、数量、建立时间、首发时间、地理位置等方面进行简要对比(表 2-4)。

表 2-4  1957—2018 年全球在用 22 个航天发射场概览

| 序号 | 国别 | 名称 | 建立时间/首发时间 | 地点 |
|---|---|---|---|---|
| 1 | 中国 | 酒泉卫星发射中心 | 1958/1970.4.24 | 41.0°N,100.3°E |
| 2 | | 西昌卫星发射中心 | 20 世纪 70 年代/1984.1.29 | 28.3°N,102.0°E |
| 3 | | 太原卫星发射中心 | 1966/1988.9.6 | 38.9°N,111.6°E |
| 4 | | 文昌卫星发射中心 | —/2016.11.3 | 19.6°N,111.0°E |
| 5 | 美国 | 卡纳维拉尔角发射场/肯尼迪太空中心 | —/1958.2.1 | 28.6°N,80.6°W |
| 6 | | 范登堡空军基地 | —/1958.2.28 | 34.6°N,120.6°W |
| 7 | | 沃洛普斯飞行设施 | 1945/1961.2.16 | 37.9°N,75.5°W |
| 8 | | 太平洋航天港综合设施 | 1998.1/2010.11.20 | 57.4°N,152.3°W |
| 9 | | 卡瓦佳林发射场/罗纳行德里根弹道导弹防御试验场 | —/2008.9.29 | 9.1°N,167.7°E |
| 10 | 俄罗斯 | 普列谢茨克航天发射场 | 1957/1966.3.17 | 62.9°N,40.6°E |
| 11 | | 拜科努尔航天发射场 | 1955/1957.10.4 | 46.0°N,63.3°E |
| 12 | | 雅斯尼发射基地 | 2000/2006.8.12 | 51.1°N,59.8°E |
| 13 | | 东方航天发射场 | 2007/2016.4.28 | 51.9°N,128.3°E |
| 14 | 法国 | 圭亚那太空中心 | 1964.4.14/1970.3.10 | 5.2°N,52.8°E |
| 15 | 日本 | 种子岛航天中心 | 1966/1975.9.9 | 30.4°N,131.0°E |
| 16 | | 鹿儿岛航天中心 | —/1970.2.11 | 31.3°N,131.1°E |

续表

| 序号 | 国别 | 名称 | 建立时间/<br>首发时间 | 地点 |
|---|---|---|---|---|
| 17 | 印度 | 萨蒂什·达万航天中心 | —/1980.7.18 | 13.7°N,80.2°E |
| 18 | 朝鲜 | 西海卫星发射场 | 2001/2012.12.12 | 39.7°N,124.7°E |
| 19 | 韩国 | 罗老宇航中心 | 2009.6/2013.1.30 | 34.4°N,127.5°E |
| 20 | 伊朗 | 伊玛目霍梅尼航天中心 | 2003/2009.2.2 | 35.2°N,54.0°E |
| 21 | 以色列 | 帕勒马希姆空军基地 | —/1988.9.19 | 31.9°N,34.7°E |
| 22 | 新西兰 | 火箭实验发射场 | 2016/2018.1.21 | 39.3°S,177.9°E |

### （二）世界主要航天国家和地区的发射航天器情况

自 1957 年 10 月 4 日第一颗人造卫星成功发射以来，截至 2020 年年底，已进行了 6017 次航天发射，其中成功 5509 次，部分失败 132 次，失败 376 次。共发射航天器 10 747 个，其中成功发射和部分成功发射 10 177 个，失败 570 个。在发射的 10 747 个航天器中，按所属国家或地区统计，美国 4586 个，超越俄罗斯位居全球首位，俄罗斯 3762 个，美、俄两国的发射数量约为全球的 77.68%。此外，欧洲 851 个，中国 638 个，日本 281 个，印度 124 个，其他国家和地区共505 个(图 2-2)。

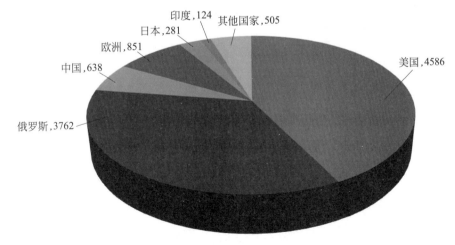

图 2-2　截至 2020 年年底世界各国发射航天器总体数量情况

## （三）世界主要航天国家和地区的年度航天发射情况

2017—2021 年的年度发射次数和总质量的统计分析,可有效反映世界各国发射能力。2017—2021 年不同国家(地区)航天发射次数见图 2-3,2017—2021 年不同国家(地区)航天器发射数量见图 2-4,2020—2021 年不同国家(地区)航天发射质量见图 2-5。其中,2021 年全球共计发射 146 次,美国发射 51 次、总质量 403.3t、航天器 1335 个,中国 55 次、总质量 191.19t、航天器 115 个,俄罗斯 25 次(340 个),欧洲 6 次(19 个),日本 3 次(11 个),印度 2 次(20 个),其他国家 4 次(伊朗发射 3 次,都未取得成功;韩国发射 1 次,也以失败告终)。

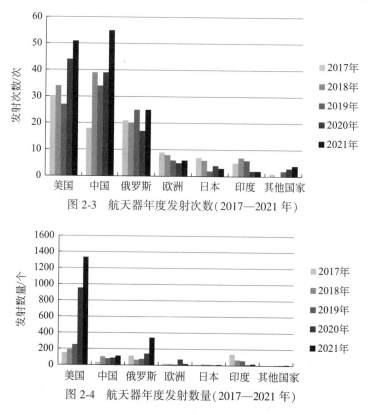

图 2-3　航天器年度发射次数(2017—2021 年)

图 2-4　航天器年度发射数量(2017—2021 年)

## （四）世界主要航天国家和地区的年度航天器研制能力

所谓"按航天器研制国家或地区统计",指的是按照航天器研制机构所属的国家或地区进行统计,既包括该研制机构为本国或地区研制的航天器,也包括其为国际用户研制的航天器。

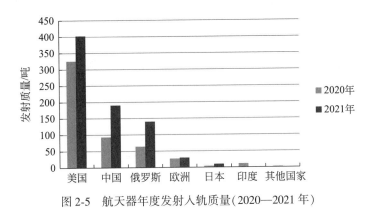

图 2-5　航天器年度发射入轨质量（2020—2021 年）

2017—2021 年不同国家（地区）年度航天器研制数量见图 2-6，2020—2021 年不同国家（地区）航天器研制质量见图 2-7。

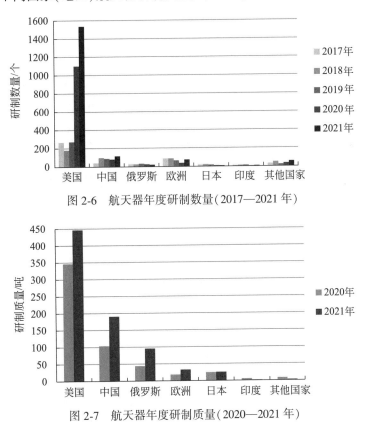

图 2-6　航天器年度研制数量（2017—2021 年）

图 2-7　航天器年度研制质量（2020—2021 年）

2020 年，全球共计研制发射航天器 1277 个，其中美国发射 1099 个，中国

77 个,俄罗斯 23 个,欧洲 36 个,日本 7 个,印度 3 个,其他国家 32 个。

2021 年,按成功入轨航天器研制国家或地区统计,美国研制航天器数量与质量均排名第一,中国均排名第二。从数量看,美国研制的航天器数量为 1535个,较 2020 年增加约 40%,占全球入轨航天器总数的 84%,主要原因是美国太空探索技术公司的"星链"卫星和欧洲"一网"星座卫星目前都在美国研制,这两个星座的卫星总数达 1273 颗,占美国全年研制航天器总数的 83%;中国研制的航天器数量为 113 个,比 2020 年增加约 44%,仍大幅领先欧洲,位居全球第二;欧洲研制航天器数量为 72 个,位居全球第三;日本研制航天器数量为 25个,位居第四;俄罗斯研制航天器数量为 18 个,位居第五。从质量看,美国研制航天器总质量约 447.5t,较 2020 年增长约 29%;中国研制航天器总质量达到 190.5t,较 2020 年增长约 84.2%,且大幅领先俄罗斯,稳居全球第二,这主要得益于中国载人空间站开启全面建设;俄罗斯研制航天器总质量为 95.5t,相较 2020 年实现增长,排名第三。

### (五)世界主要航天国家和地区的年度入轨航天器情况

按照成功入轨航天器所归属的国家或地区统计,近年来由于低轨星座的部署,美国、欧洲的航天器数量较多、增长较快。在 2021 年的入轨的航天器中,美国航天器数量为 1251 个,继续以绝对优势排名第一。美国航天器大幅增长的主要原因在于,美国太空探索技术公司(SpaceX)继续推动"星链"(Starlink)星座部署,分 19 批次部署了 989 颗"星链"卫星。属于欧洲的航天器数量为 358 个,位居全球第二,其主要构成是"一网"(OneWeb)通信卫星星座,分 8 个批次部署了 284 颗"一网"卫星;属于中国的航天器数量为 113 个,排名第三;日本航天器数量 22 个,排名第四;俄罗斯、印度位列其后。2017 年至 2021 年,世界各国(地区)航天器入轨情况见图 2-8。

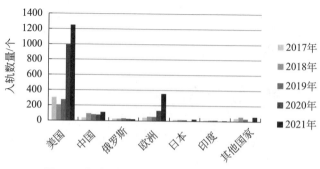

图 2-8　年度入轨航天器情况(2017—2021 年)

### （六）世界主要航天国家和地区的年度在轨航天器情况

所谓"在轨航天器"是指在轨运行并正常工作、提供业务服务的航天器,寿命结束停止服务、但仍在轨驻留的航天器不纳入统计。近年来,由于低轨星座、微小卫星的快速发展,年度在轨航天器数量快速变化。截至2021年年底,全球在轨运行、提供服务的航天器总数量5074个。美国3047个,占比由56.00%增长到60.05%;欧洲812个,占比由13.55%增长到16.00%;俄罗斯178个,日本106个,印度67个,其他国家或组织共864个。2019—2021年,世界各国(地区)在轨航天器情况见图2-9。

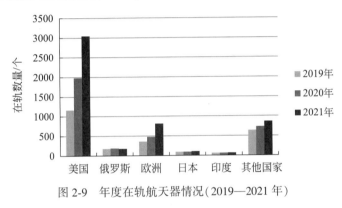

图2-9　年度在轨航天器情况(2019—2021年)

## 四、世界主要航天国家和地区太空利用概况

### （一）通信卫星

自1958年12月18日第1颗通信卫星成功发射以来,国外已经成功发射4760颗通信卫星。截至2021年12月,国外共计有3065颗通信卫星在轨运行,通信卫星仍是全球在轨数量最多的一类航天器。美国数量最多,共计2226颗,欧洲572颗,俄罗斯89颗,日本20颗,印度19颗,其他国家共计139颗。2021年,国外通信卫星成功部署的数量较2020年增加389颗,"星链""一网"等低轨互联网星座的大规模部署是卫星数量增加的重要原因。美国稳居第一,欧洲位居第二,美国和欧洲发射总数量占比超过90%,继续保持领先地位。从在轨数量上看,美国、欧洲、俄罗斯位居前三位,三者在轨总数量占比达94%。2019—2021年国外通信卫星的年度在轨数量情况见图2-10,2020—2021年国外通信卫星的年度发射数量情况见图2-11,2019—2021年国外通信卫星的年度发射总数见图2-12。

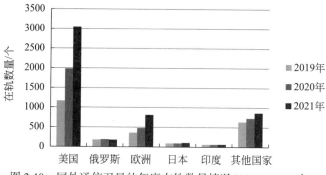

图 2-10　国外通信卫星的年度在轨数量情况（2019—2021 年）

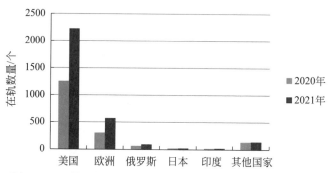

图 2-11　国外通信卫星的年度发射数量情况（2020—2021 年）

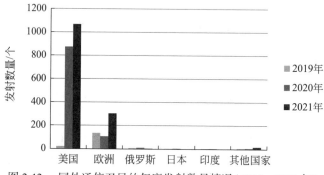

图 2-12　国外通信卫星的年度发射数量情况（2019—2021 年）

## （二）导航卫星

全球卫星导航系统（GNSS）方面，四大 GNSS 均已开通全球服务，其中美国 GPS、俄罗斯"格洛纳斯"（GLONASS）、中国"北斗"为全面运行状态，欧洲"伽利略"（GALILEO）系统为初始运行状态。区域导航系统方面，日本的"准天顶系统"（QZSS）于 2018 年 11 月投入初始运行并提供服务；印度的区域导航卫星系统在国际推广方面取得进展,国际海事组织(IMO)于 2020 年 11 月 11 日通过的通告,认可"印度区域导航卫星系统"(IRNSS)成为世界无线电导航系统的组成部分,成为继美国、俄罗斯和中国之后第四个被国际海事组织认可的拥有卫星导航系统的国家。截至 2021 年 12 月,国外在轨运行并提供导航服务的卫星 86 颗,其中,美国 GPS 系统 30 颗,俄罗斯 GLONASS 23 颗,欧洲 GALILEO 22 颗,日本"准天顶卫星系统"4 颗,"印度区域导航卫星系统"7 颗。2017—2021 年,国外在轨运行并提供导航服务的卫星情况见图 2-13。

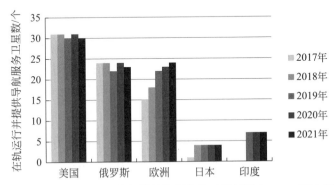

图 2-13 国外在轨运行并提供导航服务的卫星情况(2017—2021 年)

## (三) 对地观测卫星

截至 2021 年年底,国外共有 618 颗民商对地观测卫星在轨运行。其中美国 402 颗,欧洲 77 颗,俄罗斯 15 颗,日本 26 颗,印度 18 颗,其他国家 80 颗。美国仍是拥有民商对地观测卫星最多的国家,并且在数量和能力上占有绝对优势。按用途统计,民用卫星 178,商用卫星 440 颗。2020—2021 年,国外民商对地观测卫星在轨运行情况见图 2-14。

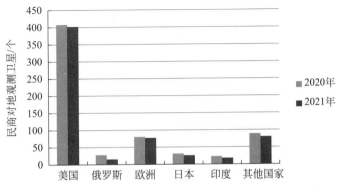

图 2-14 国外民商对地观测卫星在轨运行情况(2020—2021 年)

# 第五节　世界各国太空安全战略动向

在太空领域"一超多极诸支点"的总体格局下,各国结合世界太空战略形势和国家太空利益,顶层谋划太空领域未来安全与发展。

## 一、一超化航天强国

航天强国美国将太空提升为优先领域,谋求主导太空未来发展。近几年,美先后发布新的《国家安全战略》《国防战略》《国家太空战略》《国防太空战略》,将太空提升为优先领域,突出强调美国必须维持在太空的领导力和行动自由,强化在"太空"疆域的能力,将在太空疆域中慑止、反制和击退对美国及其盟国的国家利益视为有敌意的威胁。研发猎鹰重型火箭,建设"太空篱笆",发展基于导弹的反导武器,实施"星链"计划,开发增强型极地卫星系统通信载荷,探索在轨装配、碎片清除等具备多种用途的太空先进技术,太空平台智能化、网络化、远程化、精确化、无人化、隐形化趋势明显。美将太空作为新的作战域,关注制天权,指出太空安全面临动能攻击、非动能攻击、电子攻击、网络攻击四大威胁,提出太空威慑、太空有限战等理论,试图建立一个更有弹性的、可防御的太空体系架构。将"跨机构联合太空作战中心"(JICSPOC)正式更名为"国家太空防御中心"(NSDC),重建国家太空委员会,组建联合太空作战司令部,大力推进太空军事力量独立成军。截至 2020 年 9 月,美国已建立了力量规模约 4.5 万人的专业化太空部队,组织了 13 次"施里弗"、9 次"太空旗"、6 次"全球哨兵"等演练活动。

此外,美国还不断建立健全太空作战联盟、太空态势感知联盟,引起世界各国关注。2019 年 4 月 10 日,美国、英国、加拿大、澳大利亚、新西兰、法国、德国 7 国联合发布"关于联盟太空作战的多国声明"。截至 2020 年 7 月,美国先后与 25 个国家、2 个国际组织、80 余家商业航天公司开展太空合作,共签署了 117 份太空态势感知数据共享协议。

## 二、多极化航天大国

俄罗斯、欧洲、印度、日本、中国等航天大国高度重视太空领域,谋求太空领域部分优势。

## （一）俄罗斯努力重建太空强国

普京执政后,以重振航天大国雄风为己任,先后颁布多部太空战略政策,全面谋划航天发展;积极参与商业航天国际竞争,加强新型发射运载技术、在轨操控技术、载人航天技术等传统优势领域的创新发展,确保实现俄罗斯航天技术处于世界先进水平;提出进攻和先发制人的理念,保持一定的太空力量,并在部分领域威慑和制衡美国。

2010 年 2 月,俄政府发布新版《俄联邦军事学说》,突出太空安全在国家安全和发展中具有不可替代的重要地位和作用。2012 年,出台《2030 年及未来俄罗斯太空发展战略(草案)》,对未来 30 年太空能力发展做出全面规划,在财政方面对太空新型领域持续高投入,重点发展天基共轨动能反卫和激光反卫等武器。

2019 年 4 月 16 日,俄罗斯总统普京在国家安全委员会扩大会议上指出,俄罗斯航天发展的优先方向:一是深度升级改造航天工业基础;二是引入现代科研生产管理模式;三是加强航天成果在通信、医疗等民用领域的应用;四是增加出口,提升在全球商业航天服务市场份额;五是持续解决阻碍航天工业发展的主要问题,如工程延期和超预算以及卫星有效载荷性能落后等。据此,普京提出 4 项关键任务:①调整和更新《2030 年及以后国家航天政策》《国家航天集团公司发展战略》等文件;②形成长期领先的科技储备,包括持续监控先进技术的开发和引入,探索创新发展的有效机制,向关键领域集中资源,发展新型公私伙伴关系等;③加快基础设施建设,完成东方发射场二期建设并增加使用频次,确保"安加拉"-A5、"安加拉"-A5M 火箭 2021 年和 2025 年在该发射场首飞;④吸引和留住优秀人才。

2018 年 5 月 22 日,俄罗斯航天国家公司推出全球卫星互联网项目,提出构建由 288 颗运行在 870 千米轨道的卫星组成的互联网。该公司总经理安德烈·秋林称:该项目"不仅是要建设卫星互联网,还将利用卫星创建混合互联网络。该互联网将使用手机网络、通信卫星转发器和其他类型的转发器"。并称该网络将更便宜、更高效、更稳定。俄罗斯计划 2025 年建成网络,预计耗资 3000 亿卢布(约 48 亿美元)。俄罗斯计划组建有"能源"火箭航天公司和电信业企业参与的财团,厘清商业运行模式,吸引私人投资和基金注资。

据俄罗斯《航天新闻》杂志 2018 年 4 月 28 日报道,"格洛纳斯"卫星的国产零件占比已超过 60%,俄罗斯航天国家公司及相关企业正在开展"进口替代"计划,2022 年该比例将升至 90%,2025 年实现卫星零件全面进口替代。

俄罗斯 2011 年将航天兵和空军的防空部队合并,组建空天防御兵;2015年,又将空军和空天防御兵合并,成立空天军,其中太空部队约 3 万人。

## (二) 欧盟力争太空重要一极

欧盟委员会从自身的安全需要出发,2016 年 10 月 26 日发布新版《欧洲太空战略》,强调欧盟自主进入和利用太空是欧盟政策的战略要素,提出大力增强太空态势感知与应对威胁的能力,推动太空领域发展,逐步摆脱美国的影响,引领 2030 年前欧洲太空发展方向,增强欧洲在太空领域的领导地位,并增加其在国际太空市场上的份额。

欧盟将"全球环境与安全监测计划"(GMES) 和"伽利略"卫星导航系统两个军民两用太空发展计划作为欧洲太空发展重点,加强合作,争夺太空资源,谋求太空优势。2019 年 12 月 17 日,欧洲航天局发射全球首颗名为 OPS-SAT的太空软件实验卫星,其搭载了有史以来功能最强大的太空计算机,可用于测试实际太空条件下的新型飞行任务方法。

与此同时,法国、德国、比利时、西班牙、意大利等共同合作建设"太阳神"系列侦察卫星;意大利和法国合资研制"西克拉尔 2"通信卫星;法国、瑞典、比利时合作发展"斯波特"系列民用光学成像卫星等。

针对目前太空竞争愈发激烈、卫星受网络攻击有增无减等现实威胁,近年来欧洲国家不断调整其防务政策,主要包括:增加与太空相关的国防开支,2024 年至少一半的北约国家将 GDP 的 2% 用于国防;在卫星通信领域充分利用商业新技术,例如高通量商业卫星已彻底改变太空体系架构,可为各国提供极强的太空能力与联通。同时,各国亦在探索增强太空安全的具体办法,欧洲试验"鱼叉"太空垃圾移除技术。此外,波兰未来 8 年计划投资 4.2 亿美元用于卫星研制和航天技术研发。西班牙利用 SpaceX 公司"猎鹰"9 火箭将 1 颗Paz 军民两用侦察卫星送入预定轨道。

与此同时,太空军事化步伐加快,2019 年 11 月 20 日,在布鲁塞尔举行的一次会议上,北约各国外长首次正式宣布太空与空中、陆地、海洋和网络空间一样,都是作战域。2020 年 2 月 11—12 日,在加拿大渥太华举行的《联盟太空作战(CSPO)倡议》国家代表会议上,理事会正式认可法国和德国加入,至此联盟成员包括美国、澳大利亚、加拿大、英国、新西兰、德国和法国 7 国。CSPO 的重点领域包括天域感知、兵力支持、发射和再入评估以及紧急行动。2019 年 7月 25 日,在法国防空与空中作战司令部(CDAOA),法国国防部长佛罗伦斯·帕利公布了法国新《太空防务战略》,战略的核心内容是将采取积极的防御措施来保护卫星,包括使用纳米卫星和反卫星激光武器来回击。2019 年 9 月 4 日,法国国防部长弗罗伦斯·帕利签署命令,正式在法国空军内部组建成立太空司令部。法国太空司令部是联合司令部,向空军参谋长报告,接受法国武装部队总参谋长的指令,负责法国军事太空政策的制定与执行、太空作战等。法国太空司令部使用商业设施监视地球同步轨道。2020 年 9 月,法国空军已更名为法国空天军,实现了 2019 年 7 月法国总理马克龙提出的成立空天军的计划。

## (三) 印度加强太空安全能力建设

印度将太空作为关键领域,将提升太空能力作为发展重点,大力推进航天强国建设,塑造航天大国形象。

2015 年 8 月 21 日,印度政府最终接受印参谋长委员会在 2012 年提交的建议,将组建三个新的联合司令部,分别负责太空、网络和以特种作战形式存在的秘密战三大关键作战域。2019 年 4 月,印度成立国防太空局(DSA),同年 6 月初批准成立国防太空研究组织(DSRO),专门负责研发太空作战系统和相关技术,包括太空态势感知、情报监视与侦察、定向能武器、电子战、编队飞行以及卫星行动等,为国防太空局提供技术与研发支持。2019 年 7 月 25—26 日,印度举行首次 IndSpaceEx 太空战模拟演习。演习形式为桌面兵棋推演,旨在评估印度的太空与反太空能力,帮助印度起草联合军事太空条令以保护在轨卫星。印度军方和科学界相关人员均有参与。印度还以"烈火-5"导弹为基础研制反卫星动能武器,2019 年 3 月 27 日,印度进行了"女神使命"地基反卫星试验,成为世界上又一个试验反卫武器的国家。

2017 年,印度耗资 21 亿美元、12 年时间建设的"印度区域导航卫星系统",遭遇了大规模原子钟故障,在轨 21 部进口铷原子钟中 9 部失效,导致系统服务无法及时交付。2018 年 5 月 7 日,《印度时报》报道,印度艾哈迈达巴德空间应用中心近日称,印度成功研制出首个国产导航原子钟样机,该样机目前正在进行质量测试,后续计划在试验导航卫星上进行精度与稳定性在轨验证。

## (四) 日本企图太空突围

日本提出 21 世纪要成为与美国、俄罗斯、欧洲并列的太空大国,先后密集出台太空战略政策,将太空安全项目置于太空开发计划首位,大力提升太空战略竞争力。

2016 年 8 月,日本发布第二次世界大战后首个《防卫技术战略》,将太空技术作为重点技术方向,将卫星托管型红外探测器技术、太空监视技术、机载空中发射技术、提高任务效果技术等列为未来太空技术领域优先发展方向,将"情报搜集""情报共享""稳定利用"作为核心太空能力。

2017 年 5 月 12 日,日本内阁府太空政策委员会公布《日本航天工业展望2030》。文件重点梳理了全球以及日本的航天工业发展现状,总结了日本的航天工业发展及太空利用事业中存在的问题、航天工业海外拓展现状及问题,并给出相应措施。

2017 年 8 月 6 日,日本首相安倍晋三针对防卫大纲修订应调整的领域,明确表示:"将太空、网络等新防卫作战域作为研究课题。"

2020 年 6 月 30 日,日本内阁府发布修订版《宇宙基本计划》,仍将"确保太空安全"作为日本太空战略的首要目标,提出要在安全领域充分发挥小卫星星座的作用,包括在探测、追踪导弹的技术方面、探月方面与美国合作,还将推进月球南北极水资源的探测。放宽民间企业参与的限制,在未来 10 年将日本航天产业的市场规模从当前的约 1.2 万亿日元扩大数倍,提出在 21 世纪 30年代早期实现国内航天产业规模翻番的目标。

2020 年 7 月 14 日,日本政府发布的 2020 年版《防卫白皮书》指出:在防卫政策方面,加强太空、网络安全、电磁波等新领域的能力;在防卫能力方面,构建太空作战部队,建设太空态势感知系统,建设太空态势感知卫星,加强太空情报搜集能力;在体制建设方面,构建太空态势感知体制,推动侦察雷达及其运行系统建设,监视威胁日本卫星的太空垃圾;在日本同盟方面,加强在太空及网络领域、"综合导弹防御""联合训练和军事演习""情报监视侦察"等领域的合作。

日本将太空安全项目置于日本太空开发计划的首要位置,接连突破太空开发禁区,强力推动新型卫星研发,力图打造日本的太空堡垒。计划将更多的太空项目和成果投入实际应用,发展集侦察、预警、通信等功能于一体的新一代卫星系统,使侦察卫星系统同其他卫星系统结合,实现自卫队力量陆海空天全域运用、多维支撑。2020 年 4 月 17 日,日本国会正式通过《防卫省设置法》修正案,批准 2020 财年在日本航空自卫队下设置"宇宙作战队"。2020 年 5 月18 日,日本航空自卫队首支太空部队"宇宙作战队"正式成立并举行授旗仪式。

## (五)英国反制太空威胁

英国一方面依据欧洲和美国建设联合太空安全能力,另一方面加快制定颁布太空战略政策,建设独立的太空安全能力。2015 年 12 月 15 日,英国发布了其首个《国家航天政策》,规定国防部负责利用航天能力为军事行动提供支撑,"与应对其他国家战略威慑相同的方式"应对太空威胁,更多地参与"对可能中断、降级或破坏太空基础设施的威胁和危险进行监视"的项目。

2017 年 2 月 21 日,英国发布《英国航天法》草案,主要内容包括航天飞行相关规定、授权许可、限制使用范围、安全、保障,以及责任赔偿和保险等。2017 年 11 月 30 日,英国航天局发布"未来十年英国在新兴对地观测技术领域处于世界领先地位"的战略愿景,提出"促进出口和经济增长、使英国处于对地观测技术的最前沿、提高对地观测能力、投资欧空局和其他机构的对地观测任务"四大目标,强调要充分利用对地观测技术服务于经济、科学和社会发展。

2018 年 5 月 1 日,英国政府首相特雷莎·梅表示,将组建由英国航天局牵头的工作组,研讨建设独立的"全球卫星导航系统",反制欧盟将英国排除在"伽利略"项目之外。2018 年 7 月 15 日,英国航天局宣布,已向高地与群岛公司(HIE)投入 250 万英镑启动资金,在苏格兰北部约瑟兰兴建垂直发射航天港,预计 2020 年年初提供发射服务;未来还将投入 200 万英镑兴建水平发射航天港。

2019 年 5 月 22 日,英国国防大臣加文·威廉姆森宣布英国启动了首个《太空防卫战略》。一旦英国被欧盟排除在"伽利略"卫星计划外,英国将独立发展太空领域,把在英国国防太空部门工作的专家人数增加 20%、提高到 600 人,由英国皇家空军接管国家太空任务的"控制权和指挥权"。

## (六) 中国建设航天强国

中国发挥新型举国体制优势,加快航天强国建设。2016 年 12 月,中国国务院新闻办公室发布《2016 中国的航天》白皮书,描述了中国建设航天强国的发展愿景:全面建成航天强国,具备自主可控的创新发展能力、聚焦前沿的科学探索研究能力、强大持续的经济社会发展服务能力、有效可靠的国家安全保障能力、科学高效的现代治理能力、互利共赢的国际交流与合作能力,拥有先进开放的航天科技工业体系、稳定可靠的空间基础设施、开拓创新的人才队伍、深厚博大的航天精神,为实现中华民族伟大复兴的中国梦提供强大支撑,为人类文明进步做出积极贡献。

2022 年 1 月 28 日,中国国务院新闻办公室发布《2021 中国的航天》白皮书。白皮书指出,当今世界,越来越多的国家高度重视并大力发展航天事业,世界航天进入大发展大变革的新阶段,将对人类社会发展产生重大而深远的影响。白皮书说,中国始终把发展航天事业作为国家整体发展战略的重要组成部分,始终坚持为和平目的探索和利用外层空间。站在全面建设社会主义现代化国家新征程的历史起点上,中国将加快推进航天强国建设,秉持人类命运共同体理念,继续同各国一道,积极参与外空全球治理与交流合作,维护外空安全,促进外空活动长期可持续发展,为保护地球家园、增进民生福祉、服务人类文明进步做出新的更大贡献。

## 三、支点化航天新兴发展国家

世界航天新兴发展国家,如澳大利亚、加拿大、埃及、卢森堡、韩国等,普遍认为太空领域在 21 世纪具有重大的战略意义,对于任何国家来说失去进入太空的机会都会产生严重的后果,但又清醒地认识到他们这些国家人口少、经济体量小、太空实力有限,不可能在世界太空领域占据重要地位,因此,必须开始关注太空,谋求太空领域创新发展机遇,力争太空领域一席之地。

### (一) 成立国家航天局

埃及成立国家航天局。2017 年 9 月 27 日,埃及内阁批准成立国家航天局。此前埃及航天活动主要由国家遥感和太空科学局负责管理。

澳大利亚成立航天局。2018 年 5 月 14 日,澳大利亚政府宣布,7 月 1 日将正式成立澳大利亚航天局,支持航天工业发展,协调国内航天活动,开展太空国际合作,负责航天立法,建设具有全球竞争力的航天工业,参与全球航天竞争。

沙特成立航天局。2020 年 2 月 24 日,沙特王子苏丹·本·萨勒曼主持召开沙特航天局董事会第一次会议,标志沙特航天局正式成立。沙特航天局于 2018 年 12 月组建,并于 2019 年制定了国家太空战略。

### (二) 发布太空战略

加拿大发布《国家太空战略》。2019 年 3 月 6 日,加拿大政府发布《探索、想象、创新:加拿大新太空战略》,主要内容包括:通过参加美国国家航空航天局(NASA)的"月球门廊"项目,利用机器人技术优势推进人工智能和生物医学等技术创新;提出"青少年航天员计划",培养下一代航天人才;设立专项资金支持航天领域的创新公司,发展商业航天促进经济增长和创造就业机会;确保加拿大在获取和使用天基数据方面领先,促进科学创新和经济发展。

阿联酋内阁批准《2030 国家太空战略》。2019 年 3 月 11 日,阿联酋内阁批准了《2030 国家太空战略》。该战略旨在实现阿联酋在太空探索、技术和应用领域的愿景，包括 6 个目标、21 个计划和 79 个倡议，这些目标和倡议将转化为使阿联酋 85 个以上实体受益的重点领域计划。阿联酋航天局负责与战略伙伴以及国外 20 多个机构和航天中心合作，跟踪该战略的执行情况。

澳大利亚发布《国防太空战略》。2022 年 3 月 23 日，澳大利亚发布了《国防太空战略》。首先，描述了战略背景。太空正在成为更加拥挤和对抗性的作战域，对国家的安全至关重要，澳大利亚国防部已认识到太空领域的重要性，太空进入和自由使用将保障澳大利亚投射军事力量的能力。其次，阐明了战略愿景。确保澳大利亚在民用和军用方面实现太空能力，在整个政府范围内进行太空能力整合，并与美国、其他盟友和合作伙伴，以及工业界合作。再次，阐明了使命。确保太空力量的战备状态，以保障澳大利亚在和平与战争中的利益。然后，确定了五条工作路线。一是增强国防部太空能力，确保联合部队在拥挤、对抗性和竞争的太空环境中的准入；二是整合整个政府以及与盟友和合作伙伴之间的军事能力，保障澳大利亚国家安全；三是增加对太空重要性的认知；四是提高澳大利亚捍卫主权的太空能力，支持国家太空体系的可持续发展；五是发展国防太空体系，确保连贯、高效和有效地利用太空领域。最后，确定了太空能力基础阶段、发展阶段、成熟阶段的交付成果。

## （三）颁布太空法规

卢森堡出台《外空资源探索与利用草案》。2017 年 8 月 1 日，卢森堡出台《外空资源探索与利用草案》，允许本国商业团体占有外空资源，新法律消除了《外层空间条约》的不确定性，刺激了投资，使卢森堡成为欧洲第一个为外空资源商业开采立法的国家。

芬兰颁布首部航天法案。2018 年 1 月 23 日，芬兰首部航天法案生效，用来指导和监督芬兰航天活动。法案规定了卫星运营商条例、航天活动许可审批制度，以及国家卫星登记中心运行规则等，法案中关于授权、保险和监督的规定不适用于国防部门的航天活动。

菲律宾颁布首部航天法。2019 年 8 月 8 日，菲律宾总统杜特尔特签署第 11363 号共和国法案《菲律宾航天法》，该法案共 29 条，为菲律宾开展有组织、有计划的国家航天活动奠定了必要的法律基础。

## （四）发展太空手段

韩国宣布用于国家安全的低轨星座计划，韩国空军与美国太空军举行联合演习,加强双方太空态势感知能力。朝鲜不断试射中远导弹,提高对太空威慑能力。阿拉伯联合酋长国"希望"号轨道飞行器探火展示太空能力。以色列、巴西、印度尼西亚等国家和地区都从维护自身利益出发,加快航天新需求、新技术、新装备、新应用发展。巴基斯坦 2018—2019 年航天预算增长 34%,新增三个项目,旨在减少对国外机构和卫星的依赖,发展本国航天研发能力。

### (五) 推进太空军事化

澳大利亚成立太空司令部。2022 年 1 月,澳大利亚国防部发布消息称,正式成立澳大利亚太空司令部,以实现澳大利亚的"战略空间雄心"。该部门由空军副司令凯西·罗伯茨领导,成员超过 100 人,分别来自澳大利亚空军、陆军、海军及航天局的合作军工企业。3 月 22 日,澳大利亚太空司令部正式开始运作。澳大利亚国防部长彼得·达顿表示,未来或组建"一支美国式太空部队",这是"为保护国家利益及未来对太空部队的需求而做出的必要努力"。澳大利亚成立及正式运行太空司令部,主要有拓展"军事疆域"、应对"大国威胁"、保障"太空资产"三方面战略考量。

韩国军方组建太空军事协调机构。2022 年 1 月 3 日,韩国参谋长联席会议宣布,韩国军方已组建了一个太空军事协调机构,以陆、海、空跨军种合作为基础,指导太空军事事务,发展太空军事能力,并筹划和执行联合太空行动。韩国参谋长联席会议将发挥主导作用,负责建立太空军事战略,制定联合太空行动原则,规划部队执行的任务等。

## 第六节 大国竞争聚焦太空领域

当今世界,各种国际战略力量分化组合,国际战略格局深度调整,国际体系加速变迁,世界面临百年未有之大变局。世界多极化趋势不可逆转,冷战思维抬头,大国竞争日益聚焦太空领域。

### 一、世界重新步入大国竞争时代

美国先后调整国家安全战略和国防战略,战略重点转向大国竞争。2017 年版《国家安全战略》认为,美国正处于一个新的竞争环境之中,激烈的军事、经济与政治竞争正在全球层面展开,只有大国才对美构成战略挑战,"大国之间的竞争又回来了"。特朗普总统在报告发布当天的演讲中指出:"不论喜欢与否,我们都已进入到竞争的新时代。"美国《国防战略》明确提出,国家间战略竞争已取代恐怖主义成为美国最重要的国家安全关切,将中俄定位为战略竞争对手。美国国防部2019年6月1日公布《印太战略》报告,7月1日,再次发布了修正版,对于原版中的个别信息做出了调整。印太战略重启冷战思维,将战略重心由欧洲转向亚太。印太战略的本质是奥巴马政府所提出的亚太再平衡战略的拓展和延伸,是由地缘政治竞争所导致的国家战略竞争。美国政府认为,开展大国竞争是当前最重要的战略事项,奉行"美国优先""以实力求和平"等理念,凡是符合美国利益的事,美国全力支持,凡是不符合美国利益的事,美国坚决反击,甚至不惜采取军事手段。

在当前以美国为主导的世界政治格局和经济体系下,美国重启大国竞争,其他大国被迫应对,世界重新进入大国竞争时代。

## 二、太空成为大国竞争的新焦点

太空是未来战略竞争制高点,是大国竞争的新领域、新焦点。为赢得未来战略优势,美国、俄罗斯、欧洲、印度、日本等国家和地区相继出台太空战略,积极谋划太空发展,在顶层设计、核心能力、科技创新、武器装备、经济发展、优秀人才等方面展开激烈角逐。

### (一) 太空顶层设计竞争

美国新版《国家安全战略》将太空提升为优先领域,确保美国在太空的领先与成功。美新版《国防战略》将太空、网络、核列为大国竞争的三大重点领域。美《国家太空战略》《国防太空战略》加强"太空弹性体系建设",主导全球太空发展,不受阻碍地进出太空、利用太空,维护太空核心利益。俄罗斯先后推出《2016—2025年联邦航天规划》《2030年及未来俄罗斯航天发展战略》《2050联邦航天规划》等,确保实现俄罗斯航天技术处于世界先进水平,并在部分领域威慑和制衡美国。印度发展"区域导航卫星系统",开展反卫试验,向航天大国迈进。日本提出21世纪要成为与美国、俄罗斯、欧洲并列的空间大国。中国发布《中国的航天》,将太空作为国家建设和社会发展的重要领域,推进"航天强国"建设。欧盟委员会发布新版《欧洲太空战略》,提出大力增强空间态势感知与应对威胁的能力,逐步摆脱美国的影响。

### (二) 太空核心能力竞争

美国前总统肯尼迪曾说:"谁控制了太空,谁就控制了整个地球。"美国将太空提升为优先领域,主张维持在太空的领导力和行动自由,强化在"太空"疆域的能力。俄罗斯将维护太空力量平衡实现太空安全,列为国家安全优先考虑事项,把太空优势作为确保国家安全的重要手段。欧盟强化增强空间安全能力,争夺太空资源,谋求太空优势,确保有效应对太空威胁。印度将太空作为关键领域,将太空和反导等作为建设重点,谋求太空控制权。日本将太空安全项目置于日本太空开发计划的首要位置,接连突破太空开发禁区,强力推动新型卫星研发,力图打造日本的太空堡垒。

## (三)太空科技创新竞争

太空科技是大国太空竞争成败的关键,是确保未来太空安全的战略基础。世界各主要太空国家重点在太空互联网、重型快速重复发射、天基感知、太空操控等科技领域展开激烈角逐。SpaceX 公司大力发展太空互联网卫星计划——"星链"计划,旨在通过在近地轨道部署约 4.2 万颗小卫星,以实现互联网接入的全球覆盖,届时全球任意地点的用户都可通过"星链"星座接入互联网。该计划一旦成功运用于战场,美军将可实现单兵实时通信、战场全维态势感知、武器装备全域互联等,将大幅提升美军联合作战能力。美国 SpaceX 公司"猎鹰重型"火箭,经过多年发展和试验,在大推力、可重复、低成本等方面走出了一条商业化道路,在国际太空发射竞争市场的份额快速提升,国际政治、军事、经济、科技影响力迅速攀升。美国国防部高级研究计划局(DARPA)启动了"静止轨道卫星机器人服务"(RSGS)项目,计划在未来五年内发展地球同步轨道卫星在轨检查与维护技术,并进行在轨演示验证,有望实现全新的航天器操作方式。欧洲试验"鱼叉"太空垃圾移除技术,日本也在开展碎片清除技术研究,为大国太空竞争提供科技支撑。

## (四)太空武器装备竞争

各大国竞相发展太空装备,主要集中体现在三个方面。一是太空发射运载装备日新月异。太空发射运载装备向发射更快、运力更大、飞行更远、成本更低、操作更简等方向快速发展。二是应用卫星日益受到重视。为经济发展、抢险救灾、国际维和等提供及时准确的侦察、预警、通信、导航、气象等信息,以卫星为主的太空系统成为夺取未来信息优势的关键,成为经济全球化发展、联合应对各种公共危机的重要保障。三是应用卫星将向微小型化和星座化方向发展。微小型卫星体积小、重量轻、功能强,用一枚火箭可发射几颗至几十颗,组成覆盖全球的卫星星座。微小型卫星可批量生产、大量储备,发射快、成本低,成为各国谋划太空安全与太空发展的首选。四是空间攻防装备引起高度关注。由于未来军事对抗可能出现在太空,某些大国正在加紧研制激光武器、高功率微波武器、动能武器等新的作战手段,用于反卫星、反导弹。天基系统作为陆、海、空、天一体化信息系统的核心,将成为重要的攻击和防御目标,是各大国太空安全必须应对的重大战略问题。

### (五) 太空经济发展竞争

随着卫星导航定位、卫星侦察监视、卫星通信等的快速普及、推广和应用,太空产业规模逐年增大、太空产品体系日趋完善、太空应用服务逐渐拓展,太空经济对国家经济、世界经济的贡献度快速提升。据美国航天基金会数据,2018年全球私营商业航天活动收入总计3288.6亿美元,较2017年增长了6.6%,在全球太空经济活动中占比79.2%;2019年世界航天经济总量约为4152.27亿美元。世界卫星导航融合地理空间信息产业蓬勃发展,根据咨询公司预测,未来十年内主要靠亚太、中东、非洲地区智能手机用户驱动导航产业发展,"全球导航卫星系统"设备全球安装数量有望增长1.5倍,其中亚太地区在未来十年内预计将以11%的年增长率持续增长;在道路市场领域,导航创新服务将产生每年300亿美元的持续收入。

目前,太空还是一个投资大、风险高、回报低的领域,只有太空经济的可持续稳定增长,实现太空领域由"输血"向"造血"功能的转化,才能有效确保大国在长期的太空战略竞争中有充足的资金支持,才能在大国太空竞争中持续发力。

### (六) 太空优秀人才竞争

太空竞争的本质是大国竞争,大国竞争的核心是高端人才竞争。因此,只有营造良好的育人环境,培育出一批又一批的德才兼备、高素质专业化的太空人才,才能在大国太空竞争中立于不败之地。

## 三、大国建强国家太空安全战略体系

太空安全力量是维护国家安全的新选项新手段,应坚持理论与实践相结合、需求牵引与技术驱动相结合、全面发展与重点发展相结合,统筹建设集国家太空安全理论、管理、科技、装备、运用、市场、人才、法规、宣传、合作等体系,切实提高进出太空、利用太空、控制太空、探索太空的能力,有效维护国家太空安全。

## （一）研究太空安全机理，建设现代化理论体系

太空是新兴领域，是未来战略竞争制高点，必须贯彻国家安全战略，厘清国家太空安全概念的提出背景、发展演化和时代特征，研究太空安全概念创新、太空安全建设模式与发展机理、未来太空安全体系设计等重难点问题，建立健全以太空安全战略理论、太空安全建设理论和太空安全运用理论为支撑的太空安全理论体系，在决策咨询、人才培养、装备生产、重大危机处置等太空安全建设实践过程中，将理论与实践有机结合，充分发挥理论研究的先导作用。

## （二）成立太空组织机构，建设综合化管理体系

以培育孵化国家太空安全力量建设、加快国家太空安全能力生成维护国家太空安全为牵引，按照"规划融合、建设融合、应用融合"的原则，顶层设计太空安全弹性组织体系框架，设置或增扩编天基感知、天基通信等新型太空安全力量，大力加强天基威胁预警、天基综合防御等组织体系建设，优化完善航天发射与测控等服务保障共享组织管理体系，统筹布设国内外一体支撑、一体保障、一体联动的太空安全基地，切实推进国际、国家、地方多层次的联合组织管理体系建设，科学谋划国家太空安全长远发展，统筹协调国家太空安全全面发展，大力推进国家太空安全当前发展。

## （三）坚持太空需求牵引，建设一体化装备体系

以维护国家太空安全需求为牵引，以太空关键软硬件装备的自主可控、系统集成、体系融合思想为指导，创新太空装备体系能力发展理念。既重视太空安全硬装备建设，又重视太空安全软装备建设；既重视太空安全基础支撑装备建设，又重视太空安全应用装备建设。动态平衡优化感知、预警、决策、处置、评估、保障等各种功能系统，形成完整体系能力。要发展小型、机动、分散、多能、自主的星座代替大型中心化系统，提高体系弹性能力、即生存能力。要加速推进需求融合、研制融合、应用融合的太空装备体系建设，实现资源共享、信息互通、功能互补，为维护国家太空安全提供可靠支撑。

## （四）设立太空安全学科，建设层次化人才体系

从国家太空安全视角论证人才需求，论证设立太空安全学科或专业，开展国家紧缺太空安全人才系统培养。统筹利用国民教育资源和国家人才资源，建立健全国家太空安全人才培训制度、工作机制、评价体系，实现国家太空安

全人才政策对接,实现需求、建设、应用融合式培养。以重大工程项目、重大基础研究和重大演训活动为载体,培养造就太空安全工程人才、科研人才和操作人才,形成一支高素质专业化的太空安全人才队伍。

### (五) 研究太空舆论特点,建设多元化宣传体系

国家应加强对太空安全舆论和太空危机舆论斗争工作的领导,相关部门应加强对太空安全舆论宣传工作的沟通、衔接和统筹。各级各层的太空相关部门和职能机构,根据国家总体计划,采取有效措施,组织人力物力,积极主动作为,构建集组织领导、舆情感知、形势研判、宣传教育于一体的太空安全舆论宣传体系。通过航天发射活动、外交新闻发布会等形式,发布有关信息,宣示国家太空安全政策立场;通过重要评论、专家访谈等形式,介绍太空安全有关情况,评析太空安全环境和战略博弈态势;通过依法处置太空安全事件,宣传太空安全战略政策法规,有力引导网上舆论。

### (六) 管控太空战略危机,建设常态化运用体系

以维护国家太空安全需求为牵引,定期举行国家太空安全演训,加大太空遭受电子干扰、网络攻击、核心元器件禁运、关键服务停止等可控性太空安全问题演训;以全球安全治理、热点地区投资建设、全球重要通道安全管理等太空信息服务需求为牵引,参与相关国家或地区联合太空安全演训,加大国际太空安全合作力度;以国内疫情防控、抢险救灾等现实太空信息服务需求为牵引,推开常态化、应急化的国家或地区性太空安全演训。

### (七) 实施太空探索工程,建设创新化科技体系

借鉴国际国内太空探索重大科技工程模式和实践,发挥国家、军队、地方、商业部门的整体合力和优势,积聚力量资源,集中实施一批太空重大科技创新工程,坚持自力更生、自主创新,通过核心技术突破和资源集成,实现重大太空科技基础性、关键性、原创性创新。积极参与星球登陆、粒子探测、小行星驻留、宇宙观测等国际太空探索活动,主动开展太空科技国际交流与协作,共商共建共享空间站试验、月球登陆、火星探测、黑洞观测等成果,提高太空科技持续创新能力。

### (八) 完善太空应用推广,建设市场化商业体系

逐步建立多元化、多渠道的太空安全投资体系,重点开展太空互联网、太

空导航定位、太空气象预测预报等商业性太空重大工程建设。培育卫星应用企业集群、产业链和多元市场,促进卫星应用产业快速健康发展。壮大太空经济实力,为太空安全可持续发展提供有力保障。

### (九) 坚持共商共建共享,建设国际化合作体系

太空是人类共同的财富和环境,探索、开发和利用太空是世界各国都享有的平等权利,保护、治理和管理太空是世界各国都应尽的责任义务。世界各国开展太空活动,应有助于各国经济发展和社会进步,应有助于人类的安全、生存与发展。国际太空合作应遵循联合国"外空宣言"中提出的基本原则,在平等互利、和平利用、共同发展的基础上,在太空科学研究、太空和平利用、太空科技人员培训等方面,开展多层次多形式的双多边合作交流,促进包容性发展。

### (十) 推进太空安全治理,建设联合化法规体系

遵循国家立法体制与程序,科学设计太空法规制度的结构布局,加快形成国家法规制度与国际条约相衔接、领域政策法规与专业法规制度相协调、太空领域与其他安全领域相关法规制度相统一的太空安全法规体系。站在国家安全高度,全面贯彻落实《国家安全法》,在国家法律指导下,推动建立以《太空安全法》为基本法的顶层法规制度,加强航天产业促进、国家航天资源运行管理、航天应用创新规定等配套法规制度建设,完善太空安全国家宣示制度、太空资源预置与保护制度、太空危机国家处置机制、国家太空资源统一组织指挥机制、太空事故国际通报与避碰机制、太空科技创新与战略储备制度等,实现国家对太空活动的规范管理。

## 习题

1. 简答世界太空安全战略的主要发展阶段。
2. 简答世界太空安全战略态势。
3. 简答太空领域面临的主要威胁挑战。
4. 简答世界主要航天国家和地区的太空安全战略实力。
5. 简答世界主要航天国家和地区的太空安全战略动向。
6. 论述大国竞争聚焦太空领域的原因及表现。

# 中篇　战略内容篇

# 第三章 美国太空安全战略

谁控制了太空,谁就控制了整个地球。

——美国前总统约翰·肯尼迪

美国是先驱者的国度,而美国的下一个前沿就是太空。

——美国前总统特朗普

美国是美利坚合众国(United States of America,Unite States)的简称,由华盛顿哥伦比亚特区、50 个州和关岛等众多海外领土组成的联邦共和立宪制国家。其主体部分位于北美洲中部,总面积 937 万平方公里,截至 2021 年 8 月 15 日总人口约 3.33 亿,通用英语,是一个移民国家。美国是世界第一大经济体,2020 年国内生产总值 20.955 万亿美元,实际增速-3.3%。

太空安全事关美国战略核心利益,对美国国家安全必不可少,始终处于美国国家安全战略的优先位置。美国前总统肯尼迪曾表示,"谁控制了太空,谁就控制了整个地球"。拉姆斯菲尔德太空委员会(Rumsfeld Space Commission)于 2001 年的总结中指出,"与太空相关的能力有助于美国领导人实施外交政策,并可以极大地提高美军的作战效能"。美国前总统特朗普曾表示,"美国是先驱者的国度,而美国的下一个前沿就是太空"。在太空军事问题上,特朗普一贯宣扬"美国可能需要一个新军种来保卫太空,或者说需要一支太空部队"。美国现任总统拜登继续推行美国优先、太空优先的战略,大力推进太空弹性体系建设,以商业航天助力太空安全能力提升。

美国太空安全战略的根本意图是维持并巩固其太空优势和能力,确保其太空领导地位,采取各种措施慑止或挫败对其太空优势和领导地位的挑战。

美国是太空领域的唯一强国,拥有完整的太空安全战略体系。1969 年,阿波罗 11 号首次将人类送上了月球,美国在太空竞赛中逐渐超越了苏联。2019 年,美国成立了世界上第一支独立军种——太空军。

# 第一节　战略历程

## 一、第一个太空时代

第一个太空时代(1957—1990年)。从1957年到1990年,美国和苏联围绕争夺太空优势展开激烈竞争,全球9396个送入太空的卫星来自美、苏两国,两国卫星占全球卫星的93%。在此期间,苏联发射了世界第一颗人造地球卫星,美国实现了人类第一次登月并赢得太空竞赛胜利。在第一个太空时代,苏美两国你追我赶,研制并发射了大量的军用卫星,这些卫星拥有越来越先进的情报收集、通信和导弹预警能力,而发展这些能力的主要目的是支援战略核部队。在这三十多年中,这两个超级大国之间的太空竞争相对稳定,如进入太空竞争、载人航天竞争、登月竞争、高边疆战略、星球大战;其间不乏引人注目的合作和交流阶段,如分享气象卫星数据、测绘地球磁场、试验太空通信中继、携手进行称为"阿波罗-联盟测试计划"(Apollo-Soyuz Test Project)的载人太空飞行项目。

在第一个太空时代,美国创造了多个世界第一。1968年12月24日,宇航员威廉·安德斯拍摄了第一张月球地平线上的地球照片。1969年7月20日,阿姆斯特朗和巴兹·奥尔德林成为第一次在月球上漫步的人类。1981年4月12日,哥伦比亚号航天飞机首次发射执行任务。

## 二、第二个太空时代

第二个太空时代(1991年至今)。太空能力开始扩散到许多其他国家和商业公司。1991年到2016年,43%的新卫星和39%的航天发射出自美国和俄罗斯之外的国家。自2014年以来,卫星与航天发射多数来自美国、俄罗斯之外的国家,主要是中国、日本、欧盟与印度。换言之,美国不再享有曾经的太空领袖地位,俄罗斯也一样。基于上述事实,美国认为自冷战结束以来,形势逐渐生变,其部分原因是技术不断发展和太空能力扩散。这种渐变导致美国认为世界进入美国国家航空航天局专家汤姆·科瑞明斯(Tom Cremins)所称的"第二个太空时代"。

第二个太空时代可以说始于1991年的海湾战争。这场冲突第一次展现了天基能力在常规战争中可提供的明显优势。苏联的分崩离析也改变了地缘政治格局和超级大国在太空的双雄争霸局面。2011年《美国国家安全太空战略》用后来被称为"3C"的三个英文单词注明这个新时代的特征：拥挤（congested）、竞争（competitive）、抗衡（contested）。在这一阶段，越来越多的玩家参与太空活动，商业航天比例大幅增多。2017年4月25—27日，"航天2.0"国际论坛在美国召开，美国国家航空航天局（NASA）、国家海洋与大气管理局（NOAA）等政府机构，波音、洛马、雷神等大型军工企业，数字全球、行星实验室等新兴企业，谷歌、亚马逊等互联网巨头参加了论坛。论坛的四大主题为：一是商业航天投资与合作，重点分析新航天领域的主要投资者；二是"航天2.0"初期的发展业务模型与合作策略，重点讨论基于"太空创新生态系统"的生态业务模型；三是"航天2.0"中期关键领域的业务模型与合作策略，主要涉及用于降低成本的太空装配与制造、急需加强投入的在轨服务等领域；四是基于集成创新和颠覆性创新的深空发展框架。

第二个太空时代的五大任务。一是太空探索。美国为近地轨道以外的太空探索制定新战略，既包括能引起公众兴趣和激励公众支持的远期探索目标，又包括技术上和财政上可行的近期里程碑。二是太空经济。商业航天比例大幅增加，商业航天发展激发颠覆性变革。美国开始把近地轨道载人太空飞行任务移交给商业公司，而且有若干商业创投公司即将创建太空旅游业。美国在成功实施GPS商业战略后，又开始推进太空互联网、太空发射等商业战略，打造基于天线的万物互联，推动太空经济快速发展。三是成立太空军。宣布太空为新的作战域，为确保太空控制权，特朗普总统以备忘录形式签发4号航天政策令《建立美国太空军》，明确建立美国太空军，作为美国第六大军种，谋求太空领域霸权。四是太空合作。合作伙伴是美国国家太空安全战略的关键组成部分，因为单靠美国不大可能拥有单独实现其太空安全宏伟计划所需的资源和能力，开展了太空态势感知、太空联合作战、太空商业等合作。五是太空安全。美国重启国家太空安全委员会，构建太空弹性体系。美国的国家太空安全有赖于商用和军用天基能力，而其面临的风险日益增大，因此其他国家、私营公司和美国政府其他部门都期望太空军、NASA、SpaceX等能够促进合作及和平利用太空。

## 第二节　美国太空安全战略的初步形成

将外层空间研究发展真正作为一种国家战略是从艾森豪威尔政府开始的。之后的历届政府都会根据当时的国内外形势制定本政府的太空安全战略。

## 一、外层空间政策的界定

外层空间政策的范围是什么呢？负责制定外层空间政策的美国国家安全委员会在最初考察该政策时的界定是："美国的外层空间政策是有关美国在与外层空间相关的科学、民用、军事和政策活动中的利益的政策。它包括探空火箭、地球卫星和其他空间运载工具，它们与开发和使用外层空间的关系，以及它们的政治和精神意义。"由于火箭技术与弹道导弹技术的亲缘关系，美国政策内部对于政策是否应将弹道导弹包含在内曾有分歧。在艾森豪威尔总统的国家安全事务助理基利安等人的坚持下，最后确定的外层政策文件表述如下："尽管外层空间技术与弹道导弹技术的关系已被广泛认可，美国对弹道导弹的政策不包括在这个政策里面。"

## 二、外层空间政策的萌芽

"二战"后不久，美国就开始关注太空技术和制定太空战略政策。1946年，美国空军授命刚刚组建的兰德公司就卫星运载工具的可行性进行研究。1946年5月，兰德计划的第一份报告《环球实验宇宙飞船的初步设计》出台，首先，报告明确表示从技术和经验的角度来说，发射人造地球卫星具有现实可能性；其次，报告预见到"未来的卫星运载工具可以用来载人飞行"；最后，报告确定"这样一个运载工具将毫无疑问地证明有巨大的军事价值……可直接应用于洲际导弹的发展……且不能通过雷达从地面实施监测"。

1946年到1957年美国政府高层不断有报告或专题会议就太空政策进行探讨。外层空间受到美国决策当局越来越高层的关注，最初只是三大军种的各自独立运作，后来参谋长联席会议（JCS）参与进来。1955年5月，美国国家安全委员会通过了关于外层空间的第一个政策文件《美国科学卫星计划》，即国家安全委员会第5520号文件（NSC5520），就美国国家安全委员会的性质而言，这表明外层政策已成为一个涉及国家安全层面的重要领域。美国白宫在网上公布的国家安全委员会简史（History of the National Security Council，1947—1997）表明，美国国家安全委员会并非建立来应对冷战紧急事件，而是对某些大的事件提供政策指导和长远政策设计。

## 三、制定《美国关于外层空间的初步政策》

1957年，苏联卫星"斯普特尼克1号"（Sputnik 1）发射成功标志着人类太空时代的真正到来。真正意义上的太空竞争出现,美苏两国太空竞争态势的变化,使 1955 年 5 月制定的《美国科学卫星计划》(NSC5520)指导落后了。深受斯普特尼克事件的影响,它明确表示苏联在太空领域的优势破坏了美国的威信和领导地位,并威胁着美国的安全。新形势要求美国政府制定新的目标,用以指导太空时代到来后的太空活动。

1958 年 6 月 20 日,计划委员会向国家安全委员会提交了"美国外层空间政策"草案,这就是 NSC5814 文件。经修改后,该文件重新编号为 NSC5814/1。1958 年 8 月 18 日,艾森豪威尔总统批准了《美国关于外层空间的初步政策》(NSC5814/1),该政策文件是艾森豪威尔政府关于外层空间的第一份详细的政策文件。

《美国关于外层空间的初步政策》表明,美国在外层空间活动中的目的是"发展和开发美国的空间能力以获得美国的科学、军事和政治目的,并建立美国在这一领域公认的领导地位",以及"利用外层空间潜力增强针对苏联集团的'开放天空'的努力"。《美国关于外层空间的初步政策》提出了美国接下来的战略任务:1958 年发射首颗科学实验卫星,1959—1961 年发射首颗遥感卫星,1959 年发射首颗返回式卫星,1960 年年初实现月球软着陆,1959—1960 年发射首颗通信卫星,1960—1963 年发射首颗载人返回式卫星,1960 年 10 月发射首颗火星探测器,1961 年 1 月发射首颗金星探测器。

《美国关于外层空间的初步政策》出台后,许多外层空间项目无计划性地匆忙上马,重复混乱且没有长期发展规划。随着时间的流逝,该空间政策的种种弊端日益凸显出来。《美国关于外层空间的初步政策》出台于美国社会的科学技术优越感首遭重创之际,因此,文件反映出两种矛盾倾向:一是"失意和危机主义"倾向。美国政府深感失意和危机。"苏联已经在外层空间的科技成就方面超过了美国和整个自由世界,令全世界瞩目和敬仰。如果苏联在空间开发领域继续遥遥领先,它就能利用优势地位削弱美国的声誉和领导地位,进而威胁美国的国家安全。"在其他领域的国家安全委员会文件中,往往强调技术方面的保密原则,只有在《美国关于外层空间的初步政策》中出现了对情报保密的悲观论调,文件"政策指南"部分第 8 条要求,没有必要实行"对情报和材料不必要的保密和过分的保密"。二是"急躁冒进主义"倾向。美国政府急躁冒进,寄希望于旦夕间一举赶超苏联,认为只有载人航天才真正表明人类征服了宇宙。在对世界人民的心理影响方面,无人外空实验永远不能代替载人探险;而且载人探险还可排除苏联对其访问的行星提出主权要求的可能,甚至提出登月和到达月球以外的星球。

## 四、制定《美国关于外层空间的政策》

美国中央情报局的 NIE11-5-59 号评估报告指出,苏联"最近把(外空计划的)重点放在科学研究和宣传目的上",依靠强大的推进系统和丰富的科技知识,苏联会致力于把更大更精制的卫星和有科研军事用途的空间飞行器送上太空。根据情报推测,苏联为实现其"世界规模的宣传和心理效果",从 1959 年 11 月起的一年内,苏联的空间计划还可能包括无人驾驶月球卫星软着陆登月、探测火星和金星、载人宇宙舱绕地飞行和回收。

在《基本国家安全政策》(NSC5906)指导下,根据最新情报评估和美苏外空能力的对比,1959 年 12 月 17 日,美国航天局将拟订的一份报告《美国关于外层空间的政策》草案提交给国家安全委员会,编号为 NSC5918。文件经 1960 年 1 月 12 日第 321 次国家安全会议讨论,略作修改后通过。

《美国关于外层空间的政策》是在美苏外空领域的差距进一步拉大,美国民众的普遍恐慌渐渐冷却的大背景下出台的。《美国关于外层空间的政策》描述了实施外层空间活动的目标任务:"美国基于合理的科技进步实施外层空间开发和使用的项目是为了:(a)通过空间技术的有益应用和通过相关事项上适当的国际合作去获得科学知识、军事力量、经济能力和政治地位的提高,和(b)获得来自空间成就的利益。""美国应继续积极发展太空计划,利用太空实现其科学、军事和政治目标,包括:一是建立广泛的科学技术计划,进行太空飞行和星际探索,扩展人类的知识和理解力;二是筹划军事太空计划,通过运用高度发达的太空技术加强美国的军事能力,同时不影响美国国家航空航天局的使命;三是民用太空计划的目标是推动和平利用太空;四是在符合美国国家安全的前提下,开展和平利用太空和与太空相关活动的国际合作,并与个别盟国开展军事用途的合作。"

为实现《美国关于外层空间的政策》中的目标任务,艾森豪威尔政府制定了相应的指导方针:一是为了在最早的、可能的时间内实现自己的科学、军事和政治目标,美国要通过基础性研究开发军事和非军事潜能,发展和扩大与太空相关的活动;不仅要从事短期性的活动,而且还要发展长期性的计划(至少 10 年周期);要研究太空开发对国际、美国政治和社会结构,以及对人类活动和生命的影响。二是考虑到苏联太空优势能力对美国产生的心理压力,在不久的将来要制定一些既有科技、军事价值,又有世界性心理影响的方案和计划。三是预料到侦察卫星的可靠性,寻求一个对美国利用侦察卫星有利的政治框架,并利用侦察卫星最大化地增强美国情报侦察能力。四是与包括苏联在内的其他国家进行合作,保持美国在倡导和平利用太空中的领导地位。

总体考察《美国关于外层空间的初步政策》和《美国关于外层空间的政策》这两个文件,可以看出,从《美国关于外层空间的初步政策》到《美国关于外层空间的政策》,艾森豪威尔政府越来越强调外空在国民经济、科学研究和军事侦察等方面的实际意义,其应用价值也初见成效,在《美国关于外层空间的政策》文件中科学研究方面的内容被大大细化了,甚至涉及与军事和国民经济无直接关系的研究,如验证相对论和其他关于宇宙本质的理论,探索外空生命现象等。与《美国关于外层空间的初步政策》相比,《美国关于外层空间的政策》在评述苏联优势和美苏空间竞赛问题上的语气平和了很多,它比较客观地论述了开发外层空间对于人类的普遍利益,并强调外层空间在科学和民事方面的应用价值。《美国关于外层空间的政策》昭示的趋势之一是:美国外空活动的目标回归现实,越来越实际化,进攻态势有所收敛。《美国关于外层空间的初步政策》尚要求做“公认的领导者”,《美国关于外层空间的政策》则不再追求做什么“领导者”,而是转向较实际的“增加科学知识,增强军事力量和经济能力,改善政治地位”,追求“通过外空成就确立有利于美国的国际地位”。《美国关于外层空间的政策》文件中谈到卫星等飞行器的军事用途,都立足于防御(信息支援)角度,如预警功能和监视功能。同时,文件更强调和平利用外空,推动外空活动有序化。目标上的这种变化与当时美国空间技术能力是一致的。

《美国关于外层空间的政策》指明了美国外层空间政策的总体方向,因而成为美国外层空间政策史上的一份基本指导文件,也在一定程度上促成了国际外层空间法律体系的形成。

在外空技术总体上不占优势的情况下,美国只能面对现实。《美国关于外层空间的政策》出台后,美国的外空科学研究普遍展开。艾森豪威尔政府太空计划的重点放在发射侦察卫星上,把载人空间飞行作为太空活动的最高追求。美国国家安全委员会进一步从国家安全的角度肯定了载人航天项目的意义,“载人航天飞行和开发将代表对太空的真正征服”,并要求“尽快进行载人航天飞行与开发的可行性研究”。

## 五、制定未来 10 年空间计划

1960 年,执掌白宫的艾森豪威尔政府提出开展下一代航天计划,用于接替1958 年开始实施的第一个载人航天计划“水星计划”。1960 年 7 月,美国航天局提出了未来 10 年的初步空间计划,核心是阿波罗工程,计划在 1970 年用新的大马力的火箭推进器把载有三人的宇宙飞船送入月球轨道。1960 年 7 月,时任美国国家航空航天局副局长休·拉蒂默·德莱顿宣布阿波罗计划启动，并开始对飞船的可行性进行相关研究。同年8月，美国国家航空航天局收到了14份投标意向，最终通用动力公司与康维尔公司、通用电气公司、格伦·L.马丁公司收到了合约,6个月内拿出可行方案。

阿波罗计划堪比哥伦布发现美洲，但艾森豪威尔对这个宏伟计划顾虑重重，要求总统科学咨询委员会予以研究，"澄清其目标、任务及其支出"。继基利安之后任总统科技事务特别助理的基斯塔科夫斯基挑选了6名科学咨询委员会成员，组成空间政策专门研究特别小组就阿波罗工程展开可行性研究，研究报告从三个角度否决了阿波罗工程的必要性：第一，"很难取得较高的飞行成功概率，难以为航天员提供足够的安全"。第二，相对于尚无安全把握，又需要大推力火箭和长期研究的宇宙飞行，无人飞船能够更容易、更有效、更快速地收集地球和月球的科学情报。从纯粹科学角度讲，载人宇宙飞行是不可取的。第三，报告评价了阿波罗工程的支出。将一个人送入地球轨道将耗费3.5亿美元；送三个人进入月球轨道需80亿美元，甚至更多；登月则需260亿到380亿美元。总之，科学家们认为阿波罗工程是不可取的。艾森豪威尔相信了"科学家们毫无偏见的分析"，认为载人宇宙飞行从科学上讲是不必要的。

1960年12月20日，在美国国家安全会议上，艾森豪威尔向委员们明确表示，他不打算为了登月而"花尽他的珠宝"。在告别演说中，他告诫国民，在享受无与伦比的发达和财富的同时，"要抵制那种反复诱惑，认为某些轰动性的、代价高昂的科学成就是解决所有目前问题的灵丹妙药"。要防止两种危险：一是"联邦政府雇用的学者们的优势地位支配了国家资源配置和财政力量"；二是"国家政策本身成为科技精英们的奴仆"。

艾森豪威尔政府的外层空间政策和外空活动，推动了美苏"冷战""四维空间"的形成，继陆地、海洋、空中之后，外空成为新的"冷战"地理域。艾森豪威尔政府的外空政策和外空活动奠定了后世美国政府外空政策的基础，此后，肯尼迪、约翰逊和尼克松政府的外空活动基本上是在艾森豪威尔政府制定的框架内进行的，如载人航天、载人登月以及对其他天体的探测等。因此，美国太空安全战略始于艾森豪威尔政府时代。

## 第三节　美国太空安全战略的发展演变

艾森豪威尔政府确立军民双轨制太空战略，把太空利用分为军用、民用两个部分，"以民掩军"开发军用太空项目。打出"和平利用太空"的旗号，防止苏联与其进行太空军备竞赛。之后的历届政府根据美国所处的国内外环境变化制定太空安全战略,推动着美国太空安全战略的发展演变。

## 一、肯尼迪政府的太空安全战略

### (一)概述

#### 1. 约翰·肯尼迪总统简介

1940 年肯尼迪从哈佛大学毕业,毕业论文《美国为什么沉睡》获优秀论文并出版。1941—1945 年在海军服役,1948—1950 年担任众议员,1957 年获得普利策奖,1960 年当选为第 35 任美国总统。1961 年 1 月 20 日,约翰·肯尼迪就职总统。他是第一位在国会大厦东侧举行就职仪式的美国总统,空军军乐团第一次出现在游行队伍当中,就职典礼第一次通过彩色电视直播。1961 年 1 月 20 日至 1963 年 11 月 22 日,肯尼迪在总统任期内,奉行"新边疆"政策,扩大社会福利,发展教育事业,创建了和平队;在经济方面进行一系列改革。1963 年 11 月 22 日 12 时 30 分,肯尼迪在夫人杰奎琳和得克萨斯州州长约翰·康纳利陪同下,乘坐敞篷轿车驶过得克萨斯州达拉斯的迪利广场时,遭到枪击身亡。11 月 25 日遗体被安葬在华盛顿国家公墓。肯尼迪逝世后,建设了很多纪念场所和建筑,包括肯尼迪航天中心、肯尼迪号航空母舰、纽约肯尼迪国际机场、哈佛大学肯尼迪政治学院、约翰·肯尼迪图书馆等。

#### 2. 战略概述

肯尼迪上台后,苏联在太空已经争得几个第一:世界第一颗进入太空的人造卫星、第一个向月球发射的探测器、第一个遨游太空的宇航员。美国在与苏联的太空技术竞赛中稍逊一筹。在此形势下,美国朝野皆督促肯尼迪政府制定赶超苏联的太空计划。面对国内外压力,肯尼迪改组了美国国家航空航天委员会,由副总统约翰逊任主席,由国务卿、国防部长、国家航空航天局局长、原子能委员会主席、国家航空和航天委员会执行秘书等任委员,全面加强对太空事务的领导工作。他批准将美国国家航空航天局预算立即增加 89%,第二年又增加 101%。这些增加的预算开启了登月的"阿波罗"项目。以 2010 年美元比价计算,"阿波罗"工程耗资 1510 亿美元,相比之下,制造原子弹的"曼哈顿"工程耗资 280 亿美元,巴拿马运河工程只耗资 81 亿美元。

肯尼迪推进美国登月计划的主要目的是在 20 世纪 60 年代冷战的背景下增强美国全球实力和国家荣耀感。1962 年 9 月 12 日,肯尼迪总统在美国莱斯大学发表演讲,宣称美国要在太空探索中领先,以保证苏联不能将战略武器部署在太空中,也因为"太空探索是一项伟大的探险,一个要当其他国家领导的国家不能在太空竞赛中落后",美国"要领导它,因为全世界的眼睛在注视着太空,注视着月球,注视着行星。我们绝不能看着月球被敌对的旗号占领统治,而要使月球飘着自由与和平的旗帜"。

为争夺太空领先地位,肯尼迪政府主要做了以下几项工作:①制定"阿波罗"登月计划,建议美国在10年内实现人类的月球着陆。②确定军用太空计划的重点发展领域:防御性太空系统,包括卫星侦察系统、早期预警系统和通信卫星系统;进攻性太空武器,包括反卫星武器;军事载人航天计划。③确立空军主导航天发展的地位,减少陆军和海军对太空的投入。④树立美国"和平利用太空"的国际形象,与苏联签订《外层空间军控与部分核禁试条约》。⑤积极推动太空国际合作,发布美苏太空合作国家安全行动备忘录。

肯尼迪政府太空安全战略的特点:一是采取积极的进攻态势,启动"阿波罗"登月计划,公开与苏联展开太空竞赛,着眼于提高美国威信;二是继续用民用太空计划掩盖军用太空计划的发展,最终以美国成功登月在太空竞赛中胜出。

## (二)"阿波罗登月计划"的艰难启动

### 1. 围绕"太空差距"的总统竞选风波

1960年,共和党候选人尼克松与民主党候选人肯尼迪之间展开的总统争夺战中,"外层空间"再次成为竞选的焦点。肯尼迪在竞选中以外层空间为突破口,对共和党的外层空间政策大加讨伐,期间共有20多次提到"外空差距"一词,而尼克松"几无还手之力"。1960年10月12日和31日,肯尼迪分别在纽约和宾夕法尼亚发表竞选演说,宣布了在空间技术领域赶超苏联的目标。1960年,肯尼迪的一次讲话也许更能暴露美国外空政策的冷战本质:"外空控制将在下一个十年决出胜负。如果苏联控制外层空间,他们就会控制地球,就如过去几个世纪,控制了海洋的国家亦控制了大陆一样……在如此重要的竞争中我们绝不能屈居第二。为确保和平与自由,我们必须争第一。"

### 2. 威斯纳报告

总统竞选胜利后不久,肯尼迪就任命了一个外层空间特别委员会来考察美国的国家空间项目,这个委员会由麻省理工学院的杰罗姆·威斯纳任主席,威斯纳本人后来出任肯尼迪政府负责科技事务的总统特别助理。肯尼迪在一次讲话中说到,太空已经成为"冷战流动前线展开的战斗的一部分",是决定美国冷战命运的关键,"美苏正在太空进行生死较量"。

1961 年 1 月 10 日,外层空间特别委员会向当选总统肯尼迪提交了一份 25 页的报告,这就是威斯纳报告。这份报告总结了艾森豪威尔政府外层空间决策之得失的同时向新当选总统勾勒一下美国外层空间发展的全貌,并提出新的建议,它对肯尼迪政府的外层空间决策起到了至关重要的作用。

威斯纳报告表明,美国国家外层空间项目的一个重要目标是树立国家威信,"过去几年,外层空间的开发与利用已经抓住了各国人们的想象力,美国的威信在相当程度上要由是否显示出外层空间领导地位来决定"。威斯纳报告更为重要的部分是对美苏外层空间发展的状况进行评估,以及对前任政府的外层空间政策进行考察,并提出当前政府外层空间政策的未来发展方向。

威斯纳报告对艾森豪威尔政府外层空间项目及其管理程序提出批评,并特别提到国防部和 NASA 在外层空间项目上的严重重复问题。威斯纳报告认为"苏联在推力方面占优势,因此也在载人航天飞行和其他非载人任务中占优势",为了抵消苏联"优势"的影响,报告呼吁美国政府要"鼓励导向新突破的全面新思想",并重点强调了核能火箭和载人航天开发问题。

### 3. "阿波罗登月计划"搁置

肯尼迪上台后,"外空竞赛"这个大难题同样摆在了他的面前,因为在这一竞赛背后,实际隐藏着美苏两国技术能力和国家实力的冷战竞争,丝毫轻视不得。肯尼迪就职后,1961 年 2 月,美国国家科学院在致肯尼迪总统的一份特别报告中提到,"在可见的未来时段内,应当明确把月球和星际的科学开发作为美国外层空间发展的最终目标"。然而,由于载人航天项目耗资巨大,登月则需 260 亿到 380 亿美元,并且"军事和科学意义还很模糊",加之国防预算有限(见表 3-1),就职初期的肯尼迪在月球开发问题上也持谨慎态度,宁愿选择加速发展已有的军事和民用空间项目,在 1961 年致国会的特别咨文中,肯尼迪只要求为军事空间项目补充拨款 1.44 亿美元;在另一独立咨文中,也仅要求为 NASA 的大型推进器项目增加拨款,月球登陆计划仍被搁置一旁。

表 3-1　美国 20 世纪 60 年代的国防预算

| 年份 | 国防预算/亿美元 | 国防预算同比增长/% | 占联邦财政支出/% | 占国内生产总值/% |
|---|---|---|---|---|
| 1969 | 824.97 | 0.7 | 44.9 | 8.7 |
| 1968 | 819.26 | 14.7 | 46.0 | 9.4 |
| 1967 | 714.17 | 22.9 | 45.4 | 8.8 |
| 1966 | 581.11 | 14.8 | 43.2 | 7.7 |

续表

| 年份 | 国防预算/亿美元 | 国防预算同比增长/% | 占联邦财政支出/% | 占国内生产总值/% |
|------|------|------|------|------|
| 1965 | 506.20 | −7.6 | 42.8 | 7.4 |
| 1964 | 547.57 | 2.5 | 46.2 | 8.5 |
| 1963 | 534.00 | 2.0 | 48.0 | 8.9 |
| 1962 | 523.45 | 5.5 | 49.0 | 9.2 |
| 1961 | 496.01 | 3.1 | 50.8 | 9.4 |
| 1960 | 481.30 | −1.8 | 52.2 | 9.3 |
| 1959 | 490.15 | 4.7 | 53.2 | 10.0 |
| 1958 | 468.15 | 3.0 | 56.8 | 10.2 |

### 4. "苏联载人太空飞行"和"猪湾丑闻"对美国的又一次打击

在肯尼迪政府对"阿波罗登月计划"搁置后不久,美国国家威信便遭受了两次重大打击,彻底改变了肯尼迪政府的太空竞赛立场。一是苏联人加加林进入太空。1961 年 4 月 12 日,苏联"东方 1 号"载人太空飞行成功,宇航员加加林用人类第一次成功的轨道飞行再次震惊了世界,几乎重演了"斯普特尼克 1 号"对美国造成的举国震荡。正如美国著名作家赫尔斯特所说:"不论多么令人伤心,但苏联成功地将人送上宇宙是本周内,实际上也是 100 年以内的最伟大的事件。现在加加林的名字在美国家喻户晓。"二是"猪湾丑闻"事件。1959 年 1 月 1 日,古巴取得了人民革命的胜利,推翻了巴蒂斯塔独裁政权。1959 年 1 月 13 日,古巴独立。1959 年 6 月,古巴新政府的领导成员发生很大变动,政府重要部门绝大多数被主张实行激进政策的人所掌握。美国政府担心古巴高层的变动引起整个拉美地区的失控,动摇美国在拉美的影响力,于是就对古巴新政权产生了不满,导致了美国与古巴关系的日益恶化。1961 年 1 月 5 日,美国突然宣布同古巴断绝外交关系。同时,从经济上开始对古巴进行制裁,企图通过掐断经济命脉来逼迫古巴就范。1961 年 4 月 15 日,在美国的策划下,古巴流亡分子驾驶 B-26 轰炸机对古巴进行了两天的轰炸,1000 多名雇佣军登上古巴猪湾,妄图入侵古巴以暴力推翻卡斯特罗政府。72 小时之内,流亡政府军即被击退。美国中情局策划武装入侵古巴的行动失败,成为贻人笑柄的"猪湾丑闻"。

### 5. 肯尼迪总统"太空第一问"

1961 年 4 月 20 日,为打破美国的政治处境和重振美国国际威望,肯尼迪用备忘录的形式要求相关部门对国家空间项目进行整体考察,并专门致信给副总统约翰逊,向他征询打破美国尴尬处境,同苏联争夺太空新边疆的大计。肯尼迪在信中提出的第一个问题:"我们是否有机会通过在外层空间建立实验室、环月飞行或火箭载人登月来击败苏联? 有没有其他的外层空间计划可以导向美国获得引人瞩目的成就?"此后几天,包括副总统约翰逊在内的许多美国官员给出的对肯尼迪"太空第一问"问题的解答,成为推动美国登月计划出台的直接动力。

### 6. 国防部回应

1961 年 4 月 21 日,国防部长麦克纳马拉根据加德纳报告和空军部长朱克特(Zuckert)等人的意见,向副总统约翰逊提交了一份备忘录,提出了国防部外层空间项目的发展规划。同加德纳报告一样,麦克纳马拉的备忘录开篇就以苏联作为参照系,"从国家威信的角度看,知道苏联做什么和可能做什么是极其重要的。外空成就构成了美苏国际竞争的重要部分"。麦克纳马拉认为,当前美苏在火箭推力和载重回收技术方面存在"差距",这为美国在载人航天方面超越苏联提出了艰巨任务。

加德纳报告的由来和主要内容如下。众所周知,美国整个太空事业是在太空军事项目基础上发展起来的。在艾森豪威尔执政末期,许多政府官员,尤其是空军,对总统减少太空军事预算的做法非常不满。1960 年 10 月,施里弗将军在空军参谋长的授意下组织了一个空军外层空间研究委员会,由曾在艾森豪威尔政府担任国防部科技事务特别助理的特雷弗·加德纳任主席,目的是考察美国军事空间的发展目标,并就空军为履行其职责应发展的项目提出建议。1961 年 3 月 20 日,肯尼迪政府上台之后,加德纳委员会才完成了最终报告,这使报告流露出许多对艾森豪威尔太空军事政策的批评。加德纳报告的重要性在于,它总结了艾森豪威尔政府时期军事空间项目中存在的严重问题,并提出了新的美国军事空间发展规划。首先,加德纳报告也是以苏联外层空间发展为参照系,认为苏联的军事空间发展对美国"有严重的军事及国家威信影响"。因此,加德纳报告警告说,在外空成就方面,除非国防部强有力地增加其外层空间努力,否则美国在 3~5 年内都不可能超过苏联。其次,报告对于外空发展的政治性,尤其是这些国际政治问题对美国军事空间的影响表示了深切的担心。"每一次外层空间发射都是一次国际利益、国际影响、国际担心的事件。每一次外空实验甚至外空体系研究的公开都会成为国际关注的主题"。最后,加德纳报告提出了美国军事空间应重点发展的领域:消极防御外层空间体系,如卫星侦察体系、早期预警系统、通信卫星等;进攻性外层空间武器,如反卫星武器;军事载人航天项目。同威斯纳报告一样,加德纳报告呼吁军方全面参与到月球登陆计划中去,"全面开发各种类型的载人航天活动的可能性就国家安全而言是极其紧迫的事务"。加德纳报告在空军内部获得了一致肯定,并被整合进肯尼迪5月25日宣布的关于国家空间项目的政策中。

### 7. 国家宇航局回应

1961年4月22日,国家宇航局认为"苏联在建设外层空间实验室方面正处于领先地位",因此美国只能通过载人月球飞行来赢得同苏联的太空竞赛。

### 8. 副总统回应

1961年4月28日,约翰逊提出登月方案——"美国应当现实地认识到,世界各国,不管其赞同的意识形态及价值观念是什么,都试图与世界领袖——长期的胜利者——结成联盟"。"而外层空间令人瞩目的成就越来越被视为世界领袖的主要指标。如果我们现在不进行积极的努力,通过外层空间成就对外层空间和人类思想进行控制的极限很快就会到来,届时天平将倒向苏联一边,我们将无力追赶,更不用说承担世界领导责任。""在巨大努力下,美国有可能——在载人环月飞行和月球着陆方面超过苏联。"

### 9. 国防部和国家宇航局回应

1961年5月8日,国防部长麦克纳马拉和NASA局长韦伯联名向副总统约翰逊提交了一份秘密报告,名为"关于国家空间项目的建议:改变、计划与目标"。这份1994年解密的30页政策报告是肯尼迪政府时期指导国家空间政策发展的指导性文件。报告认为,美国的外空计划分属四个领域:获得科学知识;具有未来商业和重要民用价值;具有潜在军事价值;为了国家威信。

这是美国政府第一次将国家威信因素单独划分出来。这样的划分当然有其用意,正如报告所说:当前美国在前三个领域都没有落后,然而苏联创造的外空奇迹给他们带来了巨大威信,因此"美国必须采取步骤确保当前和未来美苏发射能力的不均衡稳步消失"。而在国防部看来,之所以如此强调威信,是因为冷战、外空计划与威信之间存在逻辑关系,即"外空成就是苏联体系和美国体系之间进行国际竞争的重要组成部分。在此意义上,诸如月球和星际开发这样的非军事、非商业、非科学的'民用'计划,是沿着冷战流动前线展开的战斗的一部分"。

### 10. 肯尼迪总统启动"阿波罗登月计划"

出于冷战中美国威信的考虑,肯尼迪终于下定决心,完全抛弃了美国传统思想中关于"预算平衡"和"有限政府"的想法,全力以赴地将美国投入到月球登陆的事业中去。"诚如1957年苏联卫星和最近几周巨大的外空成就告诉我们的,如果美国要赢得正在世界范围展开的自由与专制的斗争,美国就必须首先赢得外层空间事业,因为正是这些冒险造成的冲击决定着人们选择何种道路。"

1961年5月25日,肯尼迪在致国会的特别咨文中明确接受了诸多报告的思想,表示"为了崭新的美国事业,为了国家利益……美国要在外空成就领域取得明确的领导地位,这将在许多方面决定美国在地球的未来"。肯尼迪在国会宣布:在60年代结束之前,美国要把人送上月球,并安全返回地面。从此,美国正式开始实施举世闻名的"阿波罗"载人登月工程计划。这是在与苏联之间展开的谁第一个把人送上天的竞赛中失利后,美国发起的又一个竞赛项目。肯尼迪要求国会为载人航天飞行计划补充拨款5亿美元。国会几乎没有经过多少讨论,就批准了这一要求。正是在肯尼迪致国会咨文所确立的原则指导下,1961年6月3日,美国国防部与NASA又联合提交了一份长达121页的外层空间发展报告。除了重申5月8日报告关于"国家空间项目的目标与意图"部分的内容外,这份报告用了相当长的篇幅来确定美国的国家空间项目规划和1962财政年度的外空预算。

1961年8月,赫鲁晓夫公开声称苏联已拥有了"轨道氢弹",并威胁说,"美国没有50~100百万吨级的炸弹,苏联有比100百万吨级更有力量的炸弹。苏联把加加林和蒂托夫(Titov)送入太空,并且苏联能用其他载重代替它们,这些载重可以指向地球的任何地方。"正是在苏联军事空间威胁的背景下,副总统约翰逊的一句名言被许多美国官员推崇备至,当作支持美国外空军事化的理论指南:"罗马帝国因修筑道路而控制世界,在随即到来的海洋时代,大英帝国因军舰而雄霸全球。现在,共产主义在太空已经有了立足之地。"

受威斯纳报告的影响,肯尼迪在外层空间问题上表现出与艾森豪威尔截然不同的态度。他在1962年赖斯大学的讲话中清楚地表明,"空间科学,如同核科学和所有的技术,自身没有道德心可言……只有美国抢占了有利位置,才能让美国帮助决定这一新的领域将是一片和平的海洋还是可怕的战场"。可见,肯尼迪想要寻求的那个"安全的世界"必然是一个美国处处领先、处处为主导的世界,这就奠定了该政府在外层空间政策上的冷战基调。1962年,为了与苏联进行太空争霸,肯尼迪又要求国会再增加11亿美元的空间开支,加速推进太空尖端科技研发。

## 二、约翰逊政府的太空安全战略

### （一）概述

#### 1. 约翰逊总统简介

1963 年 11 月 22 日,美国总统约翰·肯尼迪(第 35 任)遇刺,当天下午逝世。依据 1947 年《美国总统继任法案》,美国总统继任顺序为:副总统(参议院议长)→众议院议长→参议院临时议长→国务卿→财政部长→国防部长→司法部长→内政部长→农业部长→商务部长→劳工部长→卫星与公众服务部长→住房与城市发展部长→交通部长→能源部长→教育部长→退伍军人事务部长→国土安全部长。根据总统继承顺序,由时任副总统林登·约翰逊继任总统。1963 年 11 月 22 日当天,林登·约翰逊总统第一次在飞机上宣誓就职,第一次由女性带领总统宣誓就职,这名女性是得克萨斯州法官萨拉·哈格斯女士。

#### 2. 战略特点

约翰逊政府太空安全战略的特点:一是继承肯尼迪政府的太空政策,继续实施"阿波罗"登月计划,为美国太空力量的壮大奠定了坚实基础;二是开始研制反卫星武器,并决定部署反弹道导弹系统,向太空武器化迈出了第一步。

### （二）"阿波罗登月计划"的稳定推进

1964 年 1 月,约翰逊就任美国总统后,在国情咨文中宣布了太空战略方针:"必须确保美国在和平探索太空方面的优势,集中力量在 60 年代到月球去进行探险,如果有可能的话就同其他国家合作,如果有必要的话就单独进行。"

约翰逊保持了美国太空政策的连续性,"阿波罗登月计划"得以继续进行。"阿波罗"登月计划由"水星计划""双子星座计划"和"阿波罗计划"三个阶段组成,但这三个阶段并非依次进行,而是并行不悖。"水星计划"研究人类在太空长期停留的能力问题。"双子星座计划"研究在失重条件下长期太空飞行的种种问题,以及发展轨道机动、会合和对接技术,还有航天员的舱外活动能力—从月球返回后重新进入地球大气层的问题。"阿波罗计划"研究载人登月飞行和人对月球的实地考察。通过"水星计划""双子星座计划"和"阿波罗计划",美国在月球登陆领域取得了实质性的领先地位。

#### 1. "水星计划"

1958 年 10 月 7 日,NASA 正式批准"水星"号载人飞船工程,这是 1958 年

10 月 1 日 NASA 成立后做出的第一个重大决策。"水星计划"是美国 1958 年开始实施的第一个载人航天计划,被称为美苏第二次太空竞赛,即载人航天竞赛,第一次是发射卫星竞赛。鉴于当时与苏联竞争的紧迫形势,该计划的基本指导思想是尽可能利用已经掌握的技术和成果,以最快的速度和简单可靠的方式抢先把人送上天。然而,当 1961 年 4 月 12 日苏联把航天员加加林送上天并成功地完成轨道飞行时,"水星计划"尚处于无人试验阶段。1959 年 9 月 9 日,美国用"宇宙神"D 运载火箭首次成功地发射了"水星"飞船模型,进行亚轨道飞行。此后一直到 1961 年 4 月 25 日,美国共进行了 7 次无人飞船试验,其中失败 3 次,成功 4 次。直到 1962 年才进行首次载人轨道飞行。"水星计划"于 1963 年结束,共完成 25 次飞行试验,其中包括 4 次动物飞行,2 次载人弹道飞行,4 次载人轨道飞行,耗资约 4 亿美元。为了争取美苏这场太空竞赛的第一,美国的工程师们做了很大的努力。可"水星计划"早期的试验并不顺利,而且还发生了多次事故。1961 年春季,这种情况似乎有了好转,1 月和 3 月的两次试验都取得了良好的成果。为了在太空竞赛中抢先一步,太空任务小组提议提前进行载人航天飞行,但火箭专家冯・布劳恩却坚持要按原计划进行。4 月 12 日加加林实现太空飞行后,时间显得更加紧迫。令美国人可以稍许宽慰的是,5 月 5 日航天员艾伦・B.谢泼德乘坐"水星"飞船"自由 7 号",实现了一次亚轨道飞行,美国因此成为继苏联之后世界上第二个具有载人航天能力的国家。亚轨道是指通常用于运输弹道导弹且距地球 35～300 公里高空的飞行轨道。300 公里以上被称为轨道飞行。亚轨道飞行与轨道飞行的最大区别在于亚轨道不能环绕地球一周。从速度上来说,也就是发射初速度达不到环绕地球所必需的第一宇宙速度,所以抛射体在到达最高点(远抛点)之后就会一直下降,并且绕回发射点之前就会落地。

　　1961 年 5 月 5 日航天员艾伦・B.谢泼德的亚轨道飞行,被赫鲁晓夫戏称为"跳蚤的一跃"。谢泼德并没有进入绕地轨道,他的飞行其实比较像是弹头改为载人的弹道飞行,在亚轨道飞了 15 分 22 秒然后回到地面。之后 NASA 又进行了几次亚轨道和轨道飞行试验,对轨道飞行进行了充分的验证。1962 年 2 月 20 日,航天员约翰・H.格林乘坐"友谊 7 号"飞船终于实现了美国人的航天梦。此后,水星号又进行了 3 次太空飞行。美国通过"水星计划"证明人能够在空间环境中生存和有效地驾驶飞船,也取得了载人飞船设计的初步经验。

**2. "双子星座计划"**

　　"双子星座计划",是美国进行的第二个载人航天计划,作为"水星"到"阿波罗"计划之间的过渡,1961 年 12 月 7 日正式宣布实施,1966 年 11 月结束,完成了 10 次环绕地球轨道的载人飞行,每次 2 人,耗资接近 13 亿美元。"双子星座计划"的目的,就是在"水星计划"的基础上,进一步为载人登月服务,主要任务是研究人在失重条件下长期太空飞行的种种问题,以及发展轨道机动、会合和对接技术,还有航天员的舱外活动能力。主要目标包括:致力于双人、长期飞行,为日后登月或进入更远的深空做准备;与其他在轨航天器进行有效的轨道交会对接;完善航天器再入、着陆方法;获取关于航天员在失重环境的进一步信息,记录航天员在长时间飞行过程中的生理反应。

"双子星座计划"作为一项既是过渡又是独立的计划,取得了许多开创性的成就,圆满完成了预定目标,也为"阿波罗"登月计划提供了极其宝贵的经验和科学技术成果。整个飞行期间,航天员共进行了 52 项试验,在不同高度上拍摄了 1400 张地球彩色照片,全面地研究了人在太空中长期工作和生活的情况。为航天技术人员及地面机组人员提供了发射火箭所需的大量的实践活动。到 1966 年 11 月"双子星 12 号"飞行结束时,美国航天员已经有了 2000 小时的太空飞行记录,而此时苏联航天员的飞行时数只有 500 多小时,美国人至此开始领先于苏联。

### 3. "阿波罗计划"

阿波罗计划(Apollo Program),又称阿波罗工程,是美国组织实施的一系列载人登月飞行任务,是历时最长、规模最大、投资最多、最富传奇的人类太空探险活动。目的是实现载人登月飞行和人对月球的实地考察,为载人行星飞行和探测进行技术准备,它是世界航天史上具有划时代意义的一项成就。阿波罗计划始于 1961 年 5 月,至 1972 年 12 月第 6 次登月成功结束,历时约 11 年,耗资 255 亿美元。约占当年美国 GDP 的 0.57%,约占当年美国全部科技研究开发经费的 20%。提供了惊人的就业长期增长。在工程高峰时期,参加工程的有 2 万家企业、200 多所大学和 80 多个科研机构,总人数超过 30 万人。其科技成果所带来的深刻影响,人类至今受益。

阿波罗计划中包括 11 次载人任务,从阿波罗 7 号一直到阿波罗 17 号,全部从佛罗里达州的肯尼迪航天中心发射。

1967 年 1 月 27 日,阿波罗 1 号在发射台上进行地面模拟演练时,由于指令舱控制系统一条电路短路产生电火花,使充满纯氧的密封舱着火,火焰迅速蔓延,致命的一氧化碳和黑烟很快充满座舱。由于舱门设计缺陷,航天员无法迅速打开舱门逃生,大约 30 秒后,三名航天员烧死在舱内。阿波罗 1 号飞船中遇难的三名宇航员是福吉尔·格里森、爱德华·怀特以及罗伯特·查非。这起惨剧导致阿波罗原有的计划被打乱,美国后续的飞船紧急改为无人飞船,检验其安全性和技术性能。美国航空航天局的指令舱被全部重新设计,直到阿波罗 7 号飞船发射时,才全部完成。

阿波罗 4 号到阿波罗 6 号都是无人测试飞行。据了解,"阿波罗计划"共进行了 6 次载人登月,从阿波罗 11 号一直到阿波罗 17 号,先后有 12 名宇航员踏上月球表面,进行各类探测,取回 381.7 千克月球样品,充分展示了人类探索宇宙的巨大能力。

1969 年 7 月 16 日,阿波罗 11 号飞船登月飞行由"土星"5 号火箭运载升空。第三级火箭熄火时将飞船送至环绕地球运行的低高度停泊轨道。第三级火箭第二次点火加速,将飞船送入地-月过渡轨道。飞船与第三级火箭分离,飞船沿过渡轨道飞行 2.5 天后开始接近月球,由服务舱的主发动机减速,使飞船进入环月轨道。宇航员尼尔·阿姆斯特朗和巴兹·奥尔德林进入登月舱(包括下降级和上升级两部分),驾驶登月舱的下降级与母船分离,下降至月面实现软着陆。另一名宇航员迈克尔·科林斯仍留在指挥舱内,继续沿环月轨道飞行。登月宇航员在月面上展开太阳电池阵,安设月震仪和激光反射器,采集月球岩石和土壤样品 22 千克,然后驾驶登月舱的上升级返回环月轨道,与母船会合对接,随即抛弃登月舱,起动服务舱主发动机使飞船加速,进入月-地过渡轨道。在接近地球时飞船进入再入走廊,抛掉服务舱,使指挥舱的圆拱形底朝前,在强大的气动力作用下减速。进入低空时指挥舱弹出 3 个降落伞,进一步降低下降速度。阿波罗 11 号飞船指挥舱于 7 月 24 日在太平洋夏威夷西南海面降落。

尼尔·阿姆斯特朗是第一个登上月球的美国航天员,也是全世界第一个登上月球的航天员。他曾是美国国家航空航天局的一位宇航员、试飞员、海军飞行员,执行的第一次太空任务是 1966 年担任双子星 8 号的指令长。这次任务中,他和大卫·斯科特一道完成了第一次航天器的对接。阿姆斯特朗的第二次,也是最后一次太空任务就是著名的 1969 年 7 月的阿波罗 11 号。在这次"人类的一大步"中,阿姆斯特朗和巴兹·奥尔德林在月球表面进行了两个半小时的月表行走,另一名宇航员迈克尔·科林斯在指挥舱中环绕月球。

### (三) 研制和部署反卫反导武器

由于美国送入太空的物体成倍增长,如何保护美国的太空资产成为约翰逊政府面临的严峻问题。最终,约翰逊政府突破了艾森豪威尔时期确立的"和平利用太空"理念,加速研制和部署反卫星武器和反弹道导弹。1962 年 5 月,陆军开始进行反卫星武器计划"505 工程"。1963 年 2 月,空军开始反卫星武器计划"437 工程"。这两个计划准备将热核弹头送入太空,摧毁敌对卫星。1964 年 6 月,空军宣布"雷神"反卫星系统进入可操作状态,迈出定向拦截卫星的第一步。1967 年 9 月 18 日,国防部长麦克纳马拉宣布,为应对导弹的攻击或意外发射,美国计划部署"哨兵"导弹防御系统。

## 三、尼克松政府的太空安全战略

### 1. 尼克松总统简介

理查德·米尔豪斯·尼克松,美国政治家,第 36 任美国副总统(1953—1961 年)与第 37 任美国总统(1969 年 1 月 20 日—1974 年 8 月)。其间,他于1960 年参选总统,败给肯尼迪,1962 年竞选加利福尼亚州州长仍然落败。1972 年 2 月和 1976 年 2 月两度访华,是第一位访问中国的美国总统。他主持了阿波罗 11 号登月计划,之后以航天飞机任务取代了载人太空探索。

尼克松总统因"水门事件"遭弹劾。水门事件,是美国历史上最不光彩的政治丑闻事件之一,其对美国历史以及整个国际新闻界都有着长远影响。在1972 年的总统大选中,为了取得民主党内部竞选策略的情报,1972 年 6 月 17日,以美国共和党尼克松竞选班子的首席安全问题顾问詹姆斯·麦科德为首的 5 人潜入位于华盛顿水门大厦的民主党全国委员会办公室,在安装窃听器并偷拍有关文件时,当场被捕。1972 年 7 月 30 日,尼克松败诉,弹劾开始。由于此事,尼克松于 1974 年 8 月 8 日宣布将于次日辞职,从而成为美国历史上首位因丑闻而辞职的总统。

### 2. 战略概述

尼克松总统上台后,决定把太空战略的目标由提升国家威信转向注重现实应用。1970 年 3 月 7 日,尼克松发表太空政策声明,强调太空不再是国际政治竞争的场所,太空研究不再是一场竞赛,必须研究低耗费和不太复杂的向太空运送必需品的方式。

1972 年 1 月 5 日,尼克松正式公布了研制航天飞机的决定:1972 年将拨款 55 亿美元,开始研制航天飞机"企业号""奋进号""哥伦比亚号""挑战者号""发现号"和"亚特兰蒂斯号",其中"企业号"为试验机。尼克松政府之所以批准航天飞机计划,原因有三:一是可以保持美国载人航天飞行的领先地位;二是航天飞机可以保持战备警戒状态,对预见到的或突发的事件做出快速反应;三是可以制造许多就业机会,为尼克松连任总统提供有力的支持。航天飞机计划由国家航空航天局和国防部合作进行,70%的预算由国家航空航天局支付,30%的预算由国防部承担。但是航天飞机的事故率非常高,美国的5架航天飞机中,有两架在执行任务时发生了爆炸、解体,有14名宇航员为此丧命。2011年7月8日航天飞机全面退役。

除批准航天飞机计划外,尼克松政府还批准了"天空实验室"空间站计划。其目的有二:一是作为未来空间站计划的过渡环节,它带有试验性质;二是用它做进一步的科学研究,对太阳进行比较充分的观测研究,进行较长时间的生物医学研究,对地球资源进行细致的勘测,进行更为全面的工程技术实验。天空实验室虽然属于试验性空间站,但是它已经把太空活动从令人惊心动魄的壮举变成司空见惯的例行性业务,为发展商用太空奠定了基础。

此外,尼克松政府取消了军用载人航天系统"载人轨道实验室",转而发展国防卫星通信系统、国防支援系统、海军子午导航卫星系统等实用太空系统,同时成立专门小组审查太空的军事应用和卫星系统的脆弱性,要求继续研制反卫星武器和反弹道导弹系统。

尼克松政府太空安全战略的特点:一是开发太空技术对社会的服务功能,为人类在太空的存在奠定必要基础;二是继续研制反卫星武器和反弹道导弹系统,注重军用太空系统向实战应用转化,太空战意味越来越浓。

## 四、卡特政府的太空安全战略

为了制定一个连贯的国家太空政策,指导美国的民用和军用太空计划,卡特上台不久就成立了太空政策审查委员会,对美国太空事业所面临的问题进行一系列的调查研究,并在此基础上制定了两份新的太空政策文件:《国家太空政策》和《民用和下一步国家太空政策》。

《国家太空政策》提出了美国太空战略的目标和原则。其目标是:① 开发和利用太空,促进美国国家利益。② 与其他国家合作,保持太空行动自由,增强人类安全和福利。其指导原则是:①所有国家执行为和平目的和全人类利益而开发和利用太空的原则。"和平目的"允许为追求国家安全和其他目标而进行军事和情报活动。②开发利用太空以支持国家福利和美国政策。③反对对太空或天体或其任何部分的主权要求,反对对从太空获得数据的基本权利施加任何限制。④任何国家的太空系统都是国家财产,有权不受干扰地通过太空和在太空运行。对运行的太空系统的有意干扰被视为对主权的侵犯。⑤美国将在太空采取自我防御行动。⑥美国将保持国家太空情报计划。⑦美国将进行太空活动,以增加科学知识和推动太空技术向民用转化,保持美国的太空领导地位。⑧美国将进行有益于美国科学、政治、经济和军事的太空国际合作。⑨美国将保持当前对民用、防御和国家情报目标的职责和管理关系。⑩在太空部门之间保持紧密的协调、合作和情报交换避免不必要的重复,遵循安全和政策指导,允许最大化地利用所有能力。

《民用和下一步国家太空政策》确立了指导未来 10 年民用航天活动的原则,提出政府将继续推进陆地卫星计划、气候计划和海洋计划,鼓励私营部门投资太空遥感系统,鼓励部门间进行技术转让,要求加强国际太空合作,强调美国继续保持在太空科学和行星探索方面的领先地位等。

卡特政府太空安全战略的主要特点:一是继承了尼克松政府的务实太空战略,注重太空系统开发及服务于社会生活功能;二是主张技术转让,鼓励私营部门参与太空活动;三是军事太空政策具有两面性,一方面寻求禁止反卫星系统,另一方面又追求发展反卫星能力。

## 五、里根政府的太空安全战略

### (一) 概述

里根政府颁布了《国家太空政策》《国家太空政策总统指令》《航天飞机政策》《国家太空战略》《太空运输系统》《太空站》《国家安全发射战略》《国家太空政策指令和执行章程》等文件,较为全面地阐述了里根政府的太空战略思想。其主要内容包括:

(1) 提出美国太空活动的六大目标。分别为:①加强美国的安全。②维护美国太空领导地位。③通过太空活动为人类获得科学、技术和经济利益,提高地球上的生活质量。④鼓励美国私营部门继续投资太空相关活动。⑤为美国国家安全、外交政策、科学和技术利益而促进国际合作。⑥扩大人类超越地球轨道进入太阳系的存在和活动。

(2) 提出美国太空活动应遵循的七条基本原则。分别为:①承诺为和平目的和为全人类利益由所有国家开发和使用太空。②利用太空活动支持美国固有的自卫权和对盟国的保护承诺。③拒绝任何国家对太空或天体或其任何部分的任何主权索赔,并拒绝对主权国家从太空获取数据的基本权利的任何限制。④任何国家的太空系统是其国家财产,具有不受干涉地在太空通过和运行的权利。⑤鼓励太空技术和系统的商业开发和使用,但这些商业性活动必须符合国家安全利益、国际和国内法律义务。⑥鼓励其他国家参与商业太空货物和服务的自由与公平交易。⑦开展能给国家带来足够科学、政治、经济和安全利益的相关太空国际合作。

根据这些目标和原则,里根政府大力推进太空力量建设。一是推进以"太空站"为主的民用太空计划;二是推进以"星球大战"为主的军用太空计划;三是推进以"商业发射"为主的商业太空计划;四是建立领导军用太空活动的组织机构,即军种和联合太空司令部;五是开发太空作战理论,提出了军用太空的四项任务,即:威慑或防御敌人进攻、确保美国太空进入、摧毁敌方太空系统、增强美国和盟国作战能力;六是建立非政府太空商业机构,鼓励私营企业参与太空商业活动。

在太空领域,里根政府与苏联展开了激烈的竞争,不仅宣布了"星球大战"计划,准备在太空部署武器系统防御苏联洲际导弹的进攻,而且宣布了民用"太空站"计划,期望继续保持在太空领域的领导地位,还建立了商用太空部门,鼓励私营部门投资太空事业,把美国太空活动由军用和民用两个部分,转变为军用、民用和商用三个部分。

里根政府太空安全战略是美国太空战略的一个转折点,其主要特点包括:①增设商业部门,确立军用、民用和商用三个部门统管太空活动的领导体制。②实施"战略防御倡议",首次公开提出要在太空大规模地部署武器,打开了太空武器化的大门。③建立军种和联合太空司令部,正式把太空作为一个作战领域,大力开发太空作战理论,拉开了太空战的序幕。

## (二) 高边疆战略

高边疆战略因《高边疆:新的国家战略》一书得名,此书由美国退役陆军中将、迈阿密大学国际研究所教授丹尼尔·奥·格雷厄姆等 30 多位美国学者共同撰写。

里根总统上台不久,就挑选了 30 多位著名战略家、科学家和工程师组成"高边疆"研究组,对美国太空政策进行审查。经过 7 个多月的调查研究,研究组于 1982 年 3 月发表了研究报告《高边疆——新的国家战略》,认为美国应抛弃以往的恐怖平衡理论,利用科技优势确立以太空战略为主体的新国家战略,并且提出三大战略目标:①消除苏联军事力量对美国及其盟国的威胁。②用"确保生存"战略取代"相互确保摧毁"理论。③提供开拓太空卫星和商业潜力的巨大动力。

格雷厄姆认为,"高边疆"战略的实施可以有两种基本方案供选择:一是渐进法,二是勇进法(大胆创新)。格雷厄姆认为应该采取后者,即彻底摒弃"相互确保摧毁"理论,敢于正视军备控制工作的失败,以优势的技术来结束当前苏联的有利战略态势。具体内容包括:①实施"确保生存"战略,重点是战略防御,最大限度地利用已知的空间技术和已有的点防御方案,在尽可能短的时间内,为自由世界建立有效的对付苏联核攻击或核讹诈的防御系统。②迭代的系统,要能随时吸收几年后可以预见的技术进展,例如激光器和其他能束武器等。③采用并行的非军事计划,为大有希望的工业和商业开发打开空间大门和进行空间设防,从而着手解决国家面临的种种问题。④近期从非空间计划入手,但要使近期计划和新战略兼容,并有利于促进中长期空间计划的实施。⑤使整个费用保持在或低于目前的预算计划水平。⑥建立一种管理体制,克服新系统研制和采购过程中固有的周期过长的弊端。

为达到上述要求,格雷厄姆提出了"保护性战略防御"的概念,这是一种分层的战略防御体系。第一层为天基防御系统,可对苏联进攻导弹在其飞行的初期阶段进行有效的过滤。第二层为覆盖面更广的天基保护系统,采用先进的能束武器,以便进一步降低进攻导弹的威胁,保护其他各种空间设施免受攻击。第三层为陆基防御系统,可使苏联对美国的导弹地下发射井发动第一次打击无成功指望——甚至在天基系统部署之前——且能拦截后来的可能穿过天基防御系统的苏联导弹。第四层为民防,这是一种消极防御,但与以上各层的积极防御结合在一起则可能成为战略上极有价值的一个方面。

从总体上讲,该战略分为军事和经济两个方面,在军事方面,高边疆战略设想以太空为主要基地,建立一个非核的分层式战略防御体系,把同苏联的竞争转到美国占据优势地位的太空高技术领域,以达到在军事上取得领先地位的目的。"星球大战"计划的实施正是为了实现这一战略目标。高边疆战略的另一重要内容是在经济和商业方面开拓利用空间领域。太空拥有丰富的资源和独特的环境,高边疆的创导者将太空视为美国经济新腾飞的希望,把空间工业视为未来最有发展前途的领域,认为通过大力开发空间会对美国经济产生积极影响,如在近期内可增加数十万人的就业机会,可刺激向工业高技术部门投资,并可望获取可观的经济效益。此外,还希望通过这项意义深远的战略计划增强美国国民,特别是青年人的信心和希望,激发他们节约、投资、进取的热情。

《高边疆:新的国家战略》这份研究报告第一次将太空安全与发展提升到国家战略层面,形成集政治、军事、技术、经济为一体的总体战略,对里根政府太空战略的制定产生了重大影响。

## (三) 星球大战计划

1983 年 3 月 23 日,里根向全国发表了题为"和平与国家安全"的演说,首次正式提出美国将对弹道导弹进行战略防御的研究。在 30 分钟的演讲中,里根指出现有的"报复威胁"威慑战略具有不足之处。里根表示,近年来科学技术进展使人们有可能建立真正有效的导弹防御,如果能在弹道导弹到达之前将它们拦截并摧毁,这将更能保障美国及其盟国的安全。里根宣称他已为实现这一目标迈出了重要一步,"我正指示做出全面和深入的努力制定一项长期研发计划,开始迈向消除战略核导弹威胁的最终目标"。美国感到有必要建立有效的反导弹系统,保证战略核力量的生存能力和威慑能力,维持核优势。同时,美国也是想凭借其强大的经济实力,通过旷日持久的、耗资巨大的太空武器竞争,把苏联的经济和政治拖垮。1985 年 1 月 3 日,美国正式公布了这一计划——反弹道导弹防御系统的战略防御计划。由于这一计划所设想的核大战主要是在外空进行的,因而又被称为"星球大战"。"星球大战"计划的出笼,是美苏核军备竞赛加剧的结果,是里根上台后对苏联所采取的强硬政策中的重要一环。"星球大战"计划主要由两部分组成:一是洲际弹道导弹防御计划,二是反卫星计划。

**1. 洲际弹道导弹防御计划**

洲际弹道导弹防护计划主要目标是建立一个以太空为主要基地的多层次、多手段的非核综合防御系统,在核大战中拦截来袭的战略导弹,保护美国及其盟国的生命和财产的安全。它根据战略弹道导弹的运用机理而设计,并根据这一机理采用"三区四层防御"部署。所谓"三区",是远程作战区、中程防御区、低空拦截区。"四层"是指助推段、末助推段、中段、末端拦截层。

第一层,助推段拦截层。由于导弹从助推器点火至穿过大气层阶段,导弹飞行时间一般持续 3~5 分钟,会释放出大量炽热气体,并产生强烈的红外线或可见光,很容易被探测到。因此,防御系统必须及时探测到导弹的发射点、导弹类型和控制中心,迅速摧毁导弹的助推器。这一阶段的防御非常关键,因为发射后的导弹在助推后期会放出若干个分弹头,包括再入飞行器的假目标,这将给以后的防御阶段增加极大的困难。因此,此阶段摧毁一枚导弹,相当于其后防御阶段摧毁数个弹头和数以百计的诱饵,效费比高。按计划每颗反导卫星可摧毁 100 枚以上的导弹,摧毁率可达 99%。

第二层,末助推段拦截层。这一阶段通常持续 6 分钟,导弹母舱将放出多个弹头飞向不同的目标,再入飞行器、假目标和其他辅助穿透设备也在此时被释放。它们沿弹道曲线惯性飞行,穿出大气层飞向目标。这一防御阶段使用陆基或舰载激光武器摧毁漏网的弹头,理论计算摧毁率也可达 90%。

第三层,中段拦截层,即对再入大气层之前飞行的前两层漏网的导弹弹头和突防装置进行拦截。这一阶段导弹飞行时间约 10~15 分钟,弹头数量多,真假混杂。计划用电磁轨道炮或由地面发射激光武器以及其他非核反导弹武器碰撞杀伤等手段摧毁,按要求命中率也要达到 90% 以上。

第四层,末端拦截层,即对重返大气层后的弹头进行拦截。此时弹头飞临目标只剩几分钟时间,可用反导导弹、动能武器、粒子束等武器摧毁所有漏网弹头,命中率也要达到 90% 以上。如能达到理论计算的要求,对来袭导弹总拦截率可高达 99.999%,如此一来,美国就等于装进了保险箱,不用担心在核大战中与对手同归于尽了。

**2. 反卫星计划**

反卫星计划实际上是战略防御系统的一个不可分割的组成部分,就是利用天基的监视系统,对敌卫星进行监视,并在必要时指令天基或陆基定向能武器系统摧毁敌人卫星。由于卫星在监视、预警、通信、导航等方面具有不可替代的作用,美国战略防御系统重要的任务就是使对方的卫星失去作用。因此,美国早在 1977 年就开始研制反卫星武器,基本的设想是在截击机上使用攻击导弹摧毁对方的卫星,这一研究已取得了一定的进展。到"星球大战"计划提出来时,美国已开始研制激光反卫星武器,并通过了可行性论证报告。主要的拦截武器是天基定向能武器(如氟化氢化学激光器、核能、X 射线激光器、带天基反射镜的准分子激光器、中性粒子束武器)和动能武器(非核拦截弹和超高速电磁炮等)。这种反弹道导弹的综合防御系统是继阿波罗登月工程后又一项重大的系统工程。

# 六、布什政府的太空安全战略

在布什的任期内,苏联解体,冷战结束,俄罗斯太空实力急剧下降,美国成为太空霸主。布什决定抓住这一战略机遇期,大力发展美国太空事业。首先,成立了以副总统为主席的国家太空委员会,协助总统制订、修订和实施国家太空政策,并监督有关部门执行。该委员会确定:①发展运载能力,把天地往返运输能力作为国家资源来抓,确保其畅行无阻,以达到美国航天的所有目的。②对太阳系进行探测,建成"自由"号空间站;重返月球,载人飞向火星。③加强航天器在解决地球问题中的应用,即预警、通信、导航和气象。④利用太空环境生产药物,开发新能源,加强美国科技和工业基础,开辟新的商业航天市场,使美国产品在国际上有更大竞争力。⑤确保太空探测与开发的自由。其次,制定美国太空政策。1989 年 11 月 2 日,布什政府颁布《国家太空政策》,确立了美国太空战略的总目标、原则、民用太空政策、商业太空政策、军用太空政策等。1991—1992 年,先后颁布了 6 个国家太空政策指令(《商业太空发射政策》《商业太空发射政策指南》《国家太空发射战略》《地面遥感战略》《太空探索倡议》《天基全球变化观测》),对不同太空主题进行战略指导。

布什政府太空安全战略的特点:一是突出军事太空活动的作用,加强对民用太空活动的宏观规划,肯定商业太空部门的地位,战略意图和长远目标更加具体;二是把"战略防御计划"调整为"防御有限打击的全球保护系统",使之更具实用性。

## 七、克林顿政府的太空安全战略

克林顿上台后,首先对制定国家太空政策的机构进行调整,把"国家太空委员会"和"白宫科学技术委员会"合并为"国家科学技术委员会",与国家安全委员会共同主持太空政策的制定。这一措施强化了总统对国家太空政策的领导,在更高层次上统筹考虑跨部门的太空活动,使国家太空发展战略与国家发展战略、国家科学技术发展战略更加协调。

国家科学技术委员会制定了一系列太空政策,包括 1994 年颁布的《极轨环境卫星系统的合并》《陆地卫星遥感战略》《全球定位系统政策审查》《国家太空运输政策》,1996 年颁布的《美国全球定位系统政策》《国家太空政策》,1998 年颁布的《新世纪国家安全战略》,1999 年 7 月美国国防部长科恩签发的《国防部太空政策》等文件。

克林顿政府太空战略的总目标是:通过支持一个强大、稳定和平衡的国家太空计划,继续保持美国对世界太空领域的领导地位。其太空战略的目标是:①通过载人和不载人的太空探索,增进对地球、太阳系和宇宙的了解;②保持和加强美国国家安全;③增强美国的经济竞争力和科学技术能力;④鼓励州、地方部门和私营企业利用航天技术并为之投资;⑤促进国际合作。

根据这些目标,克林顿政府确定了各太空领域发展的重点:民用太空领域重点发展空间科学、对地观测、载人航天和航天技术开发与应用;军用太空领域强调加强太空监视,提高对美国在世界各地军事行动的支援能力;商用太空领域强调增强美国经济竞争力,扩大商业性航天活动。此外,克林顿总统于 1996 年 3 月 29 日批准了一项有关美国全球定位系统(GPS)的政策,允许美国军工企业和商业公司更多地向国外开发 GPS 设备市场,为国外商业用户提供更多的全球定位服务,同时打开了与外国政府共同开发 GPS 的大门。这是美国首次以政府的名义发布 GPS 政策,其意义非同寻常,因为它标志着 GPS 的研究开发与应用将进入一个新的阶段,将对全球卫星导航定位领域的发展产生重大影响。

与里根和布什政府相比,克林顿政府的太空安全战略没有实质性变化,其主要特点包括:①把"战略防御计划"和"防御有限打击的全球保护系统"改为"战区弹道导弹防御计划",并为"国家导弹防御快速部署计划"提供先进的技术。②更加注重提升商业航天的能力,鼓励商业系统的军事化应用,明确提出美国商业航天政策的基本目标是支持和增强美国在航天活动中的经济竞争力,同时保护美国国家安全和外交政策利益。③调整部门间的合作,减少不必要的重复建设,鼓励国际合作。

## 八、小布什政府的太空安全战略

小布什上台后,命令由国家安全委员会、科技政策办公室等部门组成一个跨部门委员会——太空政策协调委员会,在国家安全委员会领导下,对美国太空政策进行评估并制定新的太空政策。此后,小布什政府相继出台了《商业遥感政策》《太空探索新构想》《天基定位、导航和授时政策》《太空运输政策》《国家太空政策》等文件。除这些文件外,小布什政府的太空战略思想还体现在《国家安全战略》《四年防务审查》和美国空军的战略文件中。

在军用太空战略方面,小布什政府认为,美国面临"太空珍珠港"式的威胁,必须发展全面的太空能力。一是调整军用太空管理体制,加强集中管理。国防部调整了空军在航天事务中的职能,责成空军航天司令部加强太空作战组织、训练和装备工作,并将美国航天司令部与战略司令部合并,成立新的美国战略司令部。二是退出反导条约,实施新军事太空计划——"分层弹道导弹防御系统"计划。2002 年 6 月 13 日,小布什政府退出《反弹道导弹条约》后,开始全方位、多层次、大纵深地发展军事太空,并于 2004 年开始实战部署弹道导弹防御系统。三是创新太空作战理论,增强美军太空战能力。美军先后颁布了《太空对抗作战条令》《太空作战》《联合太空作战纲要》等作战条令,全面规范太空作战行动。四是制定新版国家太空政策,军用太空成为重中之重。2006 年 10 月 6 日,小布什政府公布了新版《国家太空政策》,军用太空被置于首位,要求全面提升太空能力,确保太空行动自由。

在民用太空战略方面,小布什总统于 2004 年 1 月 14 日宣布了"太空探索新构想",提出 4 个目标:①实现持续、经济可承受的有人和无人探索太阳系和更远星体的计划。②拓展人类在太阳系的存在,以 2020 年重返月球为开端,为人类探索火星或其他星球做准备。③开发创新技术、知识和基础设施,支持人类的探索决定。④促进国际和商业界参与探索计划,进一步维护美国的科学、安全和经济利益。该构想是自"阿波罗"时代以来最为雄心勃勃的无人和载人太空探索计划,对美国保持技术领先地位、增强经济活力、维护国家安全、提高美国人民生活质量不可或缺。

在商业太空战略方面,尽管克林顿政府首次将增强"经济竞争力"写进1996年的《国家太空政策》,但是商业太空的规模仍然不及军用和民用太空。在1994年的太空销售中,军用占47%,民用占46%,商业仅占7%。为了推动美国商业太空快速发展,小布什政府对商业遥感、航天运输、天基定位、导航和授时等政策,进行了全面评估,并颁布了《国家航天委员会法》《零重力零税收法》《航天现代投资法》《遥感应用法》《商业航天法》《商业航天发射法》《太空探索法》等10余部新法规。小布什政府商业太空战略的目标是,"形成一个活跃、具有全球竞争力的国家商业太空产业,以推动创新,巩固美国的领先地位,保护国家、国土和经济安全"。为实现这一目标,美国政府各部门应在可行范围内最大程度使用美国商业太空能力和服务;在不损害国家安全利益的前提下,允许其私营部门最大程度使用美国的太空能力;鼓励美国私营部门开展商业太空竞争,积极参与政府太空活动。

小布什政府太空安全战略的特点:一是在领先的领域寻求绝对太空优势,确保美国太空霸主地位;二是在太空部署武器的意图更为明确,措辞更为强硬;三是提出新太空倡议,确立美国在新一轮太空竞赛中的主导地位。

## 九、奥巴马政府的太空安全战略

### (一) 概述

奥巴马上台不久,就成立了一个调查委员会,对小布什政府的太空政策进行评估,并在此基础上制定了自己的太空战略。2010年6月28日,奥巴马政府发布《美国国家太空政策(2010)》,奥巴马在当日发表声明指出:"新的国家太空政策旨在加强美国在航天的领导地位,使全球受益。虽然我们将继续面临来自国内外的严峻挑战,但我们会保持长期的成功和领导力,兑现对未来的承诺。"2011年2月4日,美国国防部长罗伯特·盖茨和国家情报总监詹姆斯·克莱拍联名签发《国家太空安全战略(2011)》(解密摘要)。这两个文件体现了奥巴马政府太空战略的主要思想。

### (二)《美国国家太空政策(2010)》

《美国国家太空政策(2010)》提出了进行太空活动的原则,包括:①负责任地在太空采取行动,防止不幸事件、误解和不信任的事情发生,是所有国家的共同利益。②健康的竞争性商业太空部门,对太空的持续进步生死攸关。③为了和平目的和全人类利益,所有国家都有按照国际法探索和使用太空的权利。④根据国际法,没有任何国家对外层空间或任何天体拥有主权。⑤美国将采取多种措施保证所有责任方能够使用太空,慑止他人的干扰和攻击,保护美国和盟国的太空系统,如果威慑失败,就击败他人的攻击。与这些原则相一致,美国将在国家太空活动中追求以下目标:①使国内竞争性工业充满活力,参与全球市场,促进卫星制造、卫星服务、太空发射等方面的发展。②扩大国际合作。③增强太空稳定。④增加基本任务功能的确定性和弹性。⑤推行人类与机器人计划,开发创新性技术,培育新工业,加强国际伙伴关系,鼓励美国和全世界增加对地球的了解,加强科学发现,探索太阳系和宇宙以外的地方。⑥改善天基地球和太阳系观测能力。此外,该文件还提出了美国政府所有部门和机构都必须执行的跨部门和部门指导方针。

## (三)《国家太空安全战略(2011)》

《国家太空安全战略(2011)》认为,太空环境面临三大趋势:①太空越来越拥挤。不断增长的全球太空活动,已经使太空中的重要区域变得越来越拥挤。②太空越来越具有对抗性。太空系统及其支持性基础设施面临一系列可能拒止、降低、欺骗、破坏或摧毁太空资源的人为威胁,未来10年将有更多的国家和非国家行为体发展反太空能力,对美国太空系统的威胁和对太空环境稳定与安全的挑战将上升。③太空越来越具有竞争性。尽管美国在太空能力上仍然保持全面优势,但随着市场准入门槛降低,美国的竞争优势在下降。随着其他国家专门知识的增长,美国的技术领先地位受到侵蚀。美国的太空安全战略目标是:①加强太空的安全、稳定和可靠性。②保持和增强太空给予美国的国家安全战略优势。③使太空工业基地充满活力,支持美国国家安全。实现这些目标的战略途径包括:①推动负责任地、和平地、安全地利用太空。②提供得到改善的美国太空能力。③与负责任的国家、国际组织和商业公司结成伙伴。④预防和慑止对支撑美国国家安全的太空基础设施的侵犯。⑤准备在变坏的环境中作战并战胜任何进攻。归根到底,美国将通过建立标准、增强太空态势感知、增加透明度和信息共享,应对太空越来越拥挤的问题;将通过多层威慑的方式,处理太空的对抗性问题;将通过增强自身能力、改善自己的采办程序、培育健康的美国工业基地和加强合作,解决太空的竞争问题。

奥巴马政府太空安全战略的特点:一是从单边主义转向多边主义,但仍致力于维持美国在太空的领导地位和在太空科技发展中的优势;二是接受为和平目的使用太空的提法,但继续发展太空军事能力;三是积极促进商业太空的发展;四是计划登上火星并在月球建立以机器人为主的基地。

# 第四节　近五年美国太空安全战略

通过梳理近五年美国的国家、国防、军事、军种太空相关战略,主要包括 2018 年 3 月 23 日美国政府发布的《国家太空战略》、2020 年 6 月 17 日美国国防部发布的《国防部太空战略》、2020 年 7 月 23 日美国国家太空委员会发布的《深空探索与开发的新时代》、2020 年 8 月 10 日美国太空军发布的《太空力量(Space Power)》、2020 年 12 月 9 日美国白宫发布的《国家太空政策》、2021 年 1 月 8 日美国能源部发布的《太空能源战略》、2021 年 1 月 29 日美太空司令部发布的《(太空司令部)司令官战略愿景》、2021 年 5 月 6 日美太空军发布的《美国太空军数字化愿景》、2021 年 12 月 1 日美国国家太空委员会发布的《太空优先事项框架》、2022 年 2 月 22 日美、英、法、德国等七国发布的《联合太空作战愿景 2031》、2022 年 4 月 4 日美国白宫发布的《太空服务、组装与制造国家战略》、2022 年 4 月 6 日美国太空司令部发布的《商业卫星整合战略》、2022 年 5 月 10 日美国太空军发布的《太空试验体系愿景》、2022 年 7 月 1 日美国国土部发布的更新版《国家太空政策》、2022 年 11 月 17 日美国白宫发布的《国家地月科技战略》以及 7 项航天政策指令,简要阐述了美国当前太空安全战略形势、战略目标、战略方针和战略手段。

## 一、战略形势

### (一)战略环境

#### 1. 大国竞争聚焦太空领域

美国认为当前是大国竞争的时代,大国竞争决定了战略环境,在不同的国家战略中都有表述。美国《国家安全战略》认为,"美国正处于一个新的竞争环境之中,激烈的军事、经济与政治竞争正在全球层面展开,只有大国才对美构成战略挑战"。美国《国防战略》认为,"国家间战略竞争已取代恐怖主义成为美国最重要的国家安全关切,中俄为战略竞争对手"。美国《印太战略》认为,"重启冷战思维,将战略重心由欧洲转向亚太。本质是由地缘政治竞争所导致的国家战略竞争"。美国前总统特朗普也认为,"不论喜欢与否,我们都已进入竞争的新时代"。即大国竞争的时代。太空是衡量大国实力的重要指标，是国家稳固政权、繁荣发展与树立威信的源泉与渠道。在大国竞争的新时代，太空已与陆地、海洋、空中等地理域一样，成为大国战略必争之地。

**2. 太空多极化不可逆转**

冷战时代，美国和苏联围绕争夺太空优势展开激烈竞争，两国卫星占全球卫星的93%。美苏两国主导太空秩序，牵头制定了奠定当今太空治理的规则。冷战结束后，尤其是进入21世纪之后，太空格局逐渐向多极化发展。"太空不再是专属于美国的领域""只要国家买得起，太空商业化给了它们以前只限于全球大国的能力"。越来越多的国家进入太空领域，这一趋势将削弱其对太空规则的主导权。

**3. 太空军事化加剧**

太空是未来战略竞争制高点，世界各国为赢得战略主动，纷纷宣布太空为作战域，成立太空军事组织，颁布太空军事战略政策，研制太空武器，开展太空军事演习。竞争对手正在投资太空军力，将在短期内具有反太空"行动能力"，将继续采用全方位反卫星武器手段，包括电子战系统、定向能武器以及动能反卫星导弹，降低美国军事效力和整体安全，太空军事化武器化战场化趋势加剧。

**4. 商业航天快速崛起**

商业航天公司越来越多敏锐地看到未来太空领域有巨大的商机，纷纷集智聚力发展商业航天，从事太空采矿、太空旅游、太空发射、太空制造、太空数据信息服务等业务，商业航天能力得到快速提升，商业航天应用日益广泛，成为人类征服太空的主力军、国家队，成为世界各国都高度重视发展的一支战略力量。

**5. 美国高度依赖太空**

美国比其他任何国家都更依赖天基能力在全球范围内维护和使用权力。如今，美国对太空的依赖已经不仅仅针对提升太空能力，而是逐渐融入了人类的生活方式和战争方式。美国的国家安全和繁荣需要不受限制地进入太空并自由地开展活动。

**6. 太空优势持续丧失**

"冷战时代衡量太空领导地位的标准，是一国从事而其他国家没有进行的太空活动","如今,这一标准因素依然存在,但现在领导地位的衡量标准是有多少人希望与你合作,有多少人想成为你团队的一员"。从这两个方面来衡量,美国已经落后了。"美国深空探测方向多次发生改变,导致在探月上已经落后于中国;如果在探测方向上再次改变,美国必然失去太空优势"。

### 7. 太空自然环境持续恶化

粗放的太空资源分配方式助长了宝贵的频轨资源的野蛮掠夺。高价值的地球静止同步轨道已经满负荷运行。电磁频谱拥挤制约卫星系统的正常通信与管控。卫星互联网的发展正在加快近地轨道的拥挤。太空碎片治理机制失灵,太空碎片持续增多,不断接近连锁碰撞临界值,触发链式碰撞、引发"公域悲剧"概率提高。

## (二) 战略威胁、挑战

### 1. 威胁

世界各国太空力量快速发展,威胁美国安全。美国认为,尽管来自潜在对手的威胁也在增加,但战略竞争对手对美国的太空作战构成了最直接、最严重的威胁。

美国研究认为:战略竞争对手的战略意图和能力,对美国国防部创造太空理想条件的能力构成了紧急而持久的威胁。一是战略竞争对手已经分析了美国对太空的依赖性,发展了专门用于阻止和反抗美国进入太空并在该领域作业的理论、组织和能力。二是战略竞争对手对太空的利用正在显著扩大。三是战略竞争对手都将进入和阻止进入太空作为其国家和军事战略的重要组成部分。具体而言,战略竞争对手的相关战略政策表明,太空对现代战争很重要,并考虑使用反太空能力作为降低美国、盟国和其伙伴军事实力并赢得未来战争的手段。战略竞争对手已经将太空武器化,以阻止和抵抗美国在区域性军事冲突中可能采取的干预措施。

### 2. 挑战

活动日益暴露。由于潜在对手、世界其他国家和商业天基能力的提升,美国在陆地和太空的活动日益暴露,阻碍了美国军方在所有领域的机动和行动自由。

获取成本更低。潜在对手正在以更低的成本和更广泛的可获得性,利用商业太空领域的技术进步,扩大其太空技术和能力。

反应要求更快。美国国防部将继续依赖太空维护权力，与在各自区域活动的潜在对手相比，须对全球危机做出更快的反应。

实战经验有限。尽管潜在对手在太空对抗方面取得了快速发展，但美国国防部对始于太空和扩展到太空的冲突的实战经验有限。

太空需求剧增。每个用户认为依赖太空是理所当然的事情，但对于美国太空服务保障部门而言，确保美国所有类别、层级的人员都能获得太空服务，是无比巨大的挑战。

对手投资太空。竞争对手投资太空力量，"挑战美国、挑战盟国、挑战世界权力平衡"。

对手具备反卫能力。竞争对手极可能寻求使用激光武器，摧毁、弱化或损伤美国及其盟友的卫星和其传感器，这些都对"美国在太空领域的地位构成了挑战"。

国际理解有限。国际上对太空中的不安全、不负责任和威胁行为的理解和协议才刚刚开始。

公众理解有限。公众对于他们对太空系统的依赖性、太空领域的变化特征，以及美国及其盟友和伙伴面临的日益增长的太空威胁的理解仍是粗浅的。

## （三）机遇

新型战略环境也提供了许多机遇，可提升美国国防部达到其太空理想条件的能力。

### 1. 国家领导层意识到太空对国家安全和繁荣的重要性

太空，包括太空安全，是国家的首要任务。美国将不断增加资源，以确保美国在这一关键领域继续发挥领导作用。包括《国家安全战略》《国家国防战略》和《国家太空战略》在内的战略指导都强调，美国的关键利益在于不受限制地进入太空，并在太空中自由行动。

### 2. 在国防部中建立新的以太空为重心的组织，为国防航天企业各方面改革提供了历史机遇

美国太空部队，是武装部队的最新分支，将为组织、训练和装备太空部队带来团结、集中和拥护的精神。

美国太空司令部，作为最新的作战司令部，将带来更多作战重点，以震慑威胁并塑造太空安全环境。

美国太空联盟，为美国与盟国和合作伙伴创造了巨大的优势。长期以来，

美国与盟国和合作伙伴在信任、共同价值和共同国家利益基础上维持着稳健而成果丰硕的合作。美国的众多盟国和合作伙伴承认,太空是其各自国家安全战略不可或缺的组成部分,并认识到潜在对手所构成的太空威胁日益增加。因此,他们对合作开发太空能力,共享与太空有关的信息和情报,参与太空作战以确保自由进入太空和自由太空行动的兴趣日益浓厚。

美国商业空间活动,在数量和多样性上都已大大扩展,形成了新形式的商业能力和服务,推动了技术的商品化和货架化,降低了进入市场的障碍,对企业家低成本创新和投资先进技术、太空服务需求增加和推动新兴太空工业做出了贡献。美国国防部有机会继续推动由私营部门驱动的创新和经济性投资,提供和展现合作机会,通过更简化和快速响应的采购流程,彻底改变游戏规则。

## 二、战略目标

### (一) 总目标

太空领域是安全、稳定且可访问的。持续和全面的美国军事力量是美国及其盟国和伙伴利用太空的基础。通过对太空的利用,美国有能力在整个冲突范围内的所有领域生成、投射和运用力量。

### (二) 分目标

#### 1. 政治上确保太空领导地位

拥有太空规则的制定权、太空舆论的话语权、太空交通的管理权、太空活动的组织权/领导者,力保美国在太空领域的领先和成功,支撑太空领域领导地位。

#### 2. 军事上夺取制天权

提升自由进出太空和开发太空能力,为联合作战提供太空支持,在未来太空战中慑止、击败对手,确保太空稳定性。

#### 3. 经济上实现商业航天快速发展

在商业航天投资、商业航天发射、商业航天器研制、商业航天器应用、商业太空资源开采等方面,催生更多航天新产业,助力太空经济快速发展。

#### 4. 科技上维持全面优势

在传统太空科技、颠覆性太空科技、新兴科技应用于太空领域、太空领域科技转化应用等方面,催生更多新科学、新技术、新知识。确保美国的航天技术世界领先,美国拥有无可置疑的太空优势。

## 三、战略方针

### (一)美国优先

将美国利益置于首位,使美国更加强健、更具竞争力、更加伟大;保持军用航天、商业航天、民用航天三个领域的活力,加强相互间合作,注重与商业界合作,确保美国企业在太空技术方面维持世界领先地位;确保各项国际协议将美国民众利益置于首位;把监管改革作为优先事项,为工业界扫除障碍,确保美国保持全球领先的太空服务和技术供应商地位。

### (二)太空优势

在美国的传统航天之上勇于开拓,为美国下一代的太空探索奠定基础;政府的首要任务是保护太空带来的科学、商业和国家安全利益,引领美国继续创建和维护对国家繁荣、国家安全、国民生活至关重要的关键太空系统;力保美国在太空领域的领先和成功。

### (三)以实力求和平

保护美国在太空领域的重要利益,即确保无障碍地进入太空并在太空自由行动,以促进美国的安全、经济繁荣和科技进步,并为此加强美国太空活动的安全性、稳定性和可持续性;审慎回应直接影响这一重要利益的任何针对太空体系结构关键部分的有害干扰或攻击;针对竞争对手已把太空变为作战域,美国将为应对和解决太空中出现的任何挑战做好准备;慑止、应对和挫败危害美国及其盟友国家利益的太空威胁。

### (四)军民商一体发展

保护太空带来的科学、商业和国家安全利益,引领美国继续创建和维护对国家繁荣、国家安全、国民生活至关重要的关键太空系统。保持军事航天、商业航天、民用航天三个领域的活力,加强相互间合作,注重与商业界合作,确保美国企业在太空技术方面维持世界领先地位。统筹军民商航天的战略指导,保持军民商航天的内部活力,加强军民商航天的建设合作,促进军民商航天的应用支撑。

### （五）持续创新

营造良好的创新氛围,在太空探索创新、太空进出创新、太空利用创新、太空控制创新、太空需求创新、太空理论创新、太空实践创新、太空管理创新、太空技术创新、太空产品创新、太空应用创新等方面,加强创新人才培养,不断提升整体创新能力。

### （六）多维联盟

高度重视盟友、深度利用盟友,在政治、军事、经济、科技、外交等方面,加强与盟友的联系和协调,形成太空多维联盟,促进整体能力跃升。

## 四、战略手段

### （一）政治上,推进有世界影响的太空工程

美国《国家太空战略》要求,通过确定未来太空探索项目,以获取能够维持美国国家安全的太空技术,重塑美国太空领导地位。《美国太空优先事项框架》要求,美国将保持其在太空探索和太空科学方面的领导地位。美国将通过引领太空研究与技术,推动月球、火星及以远地区的探索,进而在科学与工程领域持续保持全球领先地位。美国的载人和机器人太空探索任务将实现首位女性和有色人种登上月球,打造强大的月球生态系统,继续利用人类在低地球轨道的驻留,使人们能够在太空中安全生活和工作,并为未来前往火星及以远的任务做准备。科学任务将调查宇宙的起源,增进对地球、太阳和太阳系的了解。执行这些任务时,美国将继续推进与老牌航天国家长达数十年的合作,并与新兴航天国家建立新的伙伴关系。

一是继续推进载人航天项目,即太空发射系统(Space Launch System)与猎户座飞船(Orion),力争在21世纪20年代初期实现载人登月。特朗普总统签署太空政策第1号指令,命令先实现载人登月,最终飞向火星,反映了美国急于抢占新世纪载人登月头把交椅的急切心情,特朗普本人甚至希望在其首个任期内实现登陆火星。2018年11月27日美"洞察"探测器成功着陆火星,2021年2月18日美国"毅力号"火星车成功登陆火星。

二是实施"月球轨道平台—门户"计划(Lunar Orbiting Platform-Gateway),以作为登陆月球与火星的跳板。NASA把奥巴马政府设立的"深空门户"(Deep Space Gateway)改为"月球轨道平台",在不改变其月球空间站性质的前

提下,计划利用该平台与"猎户座"共同实施登月计划。

三是继续与私营公司研制载人飞船,摆脱对俄罗斯载人飞船的依赖。波音公司载人飞船"星际飞机"(Starliner)和太空探索公司的载人飞船"载人龙"(Crew Dragon)都将在 2019 年进行首飞,意在打破目前只有中国、俄罗斯可以进行载人飞行的局面。2020 年美国 SpaceX 公司"载人龙"(Crew Dragon)飞船成功开展了发射逃逸试验、载人飞行试验,率先完成全部认证工作,正式投入业务化商业乘员运输服务。11 月 16 日,"载人龙"飞船搭载 4 名航天员进入轨道,开展为期 6 个月的任务。

四是力图先于中国建成商业空间站。政府督促 NASA 与爱克信(Axiom)等公司合作,力争尽早建成私营商业空间站。重启国家太空委员会,期望该机构能够协调军民太空项目,以应对美国太空优势面临的挑战,并向世界表明美国正在恢复太空领域的领导力。

五是美国还将与战略竞争对手进行外交接触,加强外层空间的稳定。美国国家安全太空行动将继续遵守适用的国际法,并在负责任地利用太空和管理太空环境方面展现领导能力。

## (二)军事上,加强太空力量建设

增强威慑能力和作战选项,以慑止对手并挫败对手威胁。美国期望能够不受干扰地进入太空,在太空自由行动,并能在选择的时间、地点、方式和领域对太空威胁进行有效回应,慑止、打败潜在对手,维持美国太空霸权。采取措施保护其军事力量免受太空威胁。

一是研制太空飞机。2017 年 6 月,美国国防部国防高级研究计划局与波音公司共同研制太空飞机,使其兼具飞机和导弹的特点,实现快速发射、高速飞行,替换失效或被摧毁的军事或商业卫星。

二是增强太空战略威慑能力和作战选项,慑止对手并挫败对手威胁。加强太空军事系统建设(包括天基导弹防御系统)。2019 年 1 月公布的《导弹防御评估》报告指出,部署天基传感器有利于美国对导弹进行拦截。

三是计划部署天基拦截器,拦截助推段的导弹,复活"星球大战计划"。美国一直信奉"制天权"理论,军方亦把太空视为创造胜利的战略和战术"终极高地"。

四是太空军事威胁。发展太空攻防能力,以威慑对手并在必要时击败对手;开展战略评审,解密对手拥有的太空威胁和美国自身拥有的太空军事能力,以实现威慑。

　　五是加速太空采办调整改革。作为加强太空任务保障的一部分,美国将加速国防采办体制机制改革创新,利用新的商业太空能力和服务来满足国家安全要求,并将深化美国国家安全太空能力和活动与美国盟友和伙伴的整合。2022 年 6 月 24 日,美太空军首任负责太空采办的助理部长弗兰克·卡尔维利阐述太空采办的目标,并表示"将帮助确定太空军采办的长期方向"。首先是整合系统。将太空系统与地面系统整合成集成系统,以在任务过程中充分利用;将太空军架构整合到其他作战领域,使军队在各种行动中更具作战优势。然后是提供在研能力。完成过去几年开展的工作,增强太空部队和空军作战能力;加快交付能力,改进项目管理和执行能力,将优先推动项目管理纪律,以实现满足任务需求的成本和进度。最后是实现更具弹性的太空架构。

### (三) 经济上,推进太空商业化建设

　　2017 年《美国国家安全战略》明确提出经济繁荣攸关国家安全,而太空技术等高新技术产业发展有利于助推经济发展。2021 年《美国太空优先事项框架》明确,美国将营造一种政策和监管环境,使美国商业航天部门具有竞争力并蓬勃发展。

　　一是支持太空商业化。美国的商业航天活动处于太空技术、太空应用和太空服务的前沿。为了促进美国工业的发展,支持美国就业机会的创造,美国将阐明政府和私营部门的角色和责任,并支持及时和反应迅速的监管环境。美国的法规必须为非政府太空活动的授权和持续监督提供明确性和确定性,包括在轨服务、轨道碎片清除、天基制造、商业载人航天以及太空资源的回收和利用等新型活动。为了在国际上创造自由和公平的市场竞争,美国将与盟友和伙伴合作,更新和协调太空政策、法规、出口管制和其他管理全球商业活动的措施。此外,美国将与盟友和伙伴合作,打击外国政府的非市场行为,保护美国的重要技术和知识产权,减少关键太空能力对战略竞争对手的依赖。这些事务将以经济数据和研究为依据,以更好地了解太空经济,并将反映负责任和可持续利用太空的重要性。2018 年 2 月 21 日,美国副总统彭斯主持召开国家航天委员会第二次会议,聚焦商业航天监管改革,并讨论航天发展对美国的威胁等。为实现上述目标,特朗普于 2018 年 5 月签署太空政策第 2 号指令《简化对太空商业化利用的监管》,由美商务部设立一个负责太空事务的副部长职位,制定有利于太空商业化发展的规章制度,简化监管框架、政策和流程,更好地支持太空商业化。

　　二是鼓励登月、探火和国际空间站商业化。政府计划以商业化模式进行

登月、火星移民,让美国私营企业承担国际空间站运营。美国国家航空航天局2019年6月7日发布《NASA商业化近地轨道发展计划》,SpaceX公司发表声明将进行参与登月、探月商业化运营。鼓励私营公司将太空市场化,开拓被高盛公司称为拥有数万亿美元市场空间的太空边疆,使太空成为"美国下一个伟大的边疆",证明美国人是"一个开拓先锋民族"。具体而言,鼓励私营企业制定行业标准、规则,并试图加以推广,让国际社会接受。

三是鼓励公私结成伙伴关系,加快相关技术从NASA、军方转移到私营企业,进一步落实太空商业化。NASA宣布售出多份合同,与商业公司合作开发太空探索技术、探讨近地轨道市场化。美国将继续利用民用航天活动促进新的商业航天服务,如载人航天运输、国家安全太空发射。

## (四)科技上,推进太空创新重大项目

### 1. 推进太空科技理论创新

加强太空相关科学问题、关键技术的创新研究。例如,在探月上,加强"阿尔忒弥斯"登月计划、月球轨道"门户"计划的相关科技理论的创新研究和落地执行,确保计划能有效执行。

### 2. 推进太空科技实践创新

以实际应用需求为牵引,加强太空新技术、太空新装备等应用需求对接、产品研制研发、实际应用试验,例如天基互联网建设的论证、设计、研制、发射、试用等。结合重大工程项目,在应用实践中破解制约太空发展的科技难题。

### 3. 组建一级太空司令部

1982年9月,美军率先成立了空军航天司令部。2002年,又将航天司令部并入战略司令部,成为新的战略司令部。2018年12月18日,美国总统特朗普在一份给国防部长马蒂斯的执行备忘录中,指示国防部按联合作战功能组建美国航天司令部,并指示国防部长推荐新司令部司令和副司令人选。要求将太空司令部组建成"功能性"的联合作战司令部,履行一级作战司令部职责,接管美国战略司令部的太空职能,对各军种的太空作战力量实施统一指挥与控制。当日,副总统彭斯与原空军部长威尔逊在肯尼迪航天中心参观时宣布,美国航天司令部将是美国第11个联合作战司令部。威尔逊称,美国航天司令部将成为军方主管航天的联合司令部,负责执行作战任务;同时,按总统组建专司航天的新军事部门的计划,空军下的航天司令部将进行重组,负责为作战司令部的组织、训练和装备工作提供兵力等资源。

### 4. 组建国防部航天发展局

2019 年 3 月 12 日,美国代理国防部长沙纳汉正式签署在国防部内组建航天发展局(SDA)的备忘录,由主管研究与工程的副防长格里芬领导,航天发展局首任局长是弗雷德·肯尼迪。航天发展局是"被赋予特别地位和授权的机构",主要职责是加速发展和部署新的航天能力,确保技术和军事优势。一是负责航天情报以外的下一代航天能力发展的政策制定和执行;二是整合航天能力开发,减少重复工作;加强与盟国和合作伙伴的合作,充分利用商业航天和盟国航天技术;三是加强与作战部门的配合,开发满足作战需求的能力。一旦国会批准组建天军,SDA 将移交给美国天军。美国国防部 2020 财年预算案为 SDA 申请了约 1.5 亿美元。

### 5. 成立天军

在太空军事问题上,特朗普一贯宣扬"美国可能需要一个新军种来保卫太空,或者说需要一支太空部队"。2019 年 2 月 19 日,美国总统特朗普以备忘录形式签发 4 号航天政策令《建立美国天军》,明确最初将在空军部内建立美国天军,作为美国第六大军种,未来时机成熟后根据需要在国防部成立独立的天军部,并要求国防部为此制定立法提案。2019 年 12 月 20 日,美总统特朗普在高级国防和军事官员陪同下,在马里兰州安德鲁斯联合基地将《2020 财年国防授权法案》签署成法,从而宣告作为美第六大军种的美国天军正式组建,美国太空司令部司令、空军上将雷蒙德将兼任首任空间作战部长(天军参谋长)。特朗普说,"今天是我们一座重要的里程碑,因为我们正式组建了我军的一个最新分支,那就是美国天军";"这是一个非常重大的时刻"。2020 年 6 月 30 日,天军推出组织架构方案,在天军总部下设太空作战司令部、太空系统司令部、太空训练与战备司令部三个"一级司令部"。"一级司令部"下设"三角队"(delta),"三角队"下设"中队"。与空军的组织架构相比,天军取消了一个将级军官和一个校级军官指挥层级,架构更加扁平化。加强专业化人才培养,不断提升新装备操作和使用能力。

### 6. 扩大太空联盟

（1）扩大太空态势感知联盟

2020 年 5 月 20 日,美国天军空间作战部长兼美国航天司令部司令雷蒙德上将对记者表示,美国本月同秘鲁新签署了一项空间态势感知协议。美国航天司令部一位发言人称,这项协议是上周由秘鲁共和国国家航空航天研究与发展委员会(CONIDA)的图埃斯塔·马奎兹少将同美国航天司令部战略、规划与政策主管希契科克准将签署的。秘鲁共和国国家航空航天研究与发展委员会是秘鲁所有航天活动的领导机构，也是秘鲁航天局总部。希契科克说，秘鲁由此在推动天域感知发展方面迈出了重要一步。图埃斯塔·马奎兹则表示，秘鲁希望通过这项协议来增强航天能力，并为全球空间安全做出贡献。这项数据共享备忘录将让秘鲁能够拿到高质量的卫星跟踪数据。秘鲁运行着"秘鲁星"1 对地观测卫星，并计划部署一颗后续卫星。该协议让秘鲁航天局能够同加州范登堡空军基地第 18 空间控制中队的专家建立起联系。该中队负责美国的空间物体跟踪工作。协议使秘鲁能够请求提供只面向签有协议各方的高级服务。包括秘鲁在内，美国已把 25 个国家拉入这一空间态势感知数据共享与空间飞行安全网络。这 25 个国家是：秘鲁、澳大利亚、比利时、巴西、加拿大、智利、丹麦、芬兰、法国、德国、以色列、意大利、日本、卢森堡、荷兰、新西兰、挪威、波兰、韩国、罗马尼亚、西班牙、泰国、阿联酋、英国、葡萄牙。

2020 年 7 月 15 日，美太空司令部与葡萄牙在里斯本"第 43 届美—葡常设双边委员会"上签署了《太空态势感知数据共享协议》。此项协议强调"美国国防部和葡萄牙在太空飞行安全和提供太空态势感知服务和信息方面开展合作"。至此，美国已与 25 个国家、2 个国际组织、80 多个商业公司签署了 117 份太空态势感知数据共享协议。

（2）扩大太空作战联盟

2019 年 4 月 10 日，来自澳大利亚、加拿大、法国、德国、新西兰、英国和美国的空军参谋长和高级航天官员参加了在美国空军航天司令部总部举行的会晤，讨论《联盟太空作战（CSpO）倡议》的未来。会谈结束后，七国联合发布了此份"关于联盟太空作战的多国声明"，表示"太空疆域在国家经济、技术、国家安全和国防中具有重要的战略地位作用，有关太空疆域的军事合作对各国的利益至关重要，通过积极合作，共同应对太空中的威胁并共享利益"。

2020 年 2 月，在加拿大召开的《联盟太空作战（CSpO）倡议》理事会上，美国正式认可法国和德国加入 CSpO 倡议。

## （五）体系上，提出"下一代太空架构"发展设想

为了以有助于战略稳定的方式遏制对手对美国及其盟友伙伴利益的侵犯，美国将加快向更具韧性的国家太空安全姿态过渡，太空体系结构转向更具弹性的体系结构。建设基于威胁驱动、快速发展扩散的多功能小型卫星星座，加强探测和判断太空敌对行为的能力，以应对太空威胁、对抗对手挑战或实现太空拒止。

2019年7月1日,美国国防部太空发展局(SDA)发布首份信息征询书,向工业界寻求发展"下一代太空架构"所需卫星平台、载荷、发射平台以及相关地面设施的设计概念和方案。太空发展局按照美国国防部未来八大优先级任务要求,提出由7个星座或"层"(① 传输层;② 跟踪层;③ 监管层;④ 威慑层;⑤ 导航层;⑥ 作战管理层;⑦ 支持层)组成的下一代太空架构。

2021年5月31日,美国国土安全部科技局发布《弹性定位导航与授时(PNT)合规性框架》(2.0版)。该框架聚焦用户设备的弹性能力建设,与设备供应商和关键基础设施终端用户相关,适用于输出PNT解的相关设备,包括PNT系统体系架构、集成PNT接收机和GNSS芯片组等PNT源组件。该框架针对PNT用户设备提出了基于预防、响应和恢复三大核心功能的四个弹性等级,终端用户可以根据其需求选择适合的弹性等级以促进其设备的弹性能力发展。在弹性等级方面,定义了0~4级弹性等级以及预期行为和关键特征。0级不具备弹性能力,是指PNT源或系统达不到1级或更高等级要求。弹性1级设计的预期行为是"全面恢复"。当所有预防、响应或是恢复行为面对数据欺骗等威胁时无效或是不可用时,恢复是最后一道保障。弹性2级具备1级的所有弹性行为,同时能够对产生不可信PNT解的其他不安全PNT源做出响应。弹性3级具备弹性1级和弹性2级的功能外,还具备抑制和控制威胁的能力。弹性4级具备弹性1级、2级和3级的功能,是最高的弹性等级,系统能够在任何不安全的环境中运行,而PNT的能力不会降低。

## 习题

1. 论述美国太空安全战略的简要历程。
2. 论述艾森豪威尔政府太空安全战略的形成过程。
3. 论述"阿波罗计划"的提出、否决及正式出台。
4. 简述《高边疆——新的国家战略》报告的主要内容。
5. 简述里根政府太空安全战略思想的主要内容及特点。
6. 简述奥巴马政府《国家太空安全战略》中太空环境面临的三大趋势。
7. 简述近五年美国面临的太空安全战略环境。
8. 论述近五年美国太空领域面临的主要威胁、挑战和机遇。
9. 简述近五年美国太空安全战略的战略目标。
10. 简述近五年美国太空安全战略的战略方针。
11. 论述近五年美国太空安全战略的战略手段。
12. 论述美国太空安全战略的主要启示。

# 第四章　俄罗斯太空安全战略

地球是人类的摇篮,但人类不可能永远生活在摇篮里。他们不断向外探索着生存空间,起初是小心翼翼地穿出大气层,然后是整个太阳系。

——康斯坦丁·齐奥尔科夫斯基

没有航天力量,俄罗斯就不能够在世界先进文明中占有一席之地,就不能够保持俄罗斯应该具备的国防能力。

——俄罗斯总统普京

俄罗斯(俄语:Pоссийaя,英语:Russian),又称俄罗斯联邦,简称俄联邦、俄国,是由22个自治共和国、46个州、9个边疆区、4个自治区、1个自治州、3个联邦直辖市组成的联邦半总统制共和国。俄罗斯位于欧亚大陆北部,地跨欧亚两大洲,国土面积1709.82万平方公里,是世界上面积最大的国家。俄罗斯总人口1.46亿(截至2022年3月),共有194个民族,主体民族俄罗斯人,约占全国总人口的77.7%。首都莫斯科,通用语言俄罗斯语。俄罗斯是世界第11大经济体,2020年国内生产总值1.479万亿美元,实际增速-3.0%。

俄罗斯联邦是苏联的唯一继承国。1991年12月25日,戈尔巴乔夫宣布辞去苏联总统职务;1991年12月26日,苏联最高苏维埃共和国院举行最后一次会议,宣布苏联停止存在,苏联正式解体,俄罗斯联邦成为苏联的唯一继承国。原苏联在海外的一切财产、存款、外交机构、使领馆等由俄罗斯接收。苏联解体分裂成15个国家:立陶宛、阿塞拜疆、格鲁吉亚、乌兹别克斯坦、吉尔吉斯斯坦、爱沙尼亚、塔吉克斯坦、拉脱维亚、亚美尼亚、乌克兰、土库曼斯坦、白俄罗斯、俄罗斯联邦、摩尔多瓦、哈萨克斯坦。

俄罗斯是太空领域的重要一极,拥有相对完整的太空安全战略体系。1957年10月4日,"斯普特尼克1号"卫星发射成功,人类进入了太空时代。2015年,俄罗斯成立空天军,由原空军和原空天防御部队合并而成。

俄罗斯始终将航天作为国家最高优先发展事项之一,近年来,俄罗斯着手在航天领域推进相关战略部署,相继出台多个国家级航天政策,加大航天活动经费保障,发展航天科学与技术,提升本国在航天领域的竞争力和影响力,以保障国家和太空安全。

# 第一节 战略历程

## 一、苏联时期

1957 年 10 月 4 日,苏联成功发射世界上第一颗人造地球卫星"斯普特尼克 1 号"(Спутник-1,或称"卫星一号"),航天时代的序幕由此揭开。四个月之后,美国也成功发射了它的第一颗人造卫星"探索者 1 号"(Explorer-1)。苏美之间的太空竞赛以此为标志拉开序幕。1975 年 7 月 17 日阿波罗与联盟号对接,美国航天员托·斯塔福德和苏联航天员阿·列昂诺夫在太空中握手,昭示着长达近 20 年的美苏太空竞赛暂时"休战",但其后两国在空间站建设和航天飞机领域的竞争仍在继续,直到 1991 年苏联解体,这场旷日持久的竞赛才算真正结束。

苏联时期,太空领域得到了快速发展,取得了许多历史性成果,并获得了多个太空领域的世界第一(见表 4-1)。

表 4-1 苏联时期在太空领域获得多个世界第一

| 序号 | 时 间 | 名 称 |
|---|---|---|
| 1 | 1957 年 10 月 4 日 | 人类第一颗人造卫星——斯普特尼克 1 号 |
| 2 | 1957 年 11 月 3 日 | 人类第一个进入太空的动物——"莱卡"狗 |
| 3 | 1959 年 1 月 2 日 | 人类第一个星际探测器——月球 1 号 |
| 4 | 1959 年 9 月 12 日 | 人类首个月球硬着陆航天器——月球 2 号 |
| 5 | 1961 年 4 月 12 日 | 人类首次进入太空——加加林 |
| 6 | 1961 年 10 月 4 日 | 人类首个拍得月球照片——月球 3 号 |
| 7 | 1965 年 3 月 18 日 | 人类第一次太空行走——列昂诺夫 |
| 8 | 1970 年 8 月 17 日 | 人类首个成功着陆金星进行实地考察的探测器——金星 7 号 |
| 9 | 1971 年 4 月 19 日 | 世界第一个空间站——"礼炮"1 号 |
| 10 | 1971 年 5 月 19 日 | 人类探测器首次着陆火星——火星 2 号 |
| 11 | 1971 年 5 月 28 日 | 人类探测器首次软着陆火星——火星 3 号 |
| 12 | 1975 年 6 月 8 日 | 人类首个从金星传回科学数据的探测器——金星 9 号 |

## (一) 发展太空基础技术阶段

现代火箭技术源于现代宇航理论。苏联、美国、德国是现代宇航理论发源地,其中苏联是世界上最早提出宇航理论的国家。早在 1893 年沙俄统治时期,中学教师康斯坦丁·齐奥尔科夫斯基就提出了喷气技术和外空飞行理论,真正建立飞向宇宙的火箭理论基础。正是凡尔纳的小说引起了这个天才少年对人类飞向太空的浓厚的兴趣,他认为:"地球是人类的摇篮,但人类不能永远生活在摇篮里!"为了实现这一理想,在极其艰苦的环境下,齐奥尔科夫斯基进行着不懈的探索。他一生写了 450 篇论文,为航天科学奠定了理论基础。他是用数学公式证明,火箭速度取决于火箭燃料燃烧后气体排出的速度,而气体的排出速度取决于燃料的能量的第一人。他首先提出固体火药不是最好的火箭燃料,汽油、煤油、液氢等液体燃料才是飞行于高层大气和宇宙空间的理想燃料。他是第一个提出将液体推进剂用于火箭的人。他还指出:如果气体喷射速度一定,那么为了提高火箭燃料燃烧完之后的速度,就必须多装燃料,减少载荷。也就是提出了"质量比"的概念。提高"质量比"(即装满燃料的火箭总质量与燃烧完后火箭壳加载荷的质量比值),就能提高火箭的最终速度。他论证了多级火箭可以克服地球引力进入地球以外的大气空间、发射人造地球卫星和建立空间站及星际航行的可能性,为现代空间科学的发展奠定了理论基础。他对太空旅行的其他计算包括火箭脱离地球引力所需的速度与燃料,还提出了多节点火箭的观点。他的代表作是科学幻想小说《在地球之外》,大约 1896 年开始写,而所写的是 2017 年发生的事。但遗憾的是,齐奥尔科夫斯基的设计思想和理论,当时没有受到俄国的重视。20 多年后,美国和欧洲的科学家继续研究了齐奥尔科夫斯基的火箭设计思想,其中尤以美国人罗伯特·戈达德最为出色。1919 年,戈达德用复杂的计算方法证明,登月火箭是可以制造出来的。1926 年美国火箭先驱罗伯特·戈达德发射第一架液体推进剂火箭,使他的理论得到证实。

太空技术发展的历史与导弹技术的产生与发展紧密相关,美国和苏联的火箭事业基本上都始于第二次世界大战末期。随着共同敌人法西斯的败退,苏美战时结成的联盟已经失去了存在的基础,尤其是美国第一颗原子弹的出现,让苏美"盟友"关系迅速为相互间的猜忌与敌视所替代。1945 年 8 月 6 日,美国的远程战略轰炸机向日本广岛投下了第一颗原子弹,对结束战争起了关键作用。苏联在战略轰炸机技术上远远落后于美国,因此研制出能够运载核武器弹头的远程弹道导弹,打破美国核垄断并对美国形成足够的威慑力,成为战后苏联维护国家安全迫在眉睫的任务。

在第二次世界大战中,德国号称"复仇武器"的 V-2 导弹问世,以固体火箭发动机为动力的弹道导弹,已成为破坏力最大、威慑力最强的武器系统。早在战争时期,苏联就一直关注着德国的 V-2 导弹研制工作,斯大林一直希望获取德国的导弹技术资料和发展苏联远程弹道导弹。战后,苏联获得了德国用于研制火箭的设备,美国则俘虏了包括冯·布劳恩在内的火箭研制人员。1942年苏联遭遇"二战"最艰难时期,快速重建军用火箭这类利器成为当务之急。颇为讽刺的是,当年恶意指控科罗廖夫的手下格卢什科,不得不向当局打报告,研发火箭离不开科罗廖夫,于是"戴罪立功"的科罗廖夫变成了格卢什科的手下。1937 年斯大林一手策划的苏联大清洗开始了,苏联元帅图哈切夫斯基被迅速处决后,厄运也降临到科罗廖夫头上,再加上格卢什科等人的恶意指控,他最初被判死刑,后来改判,被扔进西伯利亚古拉格集中营。这期间他一直申冤,包括给斯大林上书。科罗廖夫一生创造了多个第一,1957 年 10 月 4日,苏联率先发射全长近 30 米的 R-7 改进型运载火箭,人类第一颗人造卫星斯普特尼克 1 号成功进入近地轨道。1957 年 11 月 3 日发射了第一个太空狗莱卡,1959 年 1 月 2 日发射了第一个月球探测器"月球一号",1961 年 4 月 12日,加加林搭载着第一个载人航天器东方一号 Vostok-1,成功绕地飞行 108 分钟,成为人类史上第一个太空人;1964 年 10 月 12 日,三名宇航员搭载多个宇宙飞船进入太空;1965 年 3 月 18 日,苏联宇航员列昂诺夫完成了世界上第一次太空行走。

1945 年苏军攻占德国北部的 V2 导弹基地佩内明德,收缴运回了所剩的导弹装备,但缺少关键的工程图纸,科罗廖夫成为消化这些战利品的主要工程设计师。与此同时,被掳到苏联的 2000 多名德国导弹工程技术人才也在加紧复原 V2 图纸,但直到两年后才完成。

1946 年 5 月 13 日,苏共中央和部长会议发布 1017-419 号政府文件《导弹武器问题决议》。这是苏联共中央出台的第一份有关导弹研发的政府文件,奠定了战后苏联导弹工业的发展方向和目标。文件决定在部长会议下成立"喷气技术专门委员会"(1947 年改为第二特别委员会),文件明确当前的任务是以武器装备部为主、苏联的多个工业部门为辅,不惜一切代价复制出德国的V-2 导弹。1946 年 5 月 16 日,也就是《导弹武器问题决议》颁布三日之后,苏联在莫斯科近郊 88 炮厂的基础上成立苏联武器装备部 88 研究所。作为苏联远程导弹的主要研究机构,88 研究所由一个远程导弹设计局、多所科研机构(研究方向涉及重力、空气动力、发动机、控制、测试、遥测)和一个导弹试验场组成。为了配合 88 研究所的工作,苏联还成立了专门的设计局承担相关的任务。此后,苏联研制出了 R 系列导弹。

1946 年,科罗廖夫被任命为苏联弹道导弹总设计师,成功研制出苏联第一枚弹道导弹。1947—1953 年,他的团队成功仿制及自行设计近程、中程、远端和战术导弹。从 1953 年起,科罗廖夫开始主持研制 R-7 洲际弹道导弹,敏锐地意识到这种导弹可以改装成发射人造卫星的运载火箭,所以向苏联科学院提出将狗送入太空的实验,但遭受拒绝。此时正值斯大林去世、赫鲁晓夫上台之际,政治紧张局势压倒了一切。

1953 年 2 月 13 日,苏联部长会议发布 443-213 号政府文件《1953 年—1955 年苏联远程导弹研制计划决议》。文件决定在未来 2～3 年的时间内,苏联将致力于发展射程超过 8000 公里的远程弹道导弹,文件将远程导弹的研制上升到国家重大任务的层面上来,责成武器装备部、工业通信部等多个国家重要部门共同协作,承担苏联远程导弹的研制任务。在 443-213 号文件的指导下,苏联明确了战后苏联导弹的发展目标和方向,确定了苏联以举国之力发展远程弹道导弹的组织模式,对冷战初期苏联导弹的生产及后续外空活动的发展产生了极其重要的影响和作用。

1953 年 3 月斯大林逝世,赫鲁晓夫在军方的支持下成为苏联最高领导人。赫鲁晓夫时期,苏联出台了核政策并组建战略火箭军,军事实力迅速提升,导致 20 世纪 60 年代中期苏联与美国之间开始大规模的军备竞赛。1953—1957 年,苏联将研发能打到敌方领土的洲际导弹作为发展的重点,这也是研制运载火箭、发展空间技术至关重要的第一步。

1953 年年末,苏联开始洲际导弹 P-7 的研制工作。1955 年 7 月 29 日,美国白宫发表声明称"美国作为地球物理年会的参加者,将在会议召开之际发射一枚小型的人造地球卫星"。4 天后,苏联宣布也要发射自己的卫星。实际上,苏联敢于应对这样的挑战还是有底气的,有关洲际弹道导弹与运载火箭的液体火箭发动机已经研制完成。RD-107 火箭发动机全高 2.865 米,整体外框直径 1.85 米,真空比冲 313 秒。这款自 20 世纪 50 年代来到这个世界的发动机,设计优秀,性能优良。没有想到,60 年后,人们依然在使用着它的改进型号。

1956 年科罗廖夫领导的团队将 P-7 导弹改装成能够发射卫星的运载火箭。为提高效率、争取时间,苏联在进行洲际导弹研发工作的同时又启动了"贝加尔计划",即用中程导弹装载核弹进行飞行试验。1957 年,P-7 导弹经过工程师们 3 年多的努力,终于横空出世。1957 年 5 月 15 日,导弹发射,但是在飞行了 88 秒之后导弹突发故障,随后第一枚试射的 P-7 导弹坠毁在 400 公里外的沙漠上。而这些活动,早已被美国盯上了。多年来,美国一直在寻找苏联的弹道导弹和运载火箭的研发中心和发射基地。终于在 1957 年趁着苏联的导弹试射活动开始密集出现的时候,美国的高空侦察机发现了位于丘拉塔姆小镇旁边的这个发射中心,飞临拜科努尔上空的一架刚刚入役的 U-2 侦察机,从天上拍摄了 P-7 弹道导弹位于拜科努尔发射中心的发射塔架。

苏联第一次 P-7 导弹试射的失败让美国人感到机会来了。1957 年 6 月初,一枚美国宇宙神弹道导弹拔地而起,导弹发射后不久就爆炸了,没能飞出洲际弹道导弹要求的飞行弹道。

1957 年 6 月 11 日,得知美国人也在进行洲际弹道导弹试验后,苏联人再次进行了一枚 P-7 弹道导弹的试验。不过,这一次比上一次的飞行时间还要短,导弹升空后 33 秒就出现了难以控制的滚转,在空中解体爆炸。1957 年 8 月 3 日,由科罗廖夫主导设计的 P-7 导弹试飞成功,这不仅是世界上第一个真正的洲际导弹,而且是航程高达 7000 公里、能够打到美国本土的洲际导弹。1957 年 8 月 21 日,P-7 导弹发射升空,携带核弹飞行 6500 公里后顺利到达堪察加半岛的预定目标。虽然严格来讲 P-7 导弹存有很多难以解决的技术问题,赫鲁晓夫后来也承认 P-7 并不是实用的作战型武器,只是反对美国威胁的象征,但在当时的那种国内外政治环境下,P-7 导弹作为世界上第一枚洲际导弹给苏联的国防和内外战略带来重大的转机和突破,这也意味着苏联具备了发射人造地球卫星的能力。

## (二) 正式进入太空时代阶段

在赫鲁晓夫执政时期,人造卫星与苏联太空时代确立。赫鲁晓夫对斯大林时期与美国的全面对抗战略进行了调整,他主张在核威慑的威胁下,应以对话取代对抗。赫鲁晓夫提出了"三和"路线,即和平共处、和平竞赛、和平过渡,采取与美国对话与缓和的态势,谋求苏美两个大国共同主宰世界。为此,苏联采取了一系列缓和措施,空间优势成为苏联与美对话与博弈的底牌和资本。

在斯大林时期,苏联军政高层只关心国防导弹的研制和生产,空间科技被认为妨碍了国家军事进步,遭到严令禁止。这种情况在赫鲁晓夫执政时期有了很大变化,由于政治上的"解冻"与远程导弹试验的成功,空间科技在导弹设计师们自下而上的推动下,逐渐上升到国家决策的层面上并与苏联新的对外政策结合,成为苏联在冷战中展示军事实力与社会主义优越性的"进攻性武器"。

赫鲁晓夫时代是苏联外空计划走向公开化的时期。1955 年 7 月 29 日,美国白宫的新闻秘书詹姆斯哈格迪在白宫发表声明称,"美国作为地球物理年会的参加者,将在会议召开之际发射一枚小型的人造地球卫星"。短短 4 天后的 1955 年 8 月 2 日,在赫鲁晓夫亲自指示下,苏联宣布也要发射自己的卫星。美苏太空竞赛就此拉开帷幕。1955 年 8 月 30 日,也就是美国和苏联纷纷表示要在国际地球物理年发射人造地球卫星的 1 个月后,当时的中型机械部副部长瓦西里·米哈伊维奇·良毕科夫,组织苏联几十名火箭技术科学家与工程师聚集在一起,召开了一场小规模的会议。科学院出席的是穆斯基斯拉夫·弗谢沃罗多维奇·科尔德什。这场会议在人类航天技术发展史上有着难以替代的地位。会议上,有科学家对人造地球卫星的近地轨道的可行性进行了分析,也有工程师汇报了火箭发动机的研制近况。而当大家把目光集中在科罗廖夫身上的时候,他在作了卫星设计的简短发言后,建议在苏联科学院框架内,组建特别机构,借助一系列宇航设备制订科学研究规划。科尔德什热情地支持他,并从 1955 年 12 月至 1956 年 3 月,召开了一系列各个学科的学者会议,这些学者都是对研究近地空间感兴趣的人。每次会议讨论一个问题:宇宙射线、电离层、地球磁场,等等。通常讨论三点:人造卫星能给予什么? 卫星上应该安装什么仪器? 学者中谁来设计这些仪器?

对工作严肃而认真的态度,促使科学院方面增强了对人造卫星的兴趣。而政府已经不能再简单地抹去"幻想计划"。1956 年 1 月 30 日,苏联部长会议颁布第 149-88 绝密级文件,文件批准了苏联科学院的卫星研制计划,决定在 1957 年国际地球物理年之际发射一颗人造地球卫星。卫星重量 1000~14 000 千克,其中科研仪器占 200~300 千克。在所研制的远程弹道火箭基础上进行第一次试验发射,日期定在 1957 年夏天。第一特种设计局成立了一个研究室,专门研究卫星。到 1956 年 6 月,人造卫星的草图设计已经完成。审视各种方案后,确定选用锥形外壳、球形底座的方案。与此同时,也确定了卫星应完成的科学任务,测量大气密度和离子组成、太阳微粒辐射以及磁场。1956 年年末,由于在制造科学仪器的过程中遇到了困难,政府规定了人造卫星新的发射期限,即 1958 年 4 月。

这样长的时间,科罗廖夫不能接受,于是他采取了主观意志决定的方式,这成为历史性的决定。1956 年 11 月 25 日,第一特种设计局提议加快研制并于 1957 年 4 月发射所谓的"最简单卫星",其质量为 100 千克数量级。建议被接受,1957 年 2 月 15 日出台的苏共中央和部长会议决定(No171-83cc),确定向轨道发射最简单卫星,以检验卫星跟踪可能性并接收来自卫星的无线电信号。重要的一点是,P7 火箭仅在一两次成功发射后,即允许发射人造卫星。委任两位工程师领导设计和制造简易型卫星。卫星设计师很快得出结论,卫星球形更有利,在外壳最小面积下,最大可能地利用内部容积。卫星内部装了两台发射频率分别为 20 005 兆赫和 40 002 兆赫的发射机,这可使距离很远的广大无线电爱好者以及地面跟踪站,在短波和超短波波段,接收到它的信号。当一台发射机工作时,另一台间歇。连续工作时间的理论值不少于 14 个昼夜。卫星设备的银-锌电池预计工作时间至少 2~3 周。四根天线安装在前(上方)半球。卫星与运载火箭分离后,专用弹簧机械使天线打开,与卫星纵轴成 35° 角。

1957 年 4 月至 5 月,进行了卫星无线电发射机的发射特性检测——用 200 米长的绳子,把它吊在直升机上"兜风"。1957 年夏天,在巴特里普第 39 试验厂的车间,组装出第一批火箭部件,并进行了整流罩系统分离,以及卫星从火箭中央组件的分离试验。1957 年 9 月 17 日,在纪念齐奥尔科夫斯基百年诞辰大会上,在苏联大厦圆柱大厅内,当前还不为人知的苏联科学院通信院士科罗廖夫发表了讲话。他的讲话提纲在当天的《真理报》上以小块文章形式发表,题名为《火箭技术奠基者》,文中有这样的话:"苏联学者对宇宙空间正进行深入的研究。齐奥尔科夫斯基 60 年前关于火箭飞行和飞向星际空间的美好预言一定会实现。"这是战后大批出版物中第一次出现科罗廖夫的文章,而最重要的是,允许处于秘密计划中的设计师签上自己的名字!

1957 年 9 月 20 日,苏联举行了国家委员会关于发射地球卫星的会议,那里的所有人员都确认自己已经做好发射准备。他们决定,只有在卫星成功绕地球一圈之后,才在报刊上公布发射卫星的消息。

1957 年 10 月 4 日,莫斯科时间 22 时 48 分 34 秒,苏联率先发射全长近 30 米的 R-7 改进型"SS-6"三级集束运载火箭,成功发射人造地球卫星"斯普特尼克 1 号"(Спутник-1)。对其绕地球第一圈的观察表明,它的运动轨道倾角为 65.1°,近地点高度 228 千米,距地球最远距离 947 千米,绕地球每圈的时间是 96 分 10.2 秒。1958 年 1 月 4 日,"斯普特尼克 1 号"在坠落大气层后燃烧成灰烬。尽管"斯普特尼克 1 号"除了测量温度和有节奏的发射电波之外,并没有做出什么自然科学上的贡献,但是苏联第一颗人造卫星成功发射,标志着人类进入了空间时代。1957 年 11 月 3 日,苏联又成功发射载有小狗"莱卡"的第二颗人造地球卫星,小狗"莱卡"成为第一个进入太空的地球生物。1958 年 6 月 5 日,苏联科学院院士、火箭飞船总设计师科罗廖夫在为政府起草的《开发宇宙空间的远景工作》中提出 1961—1965 年完成研制能乘 2~3 人的载人飞船,1962 年开始建造空间站。

1959 年,苏联发射了"月球 1 号""月球 2 号""月球 3 号"探测器。虽然"月球 1 号"的飞行没有达到预期的目的而偏离地球向远方飞去,但它却吹响了人类向月球、向深空进军的号角,成为现代空间科学发展的新的起点。撞击在月球"静海"的"月球 2 号"探测器不但为人类首次送回有关月球正面的珍贵照片、揭开月海的秘密,而且首次测量到了月球没有磁场的重要结果,为深空磁场的研究提供了大量的重要素材。"月球 3 号"则为人类揭开了月球背面的真面目。

1960 年 1 月,苏联成功发射了两艘无人的卫星式飞船,进行亚轨道飞行。此后一直到 1961 年 3 月 25 日,苏联共进行了 7 次无人飞船试验,其中失败 4 次,成功 3 次,最后两次连续成功。苏联决策机关认为已完全具备了载人飞船的发射能力。1961 年 3 月 23 日,苏联准备上天的航天员邦达连科在为期 10 天的地面训练的最后一天,在一个高浓度氧气舱里,用酒精棉球擦完身上固定过传感器的部位后,随手将它仍在电热器上,立即引起大火,他被严重烧伤,10 小时后,抢救无效死亡。

1961 年 4 月 12 日,苏联宇航员加加林驾驶的人类第一艘载人宇宙飞船"东方号"成功进入空间,以每小时 27 400 公里的速度,绕地球飞行了 108 分钟,实现了人类的首次载人航天飞行。

1965 年 3 月 18 日,载两名宇航员的上升 2 号发射升空,并完成了人类历史上第一次太空行走。随后,苏联发射了首个月球探测器,首次进行航天员舱外活动,首次完成多人空间飞行,这一系列成就使苏联成为第一空间大国。

## (三) 形成太空安全机制阶段

苏联人造卫星的成功是苏联外空发展的转折点。在卫星一号之前,苏联并没有明确的外空政策。而卫星一号让赫鲁晓夫认识到空间科技不仅能够改善苏联的安全环境,同时也是削弱美国国际影响、争取第三世界、扩大苏联势力的有力武器。1959 年夏,赫鲁晓夫接到美国总统艾森豪威尔的正式邀请。访美之前,为增加谈判资本,苏联发射了登月火箭"月球 3 号"。在冷战向纵深发展的过程中,苏联的空间科技除了要完成特定的国防与科技目标之外,还要为提高苏联的国家威望、宣传社会主义意识形态、巩固和扩大社会主义制度而努力。

古巴导弹危机对美苏领导人对太空领域的认知产生了重大影响。1962 年,加勒比海地区发生了一场震惊世界的古巴导弹危机。它是由于 1959 年美国在意大利和土耳其部署了中程弹道导弹雷神导弹和朱比特导弹引起的,苏联为了扳回一城,应古巴要求(1959 年 1 月 13 日,古巴独立。1959 年 6 月,古巴新政府领导成员发生很大变动,美担心引起整个拉美地区的失控,动摇美在拉美的影响力,美古关系恶化。1961 年 1 月 5 日,美古断交,美国对古巴进行经济制裁。古巴被迫向苏联求助。)而在古巴部署导弹。这是冷战期间苏美两大国之间最激烈的一次对抗。从 1962 年 10 月 15—28 日，危机虽然仅仅持续了 13 天，但苏美双方在核按钮旁徘徊，使人类空前地接近毁灭的边缘，世界处于千钧一发之际，最后以苏联与美国的相互妥协而告终。迄今为止，古巴导弹危机仍然被认为是人类存亡的最危险时刻，它险些酿成热核战争。

古巴导弹危机后，苏、美两国都意识到核战争的威胁性和危险性，为肯定两国的核大国地位，限制其他国家发展核武器，1963 年 8 月 5 日，美、苏、英三国签署了《禁止在大气层、外层空间和水下进行核武器试验条约》，规定：缔约国保证在大气层、外层空间或水下禁止、防止并且不进行任何核武器试验或任何其他核爆炸。

1964 年 10 月，赫鲁晓夫下台，勃列日涅夫成为苏联最高领导人。勃列日涅夫时期，苏联的国家安全战略基本上延续了之前主要依靠军事力量确保国家安全的路径，苏联继续与美进行大规模军备竞赛，并奉行霸权主义的扩张战略。此时苏联推行的是"积极进攻"的军事战略，积极加强军备建设，与美国争夺战略优势和世界霸权。1962 年 10 月，古巴导弹危机事件爆发的关键时刻，赫鲁晓夫的全面退缩使苏联蒙受了耻辱，也使苏联领导人认识到军事实力在国际交往中的重要性。因此，勃列日涅夫一直强调"国防问题在我们的一切工作中占第一位"。大力发展国防常规军事力量，核武器与常规军力并行发展、互为补充成为这一时期国防战略的主要特点。

勃列日涅夫在权利得到稳定与巩固后，对苏联的太空管理方式进行了调整：一是合理制定太空计划，减少太空项目的投入，尤其是非军事项目的投入资金；二是结束设计局之间分散的管理模式，削弱个别设计局特权，建立集中统一管理模式；三是加强中央领导权利，分散军工管理体系负责人对国防工业和太空活动的控制权。

随着美苏两国太空竞赛的激烈展开，双方围绕发展各类军用卫星、空间武器和反导系统展开角逐，双方都担心彼此会获得在太空部署对地核武器的能力。为了使这种较量和竞争在不危及自身安全的情况下稳定进行，并维护双方相对于其他国家的太空优势，美苏两国展开空间军控谈判。在美苏达成建立外空安全机制的共同意愿后，1966 年 6 月 16 日，双方分别向联合国递交了各自关于外层空间条约的草案。1966 年 12 月 8 日，经过法律小组委员会的协调，美苏双方在草案上基本达成一致，使得联合国大会于当年 12 月 19 日顺利通过了《关于各国探测及使用外空其他天体之活动所应遵守原则之条约》(简称《外层空间条约》)的决议。条约强调，各缔约国承诺不在环绕地球的轨道上放置任何载有核武器或任何其他种类大规模毁灭性武器的物体,不在天体上装置这种武器,也不以任何其他方式在外层空间设置这种武器。所有缔约国应专为和平目的使用月球和其他天体。禁止在天体上建立军事基地、军事设施和工事,试验任何类型的武器和进行军事演习。

### （四）持续提升太空实力阶段

从 20 世纪 60 年代末至 80 年代末,苏联的军事卫星快速发展。到 1987 年年底,苏联共发射各类卫星 2226 颗,主要是侦察、海洋监视、预警、测地与导航卫星,年平均在轨工作卫星约 150 颗,初步建立起军用空间系统。此外,1978 年宣布其共轨式反卫星拦截器达到实战水平。到 1983 年,苏联共进行了 20 多次空间武器拦截目标卫星的试验,试验成功率为 60%,表明其反卫星拦截技术已经成熟。在定向能反卫武器研制方面,80 年代中期,苏联在靠近阿富汗边界处建立了两个地基反卫星激光武器系统。从 80 年代末到 90 年代初,苏联共进行了 18 次反卫星激光武器试验,11 次获得成功。在这一阶段,苏联又创造了多个世界第一。1965 年 3 月 18 日,载两名宇航员的上升 2 号发射升空,并完成了人类历史上第一次太空行走。1971 年 4 月 19 日发射了世界上第一个空间站——"礼炮"1 号,随后至 1982 年 4 月 11 日又发射了六个空间站,其中 1—5 号为第一代,6—7 号为第二代。第一代有一个对接口,可以与"联盟号"宇宙飞船对接;第二代增加一个对接口,除与"联盟号"宇宙飞船对接外,还可以与"进步号"货运飞船对接。1976 年 2 月 17 日,苏联正式制定和平号空间站计划,决定研发第三代空间站系统,用以取代之前礼炮计划的空间站。和平号空间站是一个轨道空间站,是人类首个可长期居住的空间研究中心,是首个第三代空间站,经过数年由多个模块在轨道上组装而成。和平号空间站采用组合式积木结构,空间站主体仍然是一个舱段结构。它的总长 13.13 米,最大直径 4.2 米,总重 20.4 吨,由球形增压转移舱、增压工作舱、不增压服务-动力舱、增压转移对接器 4 个基本部分组成。1986 年 2 月 20 日凌晨,一枚三级质子号运载火箭将和平号空间站核心舱发射升空,它提供基本的服务以及航天员居住、生保、电力和科学研究能力。1986 年 3 月 13 日,苏联发射了联盟 T-15 飞船,宇航员基齐姆和索洛维耶夫驾驶的飞船于 15 日同和平号对接,成为空间站的第一批乘员,并对空间站进行全面检查。1987 年 3 月 31 日,苏联用质子运载火箭发射了第一个实验舱——量子 1 号,开始了和平号积木空间站的正式组装工作。

## 二、俄罗斯时期

苏联解体后，俄罗斯继承了几乎 90% 的苏联航天遗产，但是由于经济的不景气和工业的困难重重，俄罗斯的航天工业一蹶不振。进入 21 世纪，外层空间的战略优势日益凸显，俄罗斯在新军事战略中提出以现有力量抗击敌空中和外空袭击的要求，力求在国家经济困难的形势下保存航天科技工业实力，在若干方向上保持优势地位，重新调整外空发展战略，争夺外层空间的战略优势地位。

俄罗斯很早就意识到太空在国家安全体系中的巨大作用，高度重视太空安全，增强自身太空实力，确保国防和太空安全，随着外部局势和国内环境的变化调整太空战略基点，提出"空天防御"战略构想。

### （一）提出"空天防御"战略构想阶段

1991 年 12 月 25 日苏联解体，冷战结束，戈尔巴乔夫宣布辞职，将国家权力移交给俄罗斯总统鲍里斯·尼古拉耶维奇·叶利钦。苏联最大的加盟共和国俄罗斯苏维埃联邦社会主义共和国独立后更改国名为俄罗斯联邦，由叶利钦担任俄罗斯联邦的首任总统。

创立之初，俄罗斯继承了苏联末期的"单纯防御"战略，但并没有达到有效维护俄军事安全、保障国家利益的预期目标。1993 年，俄罗斯做出了战略调整，在《俄罗斯联邦军事学说的基本原则》中提出了在核威慑基础上的"积极防御"战略。同年，叶利钦签署颁布的《关于建立俄联邦防空组织》文件中首次提出了建立俄空天一体防御的构想，标志着俄罗斯空天防御理论的规划启动，该理论旨在将空军、防空军、海军、陆军和空降兵防空武器装备纳入统一的"空天防御"系统。

随着北约东扩进入正式实施阶段，俄罗斯意识到现有的军事战略已经不能有效应对来自西方的战略威胁。1996 年，叶利钦在《总统国家安全咨文》中首次提出了"现实遏制"战略，强调要保持足够水平的核潜力，坚持现实遏制原则。1997 年，叶利钦签署了《关于改革俄联邦武装力量及完善其结构的首要措施》的第 725 号总统令，俄罗斯军事改革拉开序幕。俄罗斯对兵种进行了调整，合并原有的战略火箭军、航天部队和导弹太空防御部队，组建了新的战略火箭军。这次大调整受俄军战略重点和上层领导观点变化影响较大，因为当时以美国为首的北约东扩，不断挤压俄国际战略空间，破坏其地缘战略态势。俄罗斯根据其面临的现实威胁与国家战略，提出了"现实遏制"的军事战略，提出了核威慑的政策,强调以有效的威慑力量确保国家安全。战略火箭军总司令谢尔盖耶夫出任俄国防部长后,认为战略核力量是保证俄罗斯大国地位的基础,战略火箭军是唯一能够保持效率和战略威慑力量的部队,所以将航天部队重新并入战略火箭军,以加强战略火箭军的建设。

为提高俄罗斯部队的武器装备水平,叶利钦于1997年批准通过了《2005年前国家武器装备发展计划》。该计划强调开发和制造未来武器,重点研制侦察、指挥、通信和电子对抗等武器装备,发展可进行战争打击的情报系统,最大限度地保持导弹预警和空间侦察系统的可靠性。

## (二) 推进完善"空天防御"战略阶段

普京致力于加大对本国太空安全的投入,从其第一次执政起,"空天防御"战略便开始得到不断发展。进入21世纪,俄军在全面分析20世纪后10年至21世纪初武装冲突的特点后认为:近几十年来的战争经验表明,武装斗争的重心已转移至空天领域。世界主要国家都非常重视在军事冲突中夺取制空天权,继而对敌国全纵深战略目标和重要目标进行密集打击。基于对未来空天斗争趋势的这种研判,俄领导人决定建立比苏联时期更强大的空天防御体系,并将其作为与核力量同等重要的另外一种战略遏制手段。

2001年6月,为挽救国家空天防御能力,俄罗斯又把军用航天力量和导弹太空防御兵从战略火箭军中分离出来,组建独立兵种——航天兵。航天兵自独立后,成为由总参谋部直接指挥,与陆、海、空三军及战略火箭兵、空降兵并驾齐驱的独立兵种。担负军用和民用卫星发射任务,下辖三个航天发射场,分别是部署在莫斯科以北的普列谢茨克、俄远东地区的东方、哈萨克斯坦境内的拜科努尔。此外,航天部队还下辖一个航天器地面监测中心和若干航天器地面测控站。太空导弹防御部队由空间导弹预警系统、导弹防御系统、空间监视和防御系统三大部分组成。其所处的地位由战役、战术层次提高到了国家战略层次,任务也由原来的航天发射、防空和卫星测控,发展到信息战、导弹防御、反卫星、太空攻击和支援国家信息化等新领域。航天兵独立后,俄罗斯军用航天能力快速恢复,在轨卫星数量增至100余颗。俄罗斯航天兵的成立不仅是俄罗斯军事改革的重要成果,也是俄保护自身安全的必要措施。

2003年俄罗斯颁布《俄组建空天防御系统》草案,制定了建立空天防御体系的构想和原则,同时启动"空天防御"系统建设。2006年4月5日,俄联邦总统批准了新版的《俄联邦空天防御构想》,明确了俄军空天防御体系的建设原则、结构组成、作战目标、建设步骤、未来发展方向等重要事宜。该《构想》计划对所有防空与导弹——太空防御兵力兵器进行系统整合,在对所有参与遂行空天防御任务的兵力兵器和资源进行集中指挥的基础上,实现空天防御一体化,从而使空天防御力量具有制止和抵御强敌空天进攻的战略防御能力。按照新版《空天防御构想》的设想,俄罗斯空天防御体系的建设大体上分为两步:2020年前建成多层防空反导体系;2020年后逐步建成统一的空天防御体系。

2008年5月,梅德韦杰夫就任俄罗斯第四任总统,普京被任命为政府总理,"梅普组合"时期正式开始。2009年5月,梅德韦杰夫批准的《2020年前俄罗斯联邦国家安全战略》指出,俄罗斯面临的外部威胁大于内部威胁,主要的威胁包括太空军事化。在2015年普京签署的新版《俄罗斯联邦国家安全战略》中也强调了这一点,"北约东扩以及在俄罗斯周边军事部署等违反国际法的行为严重威胁俄罗斯的安全,包括在欧洲、亚太、中东地区部署反导系统、全球打击系统、高精尖武器及太空武器等"。

俄军认为,战略核力量和空天防御力量是确保全球战略稳定和国家安全的两大重要因素。为增强对核战争和大规模战争的战略遏制能力,俄罗斯2010版军事学说将遏制战略用到极致,除倚重战略核力量外,还根据未来战争的最新特点加紧发展空天防御力量。

2010年发布的《2020年前俄联邦武装力量建设与发展构想》中也提出了"核常兼备"的遏制思想。该构想指出,战略遏制力量包括战略进攻力量和战略防御力量。其中导弹袭击预警系统、太空监视、反导防御和太空防御兵力兵器属于战略防御力量。该构想将建立俄联邦空天防御系统纳入俄军事战略计划的重点,认为空天防御系统应保障及时发现敌空天进攻的准备和开始阶段,并能及时预警,向国家和军事指挥机关、军队发出通报,掩护国家和俄联邦武装力量最重要的目标以防敌空天进攻武器打击,并实施报复性还击。

该构想计划将俄联邦武装力量分三阶段打造成一支具有新面貌的军队,空天防御系统建设同样也按照这三阶段实施。第一阶段(2006—2010年),在特种指挥部的基础上建立空天防御系统的先头部分。第二阶段(2011—2015年),把参加空天武装斗争的一切力量和所有武器装备整合起来,以向俄联邦空天防御统一系统过渡;改革武装力量,逐步合并空军、航空兵和战略火箭兵,组建空天军,并开始为空天军换装大批新式装备。第三阶段(2016—2020年),完成空天防御系统的建立,使之能够全面遂行反导、防空和反卫作战任务,为遂行空天防御任务的部队更换全新的武器装备。该构想还制定了侦察、通信、中继、大地测量与导航航天系统和太空导弹防御系统等航天装备系统详尽的发展计划,为俄罗斯航天装备发展和技术储备指明了方向。

2011 年,为应对美欧带来的空天威胁和理顺自身关系,俄罗斯将航天兵和空军的防空部队合并组建为空天防御兵。空天防御兵的任务是向国家和军事指挥机构通报导弹袭击预警,反击空天域内的侵略行动,保卫国家和军队重要目标、防止敌人空天打击,对空间情况实施侦察,发射军用和军民两用航天器以及控制在轨航天器等。

2012 年 5 月,普京第三次当选俄罗斯总统,并于 2018 年连任。普京第三任期的军事战略思想主要反映在其竞选纲领——"强大是俄罗斯国家安全的保障"和 2012 年度的"总统国情咨文"中。在力量建设上,在确保核力量战略遏制能力的同时,优先发展海军、空军和空天防御力量,将打造一支能有效抵御空天袭击的空天防御兵。俄罗斯将继续推进空天防御中央集群建设,增强导弹袭击预警系统和太空监视能力,发展多层次、一体化的拦截系统。根据俄罗斯总统 2012 年批准的《2015 年及长远未来空天防御系统建设构想》,2015 年将首次建成首都和中央工业区的空天防御系统,2016 年构建各战略方向的空天防御系统,到 2020 年后建立起覆盖全境的空天防御系统。

2015 年 8 月 1 日,根据俄罗斯联邦总统普京签署的第 394 号命令,俄罗斯将空军和空天防御部队合并,组建了真正空天一体作战的空天军,这是俄军建设思想的一贯延续和空天一体防御理论的具体实践。由此,俄罗斯形成俄军陆、海、空三军种及战略火箭兵和空降兵两兵种结构。新组建的俄罗斯空天军受俄罗斯总参谋部领导,由俄罗斯空天军总司令部直接指挥。

表 4-2　苏联/俄罗斯时期的航天部队编制归属

| 时期 | 航天部队名称 | 归属 |
|---|---|---|
| 1955—1963 年 | 卫星发射试验部队 | 战略火箭军 |
| 1964—1969 年 | 航天器中央局 | 战略火箭军 |
| 1970—1985 年 | 航天器总局 | 1970—1981 年 战略火箭军;<br>1981—1985 年国防部直属(简称"直属") |
| 1986—1991 年 | 航天器主任局 | 直属 |
| 1992—1996 年 | 航天部队 | 直属 |
| 1997—2000 年 | 航天力量 | 战略火箭军 |
| 2001—2010 年 | 航天兵 | 直属 |
| 2011—2014 年 | 空天防御兵 | 直属 |
| 2015 年至今 | 空天军第十五集团军<br>(航天部队) | 空天军 |

俄罗斯空天军基本由原空军的航空兵和防空兵、原空天防御兵的防空和反导部队及航天兵部队组成。新组建的俄罗斯空天军受俄罗斯总参谋部领导,下属俄罗斯空军、俄罗斯防空反导部队、俄罗斯航天部队三个兵种,由俄罗斯空天军总司令部直接指挥。在俄罗斯空天军改革过程中,航天部队被改组为空天军第15集团军(特种集团军),包括中央导弹攻击预警中心、中央太空侦察中心和季托夫中央航天试验中心。

尽管俄罗斯空天军并非世界上第一支兼具航空和航天能力,初步实现了"空天一体"的军种,但却是第一支以空天军冠名的军种,其成立意义重大。俄罗斯国防部长绍伊古指出,这是由于"现代作战的重心正在向空天领域转变",同时也是应对美国快速全球打击的重大举措。至此,俄罗斯的"空天一体防御"战略最终成型。

# 第二节　战略目标

## 一、总体目标

振兴俄罗斯航天产业,保持俄罗斯航天技术的世界先进水平,巩固俄罗斯在世界航天领域的强国地位。以其空间卫星集群为基础,同时研制具有前景的新型运载火箭和航天综合设备,为国家经济、科技和国际合作领域服务,并保护俄罗斯居民和土地免遭自然灾害和人为侵害。

## 二、阶段目标

俄罗斯航天局在该发展战略中制定了"四步走"的发展计划,分别以到2015年、2020年、2030年及2030年以后4个时间段为发展节点,对俄罗斯未来航天发展进行规划安排。

### (一) 2015 年前恢复能力

俄罗斯将主要致力于此前制定的发展计划的执行和实现工作,如《2006—2015年航天发展规划》的实现等,旨在充分挖掘俄罗斯现有航天技术能力,继续恢复航天产业,预计将实现以下目标任务:充分利用现有航天资源,发展卫星导航、遥感及通信等航天系统,尽力满足社会、经济、科技、国防和安全的发展需求,保持俄罗斯在运载火箭和载人航天等领域领先地位;通过购买国外先进电子元器件来提高俄罗斯航天器的性能,使之达到国际先进水平;完成东方航天发射场的第一阶段建设,实现非载人发射;发展基础科学和技术为未来外太空研究和探索的大型项目作好技术储备;通过整合企业及引入先进设备和高新技术对关键设施进行升级,以适应激烈的国内外市场竞争。

## (二)2020年前巩固地位

俄罗斯将增加民用和科技卫星数量,以达到空间轨道卫星集群最佳布置。加快航天关键技术和仪器设备研发以及火箭航天基础设施的升级改进进度,继续保持航天大国的国际领先地位。通过月球样本采集、国际合作建设火星研究站及推出新一代重型运载火箭等一系列目标的实现,巩固俄罗斯在重要航天领域的强国地位,预计将实现的目标任务有:在导航、通信及遥感等多领域提供世界一流的服务,进一步满足社会、经济、科技、国防和国家安全等方面的需求;发展俄罗斯国产航天器电子元器件,使之达到国际标准,从而最大限度地减少对外国电子元器件的依赖;完成"国际空间站"相关任务,并为其从轨道上受控坠落做好准备;通过研制"安加拉"重型运载火箭对运载火箭进行升级换代;进行新一代大型载人飞船的飞行试验,目前的载人飞船可运载3名航天员,而新飞船可运载6名航天员;通过月面遥控车采集月球土壤样本,并将样本带回地球,对月球进行深入研究;参与国际合作,部署火星表面永久研究站网络,并开展金星、木星和小行星的探索任务;占领航天领域中的新兴市场,扩展实际应用;扩充航天人才队伍,解决航天人员培训问题。

## (三)2030年前实现突破

俄罗斯将启动近地空间利用以及外太空探索研究的大规模项目,维护轨道卫星集群的正常运行,更新最新型航天器,研究先进的航天关键技术以及开发研制未来航天系统。其中包括俄罗斯计划已久的载人登月项目,预计将实现的目标任务主要有:通过开发新技术对近地空间航天器(如导航、通信及遥感卫星等)进行维护、升级,建立新服务,全面满足社会、经济、科技、国防和安全等方面发展的需求;研究长期空间飞行对生物体的影响因素,并研制出相应的航天仪器设备;研制最新型航天基础设备、火箭技术、生产工艺和数模系统,研发新型航天材料、新一代航天元器件、光子和量子系统及其仪器设备;研制移动通信卫星系统,可为16万用户提供专用服务(俄罗斯境内待机延迟平均不超过12分钟);为研制火箭航天装备所需的国外相应产品的进口提供帮助;确保俄罗斯独立进入太空的能力,对东方航天发射场进行升级,批量生产超重型火箭和太空拖船,并研制小行星开发工具;通过载人飞船进行高地球轨道的研究和实验;研制新一代联邦号载人飞船和中型、超重型火箭关键部件,并完成至少 3 次空间飞行试验;进行载人绕月飞行,研制在东方航天发射场使用的重型运载火箭系统,向月球轨道发射大型航天器、载人飞船和月球轨道舱,并完成绕月飞行,研制生产 5 个以上的月球探测器(包括绕月探测器和落月探测器),并带回月球土壤样本,实现俄罗斯航天员首次登月并返回地球的登月任务;在减少近地空间碎片、探索太阳系及外太空天体、降低小行星和彗星对地球威胁等方面,积极参与国际项目的合作;继续履行国际卫星搜救系统中所承担的国际义务,至少参加 2 个针对火星、金星、水星和太阳的国际联合开发项目,并向各行星发射探测航天器,力争从火卫一上获取土壤样本;研制多功能中继卫星系统,建成 2 个以上的大型地面空间观测站和研制 2 个以上的天文物理观测地面试验系统,研制太阳活动、空间气候和地磁环境监测设备,对地球轨道载人和无人航天器以及月球、火星飞行器进行持续稳定控制;利用水文气象卫星、海洋观测卫星和太阳地球物理观测卫星,获取相关的地球水文气象数据信息;对"国际空间站"的 7 个俄罗斯舱段进行维护,确保其在 2024 年之前正常运行,并以"国际空间站" 3 个俄罗斯舱段为基础,在 2024 年后建立俄罗斯独立的空间站;制定采取相应措施,缩短试验设计周期,确保航天计划顺利实施。

### (四) 2030 年以后突破性发展

俄罗斯将在载人登月、登火星及外太空探索研究的大规模项目上取得长足发展,如定期登月飞行、部署月球研究考察站等,具体目标任务主要包括:将目前只是概念性的构想、目标和方法,如宇宙能源开发、太空电梯、空间制造等技术发展为可实施的航天方案;在月球部署考察站和研究实验室,通过可重复使用的运载火箭、可重复使用的月球着陆模块建立一个可重复使用的登月系统,定期进行载人登月飞行,实现月球研究站和地球之间的人员和货物运输;创造坚实的科学技术及工艺基础,为俄罗斯全面参与载人登陆火星的国际合作任务作准备。

# 第三节　战略方针

## 一、太空优先

俄罗斯将太空安全置于国家战略的优先地位,总统普京曾指出:"没有航天力量,俄罗斯就不能够在世界先进文明中占有一席之地,就不能够保持俄罗斯应该具备的国防能力。"普京多次强调航天活动是国家发展的关键因素之一，它"保障着俄罗斯作为先进科学技术大国地位，在国家安全事业、发展经济和提高国家竞争力方面起着极为重要的作用"。为确保在航天技术领域的领先优势，俄罗斯在其《航天活动法》中将航天活动视为"国家最高等级的优先发展项目"，以期依靠航天技术增强俄经济、科技和国防实力。2020年12月8日，俄罗斯对《俄罗斯联邦太空活动法》进行了第十三次修订，此次修订对第28条补充了内容"若符合俄罗斯联邦国际条约的国际机构作出的决定与《俄罗斯联邦宪法》相违背，则在俄罗斯联邦不予执行"，旨在进一步确保俄罗斯的太空安全。因此，俄罗斯高度重视维护国家太空安全和利益，强调自由进入太空能力建设，为开发和利用太空资源创造有利条件，力争在太空领域占据领先地位，恢复并保持航天强国地位。

## 二、核天互为支撑

俄罗斯将核天力量紧紧捆绑到一起，通过核威慑核打击来确保太空安全，通过天基信息支援确保核威慑核打击效果，回击美国的太空威慑，以此来确保国家安全和全球战略稳定。2020年6月2日，俄罗斯联邦总统普京签署并批准了《俄罗斯联邦国家核遏制政策纲要》，将"在太空建立和部署导弹防御装备和打击系统"视为俄需实施核威慑以消除的军事威胁。表明俄罗斯对美国的太空武器化趋势保持高度警惕，并将核威慑视为应对太空威胁的有效手段。俄罗斯专家指出，完善战略核力量是回应他国太空军事化企图的最佳途径，俄罗斯有能力提高打击能力，而且能够保证给对手造成致命损失。俄罗斯新版《政策纲要》为核遏制反制太空军事化提供了法理依据。

## 三、非对称制衡

太空领域内的非对称制衡。在与美国综合国力差距悬殊的情况下，俄罗斯不再盲目追求在太空领域与美国全面抗衡，而是选择通过一系列非对称手段制衡美国。俄罗斯认为美国对太空系统的严重依赖是其软肋，故集中有限的财力、物力有针对性地开发能抵消对手太空安全优势的"撒手锏"，打造新型空天安全装备，追求非对称制衡。

太空领域外的非对称制衡。为了维护太空安全，俄罗斯除了追求太空领域的非对称制衡外，还积极追求太空领域外的非对称制衡。俄罗斯将核天力量紧紧捆绑到一起，通过核威慑核打击来确保太空安全，通过天基信息支援确保核威慑核打击效果,回击美国的太空威慑,以此来确保国家安全和全球战略稳定。2020年6月2日,俄罗斯联邦总统普京签署并批准了《俄罗斯联邦国家核遏制政策纲要》,将"在太空建立和部署导弹防御装备和打击系统"视为俄需实施核威慑以消除军事威胁。表明俄对美的太空武器化趋势保持高度警惕,并将核威慑视为应对太空威胁的有效手段。俄专家指出,完善战略核力量是回应他国太空军事化企图的最佳途径,俄罗斯有能力提高打击能力,而且能够保证给对手造成致命损失。俄罗斯新版《政策纲要》为核遏制反制太空军事化提供了法理依据。

## 四、空天一体

俄罗斯军事学说指出,现代军事冲突的典型特点之一是空天部队(兵力)及装备的使用规模不断扩大,空天力量在现代战争中的作用日益凸现。俄罗斯军将太空力量与空军合并,组建空天军,坚持空天力量一体设计、一体建设、一体运用,为维护国家安全提供有效支撑。

# 第四节　战略手段

## 一、发展军民两用太空装备,提供天基信息支援

俄罗斯高度重视卫星系统的发展,俄罗斯国防部长绍伊古非常重视军用卫星建设工作,曾于2018年提出:"只有获得来自太空的支援,俄军的行动效率才能达到最高程度,我们必须重视该领域的建设工作。"虽然俄罗斯大多数轨道资产的主要用户一方面归国有企业俄罗斯国家航天集团公司及其民用伙伴机构管辖,另一方面归俄罗斯国防部管辖,但大多数卫星的民用和军用界限往往却很模糊。例如,通信、导航、遥感和气象卫星等对于军事和民用部门都有重要意义。

### (一) 部署升级卫星导航系统,增强卫星导航能力

格洛纳斯(GLONASS)全球卫星导航系统(ГЛОНАСС)是俄罗斯的军民两用系统,该系统不仅打破了美国在全球卫星导航领域的垄断地位,可为全球用户提供连续、实时、精确的导航定位服务,更为重要的是为俄军实施联合作战、精确打击、提高战略威慑能力奠定了基础,对于俄罗斯国家安全、经济发展具有重大意义。

为尽快恢复该系统的正常工作,并提高俄卫星导航系统精度,俄罗斯在一系列国家战略政策等文件均对 GLONASS 的建设工作提出了部署,同时,专门制定并实施《2002—2011 年发展"全球导航卫星系统"(GLONASS)》的十年计划、《2011—2020 年 GLONASS 国家专项计划》,即将出台 2021—2030 年 GLONASS 国家专项计划,提高俄罗斯卫星导航系统精度。截至 2020 年 3 月,该系统共有 28 颗在轨卫星,其中 24 颗在工作,2 颗在做维护,1 颗作为备份,另有 1 颗处于飞行测试阶段。

## (二)研制部署先进侦察卫星,增强天基侦察能力

苏联从 20 世纪 60 年代开始发展成像侦察卫星,如天顶系列、琥珀系列、宇宙系列。苏联解体后,俄罗斯军用航天能力严重下滑,特别是军用侦察卫星发展停滞,致使天基侦察能力长期不足,与其航天大国地位不相适应。为实现重振航天强国的战略目标,满足军事行动需求,俄罗斯持续推进在轨侦察卫星的升级换代,提升天基侦察能力。

### 1. 完成军用光学侦察卫星从返回式向传输型过渡

目前,随着"角色"(Persona)传输式光学成像侦察卫星和"猎豹"-M(Bars-M)传输型数字测绘卫星的部署,俄罗斯军用光学侦察卫星已完成从返回式向传输型的过渡,可为作战人员快速获取战场态势提供支持。俄罗斯空天军在 2016 年 7 月宣称,将研制新型"拉兹丹"(Razdan)光学侦察卫星,取代目前在轨的"角色"卫星,作为未来光学成像侦察卫星系统的主力。空天军所辖的航天兵正与进步火箭航天中心协商卫星设计问题。

### 2. 完成覆盖全球的"藤蔓"雷达卫星侦察系统

2017 年年初,俄罗斯国防部长绍伊古首次公布了"藤蔓"侦察卫星系统,该系统主要由"莲花-S"和"芍药-NKS"卫星构成,用于替代苏联时期的雷达侦察、海洋监视和目标指示卫星系统。2009 年系统首颗卫星"莲花-S"升空,2014 年至 2018 年又发射了 3 颗"莲花-S"。原计划 2019 年再发射 2 颗"芍药"-NKS卫星,但并未实现。2020 年 3 月,在俄罗斯国防指挥中心电话会议上,俄罗斯国防部公布预计于 2020 年第四季度发射"芍药-NKS"卫星。届时,该系统将可跟踪敌方陆上战车、空中飞机和海上船只的移动,形成目标移动实时指示图,为精确打击提供支持。

## (三)升级换代新型通信卫星,增强卫星通信能力

2019 年 8 月,俄罗斯发射了第 4 颗"钟鸣"卫星,完成俄军首个宽带通信卫

星系统组网,可在覆盖俄罗斯全境的基础上,实现对中东、欧洲的多重覆盖,保障高速互联网接入、数据传输、视频会议通信等。

2020年2月,俄罗斯空天军发射了一颗"子午线-M"卫星,"子午线"是俄罗斯第三代军事通信卫星,用于接替"闪电"卫星,可靠性高,工作寿命长,专门设计用于保障俄北部及北极地区海域船只、飞机与地面的通信,提供军事通信、民用通信和监视服务。"子午线"卫星由俄罗斯航天部队负责运行及管理,承担俄罗斯政府和军事部门的战略通信任务,重点用于军事指挥、控制和通信。俄罗斯在2019—2020年发射了首批2颗子午线-M改进型卫星。2020年5月,俄罗斯国防部与俄航天国家集团公司签署了再造2颗子午线-M通信卫星的合同。

在军用通信卫星领域,俄罗斯计划发展可提供加密防护通信的信使卫星。"信使"系统也是军民两用卫星,新一代"信使"数量将达到24颗,由7个地面站组成地面段,性能大幅提升。

### (四) 完善导弹预警"天眼网",增强导弹预警能力

2010年以来,俄罗斯持续完善其早期预警系统,该系统可向领导层提供弹道导弹发射的预警信息,其重要组成部分即为天基系统。最新的预警系统为一体化航天预警和军事指挥控制系统(英文缩写为 EKS OiBU,代号为14K032),又名为"统一空间系统"。2020年5月俄罗斯发射了第4颗"苔原"(Tundra)系列下一代预警卫星,即"苔原-14L",代号"宇宙-2546"。

2021年11月25日晚俄罗斯空天军向近地轨道发射了"穹顶"统一太空系统的"苔原"卫星。"苔原"卫星不仅能跟踪从地面和水面发射的导弹,还能确定其弹道轨迹参数和可能的杀伤区域。战斗控制系统将通过卫星发出是否有必要对敌人实施报复性打击的信号。这是一项非常重要的功能,统一太空系统的部署有助于确保完成监视整个地球表面的任务。这次从普列谢茨克航天发射场为国防部发射的卫星(使用"联盟-2.1B"运载火箭)已经是"穹顶"系统的第五颗卫星,"穹顶"是俄罗斯导弹袭击预警系统的一部分。按照计划,近地轨道应该有10颗这样的卫星。"苔原"取代的是监视美国大陆洲际弹道导弹发射的"眼睛"和"眼睛-1"卫星系统。这套系统7年前已经停止运行。新卫星群将在2024年前全部建成。目前,该系统的第二阶段已经部署完成。苏罗维金说:"计划在2022年确保开始部署第三阶段统一卫星通信系统,从2023年起部署高轨道太空侦察系统。"除了卫星群之外,还有"指挥-通信工具与信息

工具地面梯队"。地面部分由"沃罗涅日"超视距雷达网络组成,它们在不同的无线电波段工作,能探测太空、弹道和高超音速物体。"穹顶"统一太空系统的任务是发现导弹发射,并在必要时将其摧毁。"统一空间系统"与"沃罗涅日-DM"等陆基雷达站共同构成覆盖俄全境,具备对太平洋、大西洋和美国本土导弹袭击的战略预警能力。EKS 卫星还具备一定的通信能力,可将信息传输给反导部队或者将指令传输给俄罗斯战略预警部队以对核打击做出反应。某种意义上说,EKS 卫星是现役"子午线"通信卫星的补充甚至是替代。

## 二、部署太空"撒手锏",谋取"非对称"制衡

苏联解体后,俄罗斯虽然继承了苏联的大部分航天遗产,但由于受到经济衰退、技术和人才流失、国际战略环境恶化等因素制约,俄罗斯放弃了全面赶超美国的军用航天计划,转而谋取非对称优势,力求在国家经济困难的情况下保存空间实力,在若干方向上保持优势地位,发展能抵消美国优势的"撒手锏"武器,恢复并保持航天强国的地位。

### (一)积极发展反卫武器,提升太空慑战能力

冷战时期,苏联就非常重视反卫星武器的发展,投入了大量的人力、物力和财力,并取得丰硕成果,尤其是拦截卫星技术基本达到实战应用的程度。冷战结束后,俄罗斯在苏联雄厚的技术基础上,研发出了更多先进的反卫星武器,初步形成了以直接上升式动能杀伤导弹和机载激光武器为主,包括各种轨道雷、反卫卫星等天基反卫星系统在内的反卫星装备体系。

#### 1. 测试直升式反卫星导弹"努多利河"( Nudol)

"努多利河"机动式反卫星系统是俄罗斯 A-135 反导系统的改进型,是 A-235 家族中的新成员。"努多利河"被俄方定义为中段反导系统,并具备反低轨卫星能力。"努多利河"机动式反卫星系统不仅能够执行首都莫斯科和中央工业区的防御作战任务,理论上还可部署至俄罗斯全境,掩护其他要害目标。2020 年 4 月 15 日,俄罗斯在普列谢茨克航天发射场进行了新一轮反卫星试验,测试了 A-235"努多利河"机动式反卫星系统。此举引发外界高度重视,美方称俄罗斯正在挑起新一轮太空军备竞赛。美国航天司令部表示,此次试验证明俄空间武器已威胁到美国卫星,俄导弹能够摧毁地轨卫星。不难推测,未来"努多利河"机动式反卫星系统很可能成为俄军太空战基干力量之一。

**2. 研发和试验"杀手卫星"**

2013—2017年，俄罗斯多次利用小卫星（宇宙-2491、宇宙-2499、宇宙-2504、宇宙-2519等）在近地轨道和地球同步轨道开展一系列在轨机动操作。其活动方式包括绕飞、伴飞、跟飞、抵近等；目标覆盖范围包括低轨、地球同步轨道；机动方式从单星机动发展为子母星配合。2015年，俄罗斯就利用"宇宙-2504"卫星进行了疑似"卫星打卫星"的试验。当时，该卫星在短短4个月时间里完成了11次轨道机动，并与发射该星入轨的火箭微风上面级进行了在轨交会，此举被外界普遍猜测为空间反卫星试验。

**3. 研发部署机载反卫武器系统**

目前，俄罗斯正在更新"米格"-31，将使用改进后的"米格"-31BM替代"米格"-31D执行拦截卫星任务，为"米格"-31BM研制新型反卫星导弹。"米格"-31BM截击机能携带4枚远程R-33导弹和4枚近程R-77导弹。新研制的武器系统将进一步拓展反近地轨道卫星能力。新开发的导弹可对1500千米高的轨道目标进行攻击，在36小时内打击24个目标。

**4. 攻关突破激光反卫星武器**

2018年，普京在国情咨文中表示，至2018年12月，所有列装了"佩列斯韦特"的部队都将进入战备值班。"佩列斯韦特"激光武器是俄军新一代激光武器，采用核动力装置，最大功率可达到3兆瓦，搭载在空基平台上可毁伤低轨航天器，并对高轨航天器的敏感电子元器件造成损伤。相比于陆基激光武器，空基激光武器具有机动能力强、作战范围广的特点，能快速抵达作战区域，拦截位于不同轨道和具备变轨能力的卫星。从装备体系的角度说，激光反卫星武器系统的成功研发，对于填补俄军空基反卫星武器和远程激光武器的空白、提高俄军反卫星实战能力有较大的助益。

**5. 部署新型电子战系统于重要地区**

俄媒体2019年4月报道称，"俄罗斯中部军区电子战分队将在年内率先装备新型'磁场-21'电子战系统"。"磁场-21"电子战系统能够在一定区域内压制卫星定位系统信号，使敌方制导武器和无人机无法接收到卫星信号，从而保护俄罗斯重要目标和国家重要战略设施免遭袭击。海湾战争期间，伊拉克部队曾使用俄制电子战系统对美国军方的全球卫星导航系统实施干扰，使美国部分导弹偏离打击路线。后来美国军方吸取教训，将卫星导航信号分配到数个频率，以增强系统对抗电子干扰的能力。但在"磁场-21"电子战系统的"全频率"作战模式下，这种做法将不再有效。

## （二）积极推进反导系统建设，实现空天一体作战

### 1. 反导"老兵"，加强空天一体防御

俄罗斯积极推进防空反导系统建设，在 S-400 的基础上研发了具有空天防御功能的新一代地空导弹系统 S-500"普罗米修斯"。S-500 系统由战术指控系统、防空反导作战单元和防天反导作战单元 3 大基本部分组成，是世界新型防空、反导、太空作战一体化的综合武器系统。S-500 相较于 S-400 性能大大提高，拦截高度和速度到提升了一倍以上，具备拦截洲际导弹能力，不仅可以打击各类战机，拦截并摧毁弹道导弹、巡航导弹，还能打击低轨卫星，甚至能拦截高超声速武器。S-500 正式列装后，将会提升俄军在太空领域的遏制能力。俄罗斯国防部长绍伊古曾指出，S-500 将有效遏制敌方的全球快速打击能力。

### 2. 反导"新兵"，主打太空防御

新型 S-550 反导系统，将与 S-500 防空导弹系统一道，保卫俄中央工业区免受来自太空的袭击。此前，这项任务由"普罗米修斯"系统独自承担。新型 S-550 反导系统类似于美国的陆基中段防御系统。S-550 不是通过在目标前方制造核爆炸来烧毁一切来袭物体，而是使用动能撞击的方式拦截目标，其导弹会直接命中目标并将其撞毁，并且这一任务全程在太空完成。这些工作由部署在莫斯科州索夫里诺的"顿河-2N"远程目标侦测雷达站负责保障。这些雷达站分布在俄边境各地，共同组成监视空中和太空情况的统一雷达场。现在，这个雷达场新增了攻击组件——S-550 战略反导系统。俄罗斯通过测试 S-550 系统有能力摧毁轨道上的任何目标。

## （三）研发新型太空作战装备，改变空天战场法则

高超声速武器成为各军事大国竞相发展的战略博弈新领域，俄罗斯利用有限的军费突出重点积极发展高超声速技术，在高超声速领域抢占了先机，已将高超声速武器列装部队。现有反导系统难以拦截高超声速导弹，俄罗斯在导弹防御能力无法超过美国的情况下，重点发展以高超声速武器为代表的撒手锏武器，意在维持因美国推出《中导条约》而破坏的战略平衡，突破美国及北约的战略围堵。

俄罗斯对高超音速武器的发展极为重视，为加快研发进展，俄罗斯在《2018—2025 国家武器装备计划》中将研制和部署高超音速武器列为重大优先事项之一，并计划在 2020—2022 年装备空射型高超音速导弹。俄罗斯联邦总统普京在 2018 年的国情咨文中"大秀肌肉"，高调亮出了多种"撒手锏"武

器,包括"先锋""匕首""锆石""萨尔玛特"等导弹系统。普京认为,创建"先锋"导弹与第一颗人造地球卫星的发射具有同等重要的意义,俄罗斯已经开始批量生产"先锋"系统,2018 年将按计划列装于战略导弹部队第一团。

俄罗斯清醒地认识到,尽管目前在高超声速领域俄罗斯走在对手前列,但以对手的经济和技术实力很快便能研发出高超声速武器及其反制武器。因此,俄罗斯不仅研发高超声速武器,也在加紧研发高超声速武器拦截器及高超声速目标预警系统。2018 年年底,最新型"集装箱"超视距侦察和导弹预警雷达投入测试作战值班。有关资料显示,这种超视距雷达能确定 2500 公里外的各种飞机和高超声速导弹坐标,可同时追踪 5000 个目标。这是俄军应对美国高超声速武器的超级盾牌。

## 三、夯实航天工业基础,重塑太空强国地位

近年来,俄罗斯持续整合航天工业,最近一次是 2015 年 7 月成立了俄罗斯航天国家集团公司,这也是影响最大的一次改革措施,未来将对俄罗斯航天发展产生重大影响。

苏联解体后,严峻的经济形势迫使俄罗斯不得不对其耗资巨大的航天计划做出调整。苏联的教训使俄罗斯意识到,要想长远且健康发展航天,不能再走"重军抑民"的老路,不能不计成本和回报地发展军用航天项目。1992 年,叶利钦下令成立俄罗斯航天局,成为民用航天活动的管理和执行机构。航天局成立后,立即提出航天活动非政治化、非军事化、转向商业化的方针,在很短时间内制定出了 2000 年前的联邦航天计划,并着手削减军用航天预算,增加民用航天的经费,这对保持俄罗斯火箭和航天潜力、和平利用空间起了很大作用。1998 年,叶利钦发布总统令,将研制、生产导弹和航天设备的国防航天工业移交俄罗斯航天局管理,其中包括将俄罗斯军事空间活动管理权、38 家军工企业和 21 家控股公司交给俄罗斯航天局管理,而国防部只作为用户方进行订货,其目的是使航天工业获得最大的经济效益,这使俄罗斯航天局成为集军用、民用和商用于一身的管理机构。至此,俄罗斯基本上确立了由优先发展军用航天力量转向优先发展民用航天力量,大力扶持商用空间力量,适当发展军用航天力量的模式。

1999 年,俄罗斯航天局改名为俄罗斯航空航天局,以通过集中资源和加强管理来发展俄航空航天事业。2004 年 3 月,俄罗斯航空航天局又更名为俄罗斯联邦航天局。俄罗斯联邦航天局原有职责是负责执行国家政策与法律规

范,管理国家太空资产并提供相关服务,同时管理国际合作项目,管理航天工业部门开展军用太空技术、战略导弹、运载火箭相关研制工作以及拜科努尔发射场等。

2012 年批准的《2013—2020 年俄罗斯联邦航天活动国家规划》中指出,为扩大俄罗斯在全球航天市场的份额,提高火箭和航天技术装备的竞争力,须完善航天工业管理体系,对航天工业进行重组,完成航天工业相应企业的改组和设备升级以及地面航天基础设施的改造。2014 年,俄罗斯联合火箭航天公司应运而生,将俄罗斯几乎所有的航天工业都囊括其中。

2015 年 1 月 29 日,俄政府公布联邦法草案《关于成立航天国家集团》。2016 年联合火箭航天公司与俄罗斯航天局进一步合并,组建了俄罗斯航天国家集团公司(英文:ROSCOSMOS,俄文:POCKOCMOC)。法案规定了国家集团新结构管理构成及其权力。法案规定,联邦航天局将获得联合火箭—航天集团的股份作为资本,在此基础上成立俄罗斯航天国家集团公司,俄罗斯航天国家集团公司不仅对航天工业负责,还将管理发射场运营、格洛纳斯协调,并形成俄罗斯航天领域的政策性文件,由国家直接拨款给集团。俄罗斯航天国家集团公司的成立确立了国有经济在战略经济领域的主体地位,从法律上确定了国家控制经济的模式。俄罗斯航天国家集团公司属于非商业组织,肩负航天行业政府管理和产业发展的双重使命,是民用航天的国家订货方(军用航天订货方仍为国防部),负责预算资金的接收、分配和管理。2020 年 3 月 18日,俄罗斯政府审议并通过了《太空活动领域许可新规定》,新规定中删除了"具有技术转让相关协议或合同""具有太空技术研究和实验的程序流程"和"俄罗斯国防军事代表强制转让给被许可人"三项许可要求,旨在减少航天领域初创公司的管理障碍,有利于初创公司获得国家太空活动服务许可。

苏联解体后,作为主要继承国的俄罗斯无论综合国力还是技术实力都无法与美国全面抗衡,因此,俄罗斯重点发挥其太空优势,将太空技术及其运用作为国家优先发展领域,以重塑俄罗斯大国地位与威望、确保国家安全以及维护国际安全。尽管俄罗斯没有出台明确的太空安全战略文件,但是作为当前世界上唯一公开明确提出建立"国家空天防御体系"的国家,近年来加速发展空天防御武器装备、空天军。谋求"非对称"反制手段、努力夯实本国航天持续发展基础、积极联手他国制定外空军控条约,形成了以"空天防御体系"为核心,核常并重、综合制衡的太空安全战略布局,积极维护其太空安全与战略利益。

## 四、推进基础设施建设，提升太空保障能力

俄罗斯将确保独立进入太空能力作为其太空战略的重中之重。无论是国家航天规划，还是专项规划，目的都基于使俄罗斯能够自由进入太空。进入太空首先要有发射场和运载火箭。为此，俄罗斯积极研发新型运载火箭、建设新型航天发射场。

目前，俄罗斯拥有 3 个发射场，分别是位于哈萨克斯坦的拜科努尔航天发射场、莫斯科以北 900 公里的普列谢茨克航天发射场和位于远东的东方航天发射场。位于俄罗斯西部的普列谢茨克发射场，占地 1762 平方公里，东西长82 公里，南北宽 46 公里，任务承载能力有限，并且处于西方反导系统的严密监控之下，难以保证俄罗斯航天发射的任务需求。因此，要努力提升发射能力，更新发射平台与基础设施，俄罗斯政府斥资对普列谢茨克发射场实施了进一步升级改造。现阶段，俄罗斯重大发射任务主要依靠从哈萨克斯坦政府高价租用而来的拜科努尔航天发射基地占地 6717 平方公里，东西长 90 公里，南北约 75 公里来执行，不仅制约了俄罗斯在航天基础设施利用上的自主权，更使其空天防御体系的军事威慑作用大打折扣。2008 年 1 月，俄罗斯第一副总理谢尔盖·伊万诺夫在俄航天局会议上正式宣布：俄罗斯计划兴建新的航天中心以取代租用的哈萨克斯坦拜科努尔航天中心。东方航天发射场位于俄罗斯南部与中国接壤的阿穆尔州斯沃博特内市乌格列戈尔斯克镇，距离俄中边境110 公里。

俄罗斯加强运载火箭研制。2019 年 6 月，俄罗斯航天国家集团公司表示俄罗斯将独立研制"叶尼塞"超重型运载火箭，中止此前提出的国际合作意向，且该研制项目将被列入 2030 年国家航天活动计划。"叶尼塞"超重型火箭计划 2028 年从东方航天发射场首飞，低地球轨道运载能力 70 吨，将用于登月任务。2019 年 7 月，俄罗斯航天国家公司将在"中央机械制造研究院"内成立以苏联飞机设计师罗伯特·巴尔蒂尼的名字命名的试验机构，首要任务是基于俄罗斯先期研究基金会支持的"翼"-SV（Wing-SV）项目初步方案，设计轻型可重复使用运载火箭。

2013 年 10 月，美国斥资 1.34 亿美元在罗马尼亚开工建造东欧第一个反导基地。2016 年 5 月 12 日，美国宣布正式启动设在罗马尼亚南部德韦塞卢空军基地的反导系统。2016 年 5 月 13 日，美国又在波兰北部伦济科沃市举行陆基"宙斯盾"反导系统基础建设开工仪式，这是美国在东欧部署的第二处反导系统。此举遭到俄罗斯激烈反对。俄罗斯总统普京于 13 日当天表示，美国在

罗马尼亚和波兰部署的反导系统是其战略核潜力的一部分,而不是防卫系统。美国可利用其导弹发射装置在很短的时间内发射短程和中程导弹,给俄罗斯造成重大的威胁。美国的做法将造成国际安全体系的震动,引起新一轮军备竞赛。

## 习题

1. 简答苏联时期太空安全战略的发展历程。
2. 简答俄罗斯"空天防御"战略构想发展历程及主要内容。
3. 简答俄罗斯太空安全战略的战略目标。
4. 简答俄罗斯太空安全战略的战略方针。
5. 论述俄罗斯太空安全战略的战略手段。

# 第五章　欧洲太空安全战略

这是全新的航天事业发展阶段,它是自由的、迷人的、融合的;它与社会互动,是国际化的、商业化的。与此同时,航天机构的数目与日俱增,航天技术转化与应用采取引进来、走出去,并将支持官方、私人、太空旅行等各类用途,工业界的参与以及与机构的合作也将扮演重要的角色。

——欧空局前局长约翰·迪特里希·沃尔纳

欧洲,全称"欧罗巴洲"(Europe),位于东半球的西北部,北临北冰洋,西濒大西洋,南滨大西洋的属海地中海和黑海,东部和东南部与亚洲毗连。欧洲面积1016万平方公里,世界第六。欧洲总人口6.00亿(截至2022年不含俄罗斯),人口密度70人/km²,人口居世界第三,仅次于亚洲和非洲,99%以上的人口属欧罗巴人种,比较单一。其中德国0.84亿人,英国0.68亿人,法国0.66亿人,意大利0.60亿人,西班牙0.47亿人,乌克兰0.43亿人,波兰0.38亿人,罗马尼亚0.19亿人,荷兰0.17亿人。欧洲属印欧语系,此语系的居民占全洲总人口的95%。欧洲是人类生活水平较高、环境以及人类发展指数较高及适宜居住的大洲之一。欧洲地区国家共有50个。其中德国、英国、法国、意大利、西班牙等具有较强的经济实力,分别是世界第四、五、七、八、十四大经济体,2020年国内生产总值分别为3.81万亿、2.71万亿、2.60万亿、1.89万亿、1.279万亿美元,实际增速分别为-4.9%、-9.9%、-8.2%、-8.9%、-11.0%。

欧洲在太空安全战略方面,发挥积极作用的地区性组织有欧盟(EU)、欧洲空间局(Europe Space Agency,ESA,简称欧空局),发挥积极作用的国家有英国、法国、德国、卢森堡等。欧洲比较有影响的太空安全战略有《欧洲航天战略》(2016)、英国《太空防卫战略》(2019)、法国《2030年太空防御战略》(2019)等。

欧洲的航天计划和项目通常由欧盟委员会和欧空局整体负责,同时欧洲各国也开展独立的航天活动。欧盟和欧空局是两个不同的机构,但两者有着密切的关系。2003年11月,欧盟与ESA达成两者合作的框架协议,ESA着重发展欧洲空间活动所依赖的基础工具,进入外空、科学知识和空间技术的发展

表 5-1　欧空局与欧盟

| 类别 | 欧空局 | 欧盟 |
|---|---|---|
| 地位 | 欧洲国家政府间的空间探索和开发组织 | 欧洲地区规模较大的区域性经济合作的国际组织 |
| 宗旨 | 致力于探索太空的政府间组织 | 促进和平,追求公民富裕生活,实现社会经济可持续发展,确保基本价值观,加强国际合作 |
| 成立时间 | 1975 年 5 月 30 日 | 1991 年 12 月,欧洲共同体首脑会议通过《欧洲联盟条约》,1993 年 11 月 1 日正式生效 |
| 总部 | 法国巴黎 | 比利时布鲁塞尔 |
| 成员国 | 22 个,包括非欧盟国家瑞士和挪威 | 27 个 |

及其空间计划的执行。欧盟则为欧空局提供必要的国际支持和政治威信,以实现其政治上的领导地位。另外,欧盟和欧空局明确同意由欧洲空间理事会来确立欧洲空间政策的原则、指导方针,所以在国际层面上,ESA 与欧盟的空间政策主要是通过空间理事会发布。如 2007 年 5 月欧洲空间理事会发布的《欧洲空间政策决议》,明确确立了欧洲空间活动的总体战略,直接提出了未来欧洲空间活动的计划及实施。

欧洲航天计划和活动主要来自四个方面:①由欧盟管理、欧盟委员会执行的活动,这些活动大多由欧空局作为采购和研发方实施。②由欧空局成员国提供资金的活动。③欧洲气象卫星组织(EUMETSAT)的活动。④欧洲各国开展的、独立于欧盟、欧洲航天局和欧洲气象卫星组织的活动。除这些活动之外,欧洲防务局(EDA)在航天活动中也很活跃,从事卫星通信带宽和对地观测数据的采购。除欧洲防务局外,法国、德国、意大利、西班牙等国还开展了大量独立的或双边,或多边合作的军用航天计划。

# 第一节　战略历程

## 一、航天 1.0 阶段

航天 1.0 阶段是人类对天文学和航天学的早期研究阶段。1865 年,法国著名科幻小说家儒勒·凡尔纳出版了《从地球到月球》,讲述美国南北战争结束后,巴尔的摩城大炮俱乐部主席巴比康提议向月球发射一颗炮弹,建立地球与月球之间的联系。法国冒险家米歇尔·阿尔当获悉这一消息后,建议造一颗空心炮弹,并准备乘这颗炮弹到月球去探险。巴比康、米歇尔·阿尔当和尼却尔船长克服了种种困难,终于乘这颗炮弹出发了。但是他们没有到达目的地,炮弹并没有在月球上着陆,却在离月球 2800 英里的地方绕月运行。

许多少年受其影响而迷上了星际旅行,其中就有现代航天学奠基人之一、欧洲航天之父、德国火箭专家、奥地利数学家赫尔曼·奥伯特,1923 年他完成了宇宙航行学经典著作《飞往星际空间的火箭》,提出空间火箭点火的理论公式,用数学阐明火箭如何获得脱离地球引力的速度。1927 年 6 月,德国一批业余火箭研究者成立"宇宙航行协会",在罗马尼亚工作的奥伯特闻讯后来到德国,被推举为该协会会长。1929 年奥伯特又发表了第二部经典著作《通向航天之路》,书中预见到电推进火箭和离子火箭的发展。

1925 年,13 岁的冯·布劳恩读了奥伯特的《飞往星际空间的火箭》一书后,通过当时著名的火箭研究者威利·勒的介绍,成为奥伯特的一名少年助手和学生。1930 年,冯·布劳恩进入柏林工业大学,成为郝尔曼·奥伯特的学生,不久便参加了奥伯特创始的德国空间旅行者学会,协助奥伯特进行水液体火箭测试。1930 年 7 月 23 日,他们成功发射一枚火箭,飞行高度达 20 千米。1934 年 7 月 27 日,冯·布劳恩获得伯林洪堡大学物理学博士学位,导师埃里希·舒曼,毕业论文论述了液体推进剂火箭发动机理论和实验的各个方面,甚至在大约 30 年后,德国宇宙飞行协会还将该文作为其正式期刊的特刊重新出版。1936 年,冯·布劳恩找到了合适的导弹试验基地——佩内明德,任技术部主任,开始研究新的武器计划、领导设计 A-4( 即 V-2) 火箭计划,即后来命名为 V-2 的导弹。1939 年 3 月 23 日,冯·布劳恩第一次见到了希特勒,希特勒解决了 V-2 导弹研制遇到了许多难题。1939 年 9 月 1 日,德国进攻波兰,"二战"全面爆发。1942 年 10 月 3 日,V-2 火箭首次发射成功。1944 年 9 月 8 日,德国 V-2 火箭首次袭击了英国伦敦,在伦敦引起了很大的恐慌,震惊世界。1944 年 5 月 16 日,德国最高统帅部下达了使用 V-2 导弹作战的命令。1944 年 9 月 6 日傍晚,德国向英国第一次发射了两枚 V-2 导弹,但都失败了。9 月 8 日,德国向英国伦敦发射了第一枚 V-2 导弹,炸弹在伦敦市区爆炸。这是 V-2 首次成功袭击英国本土,在伦敦引起了很大的恐慌。德国 V-2 火箭的研制成功,为航天领域发展奠定了良好的基础。

## 二、航天 2.0 阶段

航天 2.0 阶段是航天大国参与太空竞赛,促成了阿波罗登月,欧洲各国独立研发自己的卫星。1957 年 10 月 4 日苏联发射了世界上第一颗人造卫星 Sputnik-1,1958 年 1 月 31 日美国发射"探险者"-1 号人造卫星,极大地震动了欧洲各国,于是欧洲各国纷纷成立了自己的航天研究组织,提出独立自主地发展本国的卫星。1959 年,法国和意大利分别成立了国家航天委员会。1962 年,法国航天委员会更名为法国国家航天研究中心。1965 年 11 月 26 日,法国使用本国的"钻石"运载火箭发射了自主研制的技术试验卫星"阿斯特里克斯"(Asterix),成为继苏联和美国之后世界上第三个自主研制并发射卫星的国家。1971 年 10 月 28 日,在澳大利亚的"武默拉"发射场,英国使用本国的"黑箭"运载火箭发射了第一颗人造卫星"普洛斯帕罗"号,主要用于技术验证。

20 世纪六七十年代,欧洲各国主张不同的太空发展战略,在组织上也没有一个强有力的总体协调单位。但是各国的航天事业还是取得了很大进步。欧洲各国很快发现,单凭一国的力量很难与美俄抗衡,为了增加在安全问题上与美俄谈判的筹码,欧洲各国决定联合起来,利用欧洲整体的技术工业和资金,把力量集中在优先项目上。1960 年,欧洲 12 国成立欧洲航天研究准备委员会。

1975 年,欧洲空间局成立,该组织是一个政府间的民用航天管理机构,由 20 个欧洲国家和准成员国加拿大组成的政府间组织。目标是专门为和平目的提供和促进欧洲各国在太空研究、太空技术和应用方面的合作。欧洲航天计划通常由泛欧组织,如欧洲空间局和欧盟委员会(EC)发起,但欧洲各国同时也开展独立的航天活动,尤其是国家安全航天活动由各国负责开展。欧空局成立之后,迅速调整工作重点,重点突破了卫星应用、运载火箭等空间技术。为了摆脱美国的约束,欧空局决定独立自主地发展欧洲的空间技术,相继制定了一系列的空间计划。如,欧洲遥感卫星(ERS)、SPOT 卫星、数据中继卫星(DRS)与先进中继和技术飞行卫星(Artemis)、地平线 2000、SOHO 日光观测台、"伽利略"导航卫星、自动转移飞行器、哥伦布轨道舱等著名计划。在这一阶段,欧洲的空间技术飞速发展,在某些领域已达世界领先水平。

## 三、航天 3.0 阶段

航天 3.0 阶段是国际空间站的概念,人类理解并重视太空,将太空作为下一个合作和开发的领域,欧洲由区域集体研发向国际太空合作创新发展新模式转变。

　　1993 年 11 月 1 日,国际空间站由美俄于签署协议后开始建造,参与建设的共有美国、俄罗斯、法国、意大利、英国、比利时、丹麦、荷兰、挪威、西班牙、瑞典、瑞士、日本、加拿大、巴西等 16 个国家和地区。1998 年 11 月 20 日,国际空间站的第一个航段——"曙光"号功能货舱(Zarya),由俄国"质子"号火箭携带发射升空,飞往 400 公里高度的近地轨道。这标志着人类历史上第 9 个太空站,也是最大、最昂贵的航天器——国际空间站(ISS)诞生。12 月 4 日,美国成功发射"奋进"号航天飞机,载 6 人升空,将国际空间站第二个组件"团结"号节点舱送往太空。2017 年 9 月 22 日,在"战略伙伴关系跨协议"的基础上,德国航空航天中心 DLR 和日本宇宙航空研究开发机构 JAXA 重申深化合作的意愿,在最大限度地利用包括国际空间站在内的微重力环境方面合作。2021 年 7 月 26 日,俄罗斯的原空间站模块 Pirs 正式退役,为新的模块腾出空间。科学号模块于 7 月 29 日抵达空间站,普里哈尔节点模块于 11 月 26 日抵达。俄罗斯的这次新旧空间站模块替换工作,是国际空间站首次实施组件的遗弃替换工作。

　　1999 年爆发了科索沃战争。科索沃是南斯拉夫联盟共和国的塞尔维亚共和国的一个自治省,科索沃战争是塞尔维亚国家内部由阿尔巴尼亚族(穆斯林)与塞尔维亚族(东正教)之间民族矛盾引发的一场战争。科索沃战争是一场高科技战争,以大规模空袭为主要作战方式,以美国为首的北约凭借占绝对优势的空中力量和高技术武器,对南斯拉夫联盟共和国的军事目标和基础设施进行了连续 78 天的轰炸,最后战争以塞尔维亚人的失败而告终。

　　科索沃战争让欧洲惊醒,并成为一个导火索。科索沃战争发生在欧洲地域,理应由欧洲国家主导,但美国却承担了 90% 的空袭行动,而且欧洲部队只能依靠美国卫星所提供的情报实施作战计划。军事上依赖于美国,使"欧洲地区的事务由欧洲人来解决"成为一句空话,欧洲人大失脸面。欧洲急需摆脱对美国的依赖,建立自己的国家太空安全体系。欧洲人要求独立管理欧洲事务的呼声日益高涨。同时欧洲"民用联合"取得了显著的成效为欧洲"军事联合"奠定了基础。

　　2002 年欧盟委员会公布了《21 世纪太空战略报告》。报告强调,欧盟必须以战略眼光筹划今后 20~30 年的航空及宇宙工业,充分认识民用和国防之间的联系,尽快发挥"伽利略"系统和"全球环境与安全监测"计划的作用,确保欧洲警戒、侦察、指挥和控制方面的能力。这两个项目都是"以安全为导向"的军民两用项目,"伽利略"导航系统在战时可以为导弹提供引导;"全球环境与安全监测"后更名为"哥白尼计划",是欧洲太空监视系统的一部分,战时可以提供侦察预警。

2003 年 1 月,欧盟委员会出台《欧洲空间政策》绿皮书。绿皮书内容广泛,涉及有关空间政策的方方面面,建议成立空间政策部长理事会,并且在军民两用卫星系统的应用、发展通信和导航卫星在民用领域的潜力、用空间技术推进经济和社会的发展、增加公民安全等方面开展工作。2003 年 11 月,欧盟委员会在绿皮书基础上形成了标题为《空间:扩大联盟的新欧洲边疆》的白皮书。白皮书呼吁建立"一个范围广泛的空间政策",以协调欧洲的军用、民用空间项目;重组欧洲空间机构,欧盟相关机构要在空间领域方面划分各自的管辖范围。白皮书是绿皮书的发展与深化。为落实白皮书的某些建议,框架协议建议成立欧洲空间理事会(European Space Council)。2004 年欧洲空间理事会正式成立,由欧盟 25 国与挪威、瑞士的部长组成。2005 年 5 月 24 日,欧盟委员会提出了欧洲太空政策重点,发布《欧洲太空政策——初步要素》(*European Space Policy—Preliminary Elements*)一文,强调新的太空政策应该充分考虑更加有效地利用航天资源,让航天技术在环境保护、卫星定位、天气预报和灾难预防方面得到更好的发挥和运用,并将伽利略计划和全球环境与安全监测(GMES)计划列为重点。此外,还特别强调要继续加强与俄罗斯、美国以及其他欧盟邻国和发展中国家在太空领域的合作,特别是在大型项目上的合作。

2007 年 5 月 22 日,欧空局成员国负责太空活动的各部长,以及欧盟竞争协调会负责内部市场、工业及研究的人士,聚集布鲁塞尔,正式通过欧洲太空政策决议《欧洲空间政策》。新政策强调继续投资伽利略计划和全球环境与安全监测(GMES)计划,加强民事与国防太空计划及技术的合作,并支持欧盟对外关系和在全球层面上寻求欧洲探索太空的方法,还将成立合作机构,制定与太空活动有关的国际关系联合战略。《欧洲太空政策》强调太空系统是欧洲的"战略资产",独立进出太空,也是一个"战略资产",太空系统和能力对于欧洲根据自己的价值观与利益,在有选择性的领域发挥全球领导作用以及承担全球责任也是至关重要的。在太空竞赛中,欧洲必须作为太空系统的领先者、一个不可或缺的国际伙伴,在太空领域全球倡议中做出一流贡献。通告从卫星、发射系统、科学技术、太空工业、国际合作、太空安全治理等方面全面阐述了欧洲太空政策。

2008 年 12 月,欧盟理事会通过了《外层空间活动行为准则》(简称《准则》)。《准则》中的建议包括一整套透明和信任措施,鼓励各国提前通报各自在太空的(卫星发射、轨道操作、卫星运行、脱离轨道等)活动,以避免可能造成敌对方的误解。欧盟打算把《准则》提交给其他太空强国,以期得到国际社会的认可。实际上《准则》呼吁世界避免将战争行动扩大到太空,进而避免未来危险升级的风险。

2011 年 4 月 4 日,欧洲委员会向欧洲理事会、欧洲议会、欧洲经济和社会委员会以及各科学领域委员会发布了《迈向一个有利于民众的欧洲太空战略》(*Towards a space strategy for the European Union that benefits its citizens*),强调了空间的关键地位,要求加强欧洲空间基础设计,增加对科研的支持以促进欧洲技术的独立性,鼓励航天与其他工业部门的相互扶持,推动创新以增强欧洲的竞争力。同时继续强调推动伽利略计划和全球环境与安全监视(GMES)系统,继续推进与欧洲航天局和各成员国密切合作。

此外,欧洲在太空项目上还力求与他国进行合作,对抗美国太空单极霸权,以此谋求国际走太空集体安全的道路。伽利略计划正式启动后,欧盟与中国、以色列等国签订了合作协议。目前,欧洲也广泛地进行着"太空外交",扩大太空合作领域和范围,向其他国家伸出合作与援助之手,促进太空国际格局的多极化发展。

## 四、航天 4.0 阶段

航天 4.0 阶段标志着太空领域进入一个新时代,一个竞争的时代,太空不再是少数几个航天国家的政府所有,而是为全世界越来越多的航天参与者所拥有的热土。这些参与者可以是私有企业,可以是学者,也可以是各行各业以及各个阶层的公民。这种参与是数字化的,是一种全球范围内的互动。航天越来越依赖于政府、私营部门、社会的力量。"航天 4.0"类似于"工业 4.0",并与之交织在一起,工业 4.0 被认为是正在展开的第四次制造业和服务业的工业革命。2016 年 3 月 31 日,欧空局局长约翰·迪特里希·沃尔纳携代表团访华时,详细阐述了"航天 4.0"这一新纪元的概念含义:"这是全新的航天事业发展阶段,它是自由的、迷人的、融合的;它与社会互动,是国际化的、商业化的。与此同时,航天机构的数目与日俱增,航天技术转化与应用采取引进来、走出去,并将支持官方、私人、太空旅行等各类用途,工业界的参与以及与机构的合作也将扮演重要的角色。"2016 年 11 月,ESA 正式对外发布"航天 4.0"概念:欧洲应加快欧洲航天政策一体化进程,全面整合欧洲航天界和其他社会各界力量,从太空科学、商业航天、对地观测、深空探测等多方面着手,将欧洲打造成具有全球竞争力的航天力量。2016 年 12 月 2 日,欧空局部长级会议在卢森堡召开,会议决定为基于"太空战略4.0时代"愿景的未来活动和项目拨款103亿欧元,同时还通过了4项决议,分别是《为欧洲统一的太空战略迈向4.0时代》《欧洲航天局既定事务资源支持水平(2017—2021)》《CSG(圭亚那航天中心)2017—2021》《欧洲航天局项目计划》。在这一阶段,欧洲主要是大力推进太空产业转型升级,深化太空军事化发展,建强集体防御体制机制,不断提升太空集体防御能力。

## (一)推进一体化战略

2016年10月26日,欧盟委员会发布《欧洲航天战略》,明确了推进航天应用、强化航天能力、确保航天自主、提升航天地位四大战略目标;突出强调推进欧洲航天一体化,加强军民航天活动统筹。战略的出台彰显欧洲提升全球航天领先地位、增强国际话语权和影响力的决心。

2017年12个11日,欧盟理事会发表声明宣布,欧盟批准了25个成员国签署的防务领域的"永久性结构合作"(Permanent Structured Cooperation, PESCO),并提出在该机制下初步开展17个防务合作项目,欧盟委员会主席容克称,欧洲不能也不应该把安全和防务事务交给他人打理。

2017年美国总统特朗普上台后,欧洲对美国的信任逐渐消失。特朗普多次在公开场合强调,北约已经过时了,单方面要求德国带头承担更多的军费,美国还表示要从德国撤军近1万人,部署到波兰。德国总理默克尔喊出了"不要再依赖美国,欧洲国家要自己主宰命运"的口号。马克龙和特朗普曾是"忘年交",但是随着美国退出了《巴黎协定》《中导条约》(《中导条约》对欧洲的安全与稳定具有重要的战略意义,俄罗斯的中程导弹稍微调整方向就能攻击欧洲的大部分地区),欧洲人认识到一个事实,在自己需要时,美国不再一定是自己的朋友。美国与欧洲不再"亲密无间"了,欧洲拥有"独立防务体系"的需求越来越紧迫。

2018年4月,法国与德国签署防务项目合作协议,其中"未来作战空中系统"(FCAS)项目由新一代战斗机、无人作战飞机、未来空射导弹和小型无人机集群组成,将发展基于卫星通信和地面通信支持、与海军作战系统互联的开放式跨域作战能力。2018年6月,EDA发布《2018年能力发展计划》,从欧洲整体安全和防务环境演变视角,提出了包括"天基信息和通信服务"在内的欧盟防务能力发展的11个优先事项。2018年8月,法国总统马克龙呼吁欧盟在继续与美国和其他防御合作伙伴保持合作关系的同时,建立集体防务模式,实现战略性自主防御。

2022 年 1 月 17 日,北约发布《太空总体政策》。该政策表明,在利用太空进行军事活动方面,盟国之间仍存在分歧,政策呼吁盟国在自愿原则的基础上,寻求太空资产之间的兼容性,确定并在必要时制定适当机制,以满足北约行动、任务和其他活动对太空的需求。政策列出了北约在太空中的四个关键角色:将“整合太空”作为北约的核心任务;“作为政治—军事磋商和信息共享的论坛”,讨论“威胁、挑战、漏洞和机遇”,以及法律和行为规范的发展;确保有效地向联盟的行动、任务和其他活动提供太空任务支持;促进与盟国太空服务、产品和能力之间兼容性与互操作性。开展以下主线活动:太空支持,太空域感知,威慑、防御与弹性,能力开发与互操作性,太空问题联合训练。

## (二) 倡导可持续发展

欧洲在国际上一直倡导的是太空的可持续发展。从 2007 年欧洲提出的《外空行为准则》,到 2019 年 5 月,美欧发起《空间可持续性评级》倡议,要衡量卫星或者卫星系统的空间长期可持续性。2019 年 9 月,欧盟又提出了“外层空间安全、安保与可持续性”(3SOS),意在倡导可持续的空间行为,近来欧洲的行为表现出来的都是欧洲在外层空间绿色可持续性发展。

## (三) 加速军事化发展

2016 年德国发布《德国安全政策与国防军的未来白皮书》(2016 年),多处涉及外空安全问题,明确表示“德国的安全政策包括外空疆域”,并强调“外空安全正成为一个关键问题”。

2018 年 9 月 16 日,英国成功开展世界首次太空环境下飞网抓捕立方星技术验证。2019 年 2 月 15 日,英国萨里卫星技术公司宣布,去年从国际空间站上投放的一颗卫星已成功验证了未来可用来清除空间碎片的一个鱼叉式装置来抓捕碎片。两个试验都是解决空间碎片日益增多的问题,表现出英国对空间碎片治理的进展。碎片抓取技术具有明显的太空攻防能力,可随时用于太空防卫作战。这也是欧洲战略从以民用为主向军民融合转化的一个标志。2019 年 5 月 22 日,英国国防大臣加文·威廉姆森,宣布英国启动了第一个《太空防卫战略》。该战略是一旦英国被欧盟排除出原本共同参与、联合开发的“伽利略”卫星计划后,英国将考虑独立发展太空领域的计划。威廉姆森强调该战略将用于保护英国的行动免受“逐渐显现的来自空间领域的威胁”,例如“干扰广播设施的民用卫星信号和支持军事行动为目的的卫星导航”。同时新战略还将重新评估英国对欧盟所创建的“伽利略”卫星导航系统的贡献。

2019 年 7 月 26 日为确保战略自主权,法国国防部发布《2030 年太空防御战略》,将发展太空力量视为国防优先事项,提出保护本国卫星,识别不友好或敌对太空行为,捍卫包括军事、商业、盟国和欧盟的卫星在内的太空利益等政策。核心内容是将采取积极的防御措施来保护卫星,包括使用纳米卫星和反卫星激光武器来回击。

2022 年 2 月 1 日,英国发布了新版《太空军事战略》,并宣布拟在未来 10 年向低轨卫星和其他技术投资 19 亿美元。新版太空军事战略要求关注反卫武器威胁,强调英国私营航天企业在军事能力建设和促进经济增长方面的作用。

# 第二节  战略形势

## 一、战略环境

### (一)太空对欧洲至关重要

欧洲——成员国、欧洲空间局、欧洲气象卫星组织和欧盟——通过突破性的技术和探索任务,在空间领域取得了许多成功。欧洲代表了当今世界第二大公共空间预算,其项目和设施覆盖了不同的欧洲国家。欧洲拥有世界级的地球观测、导航定位等空间系统,太空技术、数据和服务已成为欧洲公民日常生活中不可或缺的部分,太空技术、数据和服务支持欧盟许多政策和关键政治优先事项。太空加强了欧洲作为一个更强大的全球参与者的角色,也是其安全和防御的资产。太空政策助推欧洲的就业、增长和投资。

### (二)太空活动部门日益增多

随着太空技术的扩散和太空投资的多元化,从事太空活动的国家越来越多,不仅包括发达国家,还融入了发展中国家。通过研发或购买,越来越多国家拥有在轨卫星。太空活动早期的资金主要来源于政府,近几年来自天使和风险资本投资的私人资本大量流入太空部门。通过创新计划和商业模式占领太空市场,私人行为者正在发挥更加突出的作用,追求独立于政府开展空间业务的最终目标。政府机构负责早期的研发、技术成熟和太空科学,其他阶段现在越来越多的委托给私人参与者,政府机构继续通过参与资助、建立客户合同或制定联合倡议来支持私营部门。

### （三）颠覆性技术环境日益凸显

有些太空系统技术是太空部门专用的（如推进系统），但整个太空部门的进步在很大程度上由通用技术发展而来。近年来，其中一些新概念正日益融入太空，将更广泛的突破性技术纳入太空部门。随着太空相关硬件和航天器设计的突破，太空技术生产模式发生转变，由昂贵的大型太空系统转向可负担得起的小型化太空系统，同时保留和扩展能力，并开启新的服务和应用领域。

### （四）作战和地缘政治环境更具挑战

太空部门的发展受国际环境影响，随着太空领域稳定性下降、透明度降低，深刻影响太空有关活动，太空领域国际和平共处前景令人担忧。国家太空安全活动以军用、民用、商用等多种形式出现。除了已有航天大国重新考虑其理论外，新兴航天国家一直在大力建设国防太空力量，不断加剧的地缘政治紧张局势延伸到了太空疆域。太空飞行物产生了更加复杂多变的轨道交通，特别是在低地球轨道区域。太空环境正变得日益拥挤，给太空作业带来一定风险，太空中两个物体碰撞可能产生灾难性后果，太空拥堵、碰撞、干扰等风险增多。

## 二、威胁挑战

### （一）太空基础设施面临威胁

欧洲太空基础设施主要面临被动人为威胁、故意人为威胁和自然威胁三类威胁。被动人为威胁主要包括空间碎片、无意识的干扰信号。故意人为威胁主要包括对空间基础设施的蓄意攻击，如反卫星能力、恶意干扰和网络攻击。自然威胁主要包括地磁风暴、太阳辐射风暴或电力层干扰等空间天气灾害。

太空基础设施经过大量、持续和长期的投资，太空系统提供一体化服务的程度不断加深，欧洲在战略上高度重视太空资产防护能力建设。欧洲太空基础设施作为蓄意攻击目标，可能会遭遇实际损害、永久降低、暂时破坏其能力、机密信息截获等威胁。尽管欧洲系统仍然不太可能受到动能攻击，但最近的网络攻击被确认为一种明确而现实的威胁。多年来，对地球和太空系统的网络攻击越来越频繁，攻击目标和动机越来越多，攻击者也越来越多。

## （二）欧洲太空竞争力面临国际挑战

### 1. 国际太空竞争挑战日益加剧

（1）竞争态势复杂严峻

随着新太空出现、新航天国家崛起、越来越多私营部门参与太空活动，新的竞争者正在出现，加之以前不积极、无热情的参与者（商家、用户）重返商业市场，欧洲面临国际太空竞争日益激烈。欧洲主要国家太空政策战略持续演变，集中反映获取国际市场份额意愿这一共同点。新私营太空企业（包括大型信息和通信技术公司）持续涌现，展现大力发展太空事业的战略愿景，推动市场进入调整动荡期，对欧洲成熟的传统太空企业产生不可忽视的竞争威胁。欧洲传统太空企业如果不能适应太空新技术发展、不能有效研判太空产业趋势，将面临严峻风险。一是欧洲机构将无法充分支持其工业界和研究界，无法保持和发展其在全球航天领域的地位，可能导致欧洲工业界无法创造新的市场并领导这些市场。二是传统企业的重要性会逐渐降低，有些甚至会完全消失。三是供应链的大部分可能会被少数几家大型非欧洲公司占领，有些可能会完全消失。

（2）开放市场复杂多变

技术演变颠覆了传统商业模式。全球电信部门深刻变革，正对整个价值链产生不确定的涟漪效应。目前影响卫星通信的最大变化是从观看广播和卫星广播电视转为通过互联网观看非线性电视。随着新的连接要求的出现，用户需求发生了变化，促使卫星运营商提供普遍接入服务。过去 20 年开放市场只占全球航天活动总量的 36%，机构垄断市场占 64%。垄断市场对开放商业市场造成负面影响，损害欧洲工业。市场准入不对称。根据严格的采购规则，美国、俄罗斯、中国、日本和印度的所有机构任务，代表了整个市场最大部分，都能通过国内供应商完成。因此，在默认情况下，他们排除了来自欧洲供应商的任何竞争。与此同时，与美国、俄罗斯和中国相比，欧洲是唯一一个没有系统实施机构任务"国内优惠条款"的主要航天行为体，欧洲难以渗透到外国机构和商业市场，因此欧洲机构市场规模变得更加有限。

（3）经济外交手段并用

外国竞争者越来越多地采取市场渗透战略，通过航天出口来支持工业竞争力。与价格倾销和通过国家补贴进行的不公平价格竞争一起，贸易政策和经济外交已成为主要国家在世界范围内支持和扩大本国航天工业地位的重要手段。各国政府积极参与太空经济外交,对其国内工业在商业市场上的表现起到了实质性的作用,并直接挑战了欧洲航天工业所取得的地位。

### 2. 太空进出利用挑战日益凸显

（1）国际规范执行受阻

在有效防止太空碰撞风险方面,目前国际准则执行处置仍存在问题,突出表现为太空碎片缓减国际准则遵守程度较低。每年发射的立方体卫星数量激增,对总体合规水平产生负面影响。太空态势感知/空间交通管理的协调方法成效低。现有监测能力还无法满足监测更多物体,严重威胁太空操作安全。当前太空态势感知数据的准确性有限,联合分析和碰撞风险评估存在不确定性。受限于感知和管理数据需要处理成可供所有人使用信息的能力,太空态势感知能力的有效性不高。两颗在轨卫星存在碰撞风险的情况下,传统的人工协调方式和冗长的协调流程仍是碰撞风险存在的主要根源。

（2）国际太空防御态势严峻

主要国家政府正在重新考虑理论,并在太空领域采取更加强硬的姿态。主要航天大国开始将太空作为与陆地、空中和海洋并驾齐驱的作战领域,因此,太空日益成为未来冲突的舞台。根据新的国家理论和目标,重组其武装部队,以更好地处理和整合太空领域。涉及从研究、开发和采购到操作和指挥的整个太空防御活动。作为太空安全和威慑战略的一部分,主要航天大国正在推进破坏太空系统的技术(例如,动能或能量武器、灾难恢复、电子和网络),同时也在探索新的方法来加强其关键太空基础设施的复原力。

（3）太空自主权减少

欧洲虽然是太空领域一个有能力的参与者,但仍然需要从外部采购某些欧洲无法提供的部件。除了最明显的对外国电气、电子和机电(EEE)组件的依赖外,欧洲还在许多其他技术领域依赖外国资源来满足关键需求,包括先进材料、设备、工艺和建模工具等。目前欧洲在供应安全(不受限制地获得所需的技术、产品、服务或信息)和供应链安全(在整个方案生命周期内控制安全)方面受控于域外国家,脆弱性较高,无法享有自由选择伙伴,自主权较低,影响其行动自由,限制其何时、何种条件下发展太空能力。受限制第三方资产,欧洲国家的联合倡议可能会被阻止。依赖外部行为体政治意愿损害欧洲在国际舞台上的威望和讨价还价能力,降低欧洲外交努力、影响力、软实力的有效性,影响欧洲太空领导者地位、全球行动作用的长期性。

## 第三节　战略目标

### 一、大力发挥太空产业的社会经济效益

欧洲太空解决方案的潜力尚未得到充分利用,太空数据也没有提供更广泛的可能性。欧洲太空部门需要更好地与欧盟及所有成员国的其他政策和经济领域联系起来,更好地利用欧盟太空哥白尼、EGNOS 和伽利略计划的潜力,最大化太空给社会和更广泛的欧盟经济带来的好处,满足欧洲可持续发展、应对全球气候变化、安全防务等需求。

### 二、打造具有国际竞争力和创新力的太空产业

欧洲既面临航天关键元器件高度依赖进口、国际竞争力不足等长期挑战,也面临大量新兴企业涌入航天、传统航天发展模式需要变革等新问题,需要加快提升航天领域的创新能力,打造具有国际竞争力和创造力的欧洲航天产业。

### 三、提升进出和利用太空的能力

太空能力对于民用、商业、安全和与国防有关的政策目标具有重要的战略意义。欧洲需要确保其自由行动和自主治理。欧洲需要能够进入太空,并能够安全地利用太空。为全面实现最高效率使用无线电频谱的目标,在访问无线电频谱时必须确保不会受到干扰。太空领域正变得更具竞争和挑战。新的竞争对手——公共的和私人的——正在世界各地涌现,一部分原因是开发和发射卫星成本的快速下降。更多的威胁正在涌现:从太空碎片到网络威胁或太空天气的影响。这些变化导致民事和国防之间协同增多,协同相关性增强。欧洲必须利用其资产和太空能力来满足各成员国和欧盟的安全需求。

### 四、增强欧洲太空的国际地位和作用

欧洲要在世界舞台上发挥更强大的作用。太空的进入和使用是由国际规则或标准以及一种旨在保证所有国家长期、可持续地利用太空的治理制度所决定的。大多数太空科学和探索项目也是全球性的。太空前沿技术在国际伙伴中加速发展,获得太空前沿技术类项目,成为研究人员和行业的一个重要成功因素。进入全球市场和确保一个全球公平的竞争环境对欧洲的工业和企业

也至关重要。人类在太空活动的增加和新进入者的快速增长,考验联合国关于外层空间公约的限制条款,包括太空交通管理和采矿问题。欧洲应成为应对气候变化或减少灾害风险等全球挑战的领导者之一,同时也应成为促进国际合作和建立全球治理或适当的太空法律框架的领导者之一。因此,欧洲在联合国和其他适当的多边论坛的框架内,促进外层空间负责任行为的国际原则。带头按照联合国有关外层空间的公约,解决太空行动者、太空物体和太空碎片的倍增所带来的挑战。利用欧盟太空计划,通过全球地球观测系统(GEOSS)和地球观测卫星委员会(CEOS)或伽利略搜救计划(COSPAS-SARSAT)等倡议,既为国际努力做出贡献,又受益于国际努力。就太空探索进行国际对话,促进欧洲的共同立场。调动现有的手段,进一步支持太空商业国际化,帮助欧洲企业进入外部市场,特别是中小企业的集群和关系网。将积极促进欧盟的空间计划,寻求建立互惠互利的伙伴关系,实现哥白尼计划的数据交换共享和研究项目的相互参与。空间探索、航天前沿技术发展越来越国际化。欧洲在国际航天事务中应发挥领导者作用,推动航天国际贸易,掌握话语权。

## 第四节　战略方针

欧洲太空安全战略服务欧洲地区集体利益,坚持集体防御、自主发展的原则,推动太空安全整体提升。

### 一、集体防御

欧洲太空领域潜力巨大、全球性挑战巨大,需要全球性应对。欧洲必须为这一集体责任做出贡献,没有任何一个成员国能够单独做到这一点。欧盟与其成员国和欧空局一起,必须作为一个全球利益相关者来促进和保护对太空的利用,为太空可持续性发展服务。欧盟不能在这方面落后,必须与所有相关利益攸关方密切合作,保持在第一位,依靠欧洲的人才和专业知识,充分利用其投资,并期待明天的机会。大力发展军民两用的"伽利略"导航系统和"哥白尼"对地观测系统,积极塑造独立的太空安全力量。增强太空态势感知能力和应对威胁的能力,寻求"军事独立",追求"太空防务一体化"。

### 二、自主发展

欧洲的太空安全由各个国家组织开展,英国在脱欧背景下发布《太空防卫战略》，法国发布《2030 年太空防御战略》，表明以英法为首的欧洲各国正发展本国的太空安全力量，在集体防御的大背景下，大力推动太空领域自主发展，积极谋划太空防御。

# 第五节　战略手段

## 一、效益牵引

制定空间数据政策，推动空间数据和产品的地面应用；搭建服务平台，升级航天与非航天数据接口，加强数据分发，方便数据应用；确保现有航天系统稳定运行与应用，着力建设第三代 EGNOS 系统、第二代"伽利略"导航定位系统和"哥白尼"对地观测系统，满足欧洲可持续发展、应对全球气候变化、安全防务等需求，获得更多的社会经济效益。

## 二、创新驱动

加强欧盟航天产品与服务采购体系的创新，采取新的有力措施吸引私人投资；支持在供应链的各个环节开展竞争，催生创业创新的生态系统；开辟新的融资渠道，创造新的商业机会，扶持创新和创业型企业；加大对航天科研的支持力度，全面提升航天创造能力。

## 三、合作推动

积极开展国际空间对话，就太空出口等问题与利益相关方进行积极对话；利用经济外交手段和贸易政策工具，消除贸易壁垒；降低对太空军民两用品出口的管制力度，支持欧洲企业进入国际市场。积极推动向非欧洲国家转移太空技术，为欧洲工业界开辟新的商业机会。通过"哥白尼"、"伽利略"、EGNOS等太空计划参与国际合作，扩大国际影响；联合欧盟各成员国、欧盟的其他机构和国际伙伴，共同推动各国负责任地开发太空、利用太空。

## 四、提升能力

确保独立、可靠、经济地进入空间的能力。未来全部采用欧洲火箭发射卫星；建设现代化、高效和灵活的航天发射基础设施；重点支持可重复使用、小型运载器技术等新型运载器技术的研发和创新；鼓励和推进商业航天发射等新的运行模式。提升无线电频谱安全和利用的能力。保护欧洲使用的无线电频率不受干扰,确保对无线电频谱的自由访问;在欧洲层面协调频率资源,在频谱分配协调中充分考虑航天系统的需求。增强空间态势感知和应对威胁的能力。提升和扩大对空间目标的探测能力和覆盖范围;加强太空网络对抗的能力;增强保护卫星系统、交通网、能源网、电信网等免受空间天气损害的能力。加强军民太空活动统筹。通过建设欧洲政府卫星通信系统、增强欧盟航天计划军事应用等措施,进一步推进军民太空活动统筹,增加系统弹性,降低成本,提升效率。

## 习题

1. 简答欧洲太空安全战略的发展历程。
2. 简答欧洲的主要太空安全战略。
3. 简答欧洲太空安全战略的战略形势。
4. 简答欧洲太空安全战略的战略目标。
5. 简答欧洲太空安全战略的战略方针。
6. 论述欧洲太空安全战略的战略手段。

# 第六章　日本太空安全战略

我们将忠实履行宇宙基本计划,执行积极的太空战略。

——日本前首相安倍晋三

日本(英语:Japan),由东京都、北海道、大阪府、京都府和 43 个县组成(都、道、府、县是平行的一级行政区,直属中央政府,都拥有自治权),首都东京。日本是位于东亚的岛屿国家,领土由北海道、本州、四国、九州四个大岛及 6800 多个小岛组成,总面积 37.8 万平方公里,人口 1.25 亿(截至 2022 年 10 月)。民族有大和族、阿伊努族和琉球族,主体民族为大和族,通用语言为日语。日本为君主立宪国。日本政治体制为立法权、司法权、行政权三权分立。日本自然资源贫乏,除煤炭、天然气、硫黄等极少量矿产资源外,其他工业生产所需主要原料、燃料等都需要从海外进口。20 世纪 80 年代日本确立了"技术立国"战略,科学研发能力位居世界前列,应用科学、机械、医学等领域尤为突出,每年的科研经费达 1300 亿美元。日本是世界第三大经济体,2020 年国内生产总值 5.02 万亿美元,实际增速-4.6%。

日本是太空领域的重要一极,拥有相对完整的太空安全战略体系,在太空科技战略能力较强。日本是世界上最早进行太空开发的国家之一,1954 年开始进行火箭技术开发,1970 年 2 月使用本国火箭发射了第一颗人造卫星"大隅",成为继美国、苏联、英国之后世界上第四个发射人造卫星的国家;日本有自己的两个发射场,即鹿儿岛航天中心(日本宇宙科学研究所)和种子岛航天中心(日本宇宙开发事业团),日本是唯一参加国际空间站的亚洲国家。

由于日本战败国的身份,"二战"结束后,日本空间发展一直受到限制,主要由宇宙基本计划牵引。随着日美合作加剧,美太空军事化趋势明显。

## 第一节　战略历程

### 一、和平开发利用阶段(太空和平利用阶段)

"二战"结束以后,作为战败国,日本政府忙于战后恢复,无暇顾及航天产业。与其他国家太空开发起步于军事领域不同,日本太空开发可以说起步于"民间"。1953 年 12 月,东京大学系川英夫教授发起了超小型火箭"铅笔"研究项目,当时的日本政府没有参与项目,完全是由东京大学主导。1955 年 3 月 12 日,成功发射一枚长 23 厘米、直径 1.8 厘米、重 202 克名为"铅笔"的小型火箭。

1957 年以后,俄罗斯和美国相继发射卫星,美国成立 NASA,加拿大、英国、法国也纷纷效仿,成立了本国的航天机构,日本政府逐渐认识到了太空开发的重要性,日本政府认为太空开发将向世界发展,日本要在世界太空开发中取得优势地位,就必须抓紧开发体制,制订太空开发计划,使太空开发进入正轨。日本政府太空开发的政策重心开始发生变化,从政府支持民间开发转向由政府主导太空开发,积极构建由政府科技厅领导的太空开发体制。逐步形成了在内阁的领导下,由科学技术厅负责技术开发,文部省负责预算申请与分配,航天航空研究所、航空航天技术研究所、太空开发事业团是三大核心功能研究机构,太空开发委员会负责监管太空开发活动并向首长汇报。

1969 年是日本太空政策发展的一个重要转折点。1969 年 5 月 9 日,日本国会通过了《关于国家太空开发和利用外层空间的基本原则的决议》(以下简称《和平利用宇宙决议》),明确规定"太空开发仅限于和平利用",限制防卫部门对空间系统的投资和运行。在决议案通过后的新闻发布会上,佐藤内阁中主管太空开发相关事务的总务大臣石川表示,"和平目的"就是"非军事"。《和平利用宇宙决议》明确了太空活动不用于军事目的的立场。1969 年 10 月 1 日,日本制订了《宇宙开发计划》,这是日本"二战"后第一个与太空开发有关的 10 年长期计划。该计划是一个太空技术开发计划,将日本未来 5~6 年的太空技术开发的目标紧紧锁定在卫星及其运载火箭技术上。国会决议案和《宇宙开发计划》的出台,彻底结束了"二战"后日本太空开发无法律、无政策依据的历史,也使得"太空开发仅限于和平利用"成为长期指导日本太空开发政策的核心法则,约束并限制未来日本太空事业的政策方向。1970 年 2 月 11 日,日本成功发射了第一颗人造卫星"大隅"号。

1978 年、1984 年 3 月、1989 年 6 月和 1996 年,日本政府先后制定或修订出台了四份《宇宙开发政策大纲》,作为日本太空活动的基本政策,政策的核心都是"技术赶超",鼓励日本私营部门在开发太空技术的同时积极开展国际合作,获取并使用外国技术,特别是积极获取和使用美国火箭发动机和火箭制导技术,参加美国太空飞机、空间站、载人航天活动等项目,以填补日本太空技术空白,为日本太空开发奠定必要的技术基础,使日本太空技术逐步实现自主,进而展开与日本国际地位相称的活动,赶超美苏,成为世界太空技术和太空科学一流大国,成为先进太空国家俱乐部的一员。

得益于 20 世纪的技术赶超政策,日本的太空技术实力不断增强。但是,日本并没有由此走上 21 世纪太空产业发展的快车道。相反,日本太空开发频频出现问题,严重阻碍着太空产业的发展,阻碍着太空开发成果的利用。为了推进并实现从太空开发向太空开发利用的转变,日本进行了多次的太空开发体制与政策调整,最终重新在国会立法,重新规划和设计太空开发利用的体制框架和政策路径,出台了"二战"后日本首份以"全面太空开发利用"为主导的国家太空战略。

2001 年和 2003 年,日本政府先后对太空开发体制进行了两次改革。2001 年改革时,日本政府将文部省和科学技术厅合并为"文部科学省",将原来分别由文部省和科学技术厅管理的太空科学研究所、航空航天技术研究所和太空开发事业团,都交由文部科学省管理;将太空开发委员会改为文部科学省的内设机构,改设后的太空开发委员会不再是国家的太空决策和监管部门,只负责监管文部科学省的太空活动;设置"科学技术政策委员会"(CSTP),由首相出任主席,负责制订、协调、监管日本科学技术领域的政策,包括太空领域的政策。2003 年改革时,日本政府推动国会通过了《独立行政法人航天航空研究开发机构法》和第 161 号决议案,将太空开发事业团、航空航天技术研究所和航空航天研究所合并成为一个新的机构"日本航空航天开发机构"(JAXA),归文部科学省管理。从 JAXA 成立之日起,日本重新构建形成了内阁领导、科学技术政策委员会制定国家太空政策、文部科学省制定落实方针、JAXA 负责执行的新的太空开发体制。因为 2001 年改革决定提高航空航天技术研究所的地位,使其与太空开发事业团、航空航天研究所地位平等,但并没有明确哪个机构是日本航天航空研究领域的领导组织机构,结果导致三个研究机构各行其是,管理混乱。

在进行太空开发体制改革的同时,日本政府也开始重新修订指导 21 世纪太空开发的政策文件。2002 年 6 月,科学技术政策委员会制定了日本 21 世纪第一份太空政策文件《未来宇宙开发的基本原则》。2004 年 9 月,科学技术政策委员会以 2002 年《未来宇宙开发利用的基本原则》为基础,制定了日本 21 世纪第二份太空政策文件《日本宇宙开发利用的基本战略》。与 20 世纪的太空政策相比,这两份太空政策的方向发生了重大改变,开始从太空开发政策向太空开发利用政策转变,向产业化方向发展,开始谋求促进太空产业化发展和将太空用于安全保障。政策明确提出，"日本的目标是扩大太空利用和优先发展太空开发，推进太空开发利用产业化，使太空产业未来发展成为核心产业"，"日本的太空开发利用要确保国民安全、推动经济社会的发展和提高国民生活质量、创造知识和人类的可持续发展"。但是，由于 21 世纪初的太空开发体制改革保留了从科技角度考虑和制定太空政策的传统，与 20 世纪的太空政策一样，这两份太空政策的核心仍是"技术政策"，虽然不再强调技术赶超，但都不是根据太空产业发展和安全保障应用的需求来开发技术，而是强调从技术层面规划太空产业化发展和在安全保障领域的应用，强调日本太空开发要成为国家战略技术为日本的综合安全保障做贡献，为地球和人类的可持续发展和国家的尊严做贡献。

## 二、积极的太空和平开放利用阶段

2008 年 8 月 27 日，日本国会参议院正式通过《宇宙基本法》，摒弃了沿用40 多年的禁止以军事目的利用空间的国家禁令，突破国内法律限制，加快其航天发展步伐。该法案的实施使日本航天活动的重点从研究开发转向航天开发利用和防卫，并将航天发展规划置于日本首相的直接掌控之中。此后，2009 年1 月 16 日，防卫省发布《关于宇宙开发利用的基本方针》；2009 年 9 月，日本宇宙开发战略总部（SHSP）发布《宇宙开发基本计划》。这两份文件中包括了开发军用卫星等军事利用空间的基本方针，并明确将在 2010—2014 年为所有空间开发活动编制预算 2.6 万亿日元，其中大部分将用于军事应用。

2009 年版《宇宙基本计划》使日本太空战略重心实现了从"太空开发"向"太空开发利用"的转变。但由于日本国内政权更迭的原因，2009 年版《宇宙基本计划》并没有得到全面的贯彻落实，日本的太空开发利用仍然缺乏明确的政策方向和具体的操作措施。

2012 年 12 月安倍晋三上台执政后，立即着手全面重构太空战略，2013—2015 年，连续推出两版《宇宙基本计划》，重新规划了日本太空开发利用的新战略蓝图，为日本太空开发利用指出了新的发展方向。2009 年版《宇宙基本计划》设定的太空战略目标是"促进有日本特色的太空开发利用，强调太空应用"。

2013 年版《宇宙基本计划》设定的太空战略根本目标是"扩大太空利用"和"确保太空活动的自主能力"，确定的三个具体目标分别是"安全防卫和灾害管理""产业振兴""在前沿领域包括太空科学领域的进步"。

2015 年版《宇宙基本计划》设定的三个具体目标分别是"确保太空安全""扩大太空利用""维持和加强太空产业和科学技术",其中"确保太空安全"是最优先目标。

2018 版《防卫计划大纲》强化航天和导弹作战能力。12 月 18 日,日本发布《2019 年以后防卫计划大纲》及《2019—2024 年中期防卫力整备计划》,其中涉及航天和导弹的内容包括:①航天领域,提出"跨域作战"理论,将航天与网络、电磁频谱作为新作战域,并在联合参谋部下组建联合作战部队;在航空自卫队下组建太空部队;构建太空态势感知体系,包括装备天基光学望远镜。②导弹领域,在陆上自卫队新编 5 个岸舰导弹团、7 个防空导弹团、2 个弹道导弹防御部队、2 个高速滑翔弹营;引进 2 套陆基"宙斯盾"系统、挪威"联合打击导弹"、美国"增程型联合防区外空地导弹"和"标准"-6 舰空导弹;装备"标准"-3 Block IIA 拦截弹;推进新型岸舰导弹、高速滑翔弹和高超声速巡航导弹的研发。

2020 年 4 月 17 日,日本国会正式通过《防卫省设置法》修正案,批准 2020 财年在日本航空自卫队下设置"宇宙作战队"。2020 年 5 月 18 日,日本航空自卫队首支太空部队"宇宙作战队"正式成立并举行授旗仪式。"宇宙作战队"总部设于空自府中基地,初始规模 20 人,预计 2023 年扩充至 120 人。主要执行太空目标监视任务,并将与日本宇宙航空研究开发机构和美国太空司令部密切合作,日本正对现有太空目标监视系统进行升级改造,预计 2023 年正式投入使用;2026 年左右还将发射太空目标监视卫星。

2020 年 6 月 30 日,日本内阁府发布修订版《宇宙基本计划》,仍将"确保太空安全"作为日本太空战略的首要目标,提出要在安全领域充分发挥小卫星星座的作用,包括在探测、追踪导弹的技术方面、探月方面与美国合作,还将推进月球南北极水资源的探测。放宽民间企业参与的限制,在未来 10 年,将日本航天产业的市场规模从当前的约 1.2 万亿日元扩大数倍,提出在 21 世纪 30 年代早期实现国内航天产业规模翻番的目标。

2020 年 7 月 14 日,日本政府发布 2020 年版《防卫白皮书》。白皮书指出:在防卫政策方面,加强太空、网络安全、电磁波等新领域的能力;在防卫能力方面,构建太空作战部队等的体制,建设 SSA 系统,建设 SSA 卫星,加强太空情报搜集能力;在体制建设方面,计划至 2022 年度构建 SSA 体制,推动构建监视对日本卫星构成威胁的太空垃圾的雷达及其运行系统;在日本同盟方面,加强在太空及网络领域以及"综合导弹防御""联合训练和军事演习""情报监视侦察(ISR)活动"等方面的合作。

# 第二节　战略形势

## 一、宇宙在安全方面的作用越来越重要

宇宙在安全方面的重要性已大大增加。如果不使用宇宙系统,现代安全就无法实现,美国、欧洲、俄罗斯、中国和其他国家已经在宇宙部署了各种各样用于安全目的的卫星,使先进的军事行动成为可能。此外,美国已将太空定位为一个"作战域",太空部队成为一个独立的军种,与陆军、海军、空军和海军陆战队相并列;法国在 2019 年 9 月成立了太空司令部,北大西洋公约组织(NATO)也于同年 12 月宣布宇宙是"作战域"。

在日本也是如此,在"1991 财政年度及以后的国防计划大纲(内阁决定,2008 年 12 月)"中,为安全目的而迅速扩大的外层宇宙利用正在从根本上改变国家安全保障方式,传统国家安全的重点是在陆地、海洋和空中等物理领域的应对。航空自卫队(ASDF)新近成立了一个太空部,以确保从和平时期到应急的各个阶段的太空利用优势,包括对太空条件和任务保证的持续、不间断监测。鉴于未来宇宙在安全方面的重要性会进一步增加,有必要继续扩大和加强信息收集卫星的功能,有效利用各种卫星,依据国家安全战略(2013 年 12 月的内阁决定)建立一个宇宙情况监测系统。在促进宇宙探索和利用方面,应注意从中长期角度为国家安全做出贡献。

要维护印太地区的和平与稳定,美国的威慑力不可或缺。美国的宇宙系统对于维持和展示美国的威慑力和行动是不可或缺的,自卫队保护日本的活动也在很大程度上依赖于它们。作为加强日美联盟努力的一部分,日美在安全方面的宇宙合作将进一步加强,与美国分享维护宇宙系统的角色,特别是在定位、宇宙态势感知和海洋态势感知领域。

## 二、社会对宇宙系统的依赖性增加

宇宙系统的定位、通信和广播已经在日常生活中扎根,成为我们经济和社会活动的重要基础之一。在发生灾害时,它作为评估损失和紧急情况下的通信手段也发挥了重要作用,作为支持社会的基础设施,其重要性预计在未来会增加。

在即将到来的 Society5.0 中,多种数据的获取及其流通将变得至关重要,宇宙系统将在与地面系统的配合下,提供三维定位数据和捕捉地面各种状态

的遥感数据,这些数据将成为大数据的重要组成部分。另外,要实现网络宇宙和物理宇宙的高度融合,在人和物往来的所有宇宙中,数据的顺畅流通是很重要的。在人们以地球规模移动,在宇宙和海洋的活动变得活跃的情况下,陆地、海洋、空中、太空无缝连接的高度安全信息通信网络有望实现。就在此时,5G 在地面无线通信方面已经实用化,并且在之前的面向超 5G(B5G)的努力已经开始,这类未来的先进无线网络要扩展到海洋、空中和太空,以通信卫星为首的太空系统的重要性将越来越高。

预计在发生灾害时,宇宙系统的重要性也会增加。近年来,灾害变得更加频繁和严重,2019 年第 15 号台风(波索半岛台风)和第 19 号台风(东日本台风)造成了广泛的破坏,导致许多人丧生,关键基础设施功能被破坏,以及日本的其他经济和社会问题。这对社会的影响是巨大的。在这些情况下,宇宙系统的潜力是巨大的,因为它们可以继续独立于地面条件运作,并实现大范围的观察和通信。事实上卫星数据已经在灾害发生时被使用,例如通过 SIP4D(防灾减灾卫星信息发布网络),今后的防灾、减灾、国土管理中的宇宙利用有望进一步扩大。

宇宙系统的广域功能也有望在解决全球范围的问题中得到利用。例如,日本的温室气体观测卫星(GOSAT)获得的温室气体排放数据正被用于解决气候变化问题。必须积极利用日本优秀的宇宙系统,作为解决能源、气候变化、环境、粮食、公共卫生、大规模自然灾害等全球性问题和实现联合国可持续发展目标的一种手段。

### 三、妨碍可持续和稳定利用外层宇宙的风险加剧

未来宇宙对安全和经济社会的重要性预计会增加。如果发生宇宙碎片碰撞,会严重降低卫星的功能。除了昙花一现的数量增加外,最近卫星数量及其发射成本的增加,以及由大量卫星组成的小型和微型卫星星座的出现,都可能进一步加剧外层宇宙的拥挤。有人指出,一些国家正在开发更容易使用的反宇宙能力,如使用激光束破坏卫星功能。

随着日本的安全、经济和社会越来越依赖宇宙系统,解决阻碍可持续和稳定利用宇宙的风险是一个极其重要和紧迫的问题。在各国需要积极努力、建立信任和制定国际规则的大背景下,日本更需要在这方面发挥积极的作用。

### 四、其他国家的宇宙活动增加

外层宇宙已经从美国—苏联的两极结构转变为多极结构。中国现在的北

斗卫星定位系统正在全球范围内得到利用,其目标是建设一个太空强国。除了推广该项目外,2019 年 1 月实现世界上首次成功登陆月球远端,2019 年的卫星发射数量居全球第一,继续保持前一年的地位。与此同时,美国正在推行建立一支太空部队和制定国际太空探索等政策,以保持其优势地位。拥有自己的卫星定位系统的印度正在大胆地尝试成为世界上第四个登陆月球的国家。其他国家的努力也正在获得势头。例如,阿拉伯联合酋长国(阿联酋)于2019 年 9 月向国际宇宙站派出一名宇航员,火星任务的计划也在稳步进行中。亚洲和非洲的国家也在通过使用小型卫星积极促进宇宙探索和利用,日本正通过技术合作和其他方式积极支持这些发展。建立负责宇宙开发和利用的政府机构(宇宙机构)的国家数量正在稳步增加。在这些发展的背景下,未来与宇宙有关的市场预计将扩大。全球市场预计将在未来 20 年内扩大数倍。

随着各国在太空活动中变得更加积极,日本应该利用这个机会,努力进一步提高其作为航天国家的地位。

未来的竞争预计会加剧,特别是在科技领域,为了在科技领域取得重大成果,日本不仅要加强自身的努力,还要采取战略方针,与有共同价值观的盟友和朋友共同创造。

## 五、私人宇宙活动日益活跃和新商业模式正在涌现

近年来,包括创业公司在内的私营企业的航天活动日益活跃,对现有的航天工业和各国的航天政策产生了重大影响。在美国等国家巨大资本的参与下,火箭发射服务的价格越来越低,正在涌现基于小微卫星星座的通信卫星和观测卫星的新商业模式。作为回应,卫星发射的手段也在多样化,包括小型火箭的出现。通过卫星的大规模生产和频繁发射,低轨道卫星群的建设给相关行业带来了创新机会,包括前所未有的成本降低,增加了展示新技术的机会,缩短了技术更新期。从现在开始,宇宙政策需要建立在这样一个重大博弈变化的前提下,包括从安全和其他问题的角度。

宇宙设备行业一直是支持日本宇宙活动的重要工业基础,在应对这些环境的急剧变化方面,包括在技术方面,开始落后于欧洲和美国。一直以来,日本宇宙设备行业的需求量不足以维持包括零部件行业在内的供应链,维持和加强这一供应链一直是一个重大挑战。在迄今为止的航天基本计划中,国家明确了项目,通过提高产业界投资的“可预见性”等措施,试图加强航天设备产业。但此后,随着技术创新在全世界范围内迅速发展,日本一直未能充分描绘未来的愿景,在接受先进技术的挑战方面也一直停滞不前。

如果允许竞争力差距扩大，人们担心宇宙设备行业将受到严重影响，因为该行业支持了日本自"二战"结束以来所促进的宇宙活动的独立性。

一方面，在日本，包括风险公司在内的私营部门一直在积极接受太空业务的新挑战：连续三年筹集100亿至200亿日元的资金，投资方面的意愿很高，许多来自不同行业的公司也进入太空行业。另一方面，创业公司要发展壮大，需要持续的资金保障。由于宇宙碎片清除服务等新业务领域的规则尚不完善、进入的机会有限、技术能力有待加强等原因，这些创业公司要想成为支撑航天产业的存在，还有许多问题有待解决，今后必须进一步完善商业环境。

为了保持和加强支持日本宇宙活动独立性的工业基础，工业界、学术界和政府必须共同努力，扩大国内需求，吸引外部需求，促进研究、开发和示范，同时促进现有宇宙设备行业与风险公司等新进入者之间的合作，并解决这些问题。

## 六、宇宙活动不断扩大

到目前为止，宇宙利用主要是定位、通信和广播以及观测，具有这些功能的卫星都是由火箭发射和运行的。但在技术革新等背景下，今后有望出现以前从未有过的新的太空活动。例如，正在开发从地面出发、升至约100公里高度并返回的亚轨道飞行，作为卫星入轨服务和载人运输的一种手段。此外，清除宇宙碎片和维修故障卫星等在轨服务也正在进行研究。随着基于人工智能等分析技术的进步，一直被有效利用的卫星数据也将产生比以前更多的附加价值。

2019年10月，日本政府决定参与美国提出的国际太空探索（阿尔忒弥斯计划），该计划以火星为远期愿景，以在月球上持续开展活动为主要目标。鉴于月球或直到火星的区域将成为人类活动的舞台，有必要从一个包括未来的经济活动、外交和安全在内的更广泛的角度展开工作。

## 七、科学和技术快速演变

近年来，技术的快速演变给宇宙活动带来了革命性的变化。小型和纳米卫星以及卫星群已经引发了各种创新。数字化的趋势也在对宇宙系统产生重大影响。卫星除了系统中的机载设备数字化外，各种功能也被转换为软件，这使得发射后的功能可以灵活改变。在卫星的开发、制造和运行方面，数字化也正在导致工艺创新，这将提高设计和制造的灵活性，确保更高的可靠性，降低开发成本，缩短开发时间。此外，先进的科学技术正在迅速发展，如宇宙光通信、量子密码学、人工智能和机器人技术,如果日本的航天工业和科学技术基础不能保持在这些发展的前面,日本的航天产业科技基础将被动摇。在欧洲和美国,这些先进的技术是针对安全需要而开发的,在被利用之后,又被用来提升宇宙产业和相关产业,加强产业竞争力,从而建立起有效的公私合作机制。另外,日本在过去很长一段时间内,以安全为目的的宇宙开发利用环境未能有效形成,相关的研究和开发也不充分,所以这种机制没有扎根。因此,这些先进技术还未得到有效解决,迫切需要采取措施,加强安全方面的研究和开发,如加强向民用部门转让适当技术的机制。日本虽然已将宇宙科学和探测中开发的先进技术转用于民间,但还远远不够,还需要进一步加强。

# 第三节　战略目标

## 一、建成宇宙大国

通过加强支持宇宙活动独立性的工业和科学技术基础设施,扩大宇宙利用,同时与盟国和其他国家进行战略合作,实现加强基础设施和扩大宇宙利用之间的良性循环,使日本成为一个独立的宇宙大国。

## 二、支撑多元化国家利益

### (一) 确保太空安全

外太空在日本国家安全中的重要性正在增加。在社会对宇宙系统的依赖不断增加的同时,阻碍宇宙可持续和稳定使用的风险也越来越严重,宇宙安全是一个紧迫的问题。根据"1991 财政年度及以后的国防方案",在确保安全的同时应实现以下目标。一是通过提高外层宇宙感知能力和加强职能保证,并通过在制定国际规则方面发挥更大作用,确保外层宇宙的可持续和稳定利用。二是进一步提高利用外层宇宙收集、通信和定位等各种能力,包括为它们提供职能保证的能力以及阻碍对方指挥和控制和信息通信的能力,并加强在和平时期至战争时期的所有阶段确保利用外层宇宙的优势的能力。三是作为加强日美联盟努力的一部分,将全面加强美日在安全方面的宇宙合作,包括与美国在维护宇宙系统方面的作用分工,并寻求与美国以外的友好国家在宇宙领域的广泛合作。特别是考虑到对维持和促进自由和开放的印度洋—太平洋海域的贡献,将加强该区域的努力。

### （二）促进灾害管理、国家复原力和解决全球问题

加强先进的宇宙系统,包括定位、通信和广播以及观测。通过帮助应对诸如地震、海啸、火山喷发、台风、龙卷风和暴雨等大规模灾害和大型事故,以及维护和管理老化的基础设施,我们将促进灾害应对措施和国家韧性。在国际社会的合作下,日本将发挥领导作用,帮助解决日益严重的世界能源、气候变化、环境、粮食、公共卫生和大规模自然灾害等全球挑战,从而实现可持续发展目标。

### （三）通过宇宙科学和探索创造新知识

通过在国内外广泛散发优秀的研究成果,在国际上获得了高度评价,并为确保日本在国际社会中的地位做出了重大贡献,日本将加强宇宙科学和探索方面的国际合作,并创造全球性的成果,以创造新的知识。

### （四）实现以宇宙为动力的经济增长和创新

为了应对经济和社会对宇宙系统日益依赖和人类活动领域的进一步扩大,日本将进一步加强和扩大作为重要基础设施的宇宙系统的利用,并将此作为推动力,最大限度地利用于日本的经济增长和创新。

## 三、建强宇宙活动综合基础设施

基于对日本宇宙活动独立性方面面临着重大挑战的认识,日本应加强支持宇宙活动的综合基础设施,如工业、科学和技术基础设施。在需要国际合作的地方通过积极促进合作,在需要独立的地方坚决以独立为目标,积极吸纳新的加入者,重新构建日本宇宙产业生态体系。主要开展以下活动:一是升级宇宙运输系统,这是宇宙活动的基础。二是开发和演示卫星,以一种具有挑战性的方式吸纳先进技术,如宇宙光学通信、量子密码学通信、人工智能和模拟、纳米卫星系统和卫星星座,而不必担心失败。三是开发和演示卫星通信系统和卫星星座系统。四是促进人力资源流动,包括负责技术继承和发展的人力资源开发,以及与非宇宙领域的交流。五是开展国际规则制定和国际宇宙合作。在此过程中,日本宇宙航空研究开发机构和工业界、学术界和政府的相关组织将共同合作,分担角色,加强工业和科学技术基础,同时加强日本宇宙航空研究开发机构的职能,日本宇宙航空研究开发机构被定位为核心执行机构,通过技术支持整个政府利用太空发展。

# 第四节　战　略　方　针

日本为建设太空大国,执行积极的太空战略,坚持需求主导、投资激励、统筹资源、广泛合作的原则,推动太空安全能力整体提升。

## 一、坚持以安全和工业应用等需求为主导

应在一个由广泛的利益攸关方组成并由用户主动参与的系统中,充分了解宇宙系统用户的需求,如安全、灾害对策和国家土地复原力以及工业应用。有关政府部委应共同努力,确保在公共和私营部门之间以及有关部委之间的适当分工下投入必要的资源,并确保将要开发的宇宙系统在整个用户系统中有效运作,在战略中拟定传播方案。在此过程中,应确保与相关政策密切协调,如包括促进社会5.0在内的增长战略、科技政策和海洋政策。在对全球宇宙系统趋势进行彻底调查和分析的基础上,政府将接受挑战,开发创新宇宙系统技术,预测未来需求,而不畏惧失败。采取战略措施,准确研判需求和技术变化,实时演示和验证其有效性,确保发展成果与出口挂钩。

## 二、提供投资可预测性,最大限度地激发私营部门活力

着眼于未来20年,对在未来10年内实施的具体国家措施(项目等),将尽可能以"时间表"的形式公布,使私营部门的投资具有可预见性,并促进宇宙政策,同时确保必要的财政资源。在宇宙政策战略总部根据宇宙基本计划决定时间表后,每年由宇宙政策委员会审查进展情况,并由宇宙政策战略总部根据情况的变化进行灵活的修改和补充。通过修订时间表,宇宙基本方案将"不断发展"。应最大限度地利用私营部门的活力,以便在整个日本有效和高效地实现必要的宇宙活动。为此,最根本的是多制定一些私营部门承担任务的具体采购措施,为了提高私营部门投资的可预测性,应尽快、尽可能地公布具体的"时间表"。

## 三、有效利用人力、财政和知识产权等资源

鉴于宇宙在安全方面的重要性以及经济和社会对宇宙系统的日益依赖,日本整个宇宙部门应加强努力,同时应尽可能有效和高效地利用人力资源、资金、知识产权和卫星数据等有限资源,使宇宙政策的成果最大化。为此,将为

每个政策项目设定未来 10 年的明确绩效目标,并进行事前以及事后评估,以便在精简、合理化和提高现有项目效率的同时,最大限度地提高政策效果。要加强开发宇宙安全、宇宙科学和宇宙探索的先进技术,并通过积极促进宇宙产业和将其转用于其他产业的发展,有效利用已开发的先进技术。促进公共和私营部门以及非宇宙部门之间的人力资源交流,并开发和利用宇宙部门的核心人力资源。激发不同行业之间的资金流动,进一步推动宇宙活动。

### 四、与盟国和友好国家进行战略合作

日本将与美国和欧洲等友好国家合作,积极开展国际规则制定工作,并利用日本的优势,促进与盟国在宇宙领域的作用共享和国际合作,通过扩大宇宙应用实现经济繁荣,通过能力建设和解决问题实现和平与稳定。主动采取措施,为维护和促进印度—太平洋地区的自由和开放做出贡献。为有效促进宇宙探索和利用所需技术的发展,日本将与盟国和友好国家就合适的主题进行战略合作,包括利用其优势发展标准化的环境。在促进宇宙开发和利用方面,将根据“国家安全战略”,从中长期角度为国家安全做出贡献。

# 第五节　战略手段

## 一、确保太空安全

### (一)基本思路

随着宇宙系统定位、通信和收集信息的重要性日益增加,日本将进一步发展这些宇宙系统,进一步提高其能力。鉴于可持续和稳定使用宇宙的风险越来越大,日本政府将与盟友和友好国家合作,建立必要的系统,包括用于宇宙态势感知的系统。日本宇宙航空研究开发机构将致力于加强其能力,以保证整个宇宙系统的运作,并将参与国际规则的制定。从外交和安全的角度来看,阿耳忒弥斯计划也很重要,因为它旨在促进月球上的持续活动。

### (二)主要举措

研发准天顶卫星系统,建立 X 波段防卫卫星通信网,研制发射情报收集卫星,研发快速反应微型卫星系统,充分利用各种商用卫星,研究未来太空预警技术动向、装备,了解海洋状况,掌握宇宙状况,确保整个宇宙系统功能,与盟

国和友好国家建立战略联系的国际规则。

## 二、备灾国土强化和支撑解决全球挑战

### （一）基本思路

根据需要,稳步发展和利用定位、通信和广播、气象、环境观测和地球观测等宇宙系统,以提高灾前预防和灾后处置能力;通过与国际社会合作,积极提供数据,为解决全球问题和实现可持续发展目标做出贡献。另外,在稳步推进现有卫星使用的同时,将根据日本的技术优势、学术和用户社区的要求、国际合作以及外交定位等情况,在有关部委适当职责分工、有效协同下,将进行新卫星的开发、传感器技术的升级和小型化。

### （二）主要举措

研制气象卫星,研发运用温室气体观测技术卫星,稳步推进开发运营地球观测卫星传感器,分享情报搜集卫星数据信息,利用准天顶卫星、卫星数据应对灾害和国家土地强化,推动资源勘探传感器应用。

## 三、通过宇宙科学和探索创造新知识

### （一）基本思路

宇宙科学和探索汇集人类的智慧,创造智力资产,扩大宇宙的活动领域。在未来,随着数据量的急剧增加,行星科学和其他领域将有新的发展。通过领导国际任务,日本的宇宙科学和探索将进一步发展,产生世界级的成果,从而创造新的知识,如寻找宇宙和生命的起源。在此过程中,日本将通过促进国际合作,为提高其影响力做出贡献,同时进一步推进日本宇宙科学和技术,并加强努力,将其衍生到地面技术。此外,为了促进创新技术的发展和人力资源的开发,将强调创造一个环境,使人们能够接受挑战而不害怕失败。阿耳武弥斯计划与传统的宇宙科学和探索不同,它的目标是在月球上进行可持续的活动。政府要进行讨论,包括经济活动、外交安保等宇宙科学、探索以外的观点的参与。应促进日本的参与并确保其独立性。在此过程中,日本应该明确其战略,即在哪些领域进行合作和获得什么,并考虑如何使其参与有效和高效,以及如何获得私人部门、大学和研究机构的积极参与。国际宇宙站计划将被用来进一步提高运行效率,并获得和加强上述月球和火星探测所需的能力。此外,考

虑到美国和欧洲延长运行期的趋势,日本政府将考虑低地球轨道活动的未来方案,包括 2025 年后国际宇宙站的未来,并采取必要的措施。

### (二) 主要举措

开展宇宙科学与探索,参与国际宇宙探索,推进包括 ISS 的地球近地轨道活动。

## 四、实现以宇宙为推动力的经济增长和创新

### (一) 基本思路

在社会 5.0 时代到来、新兴航天国家数量增加和航天活动扩大的背景下,将推动采取必要的措施,加强航天系统,扩大其使用,并将其作为实现日本经济增长和创新的动力。具体来说,在不损害国家安全的情况下,政府将促进卫星数据在各个领域的使用,如农业、灾害预防、运输和物流等不同领域的地理宇宙信息数据的先进使用,加强对这些领域有贡献的数据库之间的合作,积极利用研究机构的投资和采购,将不同行业纳入宇宙领域,并促进新技术的发展。将采取相互利用地面技术和月球及其他宇宙技术、营造必要的制定环境、加强发展海外市场的制度等措施,建立一个基础,支持日本的宇宙活动,并通过区域发展措施和其他区域振兴措施的合作,拓展宇宙利用的空间,为振兴区域经济做出贡献。从经济活动的角度来看,阿耳忒弥斯(Artemis)计划也很重要,因为它旨在实现月球上的可持续活动。之前的《太空基本计划》为太空设备行业的业务规模设定了一个目标,即在 10 年内政府和私营部门加起来累计达到 5 万亿日元。在努力实现这一目标的同时,日本的宇宙产业,包括宇宙利用产业,应利用预计将在全球范围内增长的宇宙设备产业的扩展和新的宇宙活动的扩展,以及促进基于宇宙系统的产业扩展来扩大。目标是在 2030 年代早期将总额翻倍(约 1.2 万亿日元)。其目的也是将宇宙产业扩大一倍。通过扩大太空利用,加快自动驾驶、智能农业等的普及,为实现广泛的经济效益做出贡献。

### (二) 主要举措

扩大卫星数据使用,开放政府卫星数据,建立政府卫星数据平台,建立向民营企业提供宇宙状况信息服务的系统,扩大从私营部门的采购,加强日本宇宙航空研究开发机构在创造业务和开放式创新方面的努力,促进跨行业公司

和风险投资公司进入太空产业,建设制度环境,建强宇宙发射中心,开发海外市场,促进私营公司参与月球探索活动,促进地球近地轨道内的经济活动等。

## 五、强化工业和科技基础等航天活动的综合支撑基础

### (一) 基本观点

定位、通信、信息收集等,对确保日本的安全保障,灾害对策和国土强韧化起着不可或缺的作用,在今后的社会体系中起着基本作用的卫星和发射所需的太空运输系统等,在对国内外的技术、市场和政策进行持续调查分析的基础上,政府和民间将联合起来,在未来不断加强日本自主开发和运用的能力。对于政府卫星,优先使用主干火箭发射。此外,为了扩大宇宙领域的范围,将加强支持所有宇宙活动的人才培养和回流教育,为宇宙领域的知识产权活动创造环境,并通过与同盟国和友邦国家的合作,制定国际规则和推进国际宇宙合作,加强支持日本宇宙活动的综合基础。

### (二) 主要举措

开发和运行关键运载火箭,研究和开发未来宇宙运输系统、宇宙太阳能,建立一个从战略上促进卫星开发和演示的框架,促进技术发展,研究载人航天活动,控制宇宙碎片,监测宇宙环境,加强支持宇宙活动的人力资源基础,改善宇宙部门知识产权环境,加强航天工业供应链,促进国际规则的制定,加强研究、分析和战略规划职能,促进公众理解。

## 习题

1. 简答日本太空安全战略的发展历程。
2. 简答日本的主要太空安全战略。
3. 简答日本太空安全战略的战略形势。
4. 简答日本太空安全战略的战略目标。
5. 简答日本太空安全战略的战略方针。
6. 论述日本太空安全战略的战略手段。

# 第七章　印度太空安全战略

印度以它所处的地位,是不能在世界上扮演二等角色的。要么做一个有声有色的大国,要么销声匿迹。

——印度开国总理尼赫鲁

在 2022 年,印度独立 75 周年之际,或在此之前,印度儿女将在悬挂印度三色国旗的"加加尼安"号上执行载人航天任务。

——印度总理莫迪

印度是印度共和国(Republic of India)的简称,1947 年 8 月 15 日是国庆日,首都新德里。位于南亚印度次大陆,总面积 298 万平方公里,人口 13.9 亿(2022 年 6 月),通用语言为英语,是一个移民国家。行政区域包括 1 个国家首都辖区、27 个邦(省)、6 个联邦属地。民族有印度斯坦族、泰卢固族、孟加拉族、马拉地族、古吉拉特族、加拿达族、马拉亚拉姆族、旁遮普族、阿萨姆族和奥里萨族,主体民族为印度斯坦族,该族占印度总人口的 46.3%。印度是世界第六大经济体,2020 年国内生产总值 2.62 万亿美元,实际增速-7.0%。印度是一个联邦制共国家,总统是国家元首,但其职责是象征性的,实权由总理掌握。

印度一直有"大国战略",作为一个脱胎于殖民地不到百年的大国,一直谋求在南亚、亚洲以及世界的领导地位。印度开国总理尼赫鲁在其著作《印度的发现》中写道:"在将来,太平洋将要代替大西洋而成为全世界的神经中枢。印度虽然并非一个直接的太平洋国家,却不可避免地将在那里发挥重要作用。在印度洋地区,在东南亚一直到中亚,印度必将要发展成为经济和政治活动的中心。"他在书中还引用 G. D. 柯尔先生的话说,"印度注定迟早要成为一个巨大的超民族国家的中心"。他在书中指出,"印度以它现在所处的地位,是不能在世界上扮演二等角色的。要么就做一个有声有色的大国,要么就销声匿迹,中间地位不能引动我,我也不相信中间地位是可能的"。

印度的"大国梦"涉及多个方面,发展太空事业是其中之一。2018 年 8 月 15 日,印度总理莫迪发表独立日演说时表示:"在 2022 年,印度独立 75 周年之际,或在此之前,印度儿女将在悬挂印度三色国旗的'加加尼安'号上执行载人航天任务。"

印度是太空领域的重要一极,初步建设了自己的太空安全战略体系。1975 年,在苏联协助下发射了首颗卫星。1980 年,印度首次成功发射了国产火箭搭载的自制"罗西尼"(Rohini)人造卫星,成为世界上第七个具有独立发射卫星能力的国家。2017 年,印度"一箭 104 星"创世界纪录,印度空军成立了太空司令部。2019 年,印度成功进行了地基反卫试验、首次太空演习。

近年来,印度围绕其调整后的军事战略,投入巨资到太空领域,全面发展先进军用卫星和反导反卫武器,制定载人航天、月球探测计划,加快了太空力量发展的步伐。

# 第一节 战 略 历 程

## 一、起步阶段

1957 年 10 月 4 日苏联发射了人类第一颗人造卫星,不仅给美国造成了巨大震撼,同时也给印度造成了巨大震撼,印度从此开始谋划发展太空事业。1961 年,印度成立了国家太空研究委员会(National Committee for Space Research),负责制订太空发展计划,并在靠近赤道的桑巴市建立火箭发射站。1963 年,在美国的协助下发射首枚火箭。1965 年,印度建立太空研究中心及卫星通信站。1969 年,印度把太空项目从核项目中分离出来,组建独立的印度太空研究组织(ISRO),负责太空系统的研发。1972 年,组建航天部,负责监督国家太空委员会规划的落实。1975 年,在苏联的协助下,成功发射首枚人造卫星"阿里巴哈塔"号。1980 年,印度首次成功发射国产火箭搭载自制的"罗西尼"(Rohini)人造卫星,使印度成为世界上第七个独立发射卫星的国家。

## 二、发展阶段

印度决定采取"先卫星、后火箭"的航天发展战略,并按照"租卫星、买卫星、自行研制外国发射、自行研制自行发射"分阶段实施,力图通过航天工业来促进国家经济发展、推动社会进步。此外,印度政府始终坚持将太空工业作为优先扶植对象,在政策、资金、人才培养等多方面予以重点保障。20 世纪 80 年代中期开始,印度开始尝试自制运载火箭与卫星。1987 年,印度研发地球同步轨道卫星运载火箭(GSLV),可以把卫星发射到 36 000 千米的地球静止轨道。1988 年和 1991 年,印度成功独立研制两颗第一代遥感卫星,分别由苏联发射升空。1994 年,极地运载火箭(PSLV)成功发射,可以将卫星发射到近地轨道、极地轨道、地球同步转移轨道和月球轨道,印度实现独立自主进入太空的目标。1997 年颁布了《印度卫星通信政策框架》,2000 年颁布了《卫星通信政策的规范、准则和执行流程》,2001 年颁布了《国家遥感数据政策》。2006 年 11月 7 日,印度航天局批准首个载人航天任务:2014 年前送一名宇航员进入太空。据统计,1992—2003 年,印度的太空投资增加了 3 倍。目前,每年太空技术研究经费至少为 3.5 亿美元,占印度所有科研机构总经费的 17%。印度2005—2006 年度的国防预算增加 40%,太空计划的投资也将相应增加。

## 三、拓展阶段

进入 21 世纪以来,印度逐渐认识到太空对国家安全和军事斗争的重要性,开始不断发出要制定国家太空安全政策的呼声。

2007 年,印度空军提出一项建议,即设立一个太空司令部以保护印度庞大的太空资源免遭来自太空的袭击,并确保印度拥有二次打击能力。时任印度空间参谋长的提亚吉上将称,迄今为止,印度还没有一项有关军事利用太空的国家政策,也没有一个解决相关问题的专门机构,而太空司令部的建立将填补这一空白。拟建立的太空司令部将统一协调与太空相关的活动以及满足印度空军和其他兵种的需求。按照印度空军的设想,太空司令部将作为太空作战基础体系的重要组成部分,规模比较大,可执行控制太空、支持陆海空作战和指挥太空作战等任务。具体包括三个方面:一是太空跟踪预警能力,利用现有兵力和装备,发展监视、跟踪、识别、早期预警能力;二是支援陆海空作战,利用人造卫星对陆海空军提供导航、通信、侦察及气象支援;三是指挥太空作战,指挥太空武器装备向对方卫星或地面目标实施攻击。

2008 年 6 月,时任印度陆军参谋长的卡普尔将军在"太空军事化应用"会议上明确表示:太空军事化已成为印度的当务之急。中国的航天项目不论是进攻还是防御上,都以前所未有的速度在发展,相比之下,印度太空军事化的努力尚处于初级阶段,所以印度急需建立太空司令部,以便进行持续的太空侦察和快速反应。2008 年,印度成立了综合太空部,在武装部队、国防部太空机构和印度空间组织之间开展协调工作,并负责制定保护印度空间通信与侦察系统的措施。

2010 年,印度国防部发布了《技术远景和能力路线图》报告,明确了印度在未来 15 年内需提升的一系列高科技进攻和防御能力,确定太空战武器、激光武器和无人机为下一个 10 年国防科技重点发展的三大项目。在太空战武器方面,"路线图"规划开发未来反卫星武器,使其能对极地轨道卫星及地球同步轨道卫星构成威胁。

2014 年印度现任总理莫迪当选后,在"南亚区域协作联盟"(SAARC)高峰论坛上提出要建造"南盟卫星"的计划,2017 年 5 月 GSAT-9 通信卫星发射成功。该卫星由印度独自出资建造,供尼泊尔、不丹、孟加拉国、阿富汗、斯里兰卡、马尔代夫等南亚六国免费使用。

2017 年 2 月 15 日,印度在萨迪什·达万航天中心,使用极轨卫星运载火箭 PSLV-C37 成功发射 104 颗卫星,其中包括印度 1 颗对地观测卫星"制图卫星"-2D(Cartosat-2D)、美国 88 颗"鸽群"卫星等。此次发射创造了世界火箭发射卫星数量之最。

2019 年 3 月 27 日,印度进行了"女神使命"地基反卫星试验,成为世界上又一个试验反卫武器的国家。2019 年 4 月,印度成立国防太空局(DSA),6 月初批准成立国防太空研究组织(DSRO),专门负责研发太空作战系统和相关技术,包括太空态势感知、情报监视与侦察、定向能武器、电子战、编队飞行以及卫星行动等,为国防太空局提供技术与研发支持。2019 年 7 月 25—26 日,印度举行首次 IndSpaceEx 太空战模拟演习,演习形式为桌面兵棋推演,旨在评估印度的太空与反太空能力,帮助印度起草联合军事太空条令以保护在轨卫星。印度军方和科学界相关人员均有参与。

# 第二节　战略目标

## 一、谋求太空大国地位

印度的"大国梦想"贯彻到太空领域,向美、俄等航天强国看齐,着力打造航天大国;同时争取在亚洲太空领域谋得一席,形成"中-印-日"三足鼎立之势。

## 二、促进太空经济发展

采取"先星后箭"发展航天,通过卫星应用先行,提供太空服务和商业发射服务,使空间技术促进经济、文教和科技等事业发展,带动全国各行业发展。

## 三、提升太空国防能力

发布太空战略政策,以国防科技为先导,以民用技术为基础,有限利用国家系列通信、遥感卫星和其他太空资源,加快发展太空力量,开展太空演习,谋取太空军事力量的自主发展。建立较为完备的太空军事体系,通过加强卫星侦察监视、通信和导航系统建设,研发动能和定向能反卫武器,组建航空航天部队,形成空天一体化作战能力。

## 四、探索太空先进技术

探索一箭多星发射技术,研发低温发动机火箭、导航定位、载人航天等先进技术,攻关登月、探火等太空关键技术,研究包括近地轨道、太阳同步轨道、地球同步轨道等各种轨道类型的卫星技术,提升探索太空的先进技术水平。

# 第三节  战略方针

## 一、独立自主

国家必须在国防科学上贯彻自力更生的方针,对外进行有益的交流,对内必须强大到足以自立。以自力更生为主,以技术引进为"垫脚石",推动太空装备的现代化和国产化。

## 二、积极不结盟

一个新独立的国家须自立并置身于斗争与动乱的漩涡之外,要用"积极的不结盟"代替"消极的不结盟",躲开大国政治集团斗争,"同对立双方任何时候都保持对话",在政治上发展成为第三股势力,争当第三世界的领袖,成为多极世界中的一极,维护国家安全。

## 三、军民商一体

国防必须依靠民商部门提供的原材料、半成品和通用部件,国防工业必须与民商工业建立相互促进关系才能发挥先进技术作用。要坚持军民商并举的方针,大力改革国防工业体系,加强国防工业潜力,以较少的投入获得最大的效益。

# 第四节  战略手段

## 一、政治航天

航天计划雄心勃勃,印度科学界志在火星探测领域领跑亚洲,投资 7000

多万美元发射"曼加里安"号,远比其他国家的火星探测计划更廉价。无论成功与否,"曼加里安"号都彰显了印度的决心,逐渐开始展露航天大国的雄心。

## 二、民用航天

在太空民用方面,建立健全太空组织机构,发布长期愿景、中期规划和短期计划,全面发展各类型航天任务。在通信能力方面,有"印度卫星"和"G 卫星"2 个系列 20 颗大容量、多功能在轨通信卫星。在导航能力方面,建设"印度区域导航卫星系统",为印度及其周边提供定位导航与授时服务。在侦察能力方面,建设覆盖可见光、红外、微波等多个谱段的天基侦察监视系统。

## 三、商用航天

与世界主要国家的航天局和机构签署了航天合作协议,开展太空运输、卫星应用、太空探索等多种商业合作。发布新政,放宽对遥感数据的部分限制,制定了卫星通信政策的指导原则和实施细则,给出了非政府机构对 INSAT 卫星容量的使用、INSAT 系统的建立和运行,以及利用外国卫星进行通信服务的规定。

## 四、军用航天

成功进行反卫星试验,开展太空演习,起草太空准则草案,为印度设立太空司令部及如何管理和操作反卫星导弹做准备。加快发展太空力量,拟建太空司令部,发展空间攻防能力,实施太空威慑,谋取太空军事力量的自主发展,谋求在空间领域规则制定话语权。

## 五、国际航天

与美俄等航天大国的合作,重点是引进先进技术。和美国展开太空安全对话,加强太空态势感知的信息共享。与俄罗斯签署了"关于和平探索及利用外层空间的政府间合作协议"等多项文件,在低温发动机火箭、导航定位、载人航天等领域进行合作。与主要国家的航天局和机构签署了航天合作协议,展开国际太空探索合作、区域卫星应用合作。

## 习题

1. 简答印度太空安全战略的发展历程。
2. 简答印度的主要太空安全战略。
3. 简答印度太空安全战略的战略目标。
4. 简答印度太空安全战略的战略方针。
5. 论述印度太空安全战略的战略手段。

# 第八章　中国太空安全战略

*探索浩瀚宇宙,发展航天事业,建设航天强国,是我们不懈追求的航天梦。*

——习近平

中国是中华人民共和国( the People's Republic of China )的简称,成立于 1949 年 10 月 1 日,位于亚洲东部,太平洋西岸。陆地面积约 960 万平方千米,东部和南部大陆海岸线 1.8 万多千米,内海和边海的水域面积约 470 多万平方千米。海域分布有大小岛屿 7600 多个,其中台湾岛最大,面积 35 798 平方千米。中国同 14 国接壤,与 8 国海上相邻。省级行政区划为 23 个省、5 个自治区、4 个直辖市、2 个特别行政区,首都北京。中国是一个以汉族为主体、56 个民族共同组成的统一的多民族国家,2020 年 11 月全国总人口约 14.43 亿,汉族占 91.11%。中国是工人阶级领导的、以工农联盟为基础的人民民主专政的社会主义国家,通用语言文字是普通话和规范汉字。中国是世界第二大经济体,并持续成为世界经济增长量最大的贡献者,2019 年经济总量突破 99 万亿元;2020 年国内生产总值 14.73 万亿美元,实际增速 2.3%。中国坚持独立自主的和平外交政策,是联合国安全理事会常任理事国,也是许多国际组织的重要成员。

中华民族在人类发展史上曾创造过灿烂的古代文明。中国最早发明的古代火箭,便是现代火箭的雏形。1949 年中华人民共和国成立后,中国依靠自己的力量,独立自主地开展航天活动,于 1970 年成功地研制并发射了第一颗人造地球卫星“东方红 1 号”。迄今,中国在航天技术的一些重要领域已跻身世界先进行列,取得了载人航天、月球探测、北斗导航、空间站建设等一系列举世瞩目的成就。21 世纪,中国将从本国国情出发,继续推进航天事业的发展,为和平利用外层空间,为人类的文明和进步做出应有的贡献。2022 年 1 月,中国国务院新闻办公室发布《2021 中国的航天》白皮书。白皮书指出站在全面建设社会主义现代化国家新征程的历史起点上,中国将加快推进航天强国建设,秉持人类命运共同体理念,继续同各国一道,积极参与外空全球治理与交流合作,维护外空安全,促进外空活动长期可持续发展,为保护地球家园、增进民生福祉、服务人类文明进步做出新的更大贡献。

# 第一节 战略历程

## 一、起步建设阶段

1976 年 9 月以前,是起步建设阶段,标志性事件是 1970 年中国成功发射第一颗人造卫星"东方红一号"。

中国"飞天"的梦想和探索从未间断,几千年前就广泛流传着嫦娥奔月、敦煌飞天等许多动人的传说。据历史记载,早在北宋开宝三年(970 年),冯继升和岳义方两人就成功地试验了火箭。最初的火箭相当简单,就是在普通的箭杆上,装一个像爆竹似的火箭筒。点燃以后,火箭产生大量温度高、压力大的膨胀气体,从箭尾方向的小孔喷出,利用喷出气流的反冲力,火箭向前飞去。这就是世界上最早的火箭。而世界上最早试验火箭上天的也是中国古代的科学家,他的名字叫万户。这位生活在明代的中国学者做了最为勇敢的尝试,他坐在椅子上,椅子下面捆绑了 47 支当时最大的火箭,他命其仆人点燃火箭。然而,随着一声巨响,万户消失在火焰和烟雾之中。人类首次火箭飞行尝试没有成功,但万户这个名字和中国一起被写进了人类征服太空的史册中,成为世界公认的"载人航天之父"。他这种为科学而献身的精神将永不磨灭。为纪念这位为人类航天事业而献身的先驱者,现代科学家将月球背面的一个环形山命名为"万户火山口"。

中华人民共和国成立后,高度重视太空领域建设发展。1956 年 2 月 1 日,毛泽东主席亲切接见中国航天事业的奠基人钱学森。1956 年 2 月,钱学森向中央提出《建立中国国防航空工业的意见》,主要内容包括中国火箭导弹事业的组织方案、发展计划和某些具体措施。为保密起见,以"国防航空工业"代表火箭导弹和航天技术,列出了一批可调来参加这一事业的高级专家名单,其中包括任新民、梁守槃、庄逢甘等。1956 年 3 月,国务院制订《一九五六年至一九六七年科学技术发展远景规划纲要(草案)》,其中提出要在 12 年内使中国喷气和火箭技术走上独立发展的道路。1956 年 4 月,成立中华人民共和国航空工业委员会,聂荣臻任主任,黄克诚、赵尔陆任副主任,统一领导中国的航空和火箭事业,航空工业委员会的成立标志着中国的航天事业创业的开始。

1956 年 5 月 10 日,聂荣臻副总理向中央提出《建立中国导弹研究工作的初步意见》。1956 年 5 月 26 日,周恩来总理主持中央会议讨论同意,并责成航委会负责组织导弹管理机构和研究机构;会上周总理指出,"中国发展导弹不能等一切条件都具备了才开始进行,而应当采取集中力量突破一点的方针"。

1956年10月8日,航天科技集团公司的前身——国防部第五研究院正式成立。根据聂荣臻副总理的提议,经毛泽东主席、周恩来总理批准,确定国防部五院的建院方针是"自力更生为主,力争外援和利用资本主义国家已有的科学成果为辅"。钱学森受命组建了中国第一个火箭、导弹研究院——国防部第五研究院,即后来的运载火箭研究院,钱学森任院长,梁思礼负责导弹控制系统研究。

1956年10月15日,聂荣臻副总理以建院成立大会上提出的建院方针为主要内容,向中央上报了《加强我国研制导弹问题的报告》,其中写道:我们对导弹的研究制造应采取自力更生为主,力争外援和利用资本主义国家已有的科学成果为辅的方针……只要确定上述方针和采取积极措施,即使得不到外援,我们也不是完全没有力量独立进行研究的……我们现在应采取的步骤:首先研究试制初级的,而后再研究试制高级的。报告上报后,先是周恩来批示同意,10月17日毛泽东批示"照办"。初期目标任务:以自力更生为主,充分学习借鉴国外卫星、火箭发展技术,发展我国航天事业。从此,"自力更生为主,力争外援和利用资本主义国家已有的科学成果为辅"的方针,不仅成为五院的建院方针,而且一直是中国航天事业60余年来的指导方针。

1957年10月4日,苏联第一颗人造地球卫星发射成功,苏联导弹和卫星技术的快速发展和成果引起世界震惊,中国的科学家坐不住了。1957年10月13日,中国科学院等单位联合组织召开了"关于苏联发射成功第一颗人造地球卫星的座谈会"。与会者中有许多在京的各领域的著名科学家,会上,科学家们就苏联发射成功人造地球卫星的意义、影响及其需要解决的重大问题各抒己见。钱学森、赵九章等人还向中国科学院副院长张劲夫、裴丽生建议,人造卫星应该列入国家"12年科学规划",这将会使力学、自动化、喷气技术、地球物理、天文、应用数学、高能燃料、高温合金等一系列科学技术被带动起来。中国科学院应苏联天文委员会的邀请,组织南京、北京、上海、昆明等地的研究人员对苏联的人造卫星进行光学观测。为此,1957年10月15日,"国际地球物理年"中国委员会设立人造地球卫星光学观测组和射电观测组。苏联的人造卫星很快点燃了中国人的激情,成为社会上最时髦的话题。报刊和广播电台纷纷登载和报道有关人造卫星的文章;北京天文馆编排了"人造地球卫星"节目,用星象仪进行表演,并举办了"人造卫星、月球火箭"图片展览;邮电部还专门发行了一套"人造卫星纪念邮票",在一枚邮资4分钱的邮票上,画着人造卫星与东方巨龙的优美图案,以显示中国的雄心与气魄。中国,掀起了一股

"卫星"热。那时国防部五院正在全力以赴研制国防急需的导弹,没有精力考虑放卫星的事,这个任务就责无旁贷地落在了作为科学研究国家队的中国科学院身上。分管科学技术的副总理聂荣臻嘱咐中国科学院副院长张劲夫,要密切注意有关情况。

在世界核威慑和人类进入太空新领域的双重战略压力下,为加快火箭技术发展,1958 年 1 月国防部制订了《喷气与火箭技术十年发展规划纲要(1958—1967)》,1958 年 4 月开始兴建第一个运载火箭发射场。1958 年春天,中国科学院副院长、气象和地理学家竺可桢,力学所所长钱学森,地球物理所所长赵九章等人建议,中国应当开展人造卫星的研制工作。在 1958 年 5 月 5 日至 23 日举行的中共八大二次会议上,身为八届中央候补委员的张劲夫向周恩来反映了科学家们的建议。会议中的一天,正是黎明时分,周恩来慎重地拿起电话:"主席,科学家向我们敲门了。"1958 年 5 月 17 日,毛主席在党的八届二次会议上宣布:"苏联人造卫星上天,我们也要搞人造卫星。而且,我们要搞就要搞大的,鸡蛋那么大的我们不抛。"这个号召宣告了中华民族有信心、有勇气登上太空活动的舞台。"飞天"和"强国"紧密相连,维系着大国之魂。

1958 年 8 月,中国科学院党组呈送给中央一份由钱学森主持起草的报告。报告说明了发射人造地球卫星对于推动尖端科技发展的重大意义:发射人造卫星,将使尖端科学技术发展加速前进,开辟新的科学技术研究工作的新领域,为导弹技术动员后备力量。同时,任何人造卫星的上天,都是洲际弹道导弹成功的公开标志,是国家科学技术水平的集中表现,是科学技术研究工作向高层空间发展的必不可少的工具。

1958 年 8 月,国务院科学规划委员会在《二五科学规划执行情况的检查报告》中指出:"发射人造卫星,将使尖端科学技术装备加速前进,开辟新的科学技术研究工作的领域。"在聂荣臻副总理的支持下,中科院把人造卫星列为 1958 年第一项重点任务,代号为"581"任务,并成立以钱学森为组长的领导小组。1958 年 11 月,党中央在八届六中全会期间又专门审议了研制人造卫星的意见和计划,中央政治局在百废待兴的情况下,决定拨 2 亿元专款支持科学院搞卫星。

1958 年 8 月 15 日,中国科学院第一设计院(代号"1001 设计院")正式成立,力学所副所长郭永怀任设计院院长。这是落实中国科学院"581"任务成立三个设计院决定的第一项任务。第一设计院成立后要做的第一件事就是进行运载火箭的总体设计。中科院第一设计院开始了研制运载火箭的艰难历程。没有任何经验的设计院却敢于把目标定得很高,他们一上马就开始设计发射人造卫星的两级运载火箭,其第一级取名为 T-3,第二级取名为 T-4。设计院打算当年就研制成功 T-3 火箭,把它作为向国庆九周年献礼的杰作。

经过一个多月的日夜奋战,设计院完成了 T-3 火箭总体结构包括发动机的布置总图,"581"组做了两个装载有效载荷的火箭头部模型,推进剂和高温合金的研究也取得了一些进展。1958 年 10 月中旬,毛泽东、刘少奇、周恩来等中央领导观看了这张总图,毛泽东鼓励设计院尽快从"纸上谈兵"转变为"真枪实弹"。到 1958 年 10 月底,设计院又完成了 T-3 火箭的一些部件和组件的图纸。

1960 年 2 月 19 日 16 时 47 分,T-7M 001 号火箭在发动机喷射出的滚滚浓烟中随着刺眼的白光直冲云天,火箭首次发射成功,飞行高度约 2 公里。这次试验成功,是自行研制的液体燃料火箭技术取得的第一个具有工程实践意义的成果。首颗探空火箭发射场条件简陋,缺少专业的加注设备,用自行车打气筒给火箭加注推进剂,泥土沙袋就垒成了一个"指挥所"。4 月 17 日,T-7M 002 号探空模型火箭发射也获得成功。随后,T-7M 003 号探空模型火箭再次发射成功,并采用爆炸螺栓使头体分离,再用降落伞成功地进行了箭体首次回收,取得了重要的试验数据。4 月 29 日 16 时 20 分,张劲夫和钱学森共同见证和庆贺 T-7M 004 号探空模型火箭发射成功。T-7M 探空模型火箭在老港发射场一共发射 l0 次,8 次成功,飞行高度从 2 公里逐步延伸到 9.8 公里。

1960 年 5 月 28 日晚 7 时半,毛泽东在杨尚昆和柯庆施等的陪同下,来到在上海延安西路 200 号的新技术展览室,视察了 T-7M 探空模型火箭展品。这位新中国的开创者弯下身子看着银灰色的探空模型火箭,当听到火箭可以飞 8 公里高时,富有诗人气质的领袖激动起来,他用抑扬顿挫的湖南话豪迈地说:"8 公里,那也了不起。应该 8 公里、20 公里、200 公里地搞上去!"航天人备受鼓舞,再接再厉,于当年 9 月 13 日,成功将第一枚 T-7 液体燃料探空火箭发射成功。

在"两弹一星"研制的关键时期,为了加强领导,更为有效地推进各项工作,1962 年 11 月 17 日,中共中央决定成立十五人专门委员会(简称"中央专委"),统一领导核武器研制工作,自 1965 年起兼管导弹和卫星的研制工作。中央专委成立后,每次遇到重大问题时或重要试验开展前,都要开会研究,听取汇报,为航天科技事业的发展做了大量决策、组织和协调工作。1962 年至1974 年,中央专委共召开会议 40 余次,指挥调动了各行各业齐心协力为"两弹一星"的发展做出贡献。中央专委办公室曾组织上百个部、委、局级单位,26个省、区、市和上千个厂矿、院、校、所及各军兵种的有关单位,进行分工协作,开了几次千人协作大会和多次中小会,进行连续的联合攻关,克服了大量技术工艺的难题,全面落实了大量科研课题和新材料、新设备的成套研制任务。

1964 年 6 月 29 日,中国成功发射一枚独立研制的以液体燃料为推进剂的中近程导弹。1964 年 10 月 16 日,中国第一颗原子弹爆炸成功。

1965 年 3 月,在相继成功发射第一枚弹道式导弹、爆炸第一颗原子弹的背景下,国防科委召集各部门责任人座谈中国发射人造卫星的必要性和可行性。1965 年 4 月 19 日,国防科委向中央呈送了《关于研制发射人造卫星的方案报告》,提出了拟于 1970 年至 1971 年发射中国第一颗人造卫星的建议。1965 年 5 月初,周恩来总理主持的中共中央专门委员会第十二次会议批准了这一报告。因为这个任务是 1965 年 1 月正式提出建议的,因此代号定为"651"。周总理在会上还强调,只要"651"任务需要的,全国的人、财、物,不管是哪个地方、哪个单位的,一律放行,全面绿灯。"651"任务的确定也是人们把第一颗人造卫星任务称为"天字第一号工程"的由来。

1965 年 7 月 1 日,中科院向中央呈报了《关于发展我国人造卫星工作的规划方案建议》。1965 年 10 月 20 日至 11 月 20 日,来自国防科委、七机部、中科院等部门的专家召开了第一颗人造卫星总体方案论证会,第一颗卫星命名为"东方红一号",播放"东方红"乐曲。东方红歌曲"极富中国特色","斯普特尼克"号只是向地球发出"滴—滴—滴"的间断信号,如果我们能播放"东方红"乐曲,显然是技高一筹。

1966 年 11 月,长征一号运载火箭和东方红一号人造卫星开始研制。1967 年 12 月,国防科委组织召开东方红一号卫星方案认证协调会,确定了"上得去、抓得住、听得着、看得见"的十二字卫星总体技术方案。"上得去"是指火箭能够升空并进去预定轨道,"抓得住"是指地面跟踪、测量系统能随时掌握卫星的运行情况,"听得着"是指地面能接收卫星发射的无线电信号、听到卫星播送《东方红》乐曲,"看得见"是指地面上可以肉眼观测到。东方红一号卫星在太空的亮度达到了二等星、三等星的亮度,人类的肉眼就可以直接观察到。

1967 年,中国科学院提出东方红一号研制工作分为模样、初样、试样和正样四个阶段。各分系统首先制作实验线路,装出性能样机,证明技术上可行,生产上可能,由总体组指派验收组进行验收通过后出模样星。通过解决模样星总装试验出现的矛盾,确定协调参数,在此基础上拟定各分系统的初样研制任务书。用初样产品总装出考核卫星结构设计、热控制设计等的结构星、温控星等。通过试验、改进,再试验,再改进,直至达到设计要求。

1968 年 2 月 20 日,中国空间技术研究院正式成立,专门负责研制各类人造卫星。作为卫星技术总负责人的孙家栋,为了实现用最短的时间实现卫星上天,在解决有无问题的基础上,研制带有探测功能的应用卫星,因而大胆地对原来的卫星方案进行了简化。

1970 年 1 月 30 日,第一枚中远程导弹进行飞行试验,一二级分离、发动机高空点火获得成功,导弹在失重状态下滑行姿态完全正常,试验取得圆满成功,为改装成长征一号运载火箭奠定了坚实基础。1970 年 2 月 5 日,长征一号合练火箭研制完成。国防科委决定,不先进行运载火箭发射试验,而采纳直接发射卫星的方案。3 月 26 日,长征一号运载火箭完成总装。周恩来总理告诫大家:千万不要认为工作已经都做好了,一定要过细地做工作,要搞故障预想,对各种可能的情况,展开讨论。他还高度赞扬工人们用勤劳的双手、精湛的技艺,为国家做出了贡献。1970 年 4 月 1 日,长征一号运载火箭运往酒泉导弹试验基地。4 月 2 日,在技术阵地开始检查测试,排除了多余物。4 月 16 日,运载火箭转往发射阵地,周恩来总理指示说:到发射阵地后,一定要认真地、仔细地、一丝不苟地、一个螺丝钉都不放过地进行测试检查,预祝这次发射一举成功。

1970 年 4 月 24 日 21 点 35 分,东方红一号人造卫星由长征一号运载火箭发射成功,随后准确入轨,为璀璨的星空再添亮丽,拉开了中国人探索太空的序幕,掀开了近半个世纪以来中国航天人追星逐梦树丰碑的不朽篇章。当日,全国人民都用广播接收到了中央人民广播电台转播的东方红一号卫星奏响的《东方红》乐曲,响彻宇宙,举国欢腾。东方红卫星重 173 公斤,比前四个国家发射第一颗卫星的重量之和还要重;卫星入轨在近地点 439 公里、远地点 2384 公里轨道上,比美苏发射卫星的轨道都要高。虽然东方红一号卫星的实际工作时间只有 28 天,但直到今天,它还在轨道上飞行。东方红一号卫星的成功发射,标志着中国成为世界上继苏联、美国、法国和日本之后第五个完全依靠自主技术成功发射人造卫星的国家。

1970 年 5 月 1 日,毛泽东主席等领导人于"五一"节在天安门城楼接见了卫星和运载火箭研制人员代表。可以说这时的航天事业发展,既是保卫国家安全、发展的需要,更是争取中国独立自主的国际地位的需要,如果说朝鲜战争结束了 100 多年被美国等西方列强欺压的历史,那么卫星发射成功确立了中国在世界上的大国地位。

1975 年 3 月 31 日,中央讨论通过国家计委和国防科技委联合向中央提出的《关于发展我国卫星通信问题的报告》。随即,毛泽东主席、周恩来总理亲自圈阅,批准了这一报告,我国卫星通信工程及其所需的具备地球同步轨道运载能力的火箭正式纳入国家计划,我国卫星通信工程的代号由此被定为"331"。

## 二、重点建设阶段

1977年7月—2012年11月,是重点建设阶段,标志性事件是把力量集中到急用、实用的应用卫星上来。

中国成功发射第一颗人造卫星和返回式卫星之后,国家主要领导敏感洞察国际国内战略形势,围绕如何加强航天建设,做出了一系列重大战略指示和部署。在美苏太空冷战的大背景下,为了加强航天建设,总设计师邓小平同志于1978年8月初指出,"中国是发展中的国家,在空间技术方面,中国不参加太空竞赛,要把力量集中到急用、实用的应用卫星上来。"

1981年9月20日,中国利用"风暴"一号运载火箭发射了三颗科学实验卫星,这是中国第一次实现一箭多星发射,使中国成为世界上第三个掌握一箭多星发射技术的国家。1984年4月8日,中国成功发射第一颗地球静止轨道试验通信卫星——中国试验通信卫星一号,又称"东方红"二号。4月16日,卫星成功地定点于东经125度赤道上空。该卫星的发射成功,使中国成为世界上第五个自行发射地球静止轨道卫星,并掌握轨道转移、同步定点技术的国家,同时结束了中国长期租用国外通信卫星的历史。1986年2月1日,中国成功发射一颗实用通信广播卫星,2月20日卫星定点成功,标志着中国已全面掌握运载火箭技术,卫星通信由试验阶段进入实用阶段。

1986年,根据邓小平对四位科学家《关于跟踪研究外国战略性高技术发展的建议》批示,国家制定了《高技术研究发展计划纲要》(简称863计划),航天技术作为一项重要技术列入其中,推动了中国航天的大力发展。

1992年9月21日,江泽民总书记主持召开中共中央政治局常委会议,做出了实施中国载人航天工程的战略决策。在这次会议上,江总书记明确指出,要下决心搞载人航天。中国载人航天由此又掀开了崭新的一页。中国载人航天工程被定名为"神舟"号,代号为"921"工程。1999年11月20日,第一艘不载人的试验飞船神舟一号发射成功。

2003年10月15日,杨利伟搭乘神舟五号飞船由长征二号F运载火箭在酒泉卫星发射中心发射升空,在轨飞行14圈,历时21小时23分,顺利完成各项预定操作任务,标志着中国成为世界上第三个独立掌握载人航天技术国家,实现了中华民族千年飞天的梦想,是中国航天史上的里程碑事件。在2003年11月7日举行的庆祝大会上,胡锦涛指出,"发展航天事业,是党和国家为推动我国科技事业发展,增强我国经济实力、科技实力、国防实力和民族凝聚力而作出的一项强国兴邦的战略决策……载人航天工程是当今世界高新技术发展水平的集中展示,是衡量一个国家综合国力的重要标志。"2005 年 10 月,航天员费俊龙、聂海胜搭乘神舟六号飞船由长征二号 F 运载火箭发射升空,实现了多人多天飞行并安全返回主着陆场。

2008 年 9 月 25 日 21 时 10 分,神舟七号载人航天飞船于中国酒泉卫星发射中心载人航天发射场用长征二号 F 火箭发射升空。9 月 27 日神舟七号航天员进行出舱活动,16 时 22 分航天员穿好舱外航天服;16 时 39 分在刘伯明、景海鹏的协助和配合下,中国神舟七号载人飞船航天员翟志刚顺利出舱,实施中国首次空间出舱活动;16 时 59 分翟志刚返回轨道舱,并完全关闭轨道舱舱门,完成了中国人首次太空行走,并释放了伴飞卫星,伴飞卫星对飞船进行摄像和照相工作。2008 年 11 月 7 日,胡锦涛总书记在庆祝"神舟七号"载人航天飞船圆满成功大会上指出,"探索太空永无止境,航天事业任重道远。广大航天工作者一定要牢记使命、不负重托,努力在人类探索利用外层空间的伟大事业中继续有所创造、有所作为。中国人民愿同各国人民携起手来,坚持和开发利用太空的正确方向,积极参与国际空间合作,为促进人类和平发展的崇高事业作出新的更大的贡献。"

2007 年 10 月 24 日,嫦娥一号成功奔月,嫦娥工程顺利完成了一期工程。2010 年 12 月 22 日,在庆祝嫦娥二号成功发射的会议上,胡锦涛指出,"实施探月工程,是我们从建设创新型国家、推动经济社会又好又快发展的高度作出的战略决策"。

2010 年 5 月 12 日,作为国家十六个重大专项之一的高分辨率对地观测系统重大专项(简称高分专项)全面启动实施。高分专项采用"天、空、地"一体化设计,统筹建设地面系统、应用系统,已发射成功并投入使用的高分一号、二号、三号、四号等多颗卫星,初步实现了全天候、全天时、全球对地观测。卫星数据广泛应用于抗洪救灾、环境保护、国土资源调查与监测等众多领域,培育形成了较大产业化发展空间,取得了良好的社会和经济效益。

## 三、强国建设阶段

2012 年 11 月至今,是强国建设阶段,标志性事件是提出要建设航天强国。

2013 年 6 月 11 日,在接见天宫一号与神舟十号载人飞行任务参研参试单位代表时,习主席指出:"发展航天事业,建设航天强国,是我们不懈追求的航天梦。"

围绕航天强国建设,习主席洞察国际国内战略形势,做出一系列战略判断和重要指示。习主席指出,外层空间是人类共同的财富,探索、开发、和平利用外层空间是人类共同的追求。中国倡导世界各国一起推动构建人类命运共同体,坚持在平等互利、和平利用、包容发展的基础上,深入开展外空领域国际交流合作。中国一贯主张合理开发、利用空间资源,保护空间环境,推动航天事业造福全人类。习主席强调,星空浩瀚无比,探索永无止境,只有不断创新,中华民族才能更好走向未来。中国正在实施创新驱动发展战略,这是决定中国发展未来的重大战略。航天科技是科技进步和创新的重要领域,航天科技成就是国家科技水平和科技能力的重要标志。航天科技取得的创新成果极大地鼓舞了中国人民的创新信念和信心,为全社会创新创造提供了强大激励。建设世界科技强国,不是一片坦途,唯有创新才能抢占先机。中国要深刻把握世界科技发展大势,弘扬科学精神,瞄准战略性、基础性、前沿性领域,坚持补齐短板、跟踪发展、超前布局同步推进,努力实现关键核心技术重大突破,提升国家创新体系整体效能,不断增强科技实力和创新能力,努力在世界高技术领域占有重要一席之地。中国愿同世界各国一道,坚持共商共建共享,加强基础科学研究国际交流,推动大科学计划、工程和中心建设,扩大创新能力开放合作,推动人类科学事业发展。习主席强调指出,建造空间站、建成国家太空实验室,是实现中国载人航天工程"三步走"战略的重要目标,是建设科技强国、航天强国的重要引领性工程。天和核心舱发射成功,标志着中国空间站建造进入全面实施阶段,为后续任务展开奠定了坚实基础。要大力弘扬"两弹一星"精神、载人航天精神和探月精神,发挥新型举国体制优势,勇攀科技高峰,服务国家发展大局,一步一个脚印开启星际探测新征程,不断推进中国航天事业创新发展,为人类和平利用太空做出新的更大贡献。

航天强国建设以来,中国航天事业取得了一系列成绩。

一是太空组织机构调整改制。2017 年 12 月,根据党中央、国务院关于全民所有制企业基本完成公司制改制的重大决定和国务院国资委有关工作部署,经国务院国资委批复同意,中国航天科技集团公司已完成公司制改制,"中国航天科技集团公司"变更为"中国航天科技集团有限公司"。中国航天科工集团公司已由全民所有制企业整体改制为国有独资公司,"中国航天科工集团公司"变更为"中国航天科工集团有限公司"。辖有 6 家研究院、1 个基地、10家企业,7 家上市公司和 2 个直属单位。

二是航天发射能力。文昌航天发射场建设并执行航天发射任务,标志着中国自主设计建造、绿色生态环保、技术创新跨越的新一代航天发射场正式投入使用。中国在黄海海域完成海上发射技术试验,为中国快速进入太空提供了新的发射方式。

三是空间科学研究能力。成功发射暗物质粒子探测、实践十号、量子科学实验等空间科学卫星,为前沿科学研究提供重要手段。利用空间科学卫星、嫦娥探测器、"神舟"系列飞船和"天宫一号"目标飞行器等,开展一系列空间科学实验研究,深化了空间微重力和强辐射条件下生物生长、材料制备等机理的认识,为航天器安全运行提供空间环境监测与预报服务。月球中继卫星鹊桥首次搭建地月信息联通之桥。嫦娥四号探测器在月球背面南极的艾特肯盆地冯·卡门撞击坑成功着陆,通过"鹊桥"中继星传回了世界第一张近距离拍摄的月背影像图。嫦娥五号探测器经过地月转移、近月制动、两两分离、平稳落月、钻表取样、月面起飞、交会对接及样品转移、环月等待、月地转移等阶段,完善了中国探月工程体系,探月工程"绕、落、回"三步走规划完美收官。天问一号火星探测器成功探火,一次性完成"绕、落、巡"三大任务。中国空间站天和核心舱发射升空,将 3 名宇航员送入空间站,标志着中国正式进入空间站时代!

四是空间应用能力。北斗三号全球卫星导航系统正式开通,向全球提供服务。中国成为世界上第三个独立拥有全球卫星导航系统的国家。目前,全球已有 120 余个国家和地区使用北斗卫星导航系统。

五是空间碎片监测、预警、减缓及防护能力。空间碎片监测、预警、减缓及防护技术体系逐步完善,标准规范体系不断健全,空间碎片监测预警实现业务化运行,为在轨航天器安全运行提供有力保障;防护设计技术取得突破,开展航天器空间碎片防护工程应用;全面实施长征系列运载火箭末级钝化,对废弃航天器采取有效离轨处置措施,切实保护空间环境。

在中国航天事业的长期奋斗中,广大航天人迎难而上、接续奋斗,创造了一个个非凡业绩,锻炼出伟大的航天精神。参与航天事业初创阶段的航天人,孕育了自力更生、艰苦奋斗、大力协同、无私奉献、严谨务实、勇于攀登的航天传统精神。参与"两弹一星"的航天人,把个人的理想与祖国的命运紧紧联系在一起,把个人的志向与民族的振兴紧紧联系在一起,苦干惊天动地,甘做隐姓埋名人,创造了"两弹一星"的奇迹,孕育形成了自力更生、艰苦奋斗、大力协同、无私奉献、严谨务实、勇于攀登的"两弹一星"精神。实施载人航天工程以来,广大航天人牢记使命、不负重托,培育铸就了特别能吃苦、特别能战斗、特别能攻关、特别能奉献的"载人航天精神"。自 1994 年启动北斗系统工程以来,北斗人奏响了一曲大联合、大团结、大协作的交响曲,孕育了自主创新、开放融合、万众一心、追求卓越的"新时代北斗精神"。从 2004 年 1 月中国探月工程立项开始,参与研制建设的全体人员不畏艰难、勇于创新,创造了月球探测的中国奇迹,孕育形成了追逐梦想、勇于探索、协同攻坚、合作共赢的"探月精神"。为传承航天精神、激发创新热情,中国政府决定,自 2016 年起,将每年 4 月 24 日设立为"中国航天日"。

2016 年 4 月 24 日,在首个"中国航天日"之际,习主席做出重要指示强调,"探索浩瀚宇宙,发展航天事业,建设航天强国,是我们不懈追求的航天梦"。习主席指出,经过几代航天人的接续奋斗,我国航天事业创造了以"两弹一星"、载人航天、月球探测为代表的辉煌成就,走出了一条自力更生、自主创新的发展道路,积淀了浓厚博大的航天精神。设立"中国航天日",就是要铭记历史、传承精神,激发全民尤其是青少年崇尚科学、探索未知、敢于创新的热情,为实现中华民族伟大复兴的中国梦凝聚强大力量。

## 第二节　战　略　目　标

以中华人民共和国国务院新闻办公室 2022 年 1 月 28 日发布的《2021 中国的航天》白皮书为基本依据,概述总体战略目标和具体战略任务。

### 一、总体战略目标

探索外层空间,扩展对地球和宇宙的认识;和平利用外层空间,维护外层空间安全,在外空领域推动构建人类命运共同体,造福全人类;满足经济建设、科技发展、国家安全和社会进步等方面的需求,提高全民科学文化素质,维护国家权益,增强综合国力。

全面建成航天强国,持续提升科学认知太空能力、自由进出太空能力、高效利用太空能力、有效治理太空能力,成为国家安全的维护者、科技自立自强的引领者、经济社会高质量发展的推动者、外空科学治理的倡导者和人类文明发展的开拓者,为建设社会主义现代化强国、推动人类和平与发展的崇高事业做出积极贡献。

### 二、具体战略任务

立足新发展阶段,贯彻新发展理念,构建新发展格局,按照高质量发展要求,从空间科学、空间技术、空间应用三个方面,概述主要战略任务。

## （一）发展空间技术与系统

中国航天面向世界科技前沿和国家重大战略需求,以航天重大工程为牵引,加快关键核心技术攻关和应用,大力发展空间技术与系统,全面提升进出、探索、利用和治理空间能力,推动航天可持续发展。

### 1. 航天运输系统

中国将持续提升航天运输系统综合性能,加速实现运载火箭升级换代。推动运载火箭型谱发展,研制发射新一代载人运载火箭和大推力固体运载火箭,加快推动重型运载火箭工程研制。持续开展重复使用航天运输系统关键技术攻关和演示验证。面向航班化发射需求,发展新型火箭发动机、组合动力、上面级等技术,拓展多样化便利进出空间能力。

### 2. 空间基础设施

中国将持续完善国家空间基础设施,推动遥感、通信、导航卫星融合技术发展,加快提升泛在通联、精准时空、全维感知的空间信息服务能力。研制静止轨道微波探测、新一代海洋水色、陆地生态系统碳监测、大气环境监测等卫星,发展双天线 X 波段干涉合成孔径雷达、陆地水资源等卫星技术,形成综合高效的全球对地观测和数据获取能力。推动构建高低轨协同的卫星通信系统,开展新型通信卫星技术验证与商业应用,建设第二代数据中继卫星系统。开展下一代北斗卫星导航系统导航通信融合、低轨增强等深化研究和技术攻关,推动构建更加泛在、更加融合、更加智能的国家综合定位导航授时(PNT)体系。持续完善卫星遥感、通信、导航地面系统。

### 3. 载人航天

中国将继续实施载人航天工程,发射"问天"实验舱、"梦天"实验舱、"巡天"空间望远镜以及"神舟"载人飞船和"天舟"货运飞船,全面建成并运营中国空间站,打造国家太空实验室,开展航天员长期驻留、大规模空间科学实验、空间站平台维护等工作。深化载人登月方案论证,组织开展关键技术攻关,研制新一代载人飞船,夯实载人探索开发地月空间基础。

### 4. 深空探测

中国将继续实施月球探测工程,发射"嫦娥六号"探测器、完成月球极区采样返回,发射"嫦娥七号"探测器、完成月球极区高精度着陆和阴影坑飞跃探测,完成"嫦娥八号"任务关键技术攻关,与相关国家、国际组织和国际合作伙伴共同开展国际月球科研站建设。继续实施行星探测工程,发射小行星探测器、完成近地小行星采样和主带彗星探测,完成火星采样返回、木星系探测等关键技术攻关。论证太阳系边际探测等实施方案。

### 5. 发射场与测控

中国将在强化航天产品统一技术体制的基础上,进一步完善现有航天发射场系统,统筹开展发射场通用化、集约化、智能化建设,增强发射场系统任务适应性和可靠性,提升高密度、多样化发射任务支撑能力。建设商业发射工位和商业航天发射场,满足各类商业发射需求。持续完善现有航天测控系统,优化组织模式,创新测控技术和手段,强化天地基测控资源融合运用能力,推动构建全域覆盖、泛在互联的航天测控体系,统筹实施国家太空系统运行管理,提高管理和使用效益。建强深空测控通信网,保障月球、火星等深空探测任务实施。

### 6. 新技术试验

中国将面向新技术工程化应用,开展航天器智能自主管理、空间扩展飞行器、新型空间动力、航天器在轨服务与维护、空间碎片清除等新技术验证,以及航天领域新材料、新器件、新工艺在轨试验验证,提升技术成熟度和工程应用能力。

### 7. 空间环境治理

中国将统筹推进空间环境治理体系建设。加强太空交通管理,建设完善空间碎片监测设施体系、编目数据库和预警服务系统,统筹做好航天器在轨维护、碰撞规避控制、空间碎片减缓等工作,确保太空系统安全稳定有序运行。全面加强防护力量建设,提高容灾备份、抗毁生存、信息防护能力,维护国家太空活动、资产和其他利益的安全。论证建设近地小天体防御系统,提升监测、编目、预警和应对处置能力。建设天地结合的空间天气监测系统,持续完善业务保障体系,有效应对灾害性空间天气事件。

## (二)培育壮大空间应用产业

中国航天面向经济社会发展重大需求,加强卫星公益服务和商业应用,加速航天技术成果转移转化,推动空间应用产业发展,提升航天发展效益效能。

### 1. 卫星公益服务

围绕平安中国、健康中国、美丽中国、数字中国建设,强化卫星应用与行业区域发展深度融合,强化空间信息与大数据、物联网等新一代信息技术深度融合,深化陆地、海洋、气象遥感卫星数据综合应用,推进北斗导航+卫星通信+地面通信网络融合应用基础设施建设,加快提升精细化精准化业务化服务能力,更好地服务支撑"碳达峰"与"碳中和"、乡村振兴、新型城镇化、区域协调发展和生态文明建设。

**2. 空间应用产业**

中国航天将紧紧抓住数字产业化、产业数字化发展机遇,面向经济社会发展和大众多样化需求,加大航天成果转化和技术转移,丰富应用场景,创新商业模式,推动空间应用与数字经济发展深度融合。拓展卫星遥感、卫星通信应用广度深度,实施北斗产业化工程,为国民经济各行业领域和大众消费提供更先进更经济的优质产品和便利服务。培育发展太空旅游、太空生物制药、空间碎片清除、空间试验服务等太空经济新业态,提升航天产业规模效益。

### (三) 开展空间科学探索与研究

中国航天围绕宇宙起源和演化、太阳系与人类的关系等科学主题,论证实施空间科学计划,开展空间科学探索和空间环境下的科学实验,深化基础理论研究,孵化重大空间科学研究成果。

**1. 空间科学探索**

中国将围绕极端宇宙、时空涟漪、日地全景、宜居行星等科学主题,研制空间引力波探测卫星、爱因斯坦探针、先进天基太阳天文台、太阳风—磁层相互作用全景成像卫星、高精度地磁场测量卫星等,持续开展空间天文、日球物理、月球与行星科学、空间地球科学、空间基础物理等领域的前瞻探索和基础研究,催生更多原创性科学成果。

**2. 空间环境下的科学实验**

中国将利用天宫空间站、"嫦娥"系列探测器、"天问一号"探测器等空间实验平台,开展空间环境下的生物、生命、医学、材料等方面的实验和研究,持续深化人类对基础科学的认知。

## 第三节　战略方针

以中华人民共和国国务院新闻办公室 2022 年 1 月 28 日发布的《2021 中国的航天》白皮书为基本依据,概述战略方针。

中国发展航天事业服从和服务于国家整体发展战略,坚持创新引领、协同高效、和平发展、合作共享的原则,推动航天高质量发展。

## 一、创新引领

坚持创新在航天事业发展中的核心地位,建强航天领域国家战略科技力量,实施航天重大科技工程,强化原创引领的科技创新,持续优化创新生态,加快产品化进程,不断提升航天自主发展能力和安全发展能力。

## 二、协同高效

坚持系统观念,更好发挥新型举国体制优势,引导各方力量有序参与航天发展,科学统筹部署航天活动,强化空间技术对空间科学、空间应用的推动牵引作用,培育壮大新模式、新业态,提升航天发展的质量效益和整体效能。

## 三、和平发展

始终坚持和平利用外层空间,反对外空武器化、战场化和外空军备竞赛,合理开发和利用空间资源,切实保护空间环境,维护一个和平、清洁的外层空间,使航天活动造福全人类。

## 四、合作共享

坚持独立自主与开放合作相结合,深化高水平国际交流与合作,拓展航天技术和产品全球公共服务,积极参与解决人类面临的重大挑战,助力联合国2030年可持续发展议程目标实现,在外空领域推动构建人类命运共同体。

## 第四节　战略手段

以中华人民共和国国务院新闻办公室2022年1月28日发布的《2021中国的航天》白皮书为基本依据,从航天治理和航天国际合作两个方面概述战略手段。

## 一、推进航天治理现代化

中国政府积极制定发展航天事业的政策与措施,科学部署各项航天活动,充分发挥有效市场和有为政府作用,营造良好发展环境,推动航天事业高质量发展。

## （一）持续提升航天创新能力

建设航天战略科技力量,打造以科研院所为主体的原始创新策源地,建立健全产学研用深度融合的航天技术创新体系,构建关键领域航天科技创新联盟,形成上中下游协同、大中小企业融通的创新发展格局。

推进实施一批航天重大工程和重大科技项目,推动航天科技跨越发展,带动国家科技整体跃升。

勇攀航天科技高峰,超前部署战略性、基础性、前瞻性科学研究和技术攻关,推进新一代信息技术在航天领域融合应用,加速先进技术特别是颠覆性技术的工程应用。

加强航天技术二次开发,推动航天科技成果转化应用,辐射带动国民经济发展。

## （二）强化航天工业基础能力

持续完善基于系统集成商、专业承包商、市场供应商和公共服务机构,根植于国民经济,融合开放的航天科研生产组织体系。

优化产业结构布局,做强研发制造,做优发射运营,做大应用服务,强健产业链供应链。

加快工业化与信息化深度融合,建设智能化脉动生产线、智能车间、智慧院所,持续推动航天工业能力转型升级。

## （三）加快发展空间应用产业

完善卫星应用产业发展政策,统筹公益和市场需求,统合设施资源建设,统一数据与产品标准,畅通共享共用渠道,构建产品标准化、服务个性化的卫星应用服务体系。

加快培育卫星应用市场,支持各类市场主体开展卫星应用增值产品开发,创新卫星应用模式,培育"航天+"产业生态,加快发展航天战略性新兴产业。

## （四）鼓励引导商业航天发展

研究制定商业航天发展指导意见,促进商业航天快速发展。扩大政府采购商业航天产品和服务范围,推动重大科研设施设备向商业航天企业开放共享,支持商业航天企业参与航天重大工程项目研制,建立航天活动市场准入负面清单制度,确保商业航天企业有序进入退出、公平参与竞争。

优化商业航天在产业链中布局,鼓励引导商业航天企业从事卫星应用和航天技术转移转化。

### (五)积极推进法治航天建设

加快推进航天法立法,构建完善以航天法为核心的航天法制体系,促进法治航天建设。研究制定卫星导航条例,规范和加强卫星导航活动管理。修订空间物体登记管理办法,持续规范空间数据共享和使用管理、民用航天发射许可管理。研究制定卫星频率轨道资源管理条例,加强卫星频率轨道资源申报、协调和登记,维护卫星频率轨道资源合法权益,助力航天事业发展。

加强国际空间法研究,积极参与外空国际规则、国际电联规则制定,维护以国际法为基础的外空国际秩序,推动构建公正、合理的外空全球治理体系。

### (六)建设高水平航天人才队伍

加快建设航天领域世界重要人才中心和创新高地,厚植人才发展沃土,壮大人才队伍规模。完善人才培养机制,加强战略科学家、科技领军人才、青年科技人才和创新团队建设,培养一大批卓越工程师、高素质技术技能人才和大国工匠,造就一批具有国际视野和社会责任感的优秀企业家。完善人才交流机制,规范和引导航天人才合理流动。完善人才激励机制,加大奖励支持力度。加强航天特色学科专业建设,培养航天后备人才队伍。

### (七)大力开展航天科普教育和文化建设

继续组织开展"中国航天日"系列活动,充分利用"世界空间周""全国科技活动周"以及"天宫课堂"等平台,加强航天科普教育,普及航天知识,传播航天文化,传承弘扬"两弹一星"精神和载人航天精神、探月精神、新时代北斗精神,激发全民尤其是青少年崇尚科学、探索未知、敢于创新的热情,提高全民科学文化素养。

做好重大航天遗产保护,持续推动航天博物馆、航天体验园等科普教育基地建设。鼓励支持航天题材文艺作品创作,繁荣航天文化。

## 二、构建航天国际合作新格局

中国将以更加积极开放的姿态,拓展双边、多边合作机制,在以下重点领域广泛开展国际空间交流与合作:

### 1. 外空全球治理

在联合国框架下,积极参与外空国际规则制定,共同应对外空活动长期可持续发展面临的挑战。积极参与空间环境治理、近地小天体监测与应对、行星保护、太空交通管理、空间资源开发利用等领域国际议题讨论和机制构建。开展空间环境治理合作,提高太空危机管控和综合治理效能,支持与俄、美等国及有关国际组织开展外空治理对话,推动亚太空间合作组织空间科学观测台建设。

### 2. 载人航天

依托中国空间站,开展空间天文观测、地球科学研究,以及微重力环境下的空间科学实验。推动开展航天员联合选拔培训、联合飞行等更广泛的国际合作。

### 3. 北斗导航

持续参加联合国全球卫星导航系统国际委员会有关活动,推动建立公正合理的卫星导航秩序。积极推进北斗卫星导航系统和其他卫星导航系统、星基增强系统的兼容与互操作合作,促进全球卫星导航系统兼容共用。重点推进北斗卫星导航系统应用合作与交流,共享北斗系统成熟应用解决方案,助力各国经济社会发展。

### 4. 深空探测

重点推进国际月球科研站合作,欢迎国际伙伴在项目的各个阶段、在任务的各个层级参与国际月球科研站的论证和建设。拓展在小行星、行星际探测领域合作。

### 5. 空间技术

支持卫星工程和技术合作,完成埃及二号卫星联合研制,发射中法天文卫星、中意电磁监测卫星 02 星,推动中巴(西)资源系列后续卫星合作。开展航天测控支持合作,继续开展与欧洲空间局在测控支持领域合作,进一步推进地面站网建设。支持商业航天国际合作,包括发射服务,以及卫星整星、卫星及运载火箭分系统、零部件、电子元器件、地面设施设备等产品技术合作。重点推动巴基斯坦通信卫星研制,以及巴基斯坦航天中心、埃及航天城建设合作进程。

### 6. 空间应用

推动中国气象卫星数据全球应用,支持中法海洋卫星数据向世界气象卫星组织开放,推动"张衡一号"电磁监测卫星数据全球共享和科学应用。推动"一带一路"空间信息走廊建设,加强遥感、导航、通信卫星的应用合作。推动亚太空间合作组织数据共享服务平台建设。推动金砖国家遥感卫星星座建设与应用。参与空间气候观测平台建设与实践。

### 7. 空间科学

依托深空探测工程,利用地外样品和探测数据,开展空间环境、行星起源演化等领域的联合研究;通过联合国向国际社会开放"嫦娥四号"卫星科学数据。推动空间科学卫星联合研制,开展以暗物质粒子、太阳爆发活动及其影响、空间引力波等为重点的空间科学探索研究。

### 8. 人才与学术交流

开展航天领域人员交流与培训。举办高水平国际学术交流会议和论坛。

## 习题

1. 简答中国太空安全战略的发展历程。
2. 论述新时代中国太空安全战略的战略目标。
3. 论述新时代中国太空安全战略的战略方针。
4. 论述新时代中国太空安全战略的战略手段。
5. 论述建设航天强国、维护国家太空安全的对策和建议。
6. 论述中国航天精神的主要内容及对新时代青年人成长进步的启示。

# 下篇　战略管理篇

# 第九章　太空安全法治

面对日益严峻的太空安全形势,如何通过法律法规途径对太空领域进行综合治理,是维护太空安全的基本手段之一,是实现人类太空命运共同体的有效方法,是推进太空国际合作的可靠保证。

## 第一节　法的一般原理

### 一、法的起源、本质和基本特征

#### (一) 法和法律的词源、词义

汉字中的"法",古体为"灋",由氵、廌、去三部分组成。东汉许慎的《说文解字》说:"灋,刑也,平之如水,从水;廌所以角不直者去之,从去。"奴隶社会,"法"统称"刑"。不过,这里的"刑"与"典型""范型"的"型"相通,含有常规、规范的意思。"平之如水",是说不高不低,不偏不倚,像水一样平。"廌"是传说中的一种神兽,形似牛,独角,生性公正,能辨曲直,古时审判案件,以被廌角者为败诉。律,《说文解字》说:"律,均布也。"清人段玉裁注释:"律者,所以范天下之不一而归于一。"古代"法""律"二字原可互训。《尔雅·释诂》:"法,常也。律,法也。"《唐律疏议》也说:"律之与法,文虽有殊,其义一也。"可见,"法"和"律"都含有规范、划一、公平、公正的意思。

在现代汉语中,"法律"一词有广义和狭义两种理解。广义的法律是指法律的整体,即法律规范的总和。不少法学著作称之为"法"。狭义的法律则专指由特定的国家机关制定的规范性文件。本书在广义上使用"法律"一词时,根据具体的语言环境,有时称"法",有时称"法律",而它们的内涵和外延是完全一致的。

#### (二) 法的起源

法是一个历史范畴,是社会发展到一定历史阶段上的产物。它的产生以阶级的出现为前提。而阶级的出现绝不是偶然的,它是社会基本矛盾——生产力和生产关系、经济基础和上层建筑运动的结果。如前所述,即使在原始社会,人们也有共同遵守的社会规范,那就是习惯。这就表明,只要是人类社会,只要是人们共同生活在一起,为了使生活、生产(包括人类自身的生产)得以延续下去,共同的行为规则是必需的。正如恩格斯所说的:"在社会发展某个很早的阶段,产生了这样的一种需要:把每天重复着的生产、分配和交换产品的行为用一个共同规则概括起来,设法使个人服从生产和交换的一般条件。这个规则首先表现为习惯,后来变成了法律。随着法律的产生,就必然产生出以维护法律为职责的机关——公共权力,即国家。"可见,法的产生及其存在,除有其阶级根源外,还有其社会根源,这个社会根源就是人类社会共同生活的客观需要。

## (三) 法的本质

法是统治阶级意志的表现,法是社会生活的共同需要,法的本质不只是它的阶级性,也不只是它的社会性,而是它的阶级性和社会性的统一。世界上从来就不存在只具有阶级性而不具有社会性的法,同样也不存在只具有社会性而不具有阶级性的法。那么,法的阶级性即其政治职能与法的社会性即其社会职能又是一种怎样的关系呢?恩格斯说得很明白:"政治统治到处都是以执行某种社会职能为基础,而且政治职能只有在它执行了它的这种社会职能时才能持续下去。"法的阶级性的实现有赖于法的社会性的实现,法的社会性是法的阶级性的基础。

## (四) 法的基本特征

### 1. 法是一种行为规范,具有规范性

行为规范即行为规则,是人们的行为所应遵循的标准模式。行为规范基本上可以分为两类:一类是技术规范,它主要调整人与自然界之间的关系,是人们在运用自然力、劳动工具和劳动对象时所应遵循的标准,如常见的技术标准、操作规程等;另一类是社会规范,它主要调整人与人之间的关系即社会关系,是人们进行社会活动时所应遵循的。法既然是行为规范的一种,自无例外。它以明白、肯定的方式向人们宣布,什么行为是可以做的,什么行为是必须做的,什么行为是禁止做的,以此来规范人们的行为,调整人们之间的相互关系。

### 2. 法由国家制定或认可

在众多的行为规范中,只有法是由国家制定或认可的。制定和认可是统治阶级意志上升为国家意志即国家创制法的两种方式。制定,就是国家机关

根据统治阶级的意愿和要求,按照一定的程序,创制具有不同法律效力的规范。认可,就是国家机关通过一定的形式,赋予某些已经存在的行为规范(如习惯、道德规范等)以法律效力,使之成为法的规范。在法产生的初期,国家认可习惯是国家创制法的主要方式。

**3. 法以国家强制力保证其实施并具有普遍的约束力**

任何社会规范的实施都有赖于某种强制力,但除了法以外,没有一种社会规范是以国家强制力来保证其实施的。国家强制力是一种特殊的社会强制力,它的组织形式主要是军队、警察、法庭、监狱等。

**4. 法规定人们的权利和义务**

法作为一种行为规范,它的内容通常是以规定人们的权利和义务的方式表现出来的。一般地说,法律上的权利,通常表现为法律允许人们做或不做某种行为,法律上的义务则通常表现为法律指令人们必须做或不做某种行为。法律规范的内容,说到底,就是一个权利义务问题。

## (五) 法的定义

根据对法的本质和法的基本特征的分析,可以把法定义为:法是由国家制定或认可的,体现由特定物质生活条件决定的统治阶级意志和社会共同生活的需要,以权利和义务为其内容,并以国家强制力保证其实现的一种行为规范体系。

# 二、法的规范、渊源和分类

## (一) 法的规范

法的规范或称法律规范,是构成法的"细胞",它与法之间的关系是个别与整体的关系。一国的法的体系,主要是由该国全部法的规范构成的。所以,前述关于法的本质和基本特征等原理,都可以用来说明法的规范。一个法的规范可能规定得很具体,也可能规定得比较原则,但无论怎样具体或原则,都不外是向人们提供一定的行为模式,要求人们一体遵行。

**1. 法的规范的逻辑构成**

从逻辑上说,任何一个法律规范都由以下三个部分构成:①适用条件部分,就是法律规范中规定的适用该规范的条件部分。②行为准则部分,就是法律规范中规定人们行为模式、标准或尺度的部分。③法律后果部分,就是法律规范中规定人们的行为符合或违反该规范的要求时将会产生的某种可以预见的结局的部分。上述三个部分对于任何一个法律规范来说都是必不可少的。缺少其中任何一个部分,就不成其为法律规范。法律规范不等于法律条文,后者是前者的文字形式。在一个法律条文里,甚至在一个法律文件里,不一定要把某一法律规范的三个构成部分都表述出来。

**2. 法的规范的分类**

依据法律规范本身的性质,可将法律规范分为义务性规范、禁止性规范和授权性规范。义务性规范是规定主体必须为某种行为的规范。禁止性规范是规定主体不得为某种行为的规范。授权性规范是授予主体可以为某种行为或不为某种行为的权利的规范。如太空法规定各国拥有平等进入、利用、开发、探索太空的权利,而每个国家是否行使该项权利,可由其自行决定,既可以行使该项权利,也可以放弃它。法律规范按其内容确定的程度,可分为确定性规范、准用性规范和委任性规范。确定性规范是直接、明确地规定规范内容的一种规范。准用性规范没有直接规定规范的内容,只是规定在适用该规范时,准予援用其他有关的规范。委任性规范也没有直接规定规范的内容,只是指出了它的内容将由其他法律规范加以规定。

## (二) 法的渊源

作为行为规范的法,必须由特定的国家机关通过一定的形式表现出来,才能为人们所知晓、遵守,也才具有法律上的效力。这种用以表现法的规范的各种具体形式,法学上称为法的渊源或法的形式。从历史上看,法的渊源是多种多样的,基本上可以分为两大类:一类是国家机关制定的各种规范性文件,另一类是国家认可的不具备文字形式的习惯。规范性文件是指国家机关在其权限范围内按照法定程序制定和颁布的具有普遍约束力的行为规范的文件,亦即通常所说的成文法或制定法。国家认可的不具备文字形式的习惯,即通常所说的习惯法或不成文法。

## (三) 法的分类

**1. 成文法和不成文法**

这是依据法的创制方式和表现形式所作的分类。成文法是指有权制定法律的国家机关,依照法定程序所制定的具有条文形式的法律文件,即规范性文件。成文法因其是国家机关制定的,所以又称为制定法。不成文法是指国家机关认可的、不具有条文形式的习惯。不成文法又称为习惯法。由于它不是经国家机关制定的,所以也称为非制定法。有的法学著作把判例法也称为不成文法。

### 2. 根本法和普通法

这是依据法的内容、效力和制定程序所作的分类。根本法即宪法,它规定一国国家制度和社会制度的基本原则,具有最高法律效力,是普通法立法的依据。唯其如此,它的制定和修改程序也最为严格。普通法泛指宪法以外所有的法律,它根据宪法确认的原则就某个方面或某些方面的问题做出具体规定,效力低于宪法。

### 3. 实体法和程序法

这是依据法的内容性质所作的分类。实体法是从实际内容上规定主体的权利和义务的法律,如民法、刑法等。程序法是为实现实体权利义务而制定的关于程序方面的法律,如刑事诉讼法、民事诉讼法等。当然,这种划分并不是绝对的,在实体法中往往也规定了某些程序问题,而在程序法中则多有关于诉讼主体权利义务的规定。

### 4. 一般法和特别法

这是依据法的适用范围所作的分类。凡是在一国领域内对全体居民和所有社会组织普遍适用而且在它被废除前始终有效的法律,是一般法。如民法、刑法。凡是只在一国的特定地域内如某个行政区域,或只对特定的主体(如公职人员、军人)或在特定的时期内(如战争时期)有效的法律,是特别法。在适用上,特别法优先于一般法。

### 5. 国际法和国内法

这是依据法的创制和适用的主体所作的分类。与国内法不同,国际法是由参与国际关系的国家通过协议制定或确认的并适用于国家之间的法律。国际法律关系的主体主要是国家。它的实施以国家单独或集体的强制措施为保证。

### 6. 公法和私法

划分公法和私法的依据却众说纷纭。比较普遍的说法是以法律运用的目的为划分的依据,即凡是以维护公共利益为目的的法律为公法;凡是以维护私人利益为目的的法律为私法。

### 7. 法系

法系是西方法学中一个常见的概念。但法系的含义究竟是什么,却无一致意见。一般认为,凡是在内容上和形式上具有某些共同特征,形成一种传统或派系的各国法律,就属于同一个法系。所以,西方法学所谓的法系,主要是按照法律的特点和历史传统对各国法律进行分类的一种方法。西方法学家在法系的划分上也很不一致,但不少法学著作在论述法系问题时,多举英国法系、大陆法系、中国法系、印度法系、伊斯兰法系五大法系。这五大法系除大陆法系和英国法系外,其余的基本上已经成为法制史上的概念。

**8. 法的历史类型**

法总是具体的,无论它们的差别有多大,一定的法总是一定阶级的意志表现,它的性质归根结底是由产生它的经济基础决定的。这就为我们对法的历史发展的认识,对形式上千差万别的法进行科学分类,提供了一个最基本的依据和标准,即以经济基础和阶级本质为标准,把历史上的法划分为若干类型,只要是建立在性质相同的经济基础之上,反映同一阶级意志的法,就是同一历史类型的法。根据划分法的历史类型的标准,马克思主义法学把自有法以来的全部法划分为四种历史类型:奴隶制类型的法、封建制类型的法、资本主义类型的法和社会主义类型的法。这四种不同类型的法的依次更替,反映了法由低级向高级的发展过程。

## 三、法的制定与实施

### (一) 法的制定

法的制定即立法,是指特定的国家机关依照法定的权限和程序,制定、修改和废止法的活动。法的制定可以作广义和狭义两种理解:广义说,是指国家机关依法制定法律、法规、规章和其他规范性文件的活动;狭义说,是专指享有国家立法权的国家机关制定法律的活动。

### (二) 法的实施

法的实施是指法律规范在社会生活中的贯彻和实现。法的实施不外两种方式,即法的遵守和法的适用。在社会主义制度下,由于法体现广大人民的意志和根本利益,因而能为大多数人自觉遵守。所以,法的遵守是社会主义法实施的主要方式。但是,由于种种原因,法所保护的社会关系和社会秩序经常在不同程度上遭到破坏;在现实生活中,人们之间也常常会发生关于权利归属的争端。在这种情况下,就需要由被授予专门职权的国家机关,依照法律的规定,采取某种带有强制性的措施,来保证法的实施。这种活动就是法的适用。

## （三）法的适用

法的适用是指国家机关及其工作人员,依照法定的职权和程序,采取某种带有强制性的措施,实现法律对特定社会关系调整的活动。在实践中,通常把司法机关适用法律的活动称为"司法",而把行政机关适用法律的活动称为"执法"。

## （四）法治与法制

对法制概念的表述,众说不一。有的认为,法制就是法律制度。有的认为,法制就是统治阶级的法律意识、法律制度、法律文件的总称。有的认为,法制是统治阶级把国家事务制度化、法律化,并严格依法办事的一种原则。也有把法制等同于法治,即依法治国。

"法治"就是"依法治国",简言之,即依照法律治理国家。

法制与法治的联系。第一,法制是法治的必要前提条件,因为,只有有了国家的法律和制度,才能谈到法治即依法治国的问题。第二,法治本身反过来又要求有完备的反映广大人民意志和社会发展规律的良好的国家法律和制度。唯其如此,法治的基本要求和法制的基本要求才是一致的。

法制与法治的区别。第一,固有的属性不同。法制作为法律制度,是相对于社会、经济、政治、文化等各个领域的制度而言的,是横向的制度性社会上层建筑结构的要素之一。法治则是相对于人治而言的,是个纵向的、动态的社会调整过程。第二,在治国中的地位不同。如前所述,人们通常把法制当作治理国家的工具,即"以法治国"。在这里,人被置于治国的首位,是主词;法则是一种工具,是宾词。治国者可以受他自己制定的法律的约束,也可能凌驾于法律之上。法治是"法的统治"或"依法治国",法是主词,人是宾词,法被置于治国的首位,治国者本身也要受法之治,服从法律。第三,与民主的关系不同,法制与民主政治之间没有必然的联系,实行民主政治的国家需要法制,实行专制主义政治的国家也需要法制。但是,法治必须是"良法"的治理,而非"恶法"的治理。良法就是维护人们的权利和自由,防止暴政,制裁犯罪,维护正义的法律;恶法就是维护独裁专制、维护暴政、侵害人权、肆意剥夺人们的自由、损害正义的法律。良法的重要属性之一是它的民主性,由此可知,在以人身依附关系为基础的奴隶社会和封建社会,是不可能有真正的法治的。只有在资产阶级民主制国家或社会主义民主制出现后,才可能有真正的法治,这也就是说,真正的法治仅仅是近代以来的产物。第四,经济条件的不同。从经济条件的角度来考察,与民主制一样,法治是市场经济的产物。因为没有法治,市场经济是不可能形成、维持和发展的。这就是通常所说的"市场经济是法治经济"的根据。总体来说,有法制不等于有法治,但是有法治则不可能没有法制。

# 第二节 太 空 法

太空法作为调整涉及国家太空利益的社会关系的法律规范,涉及诸多的法理问题,其中基本问题包括太空法的由来、太空法的概念内涵、太空法的调整对象、太空法的体系、太空法的作用、太空法的推进等。

## 一、太空法的由来

太空是新兴领域,太空进出、太空利用、太空控制、太空探索等方面面临许多安全问题,这些太空安全问题急需依法依规有效处置。

### (一)太空进出面临的法治问题

随着科学技术的快速发展,人类活动范围扩大到了太空。1957 年 10 月 4 日,苏联发射人类第一颗人造卫星,标志着人类探索活动延伸到外层空间。1961 年 4 月 12 日,苏联宇航员尤里·加加林进入太空,标志着人类到达了外层空间。1969 年 7 月 20 日,美国宇航员尼尔·阿姆斯特朗和巴兹·奥尔德林到达月球,人类首次实现登上月球的理想。1981 年 4 月 12 日,人类第一架航天飞机"哥伦比亚号"由美国试飞成功,标志着人类拥有了自由进出外层空间的运输工具。2014 年 5 月 16 日,俄罗斯一枚"质子-M"运载火箭搭载"快车-AM4R"发射升空,发射失败,残骸降落在黑龙江境内。

在这些太空进出活动的背后,面临着许多安全问题,如太空自由、太空平等、太空装备进出是否安全、宇航员进出是否安全、太空进出活动失败是否破坏地面设施和环境等。这些太空进出安全问题是否有相关太空法,能否依据太空法进行有效治理,都是须研究的问题。

### (二)太空利用面临的法治问题

随着太空装备性能的日益提高,太空利用进一步扩展,在政治、经济、科技等领域地位作用日益增强。在太空通导遥系统利用过程中,如何处理违规通信、分配太空频轨资源、共享遥感数据、确保在轨航天器运行安全、减少太空碎片等问题,都需要相应的太空法来协调。

### (三)太空控制面临的法治问题

太空被视为新的作战域,多国太空安全力量调整重构、太空装备持续升级换代、太空演训走向实战化,太空领域对抗倾向日趋明显,太空军事化、太空武器化、太空战场化呈现加快发展趋势。世界太空安全形势日益严峻,太空控制面临的安全问题日益突出,建立健全太空法,依法有效进行太空军控,已成为世界各国共识,是太空安全综合治理的重中之重。

### (四) 太空探索面临的法治问题

随着太空科技的快速发展,有效拓展太空探索的深度和广度,催生了许多基础性、原创性、前瞻性的科学成果。与此同时,在太空探索过程中也面临着太空环境安全如何保护、太空资源查证与开采是否合法、太空科学实验平台如何依法协同高效搭建、太空探索成果如何有效共享等现实问题,都需要相应的太空法来协调。

## 二、太空法的概念内涵

从法律法规的视角,太空是指地球表面上的,空气空间以外的不属于任何国家主权管辖范围的整个空间。随着航天技术的迅猛发展,人类的生存空间和活动也随之扩大,国际法的调整范围和领域也随之扩大。太空法是空间科技及人类空间活动的必然产物。

太空法,是指由一国或多国制定或认可,用于调整涉及国家内部或多国间太空利益的法律规范,以权利和义务为其内容,并以一国或多国强制力保证其实现的一种行为规范体系。是统治阶级意志的体现,是多国或一国进行太空力量建设,以及太空行动的基本依据。太空法一般表现为对有关组织和人员的职能或职权、权利和义务、行为模式和行为的法律后果的规范。

太空法根据调整对象和范围的不同,分为国际太空法和国内太空法。国际太空法是调整各国探索和利用外层空间活动的国际法原则、规则和制度的总和。国内太空立法是为了规范本国的空间活动,有些国家制定规范国内法人或个人在太空活动的政策法规,是国际太空法的中介与补充。因此,太空法是规范和调整人类在太空活动的国际太空法和国内太空法的总和。其中,国际太空法属于国际法的范畴,国内太空法属于国内法的范畴。两者之间的联系与区别实际上就是国际法与国内法之间关系的体现。国际法主要用来调整国家之间在政治、经济、科技、外交、舆论等各领域的关系。国内法主要用来调整一个国家的法人、自然人之间的关系。

### 三、太空法的调整对象

太空法的调整对象是指太空法所确认、维护和制约的太空关系。是确立太空法成为国家法律体系中一个法律部门的主要依据,也是太空法区别于其他法律部门的显著标志。太空法的调整对象主要包括以下几个方面。

#### (一) 调整太空力量建设方面的关系

太空力量建设是国家为提高太空能力而在太空领域进行的各项建设活动和采取的各种措施。太空力量建设包括国家太空力量、商业太空力量的建设,受国家政治制度、经济实力、科学水平、地理位置、文化传统和国际环境等因素的影响和制约。为了使太空力量建设纳入法制轨道,要通过太空立法,确立国家太空力量、商业太空力量的法律地位和职能,明确太空力量的性质、任务和作用,规定太空力量的总体结构、体制编制和力量体系,明确太空领导和指挥体制、太空训练体制、太空管理体制、太空科研体制、太空保障体制、太空装备体制等内容,实现依法治天。

#### (二) 调整太空力量内部的关系

太空力量内部的太空关系包括国家太空力量、商业太空力量的职能、职责、权限和活动原则;各力量内部的科研、生产、发射、测控、利用、合作等工作的关系;国家太空力量与商业太空力量之间的关系;遂行各项太空任务的协同配合关系;太空力量内部的上下级关系、管辖和隶属关系、友邻关系、支援关系;太空从业人员之间的相互关系,太空从业人员的权利和义务关系,太空从业人员的优待抚恤、离休退休、晋称晋级,太空从业人员的纪律及奖励、处分,太空从业人员的犯罪及刑事责任等。这些都需要通过太空法来调整。

#### (三) 调整太空部门与其他部门、太空从业人员与其他公民之间的关系

太空部门与其他部门、太空从业人员与其他公民的社会交往中发生的各种太空关系,需要运用法律规范加以调整。如太空部门参加经济建设、抢险救灾,太空征用土地,太空设施的管理与保护,太空科研生产,太空从业人员的招聘、培训和保障,以及太空部门与其他部门互涉的刑事、民事、行政、经济方面的案件处理等,都需要太空法来调整,以维护国家太空利益,保护太空部门与其他部门、太空从业人员与其他公民各自的合法权益。

## （四）调整国家在战争、内乱等非常时期和涉外太空事务等方面的关系

在国家遭遇战争时，为了赢得战争的胜利，要制定国内的战时太空特别法律，宣布国家进入战争状态，决定太空领域的全国总动员或局部动员，适时转入战时体制，并且需要对外缔结、签署、参加、批准有关太空条约和太空冲突法条约；在国家处于内乱等非常时期，为恢复秩序和维护国家太空利益，国家要宣布处于紧急状态，实行一系列的太空特别措施在这些方面，太空法能起到特别的和重要的作用。此外，国家开展、加强与外国的太空往来和合作，引进外国的先进太空科学技术和太空设备器材，开展国际太空学术交流等活动，也需要通过太空法予以调整。凡是国家承认、签署、缔结、批准的太空冲突法条约，都要通过太空立法加以确认、保证执行。

## 四、太空法的体系

太空法的体系是由各种太空法律规范依照一定的原则和要求组成的覆盖全面、结构合理、内部协调、科学严谨的有机统一整体，是法律体系的组成部分（图9-1）。

依据太空法的适用范围，太空法可分为国际太空法和国内太空法。与国内太空法不同，国际太空法是由参与国际关系的国家通过协议制定或确认的并适用于国家之间的太空法律。国际法律关系的主体主要是国家。它的实施以国家单位或集体的强制措施为保证。

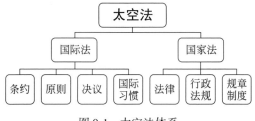

图9-1　太空法体系

太空法包括国际法和国家法2个层次，均会对太空安全产生重要影响。据不完全统计，自1958年以来，共有航天法律70余部。其中，国际层面11部，国家层面60余部，近30个国家已经出台航天法。国际法主要明确各国共同开展太空活动应遵守的规则并协调各国利益；国家法主要是维护本国安全和利益，规范本国太空活动和活动主体，并履行国际义务。实质上，"认知、掌握

和运用国际法的能力"体现了一个国家的软实力,因为各国诉诸武力的能力不同,但运用国际法这一工具维护本国利益的机会却是均等的。总体而言,国家法应当反映国家所应遵守的国际法义务,同时也能影响国际法的制定和修改,两者的关系应该是协调一致的。

## 第三节  国际太空法

### 一、国际太空法的形成与发展

国际太空法的发展大致经历了以下 4 个阶段。

#### (一) 萌芽期(1957—1966 年)

第一颗人造地球卫星发射成功后,立即引起了国际社会的关注。联合国大会在 1958 年 11 月 14 日通过的决议中指出,为了保障太空物体的发射完全用于科学及和平目的,应共同研究一套监督机制。同年 12 月 13 日,联合国大会再次通过决议,确认"人类对于外空福祸与共,而共同之目的则在于使外空仅用于和平之途",并成立了由阿根廷、澳大利亚、巴西、加拿大、法国、日本、印度、波兰、瑞典、苏联、英国、美国等 18 个国家代表组成的"外空和平使用问题特设委员会"。1959 年第 14 届联大专门安排了和平使用外空问题的讨论,于12 月 12 日通过了《和平利用外空之国际合作》1472 号决议,决议指出,"外空之探测与使用应造福人类,加惠各国,不问其经济或科学发展情形为何",并将"外空和平利用问题特设委员会"改为常设委员会,称之为"外空和平利用问题委员会"(即现在所称的"联合国和平利用外层空间委员会",简称外空委)。外空委的任务包括研究和平利用外层空间可能产生的法律问题,外空委遂成为制定、编纂国际太空法的主要机构。

1961 年 12 月 20 日,第 16 届联大一致通过了《外空和平利用之国际合作》的 1721 号决议,提出了利用外层空间的 3 项原则:①国际法,包括《联合国宪章》,适用于外层空间及天体。②外层空间及天体供一切国家依据国际法探测及使用,不得为任何国家所专有。③发射物体进入外层空间的国家须通过秘书长告知外空委,以便登记。

为制定和发展外层空间法,外空委于 1962 年成立了法律小组委员会,负责拟订有关外空活动的条约、协定和其他法律草案,提交外空委和联合国大会审议通过。在该小组委员会的推动下,1963 年 12 月 13 日,第 18 届联合国大会通过了《关于各国探索和利用外层空间活动的法律原则宣言》的 1962 号决议。决议郑重宣告了 9 项原则:①外空的探索与利用必须为全人类谋福利和利益。②外空及天体可由各国在平等基础上根据国际法自由探索及利用。③任何国家不得对外空及天体提出主权要求,也不得以任何方式据为己有。④各国在探索和利用外空时应遵守国际法规定。⑤各国对本国的外空活动,不论由政府或非政府团体进行,均负有国际责任。⑥各国探索和利用外空须遵守合作与互助的原则。⑦发射国对射入空间的物体及物体内的人员保持管理、控制和所有权。⑧向外层空间发射物体的国家或向外层空间发射物体的发起国家,以及被利用其国土或设施向外层空间发射物体的国家,对射入空间的物体所造成的损害负有国际责任。⑨各国应视航天员为人类派往外层空间的使节,遇其发生意外或在外国领土紧急降落时,应给予一切可能之救助。

该宣言是外层空间法发展史上的一个极其重要的国际文件,尽管它不产生法律上的权利和义务,不具有法律约束力,但对各国的外空活动起到了很好的指导作用。许多国家的代表都公开声明,他们的国家愿意并保证遵守宣言的规定。如美国代表说:"考虑到宣言草案中包含的法律原则反映了联合国或其成员国接受的国际法,美国将遵守这些原则,并希望该宣言所提倡的探索和利用外层空间行为成为所有国家的实践。"苏联宣布:"如果这个草案获得通过,苏联也将尊重这些原则。"澳大利亚代表说:"当大家都认为联合国大会法律原则宣言本身不构成法律义务,我们澳大利亚代表团也同样认为该宣言不构成国际法发展中的一部分。但是,我们又认为,联合国大会通过的法律宣言,特别是被普遍接受和在实践中被坚持,可以作为国际惯例有价值的证据,因而是最重要的国际法渊源。"

在此阶段,值得一提的是,在联合国范围之外,法国、英国、德国、瑞士等 12 个欧洲国家于 1962 年签署了《建立欧洲航天研究组织公约》,这一区域性政府间国际组织的宗旨旨在规定和促进欧洲国家专为和平目的在空间研究和技术领域进行合作。该公约为后来欧洲空间局的建立做了铺垫和准备。

## (二) 形成期(1967—1979 年)

《关于各国探索和利用外层空间包括月球与其他天体活动所应遵守原则的条约》(简称《外空条约》),被联合国大会于 1966 年 12 月 9 日通过后,于 1967 年 1 月 27 日开放供各国签署,1967 年 10 月 10 日生效,标志着国际太空法发展的第二个阶段的开始。

《外空条约》确立了外空的法律地位,规定了国家从事外空活动所应遵循的原则,是有关外空活动的基本法,也是国际太空法领域最重要的国际条约,被称为"外空宪章"。其他有关外空活动的国际公约和法律文件均以《外空条约》的精神为指导,对《外空条约》所包含的原则进行了更具体、更完善的规定。也就是说,以后有关外空活动的国际条约和法律原则都是在此基础上形成的。该条约确定了外空只能用于和平目的,禁止在地球轨道放置任何携带核武器或大规模毁灭性武器的物体或在月球和其他天体上建立军事基地、军事设施和工事;规定了航天员的法律地位及对其的营救,并对发射物体的所有权、管辖权、追索权以及损害赔偿责任做出了原则性的规定。

以《外空条约》为基础,在外空委和国际社会的共同努力下,在随后的13年间,又制定了4项一般性多边条约:

1967 年 12 月 19 日,第 21 届联大通过了《营救宇宙航行员、送回宇宙航行员和归还发射到外层空间的物体的协定》(简称《营救协定》),1968 年 4 月 22日开放供各国签署,1968 年 12 月 3 日生效。该协定主要规定了营救宇宙航行员的制度。

1971 年 11 月 29 日,第 25 届联大通过了《空间物体所造成损害的国际公约》(简称《责任公约》),1972 年 3 月 29 日开放供各国签署,1972 年 9 月 1 日生效。该公约主要规定了空间物体造成损害的责任和赔偿程序。

1974 年 11 月 12 日,第 28 届联大通过了《关于登记射入空间物体的公约》(简称《登记公约》),1975 年 1 月 14 日开放供各国签署,1976 年 9 月 16 日生效。该公约主要规定了空间物体的登记制度。

《登记公约》已生效 30 多年,它所建立的空间物体登记制度是现行外层空间法律的一个重要组成部分,对于促进各国空间活动的发展具有重要的意义。它有助于实施空间法的有关规则和规定,特别是关于国家责任和赔偿责任的规定。但是,由于时代背景和空间科技发展的局限性,现行的空间物体登记制度存在着一些缺陷。比如,《登记公约》对基本概念的规定不够清楚和明确,如空间物体、发射、发射国等;登记和提供情报的时间规定比较笼统,可操作性不强;登记国提供情报的范围过于宽泛,解释随意性太强;有关空间物体的变更登记的规定不够全面和明确。

1979 年 12 月 5 日,第 33 届联大通过了《关于各国在月球和其他天体上活动的协定》(简称《月球协定》),1979 年 12 月 18 日开放供各国签署,1984 年 7月 11 日生效。该协定主要规定了空间物体的登记制度。

上述 5 个条约的制定,初步形成了国际太空法体系。这些条约得到了包括美国、苏联在内的绝大多数空间国家和非空间国家的批准或加入。在这一阶段,空间法的发展相对较为顺利、迅速,可谓是国际空间立法的高峰期。其原因主要是,在 20 世纪 60 年代,各国面临空间时代的新挑战,担心外空成为法律真空,迫切希望确定法律原则和规范,建立外空法律秩序,因此,在联合国范围内空间立法出现了一个繁荣时期。

这一时期,政府间、非政府间国际组织围绕空间的和平利用和国际合作,在联合国通过的有关国际太空法的指导下,制定和签署了多项双边或多边条约。如,1971 年的《国际通信卫星组织协定》和《国际通信卫星组织业务协定》;1975 年,在欧洲航天研究组织和欧洲运载火箭发展组织的基础上,考虑到空间领域活动所需的人力、技术及财政资源量之大非单个欧洲国家所能承担,比利时、丹麦、法国、联邦德国、意大利、荷兰、西班牙、瑞典、瑞士、英国 10 个国家签署了被称为“欧洲空间局宪章”的《建立欧洲空间局公约》;1976 年的《国际海事卫星组织公约》和《国际海事卫星组织业务协定》等。这种政府间国际组织制定的多边条约对其缔约国具有法律效力,从一定程度上丰富和细化了国际太空法。

## (三) 停滞期(1980—1999 年)

这一阶段,在联合国范围内,国际空间立法有更多的国家参与进来,外空委的成员国由最初的 24 个逐渐增至目前的 95 个。由于使用“协商一致”的决策程序,达成一致的难度加大。加上外空活动引起的法律问题日趋复杂,各国的利益不易协调。而且,随着外空商业化活动的加强,有关外空的国内立法也不断得以加强,这在某种程度上也冲淡了国际立法的必要性。一些成熟的空间国家也担心联合国主持的立法活动会在一定程度上限制本国的空间开发计划,不支持联合国进行新的空间法立法活动。因此,在这一阶段,联合国一直未能制定出新的公约或协定,对已有公约和协定也未能做出任何修订。

在这种情况下,联合国以大会决议的形式通过了 4 项原则或宣言:1982 年 12 月 10 日第 37 届联大通过的《各国利用人造地球卫星进行国际直接电视广播所应遵守的原则》;1986 年 12 月 3 日第 41 届联大通过的《关于从外层空间遥感地球的原则》;1992 年 12 月 14 日第 47 届联大通过的《关于在外层空间使用核动力源的原则》;1996 年 12 月 13 日第 51 届联大通过的《关于开展探索和利用外层空间的国际合作,促进所有国家的福利和利益,并特别要考虑到发展中国家的需要的宣言》。

上述 4 项原则或宣言,加上 1963 年 12 月 13 日第 18 届联合国大会通过的

《关于各国探索和利用外层空间活动的法律原则宣言》，共 5 套原则，是发达国家和发展中国家、空间国家和非空间国家之间不同利益和意见折中的结果，代表了联合国绝大多数会员国的法律观点，将对这些领域国际法的形成和发展产生重大影响。按照《联合国宪章》的规定，这 5 套原则只是建议性质的，不具有法律约束力，但并不妨碍各国在实践中接受这些原则，从而形成国际习惯法规则。

这一时期，政府间、非政府间国际组织继续就外空的和平利用和国际合作签署多边条约或协定，如 1982 年的《建立欧洲通信卫星组织公约》、1983 年的《建立欧洲气象卫星组织公约》、1992 年的《国际电信联盟章程和公约》等。另外，欧盟、独联体也进行了大量的空间立法，如《欧洲议会关于空间政策的决议》《理事会关于确立欧洲统一空间战略的决议》《独联体共同探索和利用外层空间的协定》等。特别值得一提的是，最初由美国倡导的，后来由美、俄主导建造的国际空间站，共有 16 个国家参与，是目前人类最大的以国际合作形式开展的外空活动。围绕空间站的建造、运营等问题而制定的一系列政府间多边协定也极大地丰富了国际太空法的内容。

近些年，国际社会在国际太空法研究、宣传普及等方面，做了大量的工作，取得了较大成绩，主要体现在以下几个方面：① 联合国非常关注和平利用空间问题，特别是和平利用空间的国际合作。1999 年 7 月 19 日至 30 日，第三次联合国探索与和平利用外层空间会议，即第三次外空会议在维也纳召开，100 多个国家和地区的代表与会，会议审议了人类外层空间活动所取得的成绩和现状，描绘了 21 世纪空间活动的蓝图，并讨论了促进国际合作，包括国际太空法的现状和今后的发展等问题，会议通过了《空间千年：维也纳空间与人类发展宣言》。联合国大会几乎每年专门就探索和利用外层空间问题通过相关决议。② 各种空间法研究机构和学术团体纷纷成立，国际空间法学会、区域性空间法学会、国际宇航联大会等学术团体每年就空间法的重大问题进行研讨，有关国际太空法的学术专著不断出版。③ 国际太空法作为国际法的一个分支，出现在各种国际法教材和大学的课堂讲授内容中。这些工作均促进了空间法的研究与推广、普及。

## （四）博弈期（2000 年至今）

在联合国外空条约体系难以有大的变化和进展的情况下，各国际组织致力于制定不具有法律约束力而具有政治约束力的"软法"来应对日益复杂的外空形势。目前国际舞台上比较活跃的外空安全国际合作主要体现在 3 个方面,即防止外空军备竞赛(PAROS)、透明与建立信任措施(TCBM)和外空活动长期可持续性(LTS),也体现了不同阵营国家之间争夺外空规则主导权的法律博弈。我们认为,防止外空军备竞赛强调通过军控和裁军措施解决外空军事利用问题,透明与建立信任措施是防止外空军备竞赛的有益补充,外空活动长期可持续性强调通过构建外空活动的"最佳做法指南"来解决外空民用和商用问题。

中俄推动防止外空武器化条约。为引起国际社会对外空武器化问题的重视,迟滞美国的外空武器化进程,中国和俄罗斯从 2002 年开始多次向日内瓦裁军谈判会议(简称"裁谈会")提交有关防止外空武器化条约草案案文。2008 年 2 月,中国和俄罗斯联合向裁谈会提交了"禁止在外空放置武器、对外空物体使用或威胁使用武力条约"(PPWT)草案案文,并力推在裁谈会内达成该条约,但遭到美国的反对和抵制。2014 年中俄又联合推出新版的 PPWT 案文,同样遭到以美国为首的西方国家的消极反应,在积极宣传下得到大多数发展中国家的支持。

美欧支持外空透明和建立信任措施。美欧真实意图是维护自身空间资产安全,主导外空规则制定,掌控其他国家空间发展动向,同时避免对自身空间能力发展造成实质性约束。欧盟的《太空活动行为准则》(ICOC),对空间交通、空间物体登记、空间活动通报等方面制定了规范,提出了一系列建立空间交通规则、扩大空间活动透明度、增强互信的措施。2013 年第 68 届联大通过"外空透明与建立信任措施政府专家组"(TCMB GGE)报告,提出了空间政策与计划、空间活动、外空物体行为变化等方面的透明措施,并提出在外空安全和外空活动长期可持续性方面加强协调。

美国倡导外空活动长期可持续性,限制部分外空武器研发,如地基动能反卫试验。随着美国地基动能反卫星技术、空间操作技术的发展和成熟,美国政府以维护外空安全稳定和可持续为由愈加关注反卫星问题,主张由美国牵头与其他国家展开相关讨论,甚至称将寻求谈判一项禁止反卫星武器试验的条约。

从目前实践情况来看,裁谈会上的外空武器化问题和联大会议上的外空长期可持续、透明与信任措施等问题有交叉,如何统筹不同谈判进程,凸显各国太空安全利益,是重点研究和关注的现实问题,力争在新一轮国际外空规则主导权的争夺中主动作为、灵活处置,防止再次被动遵守"国际外空游戏规则"。

## 二、国际太空法的主要立法机构

### (一) 国际立法机构

#### 1. 和平利用外层空间委员会(COPUOS)

和平利用外层空间委员会(the Committee on the Peaceful Uses of Outer Space, COPUOS)成立于1958年12月23日,简称"外空委员会"或"外空委",是目前世界上成员最多、影响力最大的国际空间组织,也是国际空间立法的主要国际机构,在促成联合国五项外空条约中发挥了至关重要的作用。外空委已由最初的24个成员国上升为95个成员国。中国于1980年加入外空委,成为外空委的成员国之一。外空委下设法律小组委员会和科技小组委员会。法律小组委员会主要致力于解决各国航天活动中所面临的法律问题,包括外层空间与空气空间的划界、地球静止轨道的性质与利用、国家空间立法、五个国际空间条约的适用、联合国大会有关外空决议的审查等;科技小组委员会则致力于解决卫星遥感、卫星导航、空间碎片减缓、核动力源使用、利用空间系统减灾等活动中面临的技术问题。外空委既是外层空间法的规则缔造者,同时也是外层空间法的规则完善者。

#### 2. 国际电信联盟(ITU)

国际电信联盟(International Telecommunication Union, ITU)的前身是1865年5月17日由法、德、俄、意等20多个欧洲国家成立的国际电报联盟,后来随着电话和无线电技术的发展应用,其职权不断扩大,于1934年1月1日正式改名为国际电信联盟,简称"国际电联",1947年10月15日成为联合国的一个专门机构。中国是该组织的成员国。作为联合国历史最为悠久的专门机构,国际电信联盟在静止轨道轨位分配和无线电频谱分配方面做了大量卓有成效的协调工作,国际电信联盟的组织法、有关条约和无线电规则对其成员国具有法律约束力。

#### 3. 机构间空间碎片协调委员会(IADC)

机构间空间碎片协调委员会(Inter-Agency Space Debris Coordination Committee, IADC)成立于1993年10月26日,是由美国航空航天管理局、欧空局、日本宇宙开发事业团和俄罗斯航天局联合发起成立的一个技术性国际组织,其主要目标是协调各国的空间碎片减缓政策及技术性法规。目前,IADC有11个成员组织,中国国家航天局于1995年6月加入该组织。2002年,机构间空间碎片协调委员会在总结各国空间碎片减缓实践的基础上,发布了《空间碎片减缓指南》,2007 年联合国外空委在此基础上也提出了《外空委空间碎片减缓指南》。

**4. 裁军谈判会议( CD )**

裁军谈判会议( Conference on Disarmament, CD ) 的前身是 1962 年成立的 18 国裁军委员会,1978 年改名为裁军谈判委员会,1984 年又改名为裁军谈判会议,简称裁谈会。裁谈会是目前唯一的全球性多边裁军谈判机构,其主要议题有全面禁止核试验条约、停止核军备竞赛和核裁军、防止核战争、防止外空武器竞赛等。裁谈会现有 65 个成员国,中国自 1980 年 2 月正式参加裁谈会。裁谈会不是联合国的直属机构,但与联合国有密切联系,它独立的通过其议程,只是通过时要考虑到联合国大会向它提出的建议,而且每年向联合国大会提交其工作报告。

**5. 国际通信卫星组织( INTELSAT )**

国际通信卫星组织( International Telecommuniations Satellite Organization, INTELSAT) 成立于 1964 年 8 月 20 日,最初是由美国、加拿大、法国、澳大利亚、日本等 14 个国家联合组成的临时性国际通信卫星组织,其宗旨是建立和发展全球商业卫星通信系统,供世界各国平等使用。1973 年成为常设组织,目前有 140 多个成员国,中国于 1977 年加入该组织。《国际通信卫星组织协定》是卫星组织的组织法,此协定由各国政府或政府机构加入,加入者称缔约国。《国际通信卫星组织业务协定》是卫星组织的经营法,此协定由政府、政府机构或它们指定的电信机构签署,签署者称签字国。这两个法律文件对于各国参与国际卫星通信组织的活动具有法律约束力。为适应空间活动商业化的需要,2000 年 11 月,国际通信卫星组织通过了私有化决议,2001 年 7 月 18 日,国际通信卫星组织宣布它已完成由一个条约组织到一个私有公司的历史性变革。

**6. 国际海事卫星组织( INMARSAT )**

国际海事卫星组织( International Maritime Satellite Organization, INMARSAT) 成立于 1979 年 10 月 26 日,其主要活动是讨论海事卫星通信的要求,制定地面站和船站接入国际海事卫星组织空间段的标准和批准程序,确定空间段方案和卫星轨道,制定财务政策。中国是该组织的创始成员国之一。《国际海事卫星组织公约》是该组织的成立章程,《国际海事卫星组织业务协定》则是该组织的经营法,对所有缔约国均具有法律约束力。

## （二）区域立法机构

除了以上国际性的组织以外，各个地区依据地缘以及政治利益关系，还成立了一些区域性的组织，主要包括欧洲空间局、亚太空间合作组织以及独立国家联合体的空间委员会。

### 1. 欧洲空间局（ESA）

欧洲空间局，1975年5月30日由欧洲空间研究组织和欧洲运载火箭研究组织合并而成，是欧洲国家组织和协调空间科学技术活动的机构，现有19个成员国。欧空局利用成员国的力量开展了一系列的科技研发、综合应用、基础设施建设等方面的活动，同时也与美国、俄罗斯、中国等国家开展了一系列的外层空间交流合作。欧空局在成立大会上通过了宪章、附属文件以及其他有关的10个决议，旨在促进欧洲国家为和平目的在空间研究和技术领域的合作。自成立以来，欧空局还通过其内部程序结合欧盟的立法程序，形成了一系列有关外层空间活动的立法，例如1994年《共同体与外层空间》的决议。

### 2. 亚太空间合作组织（APSCO）

亚太空间合作组织（Asia-Pacific Space Cooperation Organization，APSCO）是由中国主导成立的地区空间组织，2005年10月28日，中国、孟加拉国、印度尼西亚、伊朗、蒙古国、巴基斯坦、秘鲁、泰国8个国家的政府代表正式签署了《亚太空间合作组织公约》，成立了亚太空间合作组织，总部设在中国。土耳其加入后有9个成员国。亚太空间合作组织主要在以下合作领域开展活动：空间技术及其应用项目；对地观测，灾害管理，环境保护，卫星通信和卫星导航定位；空间科学研究；教育、培训和科学家或技术专家的交流；为开展项目及传播项目和活动有关的技术和其他信息，建立数据中心；成员国同意的其他合作项目。

虽然亚太空间合作组织已经开始运作，但是九个成员国的代表性还不十分普遍，目前，亚太地区的不少空间大国，如美国、俄国、印度、日本等均没有加入该组织，而且未来也很难确定是否会加入。一方面，亚太空间合作组织需要不断深化成员国之间合作的内涵，另一方面，也必须注意未来扩大的可能性。

### 3. 独立国家联合体（CIS）的空间委员会

独立国家联合体（Commonwealth of Independent States，CIS）是苏联解体以后成立的，独联体负责外层空间事务的机构主要是"空间委员会"，为了保证苏联解体以后初步形成的各个国家独立的航天体系的顺利过渡，独联体采取了一系列具有组织和法律性质的跨国措施。包括 1991 年 12 月 30 日通过的《独联体国家空间研究与开发合作协定》，1992 年 5 月 15 日通过的《关于实现空间活动计划中支持和利用航天客体的协定》等，这两个协定共同构成了协定参加国开展空间活动的基本法律规范。

### 三、国际太空法的主要内容

国际太空法是国家之间的法律，而不是国家之上的法律；是各国公认的法律，而不是由一个超国家的权力强加于国家的法律；任何空间条约的规定，除非构成了习惯国际法，对于非缔约国都是无约束力的。

联合国的大多数成员国批准了《外空条约》，其中包括所有从事空间活动的国家；《营救协定》和《责任公约》也获得了较多的批准国；批准《登记公约》国家的数量就少多了，但是其中也包括绝大多数空间大国。《月球协定》虽然生效了，但是只有少数国家批准，而且其中大部分国家并没有开展空间活动。美、俄签署了除《月球协定》之外的其他条约。中国于 1980 年成为联合国外空委的正式成员，并于 1983 年加入了《外空条约》，1988 年批准了《责任公约》《登记公约》和《营救协定》。目前，主要国际空间条约的签署情况见表 9-1。

表 9-1　国际空间条约的签署国家或国际组织的数量情况

| 国际条约 | 批准加入 | 签署 | 宣称 |
| --- | --- | --- | --- |
| 《外空条约》 | 109 | 23 | — |
| 《营救协定》 | 98 | 23 | 3 |
| 《责任公约》 | 96 | 19 | 4 |
| 《登记公约》 | 69 | 3 | 4 |
| 《月球协定》 | 18 | 4 | — |

备注：统计时间 2020 年 1 月 1 日。

### （一）外空条约

《外空条约》( Outer Space Treaty )，全称《关于各国探测及利用包括月球与其他天体活动的外层空间所应遵守原则的条约》。1966 年 12 月 13 日，联合大会第 1499 次全体会议在其第 2222 ( X XI ) 号决议中通过《外空条约》。1967 年 1 月 27 日，苏、英、美三国分别在首都 ( 莫斯科、伦敦和华盛顿 ) 签订；1967 年 10 月 10 日，条约生效。目前有 109 个国家批准或加入，中国于 1983 年 12 月 30

日加入。条约共 17 条,主要内容:探索和利用外层空间应为所有国家谋福利和利益,各国皆有探索和利用外层空间的自由。

《外空条约》要点:

**第一条** 探测及使用外层空间,包括月球与其他天体在内,应本着为所有国家谋福利与利益的精神,不论其经济或科学发展的程度如何,这种探测及使用应是全人类的事情。

外层空间,包括月球与其他天体在内,应由各国在平等基础上并按国际法自由探测及使用,不得有任何歧视,天体的所有地区均得自由进入。

对外层空间,包括月球与其他天体在内,应有科学调查的自由,各国应在这类调查方面便利并鼓励国际合作。

**第二条** 外层空间,包括月球与其他天体在内,不得由国家通过提出主权主张,通过使用或占领,或以任何其他方法,据为己有。

**第三条** 本条约各缔约国探测及使用外层空间,包括月球与其他天体在内的活动,应按照国际法,包括联合国宪章,并为了维护国际和平与安全及增进国际合作与谅解而进行。

**第四条** 本条约各缔约国承诺不在环绕地球的轨道上放置任何载有核武器或任何其他种类大规模毁灭性武器的物体,不在天体上装置这种武器,也不以任何其他方式在外层空间设置这种武器。

本条约所有缔约国应专为和平目的使用月球和其他天体。禁止在天体上建立军事基地、军事设施和工事,试验任何类型的武器和进行军事演习。不禁止为了科学研究或任何其他和平目的而使用军事人员。为和平探测月球与其他天体所必需的任何装置或设备,也不在禁止之列。

**第九条** 本条约各缔约国探测及使用外层空间,包括月球与其他天体在内,应以合作和互助的原则为指导,其在外层空间,包括月球与其他天体在内进行的各种活动,应充分注意本条约所有其他缔约国的相应利益。本条约各缔约国对外层空间,包括月球与其他天体在内进行的研究和探测,应避免使它们受到有害污染以及将地球外物质带入而使地球环境发生不利变化,并应在必要时为此目的采取适当措施。如果本条约某一缔约国有理由认为,该国或其国民在外层空间,包括月球与其他天体在内计划进行的活动或实验可能对其他缔约国和平探测及使用外层空间,包括月球与其他天体在内的活动产生有害干扰时,则该缔约国在开始进行任何这种活动或实验之前,应进行适当的国际磋商。如果本条约某一缔约国有理由认为,另一缔约国在外层空间,包括月球与其他天体在内计划进行的活动或实验,可能对和平探测及使用外层空间,包括月球与其他天体在内的活动产生有害干扰时,则该缔约国可请求就该活动或实验进行磋商。

**第十二条**　在月球与其他天体上的一切站所、设施、装备和航天器,应在对等的基础上对本条约其他缔约国的代表开放。这些代表应将所计划的参观,在合理的时间内提前通知,以便进行适当的磋商和采取最大限度的预防措施,以保证安全并避免干扰所要参观的设备的正常运行。

## (二) 营救协定

空间探索和载人航天是具有相当风险的活动,建立完善的外空营救制度对于促进人类探索及和平利用外层空间的事业具有重要的现实意义。1967 年 12 月 19 日,联合国第 1640 次全体会议通过了外空法律小组委员会拟定的《营救宇宙航行员、送回宇宙航行员和归还发射到外层空间的实体的协定》(简称《营救协定》),建立了外空营救制度。这一制度包括 4 项主要内容:①将宇航员视为人类在外层空间的使者;②空间物体的登记国对于该物体及其所载人员保有管辖权和控制权;③宇航员如遇意外事故、危难或在另一缔约国领土上或公海上紧急降落时,各国应给予他们一切可能的协调;④宇航员降落后,应将他们安全和迅速送回航天器的登记国。空间物体若在其所登记的缔约国境外寻获,应送还该缔约国。

《营救协定》要点:

**第二条**　宇宙飞船人员因意外事故、遇难和紧急或非预定的降落,降落在任一缔约国管辖的区域内,该国应立即采取一切可能的措施,营救飞船人员并给予他们一切必要的帮助。该国应把它所采取的措施和所取得的结果,通知发射当局和联合国秘书长。如果发射当局的帮助能保证迅速营救,或在很大程度上有助于有效的寻找和营救工作,发射当局应与该缔约国合作,以便有效地实施寻找和营救工作。这项工作将在缔约国的领导和监督下,缔约国与发射当局密切磋商进行。

**第四条**　宇宙飞船人员如因意外事故、遇难和紧急的或非预定的降落,在任一缔约国管辖的区域内着陆,或在公海、不属于任何国家管辖的其他任何地方被发现,他们的安全应予以保证并立即交还给发射当局的代表。

**第五条**

1. 每个缔约国获悉或发现空间实体或其组成部分返回地球,并落在它所管辖的区域内、公海或不属于任何国家管辖的其他任何地方时,应通知发射当局和联合国秘书长。

2. 每个缔约国若在它管辖的区域内发现空间实体或其组成部分时,应根据发射当局的要求,并如有请求,在该当局的协助下,采取它认为是切实可行的措施,来保护该空间实体或其组成部分。

3. 射入外层空间的实体或其组成部分若在发射当局管辖的区域外发现,应在发射当局的要求下归还给该发射当局的代表,或交给这些代表支配。如经请求,这些代表应在实体或其组成部分归还前,提出证明资料。

4. 尽管本条第 2 款和第 3 款有规定,但如果缔约国有理由认为在其管辖的区域内发现的或在其他地方保护着的空间实体或其组成部分,就其性质来说,是危险的和有害的时候,则可通知发射当局在该缔约国的领导和监督下,立即采取有效措施,消除可能造成危害的危险。

5. 按照本条第 2 款和第 3 款的规定,履行保护和归还空间实体或其组成部分义务所花费的费用,应由发射当局支付。

## (三) 责任公约

1971 年 11 月 29 日,《空间实体造成损失的国际责任公约》(简称《责任公约》)经联大第 1998 次全体会议在其〔第 2777(XXVI)〕号决议中通过,建立了空间物体损害赔偿的机制和程序。

根据《责任公约》的规定,发射国对其发射的空间物体对第三国所造成的损害,负有赔偿责任。发射国不但包括发射空间物体的国家,还包括促使发射空间物体的国家和从其领土上发射空间物体的国家,所有这些国家对空间物体造成的损害负有共同的赔偿责任。发射国对其空间物体在地球表面,或给飞行中的飞机造成损害,应负有赔偿的绝对责任;对在地球表面以外的其他地方造成损害,除飞行中的飞机外,只承担过失赔偿责任。损害赔偿额,应按国际法和公正合理的原则来确定,以便对损害所做的赔偿,能使提出赔偿要求的自然人或法人、国家或国际组织把损害恢复到未发生前的原有状态。赔偿损害的要求,应通过外交途径向发射国提出。在通常情况下,赔偿损害的要求须于损害发生之日起,或判明应负赔偿责任的发射国之日起一年内向发射国提出。若赔偿要求未能在上述期限内通过外交途径解决,有关各方应于任一方提出请求时,成立求偿委员会。

1978 年 1 月,苏联的核动力源卫星"宇宙 954 号"坠入加拿大境内,对加拿大的环境造成了损害。加拿大依据《责任公约》向苏联政府索赔 600 万加元。双方经过谈判最终确定赔偿额为 300 万加元。

《责任公约》要点：

**第一条**　本公约中的相关概念。

1. "损失"的概念，是指生命丧失，身体受伤或健康的其他损害；国家、自然人、法人的财产，或国际政府间组织的财产受损失或损害。

2. "发射"包括发射未成功在内。

3. "发射国"的概念，一是指发射或促使发射空间实体的国家，二是指从其领土或设施发射空间实体的国家。

4. "空间实体"，包括空间实体的组成部分、实体的运载工具和运载工具的部件。

**第二条**　发射国对其空间实体在地球表面，或给飞行中的飞机造成损害，应负有赔偿的绝对责任。

**第三条**　任一发射国的空间实体在地球表面以外的其他地方，对另一发射国的空间实体，或其所载人员或财产造成损害时，只有损害是因前者的过失或其负责人员的过失而造成的条件下，该国才对损害负有责任。

**第四条**

1. 任一发射国的空间实体在地球表面以外的其他地方，对另一发射国的空间实体，或其所载人员或财产造成损害，并因此对第三国，或第三国的自然人或法人造成损害时，前两国应在下述范围内共同和单独对第三国负责任：

（1）若对第三国的地球表面或飞行中的飞机造成损害，前两国应对第三国负绝对责任；

（2）若在地球表面以外的其他地方，对第三国的空间实体，或其所载人员或财产，造成损害，前两国对第三国所负的责任，要根据它们的过失，或所属负责人员的过失而定。

2. 在本条第1款所谈共同及单独承担责任的所有案件中，对损害的赔偿责任应按前两国过失的程度分摊；若前两国的过失程度无法断定，赔偿应由两国平均分摊。但分摊赔偿责任不得妨碍第三国向共同及单独负有责任的发射国的任何一国或全体，索取根据本公约的规定应予偿付的全部赔偿的权利。

**第五条**

1. 两个或两个以上的国家共同发射空间实体时，对所造成的任何损害应共同及单独承担责任。

2. 发射国在赔偿损害后，有权向共同参加发射的其他国家要求补偿。参加共同发射的国家应缔结协定，据所负的共同及个别责任分摊财政义务。但这种协定，不得妨碍受害国向承担共同及个别责任的发射国的任何一国或全体索取根据本公约的规定应予偿付的全部赔偿的权力。

3. 从其领土或设施上发射空间实体的国家,应视为参加共同发射的国家。

**第六条**

1. 除本条第 2 款另有规定外,发射国若证明,全部或部分是因为要求赔偿国,或其所代表的自然人或法人的重大疏忽,或因为它(他)采取行动或不采取行动蓄意造成损害时,该发射国对损害的绝对责任,应依证明的程度予以免除。

2. 发射国如果因为进行不符合国际法,特别是不符合联合国宪章及关于各国探索和利用外层空间(包括月球和其他天体)的活动原则条约的活动而造成损害,其责任绝不能予以免除。

**第十条**

1. 赔偿损害的要求,须于损害发生之日起或判明应负责任的发射国之日起一年内向发射国提出。

2. 若不知损害业已发生的国家,或未能判明应负责任的发射国的国家,应于获悉上述事实之日起一年内,提出赔偿要求;若有理由认为,要求赔偿国由于关心留意,已知道了上述事实,提出要求赔偿的时间,从知道上述事实之日起,无论如何不得超过一年。

3. 本条第 1 款和第 2 款规定的时间限制也适用于对损害的程度不完全了解的情况。在这种情况下,要求赔偿国有权从该时限期满起至全部了解损害程度后一年止,修订其要求,提出补充文件。

## (四) 登记公约

空间法上的许多规定是以空间物体的登记国作为适用法律的连接点的。空间物体登记有助于确认空间物体的发射国,因而有助于顺利实施空间法的原则和规定,特别是有关发射国的权利和义务的规定。1974 年 11 月 12 日,《关于登记射入外层空间物体的公约》(简称《登记公约》)经联大第 2280 次全体会议在其第 3235(ⅩⅪⅩ)号决议中通过,建立了强制性的空降物体登记制度;1975 年 1 月 14 日,在纽约听由各国签署;1976 年 9 月 15 日,条约生效。《登记公约》规定:凡发射进入或越出地球轨道的空间物体都应进行登记。发射国应在国家一级建立登记册。国家登记册的内容项目和保持登记册的条件由有关的登记国自行决定。同时,在国际一级建立一个由联合国秘书长保存的总登记册,记载各国所提供的情报。总登记册应充分公开,听任查阅。需要进行国际登记的情报包括:发射国的国名;空间物体的适当标志或其登记号码;发射的日期和地区或地点;基本的轨道参数;空间物体的一般功能。登记国应"在切实可行的范围内尽速"向联合国秘书长提供上述情报。登记国保有对该空间物体的管辖、控制和所有权。

《登记公约》要点:

**第一条**　本公约中的相关概念。

(A)"发射国"一词是指,一个发射或促使发射外空物体的国家;一个从其领土上或设备发射外空物体的国家。

(B)"外空物体"一词包括一个外空物体的组成部分以及外空物体的发射载器及其零件。

**第四条**

1. 每一登记国应在切实可行的范围内尽速向联合国秘书长供给有关登入真登记册的每一个外空物体的下列情报:

(A)发射国或多数发射国的国名;

(B)外空物体的适当标志或其登记号码;

(C)发射的日期和地域或地点;

(D)基本的轨道参数,包括交点周期、倾斜角、远地点、近地点;

(E)外空物体的一般功能。

2. 每一登记国得随时向联合国秘书长供给有关其登记册内所载外空物体的其他情报。

3. 每一登记国应在切实可行的最大限度内,尽速将其前曾提送情报的原在地球轨道内但现已不复在地球轨道内的外空物体通知联合国秘书长。

## (五) 月球协定

月球是太阳系中离地球最近的星体,月球上有丰富的矿产资源。人类已实现了登月梦想。建立月球基地,开发月球自然资源将是人类的下一个宏伟目标。1979 年 12 月 5 日,《关于各国在月球和其他天体上活动的协定》(简称《月球协定》)经联大第 89 次全体会议在其第 34/68 号决议中通过,专门就各国在月球和其他天体上活动的原则做出了规定,其中包括:月球实行非军事化。月球应专为和平目的而加以利用。禁止在月球采取任何军事行动,放置任何类型的武器。月球协定对月球非军事化的规定比外空条约彻底和严格,因此对于推动整个外空非军事化的进程具有重要的意义。科学探索自由。所有缔约国都享有不受任何种类的歧视,在平等的基础上,并按照国际法的规定在月球上从事科学研究的自由。国际合作。在月球上的一切外空运载器、装备、设施、站所和装置应对其他缔约国开放。保护月球环境,防止月球环境的现有平衡遭到破坏。月球及其自然资源是人类共同继承财产。为此,将建立月球资源的国际开发制度。月球协定的缔约国承诺,一旦月球自然资源的开发即将可行时,建立指导此种开发的国际制度,包括适当程序在内。

1979 年 12 月 18 日,各国开始签署《月球协定》;1984 年 7 月 11 日,《月球协定》协定生效。由于多数国家考虑自身利益,因此签字和批准的国家不多,截至 2020 年 1 月,缔约国只有 18 个,主要空间国家均未批准或加入。《月球协定》遭到了美、俄和西方一些国家的批评,主要是对协定关于"月球及其自然资源均为全体人类的共同财产"以及在月球的自然资源的开发即将可行时,建立指导这种开发的国际制度的规定不满意。联合国大会对此呼吁尚未参加《月球协定》的国家参加该协定,以扩大其普遍性。美国是 1979 年《月球协定》的主要谈判国之一,但并未加入《月球协定》,《月球协定》也并未演变成为习惯国际法。

《月球协定》要点:

第一条

1. 本协定内关于月球的条款也适用于太阳系内地球以外的其他天体,但如任何此类天体已有现已生效的特别法律规则,则不在此限。

2. 为了本协定的目的,"月球"一词包括环绕月球的轨道或其他飞向或飞绕月球的轨道。

3. 本协定不适用于循自然方式到达地球表面的地球外物质。

第三条

1. 月球应供全体缔约国专为和平目的而加以利用。

2. 在月球上使用武力或以武力相威胁,或从事任何其他敌对行为或以敌对行为相威胁既在禁止之列。利用月球对地球、月球、宇宙飞行器、宇宙飞行器或人造外空物体的人员实施任何此类行为或从事任何此类威胁,也应同样禁止。

3. 缔约各国不得在环绕月球的轨道上或飞向或飞绕月球的轨道上,放置载有核武器或任何其他种类的大规模毁灭性武器的物体,或在月球上或月球内放置或使用此类武器。

4. 禁止在月球上建立军事基础、军事装置及防御工事,试验任何类型的武器及举行军事演习。但不禁止为科学研究或为任何其他和平目的而使用军事人员。也不禁止使用为和平探索和利用月球所必要的任何装备或设备。

**第七条**

1. 缔约各国在探索和利用月球时,应采取措施,防止月球环境的现有平衡遭到破坏,不论这种破坏是由于在月球环境中导致不利变化还是由于引入环境外物质使其环境受到有害污染,或由于其他方式而产生。缔约各国也应采取措施防止地球环境由于引入地球外物质或由于其他方式而受到有害影响。

2. 缔约各国应将它们按照本条第 1 款所采取的措施通知联合国秘书长,并应尽一切可能预先将它们在月球上放置的一切放射性物质以及放置的目的通知秘书长。

3. 缔约各国应就月球上具有特殊科学重要性的地区向其他缔约国和秘书长提出报告,以便在不损害其他缔约国权利的前提下,考虑将这些地区指定为国际科学保护区,并经同联合国各主管机构协商后,对这些地区商定特别保护方法。

**第九条**

1. 缔约各国可在月球上建立配置人员及不配置人员的站所。建立站所的缔约国应只使用为站所进行业务所需要的地区,并应立即将该站所的位置和目的通知联合国秘书长。以后每隔一年该缔约国应同样将站所是否继续使用,及其目的有无变更通知秘书长。

2. 设置站所应不妨碍依照本协定及《关于各国探索和使用包括月球和其他天体在内外层空间的活动的原则的条约》第一条规定在月球上进行活动的其他缔约国的人员、运载器和设备自由进入月球所有地区。

**第十一条**

1. 月球及其自然资源均为全体人类的共同财产,这将在本协定的有关条款,尤其是本条第 5 款中表现出来。

2. 月球不得由国家依据主权要求,通过利用或占领,或以任何其他方法据为己有。

3. 月球的表面或表面下层或其任何部分或其中的自然资源均不应成为任何国家、政府间或非政府国际组织、国家组织或非政府实体或任何自然人的财产。在月球表面或表面下层,包括与月球表面或表面下层相连接的构造物在内,安置人员、外空运载器、装备设施、站所和装置,不应视为对月球或其任何领域的一表面或表面下层取得所有权。上述条款不影响本条第 5 款所述的国际制度。

4. 为了便利建立本条第 5 款所述的国际制度,缔约各国应在实际可行的范围内尽量将它们在月球上发现的任何自然资源告知联合国秘书长以及公众和国际科学界。

5. 即将建立的国际制度的主要宗旨应为：所有缔约国应公平分享这些资源所带来的惠益，而且应当对发展中国家的利益和需要，以及各个直接或间接对探索月球做出贡献的国家所做的努力，给予特别的照顾。

## 四、国际太空法的主要特点

### （一）缔结成文

国际太空法所调整或规范的法律问题，许多具有紧迫性，往往需要迅速采取行动，依靠国际习惯来形成法律准则难以满足空间法发展的迫切需要。在这种背景下，缔结成文的多边国际公约就成了制定和发展空间法的主要形式。

### （二）立法先行

国际太空法的许多规定具有前瞻性。现有的国际空间条约除了对已经发生的法律问题或情况做出了规定，对于在缔约时尚未发生或预计将要发生的问题或情况也做出了原则规定，如 1979 年《月球协定》关于在月球上建立"站所"和开发月球资源的制度和程序的规定。

### （三）协商一致

国际太空法是空间国家与非空间国家、发达国家与发展中国家共同制定的。"协商一致"是拟定国际空间条约的基本程序规则。1962 年 3 月，外委会决定，本委员会的所有重要决议，将采取"协商一致"的方式通过，而不采用以多数票通过决议的表决方式。"协商一致"在一定程度上保证了各国在国际空间立法中的平等，保证了国际空间立法的民主性。

### （四）利益兼顾

发展中国家积极参与起草了所有 5 项空间条约和其他空间法律文书，对空间法的建立和发展做出了巨大的贡献。空间法的许多基本原则体现了发展中国家的一贯主张，如人类共同利益，和平利用，不得据为己有，共同继承财产，保护空间环境，考虑发展中国家的利益和要求等，从而大大增强了空间法在总体上的进步性。

### （五）动态发展

空间法还很年轻，有关人类空间活动的许多法律问题尚未解决，新的法律问题还在不断产生,因而空间法有着很好的发展前景。在信息时代,空间、空间技术及其应用将更为重要,空间法将会有更大的发展。

## 五、国际太空法的局限性

现有的国际太空法发挥了重要作用,但极其有限。国际外空条约的不完备性日益凸显,国际外空条约不足以防止外空武器化,"和平利用"的解释实用化,对军用卫星问题未做出任何限制性规定,对外空武器的使用约束不够。围绕太空安全的国际规则博弈更加多元复杂。

# 第四节　国家太空法

经过半个多世纪的发展,人类航天活动类型、活动主体等呈现多元化趋势,与之相匹配的"游戏规则"——航天法也在不断发展完善。航天法是人类调整航天活动的原则、规则和制度的总和,是人类航天活动发展的必然产物,包括国际法和国家法两个层次。国际法主要明确各国共同开展航天活动应遵守的规则并协调各国利益,国家法主要是维护本国安全和利益,规范本国航天活动和活动主体,并履行国际义务。总体而言,国家法应当遵循本国批准加入或缔约的国际法,同时也能影响国际法的制定和修改,两者的关系应该是协调一致的。目前,以和平利用外层空间委员会为代表的联合国组织制定了《外空条约》《营救协定》《责任公约》《登记公约》《月球协定》等5个国际空间条约以及6个原则宣言;以欧空局为代表的地区组织也达成了一系列关于外层空间活动的协定;以美国、俄罗斯为代表的二十多个国家和地区从维护本国安全和利益,规范本国航天活动和活动主体,以及履行国际义务角度制定了本国太空法。

## 一、美国太空法

### (一) 概述

美国在全球空间探索与应用活动中一直处于领先地位,在过去的半个多世纪里,美国通过开展空间探索,逐步拥有稳健高效的空间活动能力的同时,也不断颁布和推行各项空间法律法规和政策,为民用、商用以及与国防相关的空间活动奠定了坚实的制度基础。纵览过去50多年里,美国空间立法逐步形成总分体系,以1958年国家航空航天法为基点,不断细化延伸,陆续通过具体的空间法案,包括 1962 年通信卫星法案、1984 年商业空间发射法及 1988 年的修正案,1992 年地球遥感政策法案,1998 年商业空间法案等。

1958 年《国家航空航天法》是由美国国会代表通过,标志着贯彻执行美国民用空间计划政策和建立美国国家航天局的开始。该法的目的之一是扩大人们对于空间和大气现象的了解,促进航天和空间交通工具的发展,确立对太空和平使用的潜在收益的长期研究,以及提高国际合作。法案通过时的主要争议是区分军事和民事空间活动的界限问题。艾森豪威尔拒绝了当时流行的意见以及军事压力,将国家航天计划纳入民用目的控制之下。法案具体包括了 4 个部分内容:第 1 部分涉及法案的短标题、政策和目的声明、定义;第 2 部分规定了航空航天活动的协调,建立国家航空航天委员会、美国航空航天局,并明确了相关部门的职能与责任;第 3 部分涉及其他与航空航天活动管理相关的内容,如美国航空顾问委员会的建立、职能转移、信息获取、安全保障、发明授权、保险责任、拨款奖励等;第 4 部分涉及上大气层的研究,旨在授权并指导美国航空航天局研究和实施一项研究和探测上大气层现象并为之发展技术的综合计划。

1984 年美国《商业空间发射法》由美国参众两院代表通过,国会汇编而成。该法案目的在其第 3 节中有所规定:"① 通过和平利用外层空间来促进经济增长和企业活动;② 通过简化和加速保险和商业发射许可证转让以及通过促进和鼓励利用政府开发的航天技术来鼓励美国私营部门提供运载火箭和相关发射服务;③ 指定一个执行部门来监督和协调商业发射工作,发放并转让允许进行这类活动的商业发射许可证,以及保护公众健康和安全、财产安全以及美国的国家安全利益和对外政策利益;④ 促使加强和扩大美国的空间运输设施,包括有联邦、州以及私营部门参与的美国发射场及其支持设施的扩建,支持全美范围内的航天相关活动。"具体条文中主要规定了许可证制度、对持证人及发射活动的管理、政府部门的职责和相关义务以及保险责任等内容。值得注意的是——该法的第 16 条责任险规定:"每个持根据本法发放或转让许可证而发射运载火箭或经营发射场的个人均应承担责任险,其险额至少为部长根据美国的国际义务而认为该发射或经营所必需的金额。"

该法案一直到 1988 年被修订时都没有对发射活动产生任何实际影响。"挑战者"号的发射事故促使 1988 年该法案的修订。对于上文中提及的原法案第 16 节内容,修正案也作了完善修改,要求发射提供者获得覆盖对政府财产和第三方当事人责任的损害赔偿的保险。并明确规定了具体的许可证保险要求,主要涉及责任保险和财务责任证明两方面内容。

1992 年 1 月 3 日,美国国会参议院和众议院共同颁布了 1992《陆地遥感政策法》,旨在通过确保陆地卫星计划的数据持续性,来维持美国在陆地遥感领域的领导地位,制定一套新的国家陆地遥感政策。条文共 6 个条款,分别规定了陆地卫星、私有遥感空间系统的许可、研究开发和验证、后续陆地遥感系统、一般规定以及禁止气象卫星商业化六个方面的内容。

20 世纪 90 年代中期,发射法案以及其修正整合成一般的运输法,在此基础上,1998 年美国国会通过了《商业空间法》,目的是允许和鼓励特定范围内空间活动的商业化。该法共两篇。第一篇"商业空间机会促进"主要涉及空间站商业化、科学数据获取、商业空间中心管理等内容;第二篇"联邦获取空间运输服务"主要规定了获取商业空间运输服务的要求、航天飞机私有化、洲际导弹利用以及国家发射能力研究等内容。《商业空间法》以市场化为原则,主张通过自由竞争方式较低空间活动的成本,并实现经济效益最大化。可以预见的是,允许私人以商业运作的模式从事一定范围内的空间活动,可以带动空间开发与利用水平的提高。

2010 年 12 月 18 日,美国通过立法程序,决定将《美国法典》由 50 编扩充到 51 编,增加一个专编,第 51 编《国家商业空间项目》(公法 111—314),表明美国空间立法在《美国法典》中获得一个独立的重要地位。该专编共分为 7 分编:①《概述》分编,包括"管理局"和"局长"的定义,即国家航空航天局和其局长。②《项目和政策的一般规定》分编,确立了美国国家商业空间项目的基本法定项目和基本政策,包括对 1958 年《国家航空航天法》、2005 年和 2008 年的《国家航空航天局授权法》《美国竞争法》的重述。③《管理规定》分编,将不同年代制定的各类有关管理规定进行汇编,包括拨款、预算、合同、采购、管理审查、国际合作与竞争、奖励、安全等方面的管理规定。④《航空航天研究和教育》分编,明确了与研究教育相关的规定。⑤《开拓商业机会的项目》分编,明确了空间商业、空间商业运输、空间商业竞争等方面的规定,以及相关商业活动管理方面的内容。⑥《地球观测》分编,包括陆地遥感、地球科学等方面的相关政策法律。⑦《空间探索》分编,包括航天飞机或其他工具的利用、商业和国外用户航天飞机的价格政策、人类空间飞行独立调查委员会、国际空间站、国际合作等方面的法律规定。总之,该专编的设立进一步完善了《美国法典》,促进了美国空间立法的发展。

除了法律,美国的相关政府部门也陆续出台行政法规规章,配合基础性的空间法案规制空间活动的具体环节,包括美国国家航天航空局、美国交通部、美国政府问责局、商业空间运输办公室、联邦通信委员会等。

美国关于卫星通信的法律法规的制定主要面向促进卫星通信的商业化和私营化。国际和国家的商业卫星通信系统正成为美军战场卫星通信的重要组成部分,比如"铱星"系统的主要用户是美国防部。

进入 21 世纪以来,美国国防部、国土安全部和运输部以及其他政府部门共同筹划,联合发布了多版《联邦无线电导航计划》。《联邦无线电导航计划》涉及联邦政府运营的所有地基、天基和通用无线电导航系统,其主要作用是为增强美国国内导航能力提供支持,并有条件支持无线电导航系统国际能力的增强。主要提出当前美国政府运营民用和军用无线电导航系统的政策和计划,发布政府有关无线电导航系统的计划信息和进度,澄清有关军民两用无线电导航系统的观点,等等。

美国采取严格的出口管制手段来保持其在航天的技术优势,建立了一套繁复严密的航天技术出口管制制度,包括商务部的《出口管理条例》及其项下的《商业管制清单》、国务院的《武器出口控制法》及其项下的《军火控制清单》。美国年度的《国防授权法》和《拨款法》有时会对太空有关事项做出调整和规范。2011 年的《拨款法案》增加了由前众议员弗兰克·沃尔夫起草的"禁止美中之间任何与美国航天局或由白宫科技政策办公室协调的联合航天科研活动,甚至还禁止美国航天局所有设施接待'中国官方访问者'",即"沃尔夫条款"。

按照美国法律法规编纂习惯,国会制定的法律大都编入《美国联邦法典》,行政部门制定的法规规章大都编入《美国行政法规会典》。

## (二)《阿尔忒弥斯协定》

### 1. 概述

随着全球科学技术的发展以及人类文明的不断进步,人类面临着地球资源耗竭和自然可持续发展的生存问题,在这个大的国际环境下,各国都在加强对外太空的探索布局,特别是美国,在中国连续多次发射嫦娥系列后,美国宣布重启了其已经中断多年的登月计划。

### 2. 制定背景

美国认为目前的《外空条约》过于含糊,无法充分支持 NASA 的载人登月及月球开发。为此,特朗普于 2020 年 4 月 6 日签署《太空资源开采和使用的国际支持及保障》行政令,在鼓励美国商业积极开展太空资源开发和利用的同时,强调美国寻求缔结开发太空资源的国际双边或多边协议,鼓励国际社会支持政府和私人开采与利用外层太空资源。根据该行政令的要求,NASA 与美国国务院、国家太空委员会共同制定了《阿尔忒弥斯协定》(*Artemis Accords*)。

2020年5月宣布的《阿尔忒弥斯协定》为探索月球、火星、彗星和小行星，以及发布科学数据、登记空间物体和"保护外太空遗产"提供了一个法律框架。各航天机构还承诺和平探索、提高透明度、向遇险者提供紧急援助和"防止有害干扰"。NASA表示，未来将有更多国家加入《阿尔忒弥斯协定》。

2020年10月13日，在国际宇航联大会(IAC)的一次会议上，美国国家航空航天局(NASA)宣布已与澳大利亚、加拿大、日本、卢森堡、意大利、阿拉伯联合酋长国和英国正式签署《阿尔忒弥斯协定》，即宣告成为美国载人重返月球的"阿尔忒弥斯计划"的合作伙伴。截至2022年6月，已有20个国家的代表在虚拟仪式上签署了文件。

### 3. 主要内容

（1）宗旨

创建安全、和平与繁荣的未来太空。通过"阿尔忒弥斯计划"，NASA将在2024年把美国首位女宇航员送上月球。当前，众多国家和私营机构在地月空间开展活动，因此建立一套共同的原则管理外空民用探索和利用至关重要。国际航天机构将通过执行双边《阿尔忒弥斯协定》，加入NASA"阿尔忒弥斯计划"。该协定描述了一个基于1967年《外空条约》的共同愿景，将创建一个安全、透明的环境，造福人类并促进太空探索、科学和商业活动。

（2）和平目的

"阿尔忒弥斯计划"的国际合作不仅是为了支持太空探索，而且是为了加强国家间的和平关系。因此，《阿尔忒弥斯协定》的核心是要求所有活动都应按照《外空条约》的原则为和平目的进行。

（3）透明度

透明度是负责的民用太空探索的关键原则，NASA一直小心翼翼地公开描述其政策和计划。《阿尔忒弥斯协定》的合作伙伴国家将被要求坚持这一原则，以透明的方式公开描述自己的政策和计划。

（4）互操作性

系统的互操作性对于确保安全可靠的太空探索至关重要。因此，《阿尔忒弥斯协定》呼吁合作伙伴国家利用现有的国际标准，在必要时制定新的标准，并努力在最大程度上切实支持互操作性。

（5）紧急援助

向有需要的人提供紧急援助是任何负责任的民用太空计划的基石。因此，《阿尔忒弥斯协定》重申了NASA及其合作伙伴国家对《关于航天员营救、航天员返回和发射入外空物体返回的协议》(简称《营救协定》)的承诺。此外,根据该协定,NASA 及其合作伙伴国家承诺采取一切可能的合理措施,向处于困境的航天员提供援助。

（6）太空物体登记

登记是在太空中创造安全和可持续的环境以进行公共和私人活动的核心。如果没有适当的登记,就无法进行协调以避免有害干扰。《阿尔忒弥斯协定》强调了登记的关键作用,并敦促尚未成为《登记公约》成员国的任何合作伙伴尽快加入。

（7）科学数据发布

NASA 一直致力于科学数据的及时、全面和公开共享。《阿尔忒弥斯协定》的合作伙伴将同意效仿 NASA 的做法,公开发布他们的科学数据,以确保整个世界都能从"阿尔忒弥斯"的探索和发现之旅中受益。

（8）保护遗产

保护历史遗迹和文物在太空中与在地球上同样重要。因此,根据《阿尔忒弥斯协定》,NASA 和合作伙伴国家将致力于保护具有历史保监会的遗址和文物。

（9）太空资源

在月球、火星和小行星上开采和利用资源的能力对于支持安全和可持续的太空探索和发展至关重要。《阿尔忒弥斯协定》强调,太空资源的开发和利用可以而且将在《外空条约》的主持下进行,特别强调第二条、第六条和第十一条。

（10）消除冲突活动

避免干扰是《外空条约》的一项重要原则,这点可由《阿尔忒弥斯协定》执行。具体地说,通过《阿尔忒弥斯协定》,NASA 和合作伙伴国家之间提供关于"安全区"规模和范围的位置和一般性操作的公共信息。合作伙伴国家之间关于尊重这些安全区的通知和协议将防止有害干扰,执行《外空条约》第九条,并加强适当注意原则。

（11）轨道碎片和航天器处置

在太空中保护安全和可持续的环境对公共和私人活动都至关重要。因此,根据《阿尔忒弥斯协定》,NASA 及其合作伙伴国家将同意采取联合国和平利用外层空间委员会《减少空间碎片准则》所反映原则的行动。此外,NASA 及其合作伙伴国家将同意制订减少轨道碎片的计划,包括安全、及时和有效地对航天器进行钝化和在其任务结束时进行处置。

**4. 与相关国际法的关系**

《阿尔忒弥斯协定》既继承了相关国际法,又结合美国太空战略利益进行了创新,如图 9-2 所示。

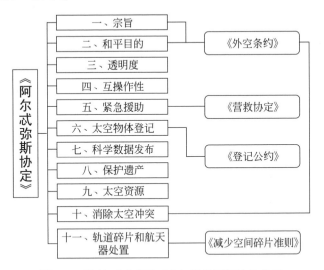

图 9-2　《阿尔忒弥斯协定》与相关国际法的关系

**5. 主要目的**

(1) 推动太空资源开发

在《阿尔忒弥斯协定》出台之前,美国内已经先后通过《商业航天发射竞争力法》和《太空资源开采和使用的国际支持及保障》行政令,明确美国公民及商业机构可进行太空资源开发活动并享有其收益。此次《阿尔忒弥斯协定》则从国际角度为开采太空资源扫清障碍,将进一步推动美国太空资源开发的工作。

(2) 打造月球开发联盟

NASA 局长吉姆·布里登斯廷更是公开表示,国际合作伙伴只有同意《阿尔忒弥斯协定》,才能与 NASA 合作在月球表面建立基地;"那些破坏太空并使太空探索处于危险之中的国家"则不应被邀请加入。NASA 局长吉姆·布里登斯汀称,"阿尔忒弥斯计划"将是人类历史上范围最广泛、最多样化的国际载人空间探索计划,《阿尔忒弥斯协定》将成为建立这一独特的全球联盟的工具。从根本上讲,《阿尔忒弥斯协定》将通过增强与合作伙伴间的相互理解,帮助减少误解,以避免太空中和地球上的冲突。随着协定的正式签署,NASA 将与合作伙伴联合起来探索月球并构建原则,在太空中为全人类创造安全、和平、繁荣的未来。

（3）提升美国国际地位

帮助美国展现国家力量并提高美国的国际地位。在所谓的"外交、信息、经济与军事"（DIME）国家实力模型中，NASA 可以为除军事之外的所有选项提供支持，例如通过《阿尔忒弥斯协定》及国际合作，可与非美国传统盟友的国家开展合作；"只有遵守美国所认可的行为准则"，从而帮助塑造"正确"的国际行为准则。布里登斯汀会后在电话采访中表示，国际社会参与"阿尔忒弥斯计划"的需求非常强烈，NASA 认为这是一个制定规则的好机会，借此让所有国家都参与到"阿尔忒弥斯计划"中来。NASA 称，《阿尔忒弥斯协定》重申并落实了 1967 年《外空条约》（OST）中的相关规定，同时强调了美国及其合作国家对其他国际公约和共同支持的行为规范的承诺，包括公开发布科学数据。

## 二、俄罗斯太空法

苏联发射了人类历史上的首颗卫星，开启了人类探索和利用外空的先河。但俄罗斯联邦空间立法相对外空活动来讲，自 20 世纪 90 年代初开始空间立法进程，相对较晚。1993 年 8 月 20 日，俄罗斯联邦叶利钦总统在俄罗斯议会大厦签署了《俄罗斯联邦空间活动法》（简称《空间活动法》），成为俄罗斯历史上第一部调整国内空间活动的、完整的国内法，也是空间活动领域的基础规范性法规。该法律的目的是要保证为经济、科学和技术发展，巩固国防和国家安全，以及进一步发展俄罗斯联邦的国际合作对空间活动进行法律上的管理。该法经过了 5 次修订，构成了俄罗斯国内空间活动法律制度的主干。

俄罗斯《空间活动法》规定的空间活动包括：空间研究；将空间技术利用于通信、电视、无线电广播；从外层空间遥感地球，包括生态监测与气象；利用卫星导航与地形测量系统；载人太空飞行；在外层空间生产原材料或者某种产品；利用空间技术实施的其他活动；将空间设备、空间材料和空间技术应用于俄罗斯联邦国防利益与国家安全；观测外层空间物体与现象；在太空条件下测试技术等。

俄罗斯联邦《空间活动法》确定了为科学和社会—经济目的进行空间活动的批准程序。俄罗斯联邦组织和公民或外国组织和公民在俄罗斯联邦管辖下从事空间活动必须有许可证（如果这些活动包括实验、生产贮存、准备发射和发射空间物体以及航天的控制）。许可证的类型、形式和有效期，发放条件和程序，拒绝发放、暂停或中止其效力以及有关许可证的其他问题，由俄罗斯联邦政府 1996 年 2 月 2 日 104 号决定《关于批准空间活动许可证条例》和其他规范进行详细规定。

此外,俄罗斯先后制定了一系列其他有关空间活动的规范性法律文件和航天政策战略文件,其中包括:1992 年 2 月 25 日《关于俄罗斯联邦空间活动管理机构的总统法令》;1993 年 4 月 27 日《俄罗斯联邦议会关于俄罗斯联邦空间政策的优先地位声明》;1995 年 8 月 7 日《俄罗斯联邦政府关于实施有利于经济、科学、俄罗斯联邦安全的空间活动的决定》;1999 年 4 月 8 日《俄罗斯联邦政府关于以军事目的利用空间系统和空间群在空间活动领域提供服务的决定》;2000 年 12 月 30 日《俄罗斯联邦政府关于批准空间系统与空间群飞行试验国家委员会章程的决定》;2002 年《宇宙空间站机组人员行为法》;2005 年 10 月 22 日《俄罗斯 2006—2015 年航天计划》;2006 年 6 月 30 日《俄罗斯联邦政府关于批准空间活动许可证条例的决定》;2006 年 2 月《2006—2015 年俄罗斯联邦航天计划》;2012 年 3 月 6 日《2030 年前及未来俄罗斯航天发展战略》草案等。

## 三、英国太空法

1986 年英国颁布了《外层空间法》,用于指导联合王国的外层空间探索活动。该法授予国务大臣以批准权和其他权力,保证联合王国对与本国相关的人发射和运营空间物体及在外层空间进行其他活动承担国际责任,以履行国际条约义务。根据该法确立了英国外空活动的管理主体——国务大臣,还赋予了国务大臣制定相关规则的权利,包括要求或授权依据本法规定的任何事情的规则和实施本法的一般规则。

《外层空间法》在开篇的部分详细规定了该法的适用范围,包括适用的人、实体和活动。从属人来讲,本法适用于联合王国国民、苏格兰和联合王国的任何实体。从属地来讲,本法的应用范围包括英格兰、威尔斯、苏格兰和北爱尔兰,还可以扩大到英伦三岛的任何地方、马恩岛或任何属地。从空间活动内容来讲,本法适用的活动包括发射或购买空间物体、运营空间物体、在外层空间的任何活动。

《外层空间法》着重制定了英国外层空间活动的许可、登记、责任三个方面的制度。在许可方面,英国采用许可证制度,明确规定:①没有国务大臣的许可证的批准,不得进行本法所适用的活动。②联合王国履行国际义务的活动,不要求许可证。③许可证应规定批准的活动内容及有效期。④在特殊情况下,国务大臣可以终止许可证。⑤经持证人同意或在特殊情况下,国务大臣可以撤销、更改或中止许可证。⑥许可证可以转让。在登记方面,英国空间立法规定:①国务大臣负责空间物体的登记。②符合条件的空间物体必须由国务大臣进行专门的登记注册。③对于登记册的查阅权,英国采用有偿制,即按照国务大臣的规定缴纳费用后,任何人可以查阅登记册复本。在责任方面,对于违反该法规定的行为,国务大臣可以:①责令停止空间活动,并处理空间物体。②对违法人或法人的提起诉讼或罚款。③制定具体规章,以便执行该法。

## 四、法国太空法

法国是欧洲航天发展的传统领军国家。1961 年,法国制定了《建立国家空间研究中心的法律》,到 2000 年时,法国的外层空间活动已是欧洲全部外层空间活动的一半,欧洲唯一的发射基地是法属圭亚那。同国内的空间活动相比,法国的国内立法相对滞后,迄今未建立规范空间研究和应用的国内立法。但法国国内对制定国内空间立法的呼声很高,相关立法准备工作也在进行中,并且最近提出了指导未来航天发展的战略规划。2012 年 3 月 22 日,法国高等教育与研究部部长劳伦瓦奎兹发布 20 页的航天战略文献。此战略文献提出了指导法国太空政策和未来发展方向的主要原则,包括:①在欧洲太空领域发挥积极作用。②保持进出太空的技术与独立性,并且在满足需求方面尤其要保证欧洲机构优先。③加快发展高附加值的太空应用与服务。④推动富有雄心的工业政策并与欧洲保持一致。还提出将欧空局逐步整合到欧盟的框架内,由欧盟代表欧空局监管欧盟的太空计划。

## 五、日本太空法

日本的空间探索活动始于 1955 年,并于 1969 年颁布了《国家宇宙开发事业团法》,建立了宇宙开发事业团这一法人负责发展、研究、制造、发射人造卫星和火箭。当时日本国会通过决议要求日本的空间探索活动只能用于和平目的,禁止空间机构参与任何防御性、非进攻性的空间活动,完全限于民用、商用领域。换言之,日本将空间利用的"和平目的"解释为"非军事目的"。

2002 年日本颁布了《宇宙航空研究开发机构法》,建立了类似于国家航天局的机构——日本宇宙航空研究开发机构(JAXA),JAXA 隶属于文部科学省,由文部科学省宇宙科学研究所(ISAS)、航空宇宙技术研究所(NAL)、宇宙开发事业团(NASDA)这 3 个与日本航天事业有关的政府机构统合而成。《宇宙航空研究开发机构法》明确了该机构以促进空间学术研究、空间科技水平的提高,以及空间开发与利用为宗旨,同时规定了政府向宇宙开发厅提供财政支持,包括提供资金、土地和其他设施等方式,另外还允许宇宙开发厅为筹措资金而发行债券。

为促进空间活动商业化发展，改革现行的空间管理体制，摆脱"和平主义宪法"和1990年《美日卫星采购协议》的束缚，日本2008年5月28日通过了《空间基本法案》，取代了1969年5月9日颁布并执行了约40年的第一部《空间基本法》。法案允许日本将外空用于"防卫性"军事目的，制定空间基本措施，有计划地推进与空间开发利用有关计划的落实，在内阁设立空间开发战略本部。法案的出台对日本空间活动的发展、亚太地区的区域和平与安全以及对国际太空法都将产生深远影响。为了保证《空间基本法案》的实施，2009年4月，日本政府宇宙开发战略总部公布了今后5年日本太空开发和应用基本计划——《空间基本计划》，对于促进日本空间活动的发展和《空间基本法案》的实施提供了重要的基础。《空间基本法案》作为国家法律为日本航天活动确定政策方向和提供法律保障。《空间基本计划》作为日本首个国家航天总体战略，确定了推动航天发展的基本方针，提出了政府全面实施航天发展计划的对策。

2012年6月20日，日本议会正式通过2012年年初由日本内阁提交的《内阁府设置法等法律的修正案》，对《内阁府设置法》《文部科学省设置法》《独立行政法人宇宙航空研究开发机构法》3项相关法律中与航天活动相关的内容进行了修正。该修正案分别从航天管理的最高决策机构、咨询组织和航天战略方向进行了调整，一是授权内阁府建立一个由首相领导的"宇宙战略室"，取代内阁府"宇宙开发战略本部"，总揽国家航天项目，对日本航天政策和预算决策具有最高决定权，并负责监督日本所有的航天预算。二是在内阁府设立"宇宙政策委员会"，负责调查审议与航天发展政策相关的重要事项，以及各机构与航天经费相关的重要事项，并向总理大臣提出意见与建议。三是将《独立行政法人宇宙航空研究开发机构法》第四条中"限于和平目的"的表述，改为"符合《宇宙基本法》的第二条"，取消文部科学省对宇宙航空研究开发机构的管控。法律通过后，日本政府很快推动实施了调整进程。7月12日，由内阁府特命担当大臣古川元久担任长官的"宇宙战略室"正式成立。7月底"宇宙政策委员会"委员会开始正式行使职能。

日本通过法律调整达成了如下目的：第一，制定了统一的法律、政策和战略，提升了日本航天的战略地位，为全面开展航天活动奠定了基础；第二，日本航天政策由完全非军事利用调整为可用于防卫性军事利用，从法理上为发展太空安全力量铺平了道路，扫除了障碍；第三，进一步理顺了航天活动管理体制，扩大了内阁府航天管理职能，调整了政府航天机构管理职能，为航天发展提供了制度保障。

## 六、中国太空法

在国际条约之外,为进一步调整规范中国的空间活动,中国政府制定了一系列重要的太空行政法规。原航天工业部的内部管理规定有 300 多个,主要是计划、技术、质量、安全、财务等各方面的管理制度。1998 年,国务院成立新的国防科工委(国家航天局),作为中国航天工业的主管部门,先后制定了《空间物体登记管理办法》(2001 年)、《民用航天发射项目许可证管理暂行办法》(2002 年)及《关于发射空间物体涉外损害赔偿责任的暂行规定》等。这些部门规章规范了航天活动,同时在一定程度上为履行国际相关外空条约义务提供了法律依据。

此外,与航天活动相关的还有国务院颁布的《中华人民共和国导弹及相关物项和技术出口管制条例》(2002 年)、《中华人民共和国无线电管理条例》、《中华人民共和国无线电频率划分规定》等。这些行政法规对加强卫星频率和轨道资源科学规划和合理利用,维护国家卫星频率和轨道资源的合法权益,发挥了重要作用。2012 年全国人大财经委联合相关部门正式启动了航天立法工作,并开展了航天立法调研活动,涉及面广、覆盖面全,基本涵盖了航天活动的主体。在调研基础上,组织人员开展航天立法的论证工作,包括航天立法的必要性、可行性、重点解决的问题、立法内容和思路以及意见建议等。

## 第五节　推进太空安全法治

太空领域面临意识增强、碎片增多、轨频紧缺、发展加速、技术突飞、竞争加剧、环境恶化等趋势,国际太空战略格局剧烈动荡、深刻调整。在当今大国竞争聚焦太空领域、中小国家竞逐太空领域的国际太空安全战略格局下,为确保太空领域安全、稳定、可持续发展,推进太空安全法治就成为时代发展的必然要求。

### 一、研判太空法博弈态势

太空是未来战略制高点。太空活动具有高技术性、高风险性、高投入性、高应用价值。冷战时期,两个超级大国在同一环境中竞争的事实使得确立(或阐释)法律规则不可避免;当今时代,世界各国竞相角逐太空,世界各国的太空权利和利益需要法律规则的保护。

目前,太空安全法治是联合国机制内与机制外相结合、不同谈判平台齐头并进、多边磋商为主。联合国机制内的主要太空议题有防止在外空放置武器、对外空物体使用或威胁使用武力条约(PPWT)、外空透明与建立信任措施(TCBM)、承诺不首先在外空部署武器(NFP)、外空活动长期可持续性(LTS)、太空交通管理(STM)、"空间 2030"议程与全球外空活动治理等。联合国机制外的主要太空议题有:欧盟的外空活动行为准则(ICOC),加拿大麦吉尔大学的外空军事利用的国际法适用手册(MILAMOS)。太空治理进程成为各国太空利益竞争博弈热点,美欧主导外空透明与建立信任措施、外空活动长期可持续性等谈判进程,为碎片清除、天基反导等发展扫除法律障碍。中、俄主导承诺不首先在外空部署武器、防止对外空物体使用或威胁使用武力条约等谈判进程,致力于防止太空军备竞赛。世界各国太空安全利益协调困难,正由以国际硬法为主向以国际软法为主转变,由政府主导向多元利益方共同治理转变。

## 二、厘清太空立法需求

随着太空科技的不断进步,太空活动的舞台出现了国家、国家集团、私人实体等新角色,空间活动的合作日益加强。空间活动的私有化和商业化特征更明显,私有化是指私人实体直接从事空间活动,商业化是指私人实体、国家和公共实体为了获取经济利益从事空间活动。太空安全环境日趋综合多元:航天技术进步了,轨道资源减少了;卫星数量增多了,频谱资源紧张了;空间碎片增多了,空间环境恶化了;空间武器增多了,空间威胁加剧了;天基监视增多了,利益共识减少了。

太空领域面临合法过境、损害赔偿、空间物体返还、航天员营救、电磁干扰协调、外空武器化、太空碎片清除、主权等问题,涉及太空自由进出、太空和平利用、太空有效军控、太空科学探索等方面的法律法规。太空是新兴领域、公共领域,是全人类的共同财富,急需厘清太空立法需求,在此基础上出台相关太空法律法规,为推进依法天提供法律支撑。

## 三、推进依法治天进程

在科技进步突飞猛进和国际局势错综复杂的当今世界,国与国之间的竞争不再仅仅局限于陆地、海洋和空中等地理域。相反,世界上具备相应能力的国家纷纷将自己的触角延伸到太空这一新地理域。太空作为人类活动的新领域,其所具有的战略意义早就不言自明,国家对太空的控制欲注定会日益膨胀。在群雄角逐"太空"的格局下,在太空法规方面,如何能在国际激烈竞争中立于不败之地,如何能最大限度地开发利用太空并获取最丰厚的战略利益,是世界各国发展航天事业一个绕不开的关键问题之一。就法规而言,制定一套完备的太空法规体系,鼓励和保障太空开发利用活动,自然就成为维护国家太空利益的应有之义和必然要求。但是,与上述现实需要不相适应的是,世界各国对太空法治未予以足够重视,该领域内有分量的法律法规还比较少、体制机制还不完善。因此,世界各国应坚持和平利用太空的基本立场,加强太空法治宣传,建立健全国家太空安全法治机构,制定完善国家太空安全法治机制制度,出台《国家航天法》等,加强太空法规人才培养。未来航天人,应立足国家需要,顺应时代潮流,与中国太空管理人员、太空法律人一道,抢抓战略时机,勠力同心,共同为制定和完善太空安全法治体系做出更大贡献。

# 第六节　太空安全法治的典型案例

## 一、《营救协定》相关案例

### (一) 成功案例

"阿波罗 13 号"爆炸营救案。1970 年,在"阿波罗 13 号"遭受一次爆炸后,对飞船的 3 位宇航员进行了及时有效的救援活动。虽然这次的登月使命没有实现,但是制定可行方案,操纵飞船,使 3 位宇航员得以返回地球,这件事本身就是巨大的成就。而在这次救援过程中,美国将"阿波罗 13 号"未能登月的消息,及时通报给了全世界各国家,并紧急请求有关国家给予救援。包括苏联在内的 13 个国家提供了救援舰船和飞机,分布在美国军舰未能顾及的海域内等候,给予了极大的协助。

### (二) 失败案例

"哥伦比亚"号航天飞机返回失事营救案。2003 年 2 月 1 日是人类航天史上的灾难日,这一天本来是美国"哥伦比亚"号航天飞机返回的日子,然而从太空传来的是噩耗。上午 9 时许,"哥伦比亚"号重返大气层时在空中解体,成千上万的飞机残骸散落在美国数州,机上 7 名宇航员全部遇难。根据调查得出的初步结论,"哥伦比亚"号解体主要就是由左翼隔热层受到损伤并形成孔洞,导致超高温气体进入造成的。此后的分析论证显示"哥伦比亚"号失事前宇航员有获救的可能,虽然风险极大,实际操作起来胜算难测,但从理论上讲,失事前拯救 7 名宇航员是"可行的"。美国宇航局分析后发现,通过最大限度地减少宇航员们的活动,完全可以在太空中多滞留 2 个星期,直到 2003 年 2 月 15 日或 16 日航天飞机的空气净化剂氢氧化锂耗光为止。如果一切顺利,宇航局在这两个星期内有足够的时间制定并实施援救方案。最有可能的一种方案是组织 4 名宇航员乘坐"阿特兰蒂斯"号航天飞机上天救出"哥伦比亚"号机组人员。"阿特兰蒂斯"号加紧准备,最快可以提前到 2 月 11 日或 12 日发射并在 24 小时内飞抵"哥伦比亚"号附近轨道。之后,两架飞机可以相距 15～27 米并列飞行,并由"阿特兰蒂斯"号上的宇航员在绳索状态下进行太空行走,将同事们从"哥伦比亚"号救出。"哥伦比亚"号航天飞机最终可通过遥控重返大气层坠落海中。

由此可以看出,国际条约很有必要对国家在外空中的营救义务进行具体的规定,这种规定甚至比对地面的援救规定更为重要。因为在外层空间的援救更为及时有效,更有利于宇航员的生还。由于实践的迫切需要,应该在《营救协定》有关规定的基础上,建立以发射国指挥救援为主,其他相关国家协助为辅的外层空间援救宇航员的规定。根据《外空条约》第 8 条规定,对外空物体及其所载人员的管辖权及控制权应属于登记把物体射入外层空间的国家。因此,发射国对于遇险的航天器及其所载人员享有管辖权。发射国应用尽一切办法予以救助。而其他缔约国则是在得到有关通知后,在必要时和力所能及的范围内提供帮助。比如,某一国的航天器和发射国发生意外的航天器正处于同一运行轨道,则应配合发射国实施相应的营救方案。当然,这种义务有很大的自愿性。

## 二、《责任公约》相关案例

"宇宙 954 号"坠落案。1978 年 1 月 24 日,苏联发射了一个由小型核反应器驱动的人造卫星——"宇宙 954 号",回收过程中在加拿大西北部爆炸。加拿大政府担心爆炸卫星的辐射性碎片可能造成环境损害,甚至伤及接触到这些碎片的人和动物。为防止损害,加拿大花费大量的财力及人力搜寻、清除卫星残骸,并测试人造卫星碎片辐射的扩散范围。事件发生后,加拿大请求美国提供协助,却拒绝了苏联主动提出的协助意愿。

1979 年,加拿大政府依据 1972 年《责任公约》、1967 年《外空条约》以及国际法一般原则向苏联政府提起 600 万加元的损害赔偿,赔偿的内容主要是加拿大政府对该区域所进行的探测、清理费用。同时,加拿大政府认为根据国际法一般原则,苏联政府有责任及时答复加拿大政府的有关问题,预防和减轻有害后果并减少损害。

苏联不否认其赔偿责任，但对赔偿额提出异议，以《营救协定》的第 5 条第 2 款作为抗辩理由。认为，加拿大应允许苏联参与搜寻和救助行动，然而加拿大却在事件发生后请求并非发射国的美国提供协助，拒绝了苏联主动提出的协助意愿。

经过谈判，加拿大降低了其求偿要求，将求偿金额由 600 万加元降低为 300 万加元。1981 年 4 月 2 日，两国政府在莫斯科达成协议，并签署议定书。

虽然苏、加两国政府主要在赔偿数额上展开谈判，但本案在学术界的争议却非常多。争论焦点主要体现在：核动力碎片并没有造成人员伤亡和财产直接损失，能否依据《责任公约》提出赔偿？搜寻、消除爆炸产生的核动力人造卫星碎片，并测试碎片核辐射的扩散范围是否属于《责任公约》所规定的"损害赔偿"范围？加拿大政府对此的解释是，根据国际法一般原则，"对财产的损害"应包括清理碎片的成本和预防坠落的碎片对国家领土和领土上的居住者所可能带来的潜在的损害。加拿大的这一解释体现在 1992 年联大通过的《关于在外层空间使用核动力源的原则》中的原则 9 中，即"赔偿责任和赔偿"原则。该原则第一段再次重申国家对其空间物体或其组成部分造成损害应承担国际赔偿责任，这种责任完全适用于这种空间物体载有核动力源的情况。第三段明确规定，"为本原则的目的，所做的赔偿应包括偿还有足够依据的搜索、回收和清理工作的费用，其中包括第三方提供援助的费用"。由于 1972 年的《责任公约》是在联大通过的。有学者认为，1992 年的《关于外层空间使用核动力源的原则》是对公约的一个"权威性解释"，或者是相当于当事国对公约解释和适用的"附加议定书"。

## 三、《月球协定》相关案例

格雷格里·内米兹申请爱神星（Eros）所有权诉美国案。爱神星是个绕太阳转的较大的小行星，天文编号第 433 号小行星。在美国人纷纷对月球和其他天体主张所有权的热潮裹挟下，内米兹也宣布他对爱神星拥有所有权。他在阿基米德协会的网站上注册了对爱神星的所有权，还根据加利福尼亚商法提交了一个权益担保。2001 年 2 月 12 日，美国宇航局的一个探测器在爱神星上着陆。刚开始内米兹还公开就该探测器对其土地的降临来访表示欢迎，而后却一改初衷，于 2003 年 10 月 6 日向美国内华达州地区法院起诉，声称美国宇航局侵犯了他的私有财产权，美国应赔偿该宇宙飞船在那里的停船和存储费用。根据他的初步估计，爱神星价值 80 亿美元，而美国的探测器每天都停在那儿分文未付,而且探测器着陆的地方,妨碍了他的开发计划的进行,因而他声称遭受了 500 万美元的损失,要求美国赔偿。

2004 年 4 月 27 日,内华达州地区法院驳回了他的诉讼。法院判定:首先,内米兹的财产权主张根据不足,他在阿基米德协会网站上的注册和他根据加利福尼亚商法提交的担保都不能使他拥有任何私人财产权。其次,内米兹没有请求法院先确定它拥有爱神星,因此不能向法院主张他有一个能受法律保护的财产权益。再次,内米兹主张其对爱神星的所有权所依据的美国法是,美国国会授权宇航局鼓励尽量全面地商业利用外空和维护美国在航空和太空上的领先地位。法院认为他没有证明他所援引的美国法中哪一条为他对爱神星的财产权主张确立了法律的依据。最后,法院说无论是美国没有签署的《月球协定》还是已经签署和批准了的《外空条约》都没有规定对小行星的私有财产权。

内米兹对此判决不服,上诉到第九巡回区法院。他是一个美国人,有权在没有法规和其他禁止的情况下,对爱神星主张权利,这是基于对财产的自然权利。宪法没有授权美国政府对月球和其他天体享有所有权,宪法没有规定对月球和天体的财产权,也没有把这些权利保留给政府,所以个人就有权对月球和天体取得所有权。

《外空条约》第 2 条关于不得将月球和其他天体据为己有的条款与该案无关,因为他不是根据该条约取得对爱神星的财产权,《外空条约》对此案不适用。他说《外空条约》不能剥夺他受宪法保护的权利。美国政府不承认他的财产权是违反宪法的,拒绝支付停船费就应该按宪法给予赔偿。对于内米兹的主张,美国联邦应诉人逐条地予以驳斥:内米兹所主张的受美国宪法保障的对爱神星财产权的自然权利是没有根据的。美国宪法不规定对财产权的取得,任何取得财产权是由各州法律规定的;美国宪法保护的是那些基本的和深深植根于社会的核心权利,那些基本权利与对月球和天体的所有权有实质的不同。由于内米兹承认既没有制定法也没有习惯法规定他有权取得对爱神星的财产权,且宪法也没有规定他可以取得这种权利。所以,他对爱神星的主张只是他自己的主张。内米兹只是期望他对爱神星有所有权,这是个单方面的期望,而不是一个有权得到保护的财产权益。由于内米兹完全没有出示任何证据证明他对爱神星的财产权,法院就没有必要解释《外空条约》是否禁止对月球和其他天体的私人所有权问题。

2005 年 2 月 10 日,旧金山第九巡回区上诉法院作出了维持原判的判决。从案件审理的过程来看,有两点值得注意:一审法院认为无论《月球协定》还是

《外空条约》都没有规定对天体可以取得私人财产权;内米兹和美国国家的代表也都不认为在美国现有的法律里规定了个人可以取得对月球和天体的财产权。

## 习题

1. 简答法、太空法的概念内涵。
2. 论述加强太空安全法治的必要性。
3. 简答五大国际太空公约。
4. 简答某一国家太空法的主要内容。
5. 论述加强太空安全法治的对策与措施。

# 第十章 太空安全战略演习

## 第一节 太空安全战略演习的概念内涵

### 一、演习的产生与发展

演习是随着战争的产生而产生,随着战争的发展而发展的。新的理论、技术、兵器不断出现并投入战争,于是演习内容和方法也变得多样化和复杂化。演习的出现,是训练方式和方法发展的必然结果,它的发展也经历了简单到复杂的漫长历史过程。

#### (一) 冷兵器时代的演习

冷兵器时代的演习是教习使用冷兵器进行格斗和演练阵法。训练的主要内容是弓、矢、戈、受、矛、戟一类冷兵器的使用和车阵战术,常以围猎进行演习。练的丰富内容。中国现存最早的一部兵书《孙子兵法》把"士卒孰练?"视为决定战争胜负的"七计"之一。《尉缭子》对训练也作过明确的叙述:"百人而教战,教成合之千人;千人教成,合之万人;万人教成,会之于三军。三军之众,有分有合,为大战之法。"公元前4世纪的古希腊各国和公元前2世纪的古罗马,兵器有长矛、剑、战斧、匕首、弓箭、标枪、投石器和石弩、弩炮等,士兵组成方队进行对抗。训练的内容主要是排演阵形,学会使用兵器,进行白刃战,在短距离内作战。冷兵器时代的演习,受到当时思想和武器的制约,演习的地幅较小,形式也较单一。双方使用的武器只能在近距离发挥作用,短兵相接需要参战将士有强健的体魄和勇于拼杀的精神,演习中常把体魄训练和牺牲精神放到十分重要的位置。

#### (二) 火器时代的演习

火药的发明和应用,促进了武器装备的发展,使训练发生了明显的变化。10世纪初火药开始用于军事。10—13世纪陆续出现了燃烧性火器、爆炸性火器和管形火器。13—14世纪火器有了发展,创制了世界上最早的金属管形火器,并出现了装备火炮的炮手军,有了教习炮法的训练。13世纪末,火药技术和火器传到欧洲。15—17世纪初,欧洲一些国家的步兵装备了火枪,骑兵装备了盔甲、双刃刀和手枪,炮兵装备了轮式火炮,士兵的成分有了改变,从而引起作战样式的变化,掌握使用火器和线式队形作战,成为训练的重要内容。著名将领戚继光在1571年所著《练兵实纪》中,总结了使用冷兵器和火器的训练经验,强调要练伍法、练胆气、练耳目、练手足、练营阵、练将。18世纪以后,欧美一些国家开始建立技术兵种,出现了野战、攻城和要塞炮兵,建立了一批技术学校,开始培养专门的技术人才。后来,欧洲国家装备了后膛枪,引起编组、训练的一系列变革。18世纪的著名战略家法国拿破仑一世、普鲁士克劳塞维茨、俄国苏沃洛夫等有关正规训练方式和运用的论述,在一些条令、教令中得到反映,成为当时训练的基本依据。19世纪,无产阶级革命导师恩格斯研究了欧洲、亚洲、非洲和北美洲的战争情况,在《德国战争短评》一文中指出:"虽然民族热忱对战斗有巨大的意义,但是如果缺乏训练和组织而仅凭热忱,任何人都不能打胜仗。"在第一次世界大战中,特别是第二次世界大战以来,坦克、火炮、飞机、舰艇等大量新式技术装备投入战场,训练规模、体制、内容、方法都有很大改进和发展。如第二次世界大战中,美、英联军在诺曼底登陆之前,按照预定计划,选择相似地形、水域,以旅、师为单位,进行一系列的登陆作战演习,并于1944年4月底至5月初,在英国南部海面上进行了一次大规模的陆、海、空三军联合演习,熟悉作战计划,演练协同动作,对夺取诺曼底登陆战役的胜利起了重要作用。火器时代,是一个漫长的时代。由于火枪、火炮、坦克、飞机的出现,白刃战、方阵在战争中的作用下降,由方阵战到线形战再到远程战,这是冷兵器时代到火器时代的一次大变革。演习的组织指挥、协同、保障都成为主要内容,演习的规模、空间也大有发展。

## (三) 现代技术条件下的演习

第二次世界大战结束以后,特别是20世纪60年代以来,现代科学技术飞跃发展,并广泛应用于安全领域,带来了武器装备的不断更新,从而引起了建设和思想的深刻变化,对训练也提出了更高的要求。因此,许多国家都把现代条件下的安全演习作为建设发展和安全预防的重要组成部分。世界各国普遍重视演习,把演习作为训练必不可少的一个部分。随着科学技术的发展,武器装备的不断更新,安全力量机动能力指挥自动化程度大大提高,安全演习的空间广阔,参加的安全力量增多、规模扩大。第二次世界大战后期及其战争结束后的70多年间,新技术革命的浪潮推动了国防工业的发展,一大批传统的安全技术有了质的飞跃,而在此基础上又出现了许多新的领域。这种新领域的突出特点是多种新技术紧密结合,使兵器的杀伤力增大,使战场情况变得更加复杂化。战争推动了演习,演习又必须服从、服务于战争。演习要想模拟战争的特点,难度越来越大。于是,多种形式、多种样式、多种规模的演习也相继出现。较大规模的综合性演习成为国家安全力量常用的训练方法,西方一些发达国家已将演习上升为制度化。高技术的发展,又迫使演习向更高层次推进。

## 二、演习的概念与类型

演习,是指参演单位在导演部组织和想定情况诱导下进行的指挥和行动的演练。训练,是指参训单位及人员所进行的安全理论及相关专业知识教育、安全技能教练和安全行动演练的活动。演习是训练的高级形式,因此从逻辑从属关系上,演习就属于训练,是训练的一部分。

演习有许多分类方法。按目的,分为示范性演习、研究性演习和检验性演习;按层次,分为战略演习、战役演习、战术演习;按对象,分为首长机关演习、实兵演习;按场所,分为室内演习、现地演习;按形式,分为单方演习、对抗演习。

示范性演习主要用于传授战时工作程序、方法和途径,推广和交流演习经验。这种演习的特点,一是熟,即所用理论熟,想定情况熟,地形道路熟,情况处置熟。二是准,即导演指挥准确,演员动作准确,演习解说准确。三是明,即演习阶段分明,演习行动明晰,让观察人员能明观全景、了解全局。示范性演习通常在研究性演习的基础上进行,它的表演性和传授性,对导演脚本、演员素质提出了高要求,通常导、调、演三方都应了解、掌握演习的全过程和相互的动作,对演习中将要出现的情况、将要处置的问题、将要采取的行动都心中有数,导、演双方都应严格按演习实施计划和规定的动作执行。使整个演习浑然一体、准确无误,起到示范作用。

研究性演习又称试验性演习。主要用于贯彻新的条令、教令,作战理论,试验新的编制装备,检验和演练作战预案,研究新的以摸索科学性、适应性和实用性强的战法。这种演习的特点在于"新"。表现为新问题、新情况、新方法,整个演习方案应该把未来战争的特点显示出来。演习方法突出在"研"上,往往要分段作业、分段讨论、反复修改、反复演练。要用先进、科学的理论指导演习,用演习的实践完善、发展理论。为了保证研究的问题透彻深入,减少失误和反复次数,减少经费和物资消耗,研究性演习可先在图上、沙盘上或利用新技术模拟演练,尔后再到实地演习。要发挥导、调、演各方面人员的积极性,做到一种情况多种处置方案,在研究中找最优方案。主要"演员"应在演习前熟悉想定,深刻理解所要研究的问题,做到胸有成竹,且敢于创新,导调人员和演习部队要做好记录,积累资料,以备研究和总结。研究性演习一般分为理论学习、分段摆练、综合演习和总结提高四个阶段。

检验性演习又称考核性演习,是演习的基本类型。主要用于全面锻炼参演单位,巩固基础训练成果,增强整体能力,考核训练水平。这种演习的特点,一是导演和"演员"只诱导情况而不透露处置方案,且导演的随机情况多。所谓随机情况,是指导演在基本理论和条令条例规范内,依据想定的基本情况,为检验参演单位某方面的能力,可以临机设置情况,诱导演习。二是参演单位处一于高度紧张状态。因为这种演习不发原案,不搞摆练,全靠"演员"根据导演的情况诱导独立判断情况,独立处置问题。三是调理员的职责主要是观察、记录,以便准确裁判,评定成绩。四是有考核、检验计划和标准,而且要严格规范,具体明确,便于操作。导调人员使用的演习企图立案和检验计划应对参演单位保密,根据考核目的,演习可突然发起。参演单位要特别加强演习中的安全防事故措施。

## 三、太空安全战略演习

太空安全战略演习是指太空领域指挥员及其指挥机关进行的演习。目的是提高太空领域指挥员及其指挥机关的谋划、决策和指挥能力。演习由数个单位的安全力量,在统一指挥下举行的大规模演习。可能包括一个或数个国家、地区、组织。国外举行的多国、多个地区、全球规模的大演习,如俄罗斯举行的空天演习,美军举行的诸施里弗太空演习,法国举行的"阿斯特里克斯"(AsterX)演习,都可称作战略演习。此类演习多为数个国家、地区、组织相联系,有统一的战略目标,数个参演单位统一指挥。准备和实施时间长、耗资巨大,组织复杂,但对提高综合安全能力有较大作用。值得注意的是,有些演习规模较小,但其行动、地位非常重要,往往由高层次甚至最高指挥机构直接组织、指挥。虽然其参演力量达不到战略规模,但其实质却达到战略层次。

## 第二节  太空安全战略演习的地位作用

在决策和辅助决策层开展太空安全战略演习,对于科学制定、适时调整太空战略政策,谋划与国家太空安全有关的各种活动,灵活运用国家太空安全力量提高决策水平和指挥能力,维护国家安全利益等都具有重要的意义。

## 一、应对太空领域战略威胁挑战，打赢未来战争

采取战略性演习、战役战术性演习、联盟性演习兵棋推演、计算机模拟仿真等形式，能应对太空领域战略威胁挑战。一是威慑制衡太空战略对手。美国认为未来潜在对手是最直接、最严重、最紧急、最持久威胁，美"施里弗"太空系列演习主要以未来潜在对手为演习假想敌，通过演习形式，研判对手带来的主要威胁挑战，研究应对的基本策略和主要措施。二是快速部署太空安全力量。世界各国积极建设可快速部署的太空安全力量，力求塑造有利的安全态势。美国建设"星链"天基互联网，具备快速生产小卫星且一次可发射 60 颗卫星的能力；俄罗斯要建设"自主可控"的格洛纳斯卫星导航定位系统，可重复利用、快速补网、快速部署。印度具备一箭 109 星的发射能力，日本开展小行星探测，都具备在太空部署安全力量的能力。三是多维展现太空安全手段。太空领域面临着软攻击、硬摧毁等多种威胁，美国在"施里弗"太空演习中，多展现陆海空天多种动能打击手段，如美国标准 3 导弹射程达数百公里，可采用陆海空多种方式发射，攻击敌方天基系统，造成硬摧毁；美国采用电磁干扰、激光照射等手段，可致盲卫星或降低其效能，造成软杀伤。

## 二、检验太空战略能力建设水平，加速太空发展

演习是检验太空安全能力、太空装备建设水平、太空从业人员专业水平的有效途径和手段。美军在"施里弗-1"的媒体问答中明确表示，"施里弗-1"是系列演习的第一次，它作为一个重要工具，用于探索未来的空间问题，并在整个国家安全机构范围内整合空间能力。第二、三、四、五和六次"施里弗"演习继承了这一传统，侧重于研究空间与网络空间政策、交战规则以及对空间能力的防护。"施里弗-7"演习是该系列演习第一次向北约国家开放。2019 年《弹道导弹防御评估》，提出主动拦截、抵御打击以及先发制人打击对方导弹发射基地的全方位防御思想，以太空航行自由为名，经常触碰预警红线，逼近、袭扰其他国家在轨航天器，2019—2020 年，"地球同步轨道太空态势感知计划"（GSSAP）卫星多次抵近俄罗斯航天器，挑衅他国政治底线。

## 三、推进太空安全战略理论创新，完善太空战略

推进太空安全战略创新和完善，主要采取示范性演习和研究性演习的形式进行。示范性演习（demonstration exercise）亦称观摩性演习，是指为规范训

法,供见学人员观摩学习而进行的演习。研究性演习(exploratory exercise)亦称试验性演习,是指为探讨安全重点、难点问题,论证新编制、新装备、新理论而进行的演习。

当前,美、俄等国已经将太空视为战争域,太空领域战略竞争、对抗乃至冲突特征日渐凸显,有限太空冲突征候开始显现。特朗普政府确立"太空联合作战区域"概念。美国 2018 版《太空作战条令》明确提出采用防御性作战、重构和韧性三类措施应对威胁。美在施里弗演习回答记者"太空演习在研究太空理论方面有什么样的作用时"明确表示,军事演习是观察新概念和新军事理论的试验平台,还将探索它们如何与未来的军事作战相结合。美军已基于天权论构建太空战争构想、太空集群愿景,开展施里弗、太空旗、全球哨兵等演习,研判威胁,加快太空军事战略理论研究,指导太空军事战略制定和运用实践。

## 第三节　太空安全战略演习的组织实施

### 一、演习准备

#### (一) 成立演习导调组织机构

导演机构是计划和组织实施太空安全战略演习的临时机构,应根据演习的规模、性质和方式方法灵活确定,通常由上级首长机关或战略训练基地组成。导演机构人员编成应以合理够用为原则,选调安全素质好、有较丰富实践经验,级别、职务与采集(调理)对象相当的太空安全人员担任,通常从组织演习的首长机关和不参加演习的单位选调太空安全人员组成。导调机构通常由总导演、副总导演、导演助理、演习评估组、采集调理组、情况显示组、综合保障组等组成。主要包括导演和调理员两类人员。导演(exercise director)是演习导演的简称,是指导与调控太空安全战略演习的指挥人员。调理员(coordinator)是指在太空安全战略演习过程中,导演部指派的负责对参演组织或人员进行情况诱导、检查、裁决、评定和数据采集等工作的人员,有地段训理员、端末调理员等。

#### (二) 确定演习规模和参演兵力

演习规模、参演人数由通常由演习组织最高首长或上级确定。实兵演习参演人数和太空装备,通常要求主官全、机关全、部门全、建制单位全,要求关键技术岗位操作人员以及新装备必须参加,且对应急机动太空安全单位和其他太空安全单位的参加人数有相应要求,具体演习根据具体情况设定。

战略对抗演习编组,是指对受训参演单位和人员在演习角色上的编配组合。通过编组,一是明确受训单位在对抗演习中扮演哪一方,是红方还是蓝方,或是其他方;二是明确演习人员在演习中的具体角色,是担任决策者、还是担任部门领导,或者是担任一般人员。确定演习编组,主要依据所设各方战略决策机构的组成情况,其角色也要参照各方机构的编成而配备。此外,还要考虑到演习场地容量和参演人员数量等。

## (三) 确定演习内容

导演在确定演习内容时,应组织导演和调理(简称导调)人员,首先简要明显演习要突出解决的主要问题,然后详细构想演习的主要行动,最后设计出能使受训者得到充分锻炼的演习内容。在此基础上,结合演习任务明确的战略课题和确定的演习内容,按相关规定或战略进程,拟制演习导调提纲。

## (四) 选定演习场地

选择演习场地,通常需要着重考虑演习目的和保障条件两个关键因素,在此基础上,再结合其他因素,进行综合优选。演习场地确定后,导演应在现场明确各演练问题的地段,情况显示单位(人员)的配置位置,演习地区的界线,警戒哨的位置、行进路线和警戒区域等。当进行实弹演习时,还应明确实弹射击(发射)轴线、区域及安全地带等。

## (五) 拟制演习文书

演习文书(exercise document)是指组织实施演习的相关文书,通常包括演习方案、演习想定、演习计划、导演计划,以及演习的命令、指示、通报、报告等。

### 1. 拟制演习方案

演习方案(exercise concept plan)是指为组织实施太空安全战略演习而制定的行动设想,包括演习指导思想和目的,演习课题和训练问题,演习时间、区域,参演单位、人数和指挥关系,演习组织领导和导演部编成,演习组织实施方法和步骤,以及演习保障事项和准备工作等。

### 2. 拟制企图立案

企图立案(general plan of intention)是指按照演习课题对双方太空安全企图和行动的总体设想,是编写基本想定、补充划定和导调文书的依据。

### 3. 拟制演习想定

想定(scenario)是指按照训练课题对演习双方的企图、态势及安全对抗发展情况进行设想和假定的演习文书,分为基本想定和补充想起,是组织、诱导太空安全战略演习和作业的基本文书。其中,基本想定(basic scenario)是指依据演习企图立案拟制的安全对抗双方基本情况和条件的想定,内容包括红蓝双方的初始态势和行动性质,上级意图,本级任务,要求执行事项和附件、参考资料等,是为参训对象提供演习和初始条件的重要文书。补充想定(supplementary scenario)是指依据企图立案拟制的,为参训对象的演练提供某一具体训练问题的情况和条件的想定,是基本想定的补充。

## (六) 培训导调、保障人员

导演就对导调、保障人员进行有计划、有步骤的严格培训,使其明确职责和任务,熟悉演习方案和各种计划、规则、规定,掌握工作内容、方法,熟悉各种信(记)号、安全规定,明确应注意的事项。

在此基础上,应组织导演部推演,通常按照先室内、后室外,先分组、后集中的程序实施。推演结束后,应根据推演过程中总导演明确的问题,及时修改、调整和充实完善工作计划,进一步做好演习前的各项准备工作。

## (七) 设置演习环境

演习时,需要设置的环境主要包括:设置目标,设置太空安全对抗显示,设置信息支援显示,设置应急发射场,构设复杂空间辐射、碎片环境等。

## (八) 准备演习系统

演习系统准备的内容主要包括:系统硬件准备、系统软件准备与调试、检验。系统硬件准备通常包括战略演习模拟系统准备、通信设施准备、声像设备准备等。系统软件准备通常包括支撑软件系统、数据库系统、模型推演系统、人机交互系统、辅助软件准备。当系统软、硬件安装完毕后,必须对其进行调试和检验。

## (九) 参演单位准备

参演单位应根据演习需求,主要进行以下准备:及时收拢人员,维修保养太空装备,检修调试太空指挥、通信网络系统,调整补充物资器材,并采取自上而下、先集中后分散的方法组织演习动员,学习演习规定,明确演习任务、目的和要求,提高参演单位演习的积极性,激发维护太空安全的热情。

## 二、演习实施

### (一) 演习前

演习开始前,调理员应按导演的要求到位,检查了解参演单位的准备情况,并向导演部报告。尔后,导演部按时下达演习开始的命令,明确有关要求事项。

### (二) 演习中

计划导调或随机导调。计划导调是指按演习计划规定的进程及设置的情况,对太空安全战略演习进行的导演和调理。随机导调是指根据演习进程和演练情况,临机设置情况对太空安全战略演习进行的导演和调理。按导调计划或评估参演单位太空安全能力的需要,通过多种途径适时向参演单位陆续提供必要的演练条件。随时掌握演习的进展情况,综合分析演练目的的实现程度,适时修订导调方案,以新构成的演习条件诱导演习单位演练。提供参演单位无法通过观察、侦察获取的情报信息。记录演习指挥员、机关和安全分队行动的有关情况,采集相关数据,并适时汇总上报。一般情况,不干预,出现重大偏差或出现危及参演单位安全的情况时,可进行必要的干预。

### (三) 演习后

应收拢人员、组织装备点验、清理演习现场,检查群众纪律并做好善后工作,组织显示(保障)和假设参演单位清场、撤离,汇总情况,定性、定量分析相结合,运用“演习评估系统”或依据演习标准制定的评分细则,综合分析评定参演单位的整体能力,做好演习总结的相关准备,做好对参演指挥员、机关和单位的讲评准备。

## 三、演习总结

演习结束后,应及时组织总结。通常根据演习课目、目的、训练问题、方法和训练对象等具体情况确定,总结以查找暴露问题为主,主要是找出存在的问题、分析问题原因、解决研究问题的措施,提高参演单位太空安全能力,促进全面建设。演习总结通常采取自下而上或上下结合的方法进行,有时也可由导演或上级直接进行总结。

## 第四节　太空安全战略演习的典型案例

### 一、美国"施里弗"系列太空安全战略演习

纵观世界,在太空领域举行较多且比较成熟的太空安全战略演习是美国的"施里弗"系列太空演习。"施里弗"演习(Space Wargame,SW)是美军战略级太空作战演习,是施里弗空军基地太空创新与发展中心(SIDC)集成部组织的计算机模拟演练,前期每两年举行一次,2014 年及以后每年举行一次。从2001 年开始,截至 2020 年 12 月,已连续组织 14 次,参训单位包括美军各部队、美国政府和盟国机构及商业航天公司等。演习旨在通过战争推演来研究和评估与太空相关的政策、战略、学说、作战概念、交战规则、装备需求以及力量结构等重大问题,通过太空优势加强美军太空战威慑能力并向对手发出微妙但却清晰的警告。直接目的是:检验和挖掘美军太空作战能力,重点检验美国空军航天司令部的作战指挥系统、航天系统运行状况以及航天系统与地面系统的配合能力;获取太空安全战略制定、装备力量发展需求、战场指挥人员训练等方面有价值的信息。

### (一) 施里弗将军简介

施里弗将军,美国空军著名战略家。1910 年生于德国不来梅,1917 年来到美国,1931 年毕业于得克萨斯建设工程与机械学院,获建筑工程学位。因在后备军官训练团受训时成绩优异,得到了成为飞行员的机会,1933 年 6 月在得克萨斯州凯利基地获得了飞行员翼形徽章。在以后的 6 年中,干过驾驶陆军投递航空邮件的飞机、指挥民间护林队的一个营地、担任西北航空公司的飞行员、充当职业高尔夫球员等工作。1939 年,陆军航空兵扩充时,回到正规部队。在第二次世界大战期间,在作战经验丰富的第 19 轰炸机大队执行过 63 次战斗飞行任务。1960 年 10 月,施里弗将军在空军参谋长的授意下组织了一个空军外层空间研究委员会,由曾在艾森豪威尔政府担任国防部科技事务特别助理的特雷弗·加德纳任主席,目的是考察美国军事空间的发展目标,并就空军为履行其职责应发展的项目提出建议。1961 年 3 月 20 日,肯尼迪政府上台之后,加德纳委员会才完成了最终报告,报告总结了艾森豪威尔政府时期军事空间项目中存在的严重问题,并提出了新的美国军事空间发展规划。它同威斯纳报告一样,加德纳报告呼吁军方全面参与到月球登陆计划中去,"全面开发

各种类型的载人航天活动的可能性就国家安全而言是极其紧迫的事务"。加德纳报告在空军内部获得了一致肯定,并被整合进肯尼迪 1961 年 5 月 25 日宣布的关于国家空间项目的政策中。

## (二) 演习的来龙去脉

美军太空战略演习之所以冠以"施里弗",是为了纪念 20 世纪 50 年代美国前空军西部发展部主任伯纳德·施里弗将军为美国太空军事化做出的奠基性贡献。施里弗将军是美国空军"制天权"理论的坚定支持者和有力推动者。他说,"从长远看,美国的国家安全取决于太空优势。未来决定战争胜负的不是海战,也不是空战,而是夺取制天权的太空战"。据称,肯尼迪总统的著名论断"谁控制了太空,谁就能控制地球",也出自施里弗将军提交的研究报告。正是在以施里弗将军为代表的空军将领的大力推动下,美军很早就开始重视太空力量在军事中的运用,并且注重在演习中引入太空力量。例如,1999 年美陆军曾举行"太空作战 2"演习,陆军太空与导弹防御司令部举行"太空与导弹防御 99"演习等。然而,这一阶段美军的演练重点主要围绕如何利用太空系统支援常规作战,严格讲并不能称为"太空战"演习。

直到 2001 年,"太空战"演习进入新阶段,即以太空为假想战场、以航天资源为主要作战装备、以太空攻防为主要演练内容。这就是著名的"施里弗"太空战演习。简言之,"施里弗"太空战演习是美军专门针对太空安全与太空战举行的高层次战略演习,每次演习历时 5 天到 20 天不等,主要围绕太空态势感知、太空力量增强、太空支援、太空控制、太空力量运用五大任务领域展开,旨在通过战争推演,研究、评估和调整与太空相关的政策、战略、学说、作战概念、交战规则、装备需求及力量结构等重大问题。由于观念超前、没能现实装备,再加上实际攻击太空卫星会造成太空垃圾或其他灾难性事故,因而"施里弗"演习并非实兵演练,而是以兵棋推演、交流研讨、思想碰撞的方式模拟太空作战组织指挥与进攻、防御行动。

由于历史时期与环境条件的变化,"施里弗"太空系列演习的侧重点不断调整,总体上又表现出不断演进、逐渐升级的态势。前 5 次"施里弗"太空演习主要检验太空能力在美国国防战略中的作用及美国法律、政策对太空作战的影响,检验美军 21 世纪联合部队可用的太空能力、战术与技术。自 2009 年开始,"施里弗"太空战演习开始强调赛博空间与太空一体化在支持国土防御中的重要性,并突出美国盟军、商业领域在太空与赛博空间能力方面的关键作用,重点演练赛博空间作战与太空战之间的联合能力。特朗普执政期间,"施里弗"太空演习更加注重分布部署的各种太空机构、力量如何在多域环境中展开无缝的联合作战,探索国家、商业航天领域与盟国如何在更高层次上构架,以协同保护美国及盟友的太空利益,"确保美国在太空领域的绝对领导地位"。

### (三)演习的主要特点

不同于传统的地面战争、海战与空战,太空战是一种特殊的作战样式,必然要求在太空战演练方面表现出很大的创新性。纵观美军"施里弗"太空系列演习,其特点突出:演习导向上,注重超前谋划;组织方法上,注重兼容并蓄;演练内容上,注重跨域融合。

### (四)演习的战略意图

从战略层面看,"施里弗"演习旨在综合利用政治、外交军事等手段和新兴军用航天技术,确保美国太空绝对优势。

#### 1. 构建有效的太空威慑,以太空优势谋求太空霸权

随着太空攻防技术的发展,世界主要国家都在积极发展太空力量,为防范"太空珍珠港"事件发生,美国大力推行太空威慑战略,把太空威慑作为慑止太空冲突的主要手段。在美国国防部推动下,美军开始持续组织太空战演习,目的之一就是实施太空战略威慑,慑止太空挑衅,维护太空霸权。"施里弗"演习中,十分注重运用先进太空力量及时发现敌人突袭征候,准确判别威胁程度,全面掌握空间态势,并对"危机"做出快速反应,从而有效控制危机升级。在威慑手段上,注重利用广播、电视、报纸、国际互联网等多种媒体,充分展示其强大的太空力量和太空作战能力,意图给对方造成巨大心理震慑和心理压力,达到有效威慑效应。近年来,为巩固太空霸主地位,美军对太空战演练的重视程度与日俱增,在演练内容、形式和侧重点上均呈现出许多新特点。"施里弗-6"演习的关键目标就是分析在空间和网络电磁空间如何实施威慑,并开发能够利用综合手段实现跨多个领域行动的综合计划方法。通过该次演习,美军意识到空间和网络电磁空间发起的攻击,往往不是采取"毁灭"的方式让卫星成为碎片,而是采取隐蔽的"破坏"方式让其不能工作,这使得冷战时代关于威慑的经验教训已不能满足空间和网电领域的需求,必须对传统威慑手段进行调整。2011年2月4日,在美国国防部公布的首份《国家安全空间战略报告》中,更加明确强调要大力推行太空威慑战略。认为战略竞争对手发展反卫星能力对其空间系统安全构成威胁,将通过提升太空资产的快速替代能力以及增强

太空情报能力等手段加以应对，并表示"不放弃使用武力保卫太空资产"，意在慑止敌对国家发展、试验和使用反空间系统。"施里弗-8"则基于历次军演中美国及盟友太空系统出现的问题展开，强调在未来区域冲突下太空和赛博空间的规划和威慑运用。

### 2. 检验太空装备武器系统战技性能，提升太空和网络攻防能力

针对太空网络战的新特点，为检验太空系统性能，强化太空网络攻防能力，美军将施里弗演习由太空逐步向临近空间、网络空间等新领域拓展，陆续开展了一系列太空战背景下的网络攻防演习，重点演练如何利用计算机网络对敌太空作战指控中心、卫星操作中心、卫星通信网络等关键节点实施攻击，同时保护己方太空指挥、控制和通信设施不受损害。"施里弗-1"演习重点演练可迅速发射、重复使用的空天飞机和"太空作战飞行器"等先进太空系统。"施里弗-2"演习重点演练快速响应航天发射和航天运载能力对国家总体作战能力的影响。"施里弗-3"演习首次将"临近空间"纳入作战视野。"施里弗-4"演习既检验战时太空能力是否能满足战斗指挥官的需求，又对制定 2025 年前太空战略及发展规划起到重要支撑。"施里弗-5"演习引入了小卫星及微卫星和地基太空对抗系统，明确提出综合的太空态势感知能力需求，包括太空感知能力、在轨能力、侦察能力与评估能力等。"施里弗-6"演习强调太空的"替代概念、能力和力量态势"，提出在"临近空间"部署无人机等飞行器。随着中、俄、印、日等国竞相发展本国的卫星导航系统，美军还加强了导航战演练，探索瘫痪敌卫星导航系统的方式方法，以便削弱敌精确作战能力。

### 3. 促进太空战略及战术研究，辅助美太空政策和战略制定

"施里弗"演习的初衷是在各种场景中检验先进航天技术的应用，但之后逐渐聚焦战略和政策制定、决策与指挥控制支援过程中遇到的各种问题。从历次演习看，美军不仅检验了新型航天系统和新兴航天技术，探索如何替换失效卫星、保护己方航天系统等战术问题，同时检验了航天作战的战法和原则，探索了太空与网络空间对未来威慑战略的影响等战略问题。演习还积极探索太空控制方法，涉及进攻性太空控制、防御性太空控制和太空态势感知等，试图借此不断加深对"空间控制"的理解和应用，从而在未来的太空作战中确保美军及其盟友在太空的行动自由，并在必要时阻止他国进入太空。美军希望通过这些演习，将其在空间指挥和控制方面的实战经验纳入指导未来航天作战的概念性文件，并为未来航天战略及规划提供借鉴意见和建议。

### （五）"施里弗-1"太空演习

2001 年 1 月 22—26 日，美国空军在科罗拉多州的施里弗空军基地举行，参与演习的有大约 250 名军方、政府部门和研究机构的空间专家。演习注重太空战与信息战相结合，着眼于空间力量建设与发展，重视商用卫星的军事应用，这是探索新的威慑方式的一次重要尝试。演习背景设定在 2017 年前后，"红方"在空间力量上与美国势均力敌，是美国的对手，"蓝方"代表美国。演习主要围绕夺取太空控制权展开，演练了紧急动员和发射卫星系统、摧毁敌方的太空系统、干扰敌方太空系统的通信指挥环节、防御敌方的网络攻击以及利用他国商业卫星等科目。主要目的是研究太空控制和从太空使用武力所需的条件，反击敌方先进太空能力的手段，评估敌方可能采取的阻碍美国及其盟国使用太空资源的方法。主要结论是拥有强大的太空力量可以有效威慑潜在敌人并避免武装冲突。

### （六）"施里弗-2"太空演习

2003 年 2 月 20—28 日，美国空军在科罗拉多州的施里弗空军基地举行"施里弗-2"演习，参与演习的约有 300 名军事和民间专家，既包括美国军方的所有分支机构，还包括数十家联邦机构、商业航天公司和美国的盟国。该演习仍以 2017 年为背景，但由于"9·11"事件的影响，反恐成为太空战演习的目标之一。演习中美军设想除与"红军"在太空展开作战行动外，还要防止遭受恐怖分子袭击，同时设想两方冲突期间，东南亚、南亚和非洲地区先后爆发冲突，对美国在上述地区的利益构成威胁并造成人道主义危机。主要目的是检验美国太空系统在未来军事行动中的作用，探索如何将空间能力整合至联合作战中，模拟验证"太空控制"等概念。演习着重对太空新技术的演练，商用系统在未来太空战中的作用进一步受到重视，并开始注重太空力量与其他军种、其他国家的联合作战能力。主要结论是美国非常依赖太空，但美国的航天能力还存在着很大的脆弱性。

### （七）"施里弗-3"太空演习

2005 年 2 月 5—11 日，美军在内华达州内利斯空军基地举行"施里弗-3"演习，参与演习的除所有军种之外，还包括 NASA、情报界和美国本土安全部、政府、商业部、运输部门，以及澳大利亚、加拿大、英国等盟国。演习聚焦战术层面作战，重视进攻性太空对抗作战能力，高度重视近地空间作战与支援能力,研究如何建立一个无缝连接的有人和无人相结合的太空系统以更加有效地支持联合作战,检验空间防护与快速反应能力。演习背景设定在 2020 年,假想敌是恐怖组织和美国的敌对国家。主要目的是探讨如何在战争中使用航天技术和新型装备支援联合作战,尤其是支援战术层面作战,包括快速更换被损坏的卫星、缩短发动袭击的决策时间等。演习中美军重点对利用快速发射的小卫星、临近空间飞行器(包括飞艇、浮空气球等)、无人机、替代被毁的卫星等进行了探索,并研究了如何通过对陆、海、空、天、临近空间资源的优化整合,构建立体信息场,增强其通信、成像等能力,以支援陆海空联合作战,更好地应对全球范围的反恐战争。

## （八）“施里弗-4”太空演习

2007 年 3 月 25—30 日,美国空军在内华达州内利斯空军基地举行“施里弗-4”演习,参与演习的有空军太空司令部、国防部多家机构和非国防部机构的 400 名专业人员。演习背景设定在 2025 年,强调情报、监视与侦察对维护国土安全的重要性,提出信息战与空间战互相依赖、密不可分。主要目的是验证 21 世纪联合部队使用空间的能力、战术和技术,并检验部队的组织机构,促进航天政策和交战规则的发展。演习中特别研究了保护、增强和替换太空系统的方法,检验了支持区域指挥官的指挥与控制关系中有无潜在的缝隙,评估了 2025 年空、天力量的集成问题以及国家太空安全力量在保护美国本土安全方面的作用。

## （九）“施里弗-5”太空演习

2009 年 3 月 14—20 日,美国空军在内华达州内利斯空军基地举行“施里弗-5”演习,该次演习聚焦战略层面,着重研究各部门间的组织关系,探索太空能力需求和力量结构备选方案,检验对抗敌方行动的力量态势以及作战概念和作战计划的有效性。演习背景设定在 2019 年,设想美军及其盟军处于一场区域性冲突中,太空能力与赛博能力受到攻击,多处战场空间中的能力被毁坏。该演习突出从战略层面运用美国和盟国的全部能力要素执行作战,首次尝试引入网络博弈,探索太空与网络电磁空间的交叉与整合,被认为具有分水岭的意义。主要目的是检验国家政策的执行措施,以提高太空对抗态势下的决策能力,并探索美军与商业部门、盟国及合作伙伴的协作方法。通过演习进一步明确了综合空间态势感知能力的需求,对盟军空间能力的集成达到了新的程度。

### （十）"施里弗-6"太空演习

2010 年 5 月 7—27 日,美国空军在内华达州内利斯空军基地举行"施里弗-6"演习,来自美国、澳大利亚、加拿大,以及英国的 30 家机构大约 550 名军事、民事专家参加演习。演习背景设定在 2022 年,在战略层面和作战层面上关注了未来支持军力规划,以及太空与赛博空间的一体化。主要目的是研究太空与赛博空间能力集成,探索太空和赛博空间对未来威慑战略的贡献,研究联盟太空作战构想,探寻一体化的规划程序,保护并实施太空与赛博空间领域的运行。演习突出赛博空间作战与太空一体化对支持国防的重要性,重点演练了在未来全球冲突背景下,空间和网络电磁空间作战的联合规划和威慑,网络与空间攻防作战能力的整合,以及盟国和商业伙伴在空间战与网络战方面所能发挥的作用,并研究了提供太空系统及服务的机构间的协同。

### （十一）"施里弗-7"太空演习（SW12I）

**1. 演习基本情况**

2012 年 4 月 20 日—2012 年 4 月 26 日,美国、英国、加拿大、丹麦、法国、意大利、德国、土耳其、澳大利亚 9 个国家,在位于美国内华达州克拉克县的内利斯空军基地,举行第 7 次施里弗演习。

**2. 演习想定、场景、目标和参演方**

2023 年在非洲之角发生的一场危机,依据联合国安理会决议,北约向该地区投放军事部队,确保过往船只安全通过该地区,并负责保护该地区人道主义救援人员的安全,同时,北约部队还在该地区实施安全与反海盗作战。

在非洲之角地伊斯兰激进组织青年党成为主要的恐怖分子威胁,并且与海海一起袭击过往商船;伊斯兰激进组织青年党通过黑市和第三方国家获得了一定的空间作战能力;该地区因干旱和饥荒,需要多国实施救援;北约制定了一个提供支持的战略指南和初步指导;北约各国和澳大利亚都在该地区部署了兵力,为人道主义救援提供支持,并确保航行自由。

探索如何优化利用北约成员国和澳大利亚的空间能力,以支持北约设想、的远征作战;通过提升与国际伙伴和私营公司的合作与协同,确定在对抗环境中提高空间系统恢复能力的途径;明确防护支持作战的空间能力所面临的挑战;检验空间与网络电磁空间的作战融合;理解空间作战中的广泛国际合作为军事作战带来的益处。

红队,是由海盗、恐怖分子以及明确的第三方所组成的一个组织。蓝队,由六部分组成:欧洲盟军最高司令部、美国战略司令部、美国欧洲司令部、美国特种部队司令部、北约联合部队司令部以及跨部门机构。中立队,为商业机构。

**3. 演习流程**

(1) 第一个演习日(2023 年 8 月 10 日)

在部队进入非洲之角地区时,埃及的卫星和巴西的卫星发生了碰撞,在低轨上形成了一个碎片云。这是一个不相干的事件,埃及没有为联合国安理会决议的实现提供任何支持,该国继续卫星发射的火箭准备工作,火箭还未加注燃料。商业影像提供机构报告说收到很多需要获取该地区图像的请求,包括已知的为伊斯兰激进组织青年党提供图像的前线公司。北约部队在该地区收到的 GPS 信号断断续续,通信也受到干扰。德国一个位于乌辛格地面战的电力系统停运,备用电力系统也出现了故障。蓝队一个任务组阻止了海盗的袭击,并跟踪海盗到达索马里的一个港口。

(2) 第二个演习日(2023 年 8 月 11—14 日)

该地区的通信和 GPS 干扰越来越严重,部队虽然采取了抗干扰但效果甚微。Iridium-2 卫星与巴西和埃及的卫星相撞产生的碎片发生了碰撞。法国、意大利和德国的地面网络受到攻击和蓄意破坏。伊斯兰激进组织青年党间谍在吉布提发射了两枚 Club-K 导弹,第一枚导弹发射失败,落入海中,第二枚导弹被"爱国者"导弹拦截。

(3) 第三个演习日(2023 年 8 月 15—20 日)

为弥补能力上的不足,意大利和荷兰发射了微小卫星,为作战提供支持。空间数据联合会报告了一次可疑的网络攻击事件,攻击是针对他们的空间态势感知能力。荷兰的一颗 GEO 卫星在实施机动变轨时出现问题,卫星偏离既定轨道。一些国家与北约联合,调整网络防御策略。联合部队司令部对海盗和伊斯兰激进组织青年党实施了一次攻击,击毙并俘虏了 32 名海盗。伊斯兰激进组织青年党和海盗联合对联合部队司令部在吉布提的总部实施了一次袭击,导致主要的通信地面站和光纤损坏。

(4) 第四个演习日(2023 年 8 月 21—26 日)

联合部队司令部与欧洲盟军最高司令部和各个国家相配合,恢复了吉布提袭击中受损的设施和设备。意大利的一个微小卫星 NEMOS 出现通信问题。这些问题直接影响到其他为作战提供支持的微小卫星的运行。法国和美国特种部队对多国救援人员的呼救电话做出反应。战争阴霾加上通信和 GPS 干扰,导致肯尼亚部队内部出现自相伤害事件。非支持国家发射的卫星在升空 5 分钟后失败,火箭残骸对澳大利亚的偏远地区造成了影响,但没有造成人员伤亡和财产损失。

(5) 第四个演习日——围剿(2023 年 8 月 27—31 日)

各国共同打击计算机网络非法利用,并通过法律途径关闭了吉布提资金和网络支持。蓝队首先采取一系列被动措施消除了 GPS 和通信干扰的大部分影响;然后采取主动措施清除干扰源。伊斯兰激进组织青年党藏匿了剩余的基础设施、财产、人员、资金和资源。

**4. 演习系统**

演习采用系统仿真方式进行。控制方由三个不同的小组组成:资深专家组、裁判组、评估组。资深专家组由参与国及北约内部的资深专家组成,主要职责包括:以召开例会的方式协调各方指令,确保演习以符合逻辑的方式推进并满足事先设定目标,为演习参与者提供待解决的问题。裁判组负责评估红蓝双方行动方案,根据需要调整演习场景,以及每天早晨提供判定结果简报。评估组负责收集深刻见解、突出问题及建议,以制定演习总报告及各个国家和组织的报告。蓝方由美国、加拿大、丹麦、法国、德国、意大利、荷兰、土耳其、英国等北约成员国以及澳大利亚组成。在蓝军内部,每一参与国均提供了一支国家部队,管理本国的空间能力。红方由恐怖分子、海盗以及为其提供支持的第三方组成。

演习仿真流程:演习前,红蓝双方制定各自的作战命令、规划、战略指南、进军路线。演习第一天,控制方提供关于战场态势的启动简报,演习启动。红方将进攻方案提供给裁判组。蓝方分析控制方提供的信息、开发行动计划、制定行动方案,然后向裁判组提交行动方案。然后,裁判组通过评估红蓝双方提供的行动方案,判定当天演习结果,制定态势简报,为双方的后续决定及行动提供背景。此后,演习以天为单位迭代开展,直至演习结束。此外,演习鼓励各部队相互联络并分享信息,另有减压室供离线讨论棘手问题。

**5. 北约参演的预期成果**

短期(一年)效果包括:提高北约的空间态势感知意识和专业技术知识;提高北约空间专业技术的国家需求,为北约作战提供支持;拓展北约空间训练课程范围;增强盟国合作,为北约提供空间能力和空间服务;根据清晰的责任划分,协调北约实体间参与空间相关事务;明确北约当前和未来的需求和不足;

明确支持北约军事行动的空间能力缺口;制定风险管理预案;针对降效空间环境下作战的替代流程和步骤进行教育培训;加深理解影响北约活动的空间法律问题;为制定"北约战略空间指南"积累经验;评估制定北约空间政策的必要性和适用性。

长期(三年)效果包括:共享空间态势感知;建立协调机制,满足国家和私人空间资产应用的新需求;研究有威慑力的方法,增强对所有国家和平进入空间的保护;增加北约指挥组织结构和司令部内航天专家的数量;研究替代方案,减少空间服务中断对作战和核心业务的影响;加强北约对空间领域的研究;明确北约进出空间的需求、无法进出的后果、成员国能力和未来空间环境,制定综合性的空间政策。

### 6. 演习初步结论

"施里弗-7"演习环境是北约部队在未来联合作战中极有可能遭遇的环境,要点是检验联合作战的人员组成、程序以及决策过程的合理性和有效性,即使是小规模联合作战,其作战范围也包括陆地、海洋、空中、空间和网络空间,而不能被视为分散且独立的作战领域,空间和网络空间尤其需要注意。盟军未来的任务和行动需要北约针对这一复杂的问题采取综合性的应对措施。对于参演的北约国家和澳大利亚,面临的最大挑战是在联盟和国家的约束下,在自身的规划和决策过程中,特别是需要与民事部门和工业代表紧密配合时如何开展联合太空作战。演习强调了在变化的空间和网络环境下,不同参演者之间结构化和常态化的信息共享需求。在"施里弗-7"演习中,要满足这一需求需要一个程序,在北约的结构框架下,国家当局能够依据这个程序为作战指挥员提供及时信息,因为所有的空间资产都受国家指挥和控制。演习还表明国家必须评估如何与相关组织(如空间数据机构和欧洲航空航天局)实现空间和网络信息共享。北约还需要考虑如何制定法律法规以及正确的指导原则,明确协调与合作机制的要求,通过协调与合作建立开展空间态势感知行动的标准和方针。这些指导原则包括:北约应该确保自己拥有正确的观念、合适的组织结构和机制加强协调。指导北约内部在空间方面的协作,并将商业机构和支持作战的工业伙伴纳入协作范围。演习清晰地表明联盟必须进一步研究在无法保证空间进出能力的情况下如何实施北约作战。这包括确保这些盟国的空间能力,无论是对于地面设备、在轨设备,还是通信链路,都需要确保空间能力的高强适应能力,并且得到充分保护。就其本身而言,欧洲盟军最高司令部应探索与各国协调的最佳模式,确保它能够为作战指挥官提供适当的支持。这包括解决全面危机行动管理中心(CCOMC)的作用问题,同时,空间业务协调机构的作用应得到保留,并且解决作战指挥官如何提出需求并协调空间支持。

## (十二)"施里弗-8"太空演习

2014 年,美国空军在科罗拉多州施里弗空军基地举行"施里弗-8"演习,参演人员包括美国、澳大利亚、加拿大、英国政府机构的大约 175 名军职人员和非军职人员。参演机构包括:国防部长办公室、参谋长联席会议办公室、美国太平洋司令部、美国战略司令部、空军太空司令部、陆军航天与导弹防御司令部、海军作战指挥官办公室、海军研究实验室、海军战争学校、国家侦察办公室、NASA,以及情报界和相关商业公司。演习时间设定在 2026 年,以地区冲突为背景,深入探索了关键的太空问题与赛博空间问题,研究了新兴太空系统与赛博空间能力的军事应用。这次演习基于此前历次军演中美国及盟友太空系统出现的问题展开,强调在未来区域冲突下太空和赛博空间的规划和威慑,强调采取变革性太空体系结构、创新型战术、有效的指挥与控制,以及商界与盟友共担责任的方式,增强韧性的可能性。军演目的是探索并评估未来体系结构在拥挤、降效,以及运行受限环境下的韧性,确定未来体系结构中的作战过程、作战概念以及战术、技术和程序的发展机遇,以提高国家安全空间战略所有要素的防御力和相互支持,研究未来的反介入/区域拒止(A2/AD)力量体系对空军空间作战和服务需求的影响。

## (十三)"施里弗-9"太空演习

2015 年 12 月 11 日开始,由美国空军太空司令部在施里弗空军基地举行,参与演习的有来自美国、澳大利亚、加拿大、新西兰和英国的 200 名军人和非军职专家。演习主要探讨关键太空问题,并研究如何整合多个与空间系统和服务相关机构的活动。演习场景设定在 2025 年,设想美国竞争对手在网络空间和空间领域具备势均力敌的能力,试图通过利用这些领域实现其战略目标。在军演设想的全球场景中,强调欧洲司令部的责任范围。该场景还涉及跨不同作战环境的全方位威胁;高层文官和军事领导人、规划者和空间系统运营商,以及其使用的能力都面临挑战。由于近年来美军在利比亚以及叙利亚的军事行动面临一些新挑战,感到在指挥控制和情报、监视与侦察(ISR)方面存在不足。因此,该次演习目标包括:识别如何增强空间弹性,其中包括情报机构、非军事机构、商业机构和盟友;探究如何为作战人员提供优化效应以支持其联合行动;探索如何对未来能力加以应用,保护多作战域冲突下的航天实体。

## (十四)"施里弗-10"太空演习

2016 年 5 月 19 日,美空军航天司令部开始在马克斯韦尔空军基地举行第十次"施里弗"模拟演习。此次演习场景设定在 2026 年,以欧洲司令部辖区为重点,来自美国 27 个军方机构的大约 200 名军职和文职专家参加。演习旨在探索如何为作战人员提供优化的作战效能,以支持联盟作战;探索关键太空问题,确定增强太空弹性的方法;评估如何在多领域冲突中利用未来能力保护太空体系。

## (十五)"施里弗-11"太空演习

2017 年 10 月 13—20 日,美空军航天司令部举行"施里弗演习 2017"(SW17),来自美国、澳大利亚、加拿大、新西兰、英国的大约 200 名军民领域专家参与了演习。此次演习设定在 2027 年,一个与美势均力敌的对手试图利用太空和赛博空间能力实现其战略目标。SW17 探索了太空系统在多域战中的作用,包括:① 检验联合指挥与控制框架,部署并保护空中、太空和赛博空间能力,支持全球和区域性作战行动;② 整合"太空作战架构",深入了解太空弹性、太空威慑和太空作战;③ 探索太空和赛博空间在多域冲突中的作用;④ 以政府总动员的方式发展伙伴关系,实施联合、联盟作战。

## (十六)"施里弗-12"太空演习

2018 年 10 月 11—19 日,美空军航天司令部在马克斯韦尔空军基地举行"施里弗演习 2018"太空战兵棋推演,来自美国国防部长办公厅、空军航天司令部、陆军太空军导弹防御司令部、海军舰队网络司令部、国家侦察局和国家航空航天局等在内的 27 家机构,以及英国、法国、日本等 7 国的代表共 350 人参与演习。演习设定:2028 年美军印太司令部辖区内某大国利用太空与赛博空间力量,攻击美国军用和民用太空系统,冲突范围逐步扩至全球。演习目标:①利用盟友力量慑止对手将冲突延伸至太空;②了解盟友参与太空与赛博空间作战后,美军太空系统的弹性、威慑及作战能力情况;③探索综合指挥与控制框架,利用并保护空天与赛博能力,以支持全球及区域作战;④确定太空与赛博空间在多域冲突中的战略与战术作用;⑤利用军、民、商以及盟友的伙伴关系遂行一体化太空与赛博作战。

### （十七）"施里弗-13"太空演习

2019 年 9 月 4 日,美军新组建的太空司令部在麦克斯韦空军基地举行第 13 次施里弗太空战演习,从战略层确定未来部队规划和系统集成需求。此次演习背景设定在 2029 年,欧洲司令部辖区一个近乎对等的对手试图利用多域军事行动实现其战略目标。演习旨在研究各个太空相关机构与各军种如何在多域环境中联合作战;研究人员、流程与技术如何改进以推进太空司令部联合作战;探索国家、商业和盟国如何架构以协同保护和保卫美国及盟友太空利益;检验指挥的统一性,以实现与不同类别与级别的机构与无缝整合太空作战行动;促进美国及盟友对太空领域负责任行为的共同认识,以及对于决策的影响;研究政府及盟友的所有方案,以控制全领域冲突的升级。

### （十八）"施里弗-14"太空演习（SW20）

"施里弗 2020"太空演习是美国第 14 次太空演习,美国空军首次将此次演习的主办方交给了美国新型武装部队——美国太空军。

**1. 演习基本情况**

2020 年 11 月 3—4 日,在美国科罗拉多州彼得森空军基地举行"施里弗 2020"太空演习,美国、英国、新西兰、加拿大、澳大利亚、法国、德国、日本 8 个国家共 200 余人参加。演习主题是战略信息在联盟间相互传递与告知,以帮助提高联盟的太空能力,以中、俄为假想敌,采用兵棋推演的方式进行。由于受新冠疫情影响,兵棋推演主要通过"战略信息开发和收集系统"在虚拟环境中进行。因此,与往年相比,此次活动的规模相对较小。

**2. 演习问题**

探索太空关键问题,包括研究最新太空系统的军事用途、确定常见挑战的解决方案,以及太空领域如何为陆、海、空、网等领域提供支持。

**3. 演习阶段及内容**

演习分为两个阶段。

第一阶段于 9 月进行,主要是进行"深入讨论",由太空军作战部长雷蒙德将军主持,美国空军部长、战略司令部司令、太空司令部司令、网络司令部司令以及来自美国及盟国的高级政府官员与军事官员参加。参会代表就(联盟)如何协调与整合战略信息、如何相互传输战略信息、如何获得并保持作战和战略优势等,提出了一些建议。

第二阶段于 11 月进行,考虑到疫情,演习是利用"战地信息利用与收集系统"(BIEC)采取虚拟形式进行的,主要是对"深入讨论"形成的一系列建议进行演练与验证,以制定能推进并提高联盟在太空领域能力的路线图。

### 4. 演习成果及用途

演习的成果将帮助新成立的"顶层联盟委员会"(雷蒙德担任主席)制定推进与提高联盟在太空领域能力的路线图。

### 5. 演习特点

一是向盟国开放。虽然此次演习并不是首次有超越"五眼联盟"外的国家参加,类似情况曾于 2018 年出现。在五十多年来的美国太空军事和情报行动中,这次演习首次直接将高度机密的信息共享给盟国。此前只有得到特别许可,才能与盟国共享。

二是针对中、俄。美太空司令部司令詹姆斯·迪金森公开宣称,此次演习旨在增加公众对俄罗斯和中国太空威胁活动的关注。俄罗斯 2019 年 11 月发射的 Cosmos-2542 卫星进入轨道后,又在轨道发射了 Cosmos-2543 小卫星进行反卫试验,引发美国及其盟国对此的关注,并促使重要太空信息在彼此间的相互告知。

三是加强国际合作。迪金森表示,美国不会独自在太空中前行,"施里弗演习"只是美国与盟国共同努力的一种方式。雷蒙德称,美国的独特优势是能够无缝集成来自多个盟国和合作伙伴的多域功能,以产生联合效果。

### 6. 演习评价

对此次演习,美军高层高度关注,并给出相关评价。太空军作战部长约翰·雷蒙德将军表示:"面对充满竞争的太空环境,施里弗兵棋推演为联合合作伙伴、国际合作伙伴、民用和商业合作伙伴提供了专题讨论平台,以便探索新作战概念、增强太空领域的安全性和稳定性。我们能够无缝衔接并整合多个盟国和合作伙伴的多域能力,进而创建协同效应,这是我们独有的能力。"

美国太空通信司令部司令、美国陆军上将詹姆斯·迪金森表示:"太空在维持国际稳定方面发挥着重要作用,我们对太空的利用有助于维护国家安全,保护生命,支持日常生活的各个方面。俄罗斯和中国等对手正在积极发展反太空能力,以在危机或冲突中剥夺美国及其合作伙伴的太空优势。""美国不会在太空孤军奋战,我们只有与盟友及合作伙伴并肩作战,才能保持太空优势,才能为作战人员提供具备天基效果的作战环境,才能做到时刻关注太空态势。施里弗兵棋推演是其中一种合作方式。"

美国太空部队太空作战司令部的指挥官斯蒂芬·怀特中将表示:"在充满竞争的太空环境中,我们要增强一体化和作战互通能力,并促进太空的和平利用和发展,合作伙伴是必不可少的。"

## 二、法国太空安全战略演习

2021年3月8—12日,法国在西南部图卢兹的太空司令部进行了首次太空军事演习。此次演习代号"阿斯特里克斯"(AsterX),以纪念法国1965年发射的首颗卫星"阿斯特里克斯"。为了了解法国太空司令部的未来需求,这次演习评估了法国目前保护其太空资产并监测日益军事化的太空的能力。为此,创建了一系列方案,其中一个具有太空能力的国家将攻击法国保护下的另一个国家。演习在作战指挥室中模拟了18种场面,从袭击法国卫星到威胁平民的太空碎片到敌对的通信卫星的干扰,监测潜在危险的太空物体以及卫星所面对的来自其他势力的威胁,测试其太空指挥能力以及防卫卫星的实力。美国太空军、德国太空机构、意大利军方也参加了法国的演习。法国新成立的太空司令部总指挥米歇尔·弗里德灵表示,此次演习是"对系统的压力测试",这将是"法国军队的首次,甚至是欧洲的首次"。弗里德灵告诉记者,"一系列事件的出现,会对我们的太空基础设施造成危机情况或威胁,但不仅限于此"。法国意在成为全球第三大太空大国,此次军演是实现目标的战略组成部分。这也表明世界大国之间在地球轨道上的竞争日益激烈。

## 三、印度太空安全战略演习

2019年7月25—26日,印度举行首次IndSpaceEx太空战模拟演习。此次演习由国防航天局和国防部联合防御参谋部共同组织,军方与科学界人员共同参加,目标是通过此次非实兵、非实操性质的桌面式太空兵棋推演,加深对太空域中现有和新兴挑战的认识,深入认识太空作战问题,评估太空作战对国家安全的影响,检验自身利用太空能力和太空对抗能力的差距,探索为保护太空资产安全和国家安全利益必须发展的太空能力,为太空战略的制定做铺垫。印度作为世界上主要的航天大国之一,其太空战略发展滞后,缺乏能够阐述长期愿景、目标的太空战略学说,来指导其太空项目的发展,对于太空作战的重要问题如作战条令、作战红线、太空威慑等仍然有待探索,亟须从此次的太空兵棋推演中获取认识。本次演习对于国防航天局来说至关重要,是这支全新的三军联合部门的开门之举,启动印度太空战略制定,标志着印度正在全面重塑太空安全力量的发展格局,推动了大国竞争背景下的太空安全力量建设进入全新阶段。

## 习题

1. 简答演习、战略演习、太空安全战略演习的概念内涵。
2. 简答太空安全战略演习的地位作用。
3. 简答太空安全战略演习的组织实施步骤。
4. 论述某一次"施里弗太空演习"的战略背景、主要内容、组织实施过程。
5. 简述美国"施里弗"太空系列演习的主要启示。

# 第十一章　太空安全战略评估

## 第一节　太空安全战略评估的概念内涵

### 一、评估

《现代汉语词典》将"评估"定义为：评议、估计、评价。在一般的管理学书籍中，将评估定义为：明确目标测定对象的属性，并把它变成主观效用（满足主体要求的程度）的行为，即明确价值的过程。在实际运用中，人们常将"评价""评定""评鉴"等作为"评估"的同义词来使用，但无论评估的同义词有多少，其本质基本没变，即都是一种对客观事物的价值进行判断的认识活动。评估，从词义而言，是指考察、分析或者判断某类事物的价值、质量、意义、数量、程序或者情状等。评估，是人们按照一定的价值观对人或事物所进行的一种估量性的价值判断过程。也就是说，评估＝量或质的记述＋价值判断。"量或质的记述"就是对事实的描述，"价值判断"就是在事实描述基础上根据一定标准做出价值判断。一般来说，评估是指评估主体对评估客体价值的大小进行评价、判断、预测的活动，是人们认识和把握事物规律或活动价值的一种行为。实践中，评估更多是指：针对某一项目、计划或政策的设计、实施和结果的相关性、效果、效率、影响和持续性，根据一定的标准，评估主体进行的判定与评价。

### 二、战略评估

所谓战略评估（Strategic Assessment），是依据一定的标准对特定战略进行判断，总体而言是对战略的制定或实施效果进行的综合评价和估量。战略评估是关于战略制定和实施的综合评价和衡量，主要体现为大国对世界发展趋势的一种综合分析。通俗而言，战略评估，就是根据一定标准对国家安全中的战略目标、资源与环境三者之间协调关系进行分析和判断。

战略评估最早是对战争全局性问题的总体评估，通过比较系统的分析和研判，对战争或战争准备面临问题的性质、状况及其可能变化做出总体结论，为进一步研究和确定战略对策和具体措施提供认识依据。随着现代企业的飞速发展,许多国际大型企业也开始从战略管理学角度提出战略评估概念,并逐步扩展到政府公共管理领域。从战略管理学角度讲,战略评估与战略设计、战略实施共同构成战略管理过程的三个环节。

## 三、太空安全战略评估

### (一) 国家安全战略评估

关于国家安全战略评估的定义,一般认为,主要是对国家安全战略制定和实施所进行的综合评价和估量。但不同的学者对国家安全战略评估强调的重点不同。有的强调战略评估主要是评估国家安全战略环境。有的认为,不但要评估国家安全战略环境,更要评估战略方案。严格来说,完整的战略评估应以战略三环节为主要对象,包括战略决策评估、战略实施评估和战略绩效评估三方面内容。国家安全战略评估同样包括国家安全战略决策评估、国家安全战略实施评估和国家安全战略绩效评估,其中核心是对国家安全战略实施情况的评估。国家安全战略决策评估,是对国家安全战略制定过程进行评估,包括国家安全战略环境评估和战略决策方案评估。国家安全战略实施评估,是对国家安全战略决策的执行过程进行评估,重点对期间国家政治、军事、经济和文化等方面发生的攸关国家安全的动态情况进行评估。国家安全战略绩效评估,即对国家安全战略实施的结果进行评估,包括战略效果评估和战略效率评估。国家安全战略效果评估是指通过比较国家安全战略实施的结果是否与国家安全战略目标达成契合,衡量国家安全战略实施达成国家安全战略目标的程度。实践中,有的国家可能更强调国家安全战略效果的评估,主要评价相关战略举措在达成目标上的效果和应对威胁的有效程度,通过对战略效果的分析,辨析形成当前战略效果的原因,分析某种战略效果是战略本身的作用还是其他因素导致的结果等。有的国家可能把国家安全战略评估理解为一个过程,认为战略评估是制订和执行战略计划的系统过程,是一个形成决策、执行决策、评估执行效果、调整决策连续不断的过程。美国海军战争学院战略评估系主任劳伊德认为,战略评估是"以系统的方式找到和解决基本战略问题,实现需求与资源有效结合,达成战略目标的动态过程"。

### (二) 太空安全战略评估

导论部分概述了太空安全战略的概念内涵,太空安全战略是筹划和指导国家太空安全全局的方针和策略,是国家安全战略的组成部分。因此,从这一概念可推出,太空安全战略评估也是国家安全战略评估的一部分,并支撑国家安全战略评估。所谓太空安全战略评估,是依据一定的标准对太空安全战略进行判断,总体而言是对太空安全战略的制定或实施效果进行的综合评价和估量。太空安全战略评估是对国家太空安全全局性问题的总体评估,通过比较系统的分析和研究,对面临问题的性质、状况及其可能变化得出总体结论,为进一步研究和确定战略对策和措施提供认识依据。按时间阶段,可将太空安全战略评估划分为事前、事中、事后三类评估,与战略决策评估、战略实施评估和战略绩效评估基本一一对应。

## 第二节　太空安全战略评估的地位作用

### 一、检验战略优劣的基本途径

战略由目标与资源构成。战略的优劣,主要衡量标准是战略实施的效果和效率。一般说来,能够高效率地达成战略目标的战略是优秀的战略,反之则是劣等战略。如何保证制定优秀的战略、避免劣等的战略,一方面要依靠科学和规范的战略制定程序,另一方面就需要科学的战略评估,及时指出和纠正战略制定与实施过程中出现的偏差,战略评估无疑具有这方面作用。对于战略的制定者和实施者来说,无不希望战略能高效率地达成目标。但是,这不是完全由战略制定者和实施者主观愿望决定的,往往受到各种因素的影响。如何检验和评价战略的质量和水平,由谁来承担这项职能,就成为现代战略研究的主要课题,战略评估适应这种需要产生。

### 二、合理有效配置资源的重要条件

战略是对资源的分配和再分配,但这种分配并不能保证资源配置的正确性和有效性,需要一种特定的评价体系去检验和修正。任何一种战略所能够调动的资源都是有限的,即使大战略也是如此,因此,资源配置是否合理、有效,对战略的制定者和实施者来说都具有特殊重要性,而规范的战略评估就是正确判断、评价资源是否合理、有效配置的重要前提。通过战略评估,能够确认战略的具体措施和行动的实际效果,即战略环境是否朝着战略所设定的目标改进,并据此决定和调整各项具体措施需要动用资源的分配顺序和规模数量,以确保战略实施顺利进行。

### 三、决定战略延续或调整的关键依据

战略是有计划的行动,这种行动有三种基本取向。一是战略延续,即战略实施一个阶段后,目标没有完全达成,而实践证明战略本身是卓有成效的,原有战略就需要继续执行或存在下去。二是战略调整,即战略制定者针对战略实施过程出现的新情况和新变化,对战略进行调整和修正。三是战略终止,即完全停止战略的实施。战略终止一般有两种原因:一种是战略目标达成,战略已没有继续存在的必要;另一种是环境发生变化,或者既有战略存在重大缺陷,难以改进,只有制定新的战略来替代。无论哪种取向,都需要建立在对战略进行全面、系统的分析基础之上,这也是战略评估作用的直接体现。大战略的最终结果是应对威胁,营造有利环境。

### 四、强化组织和成员责任的重要手段

战略是相关组织内部协调、博弈的结果。在战略制定和实施过程中,组织内部的部门往往只关注自身利益,忽视其他部门或组织的整体利益。从而对制定合理的战略产生不利的影响。战略评估是对所有部门而不是单个部门工作绩效的检验和评价。确立明确的衡量战略有效性和合理性的标准,有助于加强组织内各个部门及成员的责任感。通过有效的战略评估,可以协调国家相关部门之间的关系,增强成员的责任感和凝聚力,促使其为了实现共同目标而努力。

## 第三节　太空安全战略评估的主要内容

### 一、战略环境(形势)评估

战略环境(形势)评估是指对国家太空安全所处战略环境的现状及其发展趋势进行总体评估。重点是研究太空领域总体安全战略态势,评估太空安全建设与发展的内外部形势现状及其可能变化趋势,研判相关各方的战略意图,分析太空安全威胁的内容、性质、程度、形式、影响,预测爆发太空安全问题的可能性,以确定一个时期国家太空安全准备的战略任务等。

### 二、战略实力(能力)评估

战略实力(能力)评估是指对国家实现一定太空安全战略目的的综合能力

(包含实力和潜力两方面)进行总体评估,主要是针对构成太空安全战略能力的四个层次结构要素,即,太空资源、相互关系、力量对比和双方(多方)交互进行定性与定量相结合的评估分析。战略实力(能力)评估以一定的战略环境、目的和任务为前提,与各方的太空安全战略意图、战略态势、力量对比以及面临的安全威胁等密切相关,其重点是太空安全保障力量达成主要战略目的的运用效能及其发展需求,特别是应付太空领域威胁挑战风险的关键太空安全战略能力所达到的准备水平。

通常,战略实力评估可从太空安全能力、太空经济能力、太空科技能力等方面进行评估。太空安全能力评估主要包括太空安全防护能力、太空信息支援能力、太空综合保障能力等方面的评估;太空经济能力评估主要包括经济可持续性、经济协调性、经济可靠性等方面的评估;太空科技能力评估主要包括高新技术应用水平、自主可控技术水平、整体技术增长水平、与先进技术水平比较、与竞争对手技术水平比较等方面的评估。

## 三、战略风险(事件)评估

战略风险(事件)评估主要是指战略环境中的太空安全风险判断与危险认知。从风险研究角度可包括不确定性视角评估和损失性视角评估;从风险评估领域可分为全球层次、国家层次、军队层次。国家安全层次的太空安全风险评估主要包括太空领域利益的价值评估、威胁评估和脆弱性评估。利益价值评估主要是指根据受影响利益的重要性和完整性进行评估;威胁评估又可称为对手评估,主要是指对利益造成的损失或伤害评估;脆弱性评估主要指某项利益受到损害或影响的严重程度评估。

## 四、战略规划论证评估

根据国家太空安全发展建设的总体目标,对其中太空安全所涉及的重大问题,特别是未来一个时期战略资源的获取、使用或配置等,进行研究规划和分析评估,以指导国家太空安全保障能力战略性发展建设计划或措施的制定和实施,如论证确定国家太空安全力量员额规模。其重点是战略性准备评估,包括国家太空安全威胁挑战风险应对准备状态的总体评价与分析、国家太空安全力量总体需求评估、国家太空安全力量规模结构与经费一体化战略需求评估、国家太空安全装备总体需求论证与体系结构优化分析等。

### 五、战争方案综合评估

太空战争的方案综合评估包括对战争方案的有效性、可行性与风险性进行总体评估。其中，有效性评估包括军事效果评估、政治效果评估、经济效果评估、社会效果评估、战略效果转换评估等，主要是指对军事战略对策方案所可能达成的直接效果和间接效果进行评估，评估方案能否最终达成所制定的战略目标，重点评估太空军事战略对策方案对于战略目标的满足度；可行性评估是指从政治、经济、军事、法律、外交、技术等方面，评估当前及未来一个时期，现实具备或可能具备的条件能否满足军事战略对策方案所提出的各种需求；风险性评估是指对达不到战争预期目标、目的或效果的可能性及其后果进行综合分析评估。

## 第四节　太空安全战略评估的基本方法

太空安全战略评估按照数学方法的应用程度，可分为定性评估法、定量评估法和定性定量相结合的综合评估法。

### 一、定性评估法

定性方法是对评估内容进行"质"的理论思辨的科学方法，其中"质"是指某一事物区别于其他事物的内部规定性。定性方法主要包括历史研究、逻辑分析、内容分析、实地考察、案例研究等方法。单从方法论上说，定性研究远比定量研究复杂得多、困难得多。因为定性分析是从人类社会运动的角度研究客观世界，这个角度要比自然科学从物质运动的角度研究客观世界复杂得多。评估工作具有社会科学和自然科学的双重属性，因此在评估过程中，研究人员通常会自觉地运用定性分析方法开展先期宏观分析，并以定性分析的结果指导定量分析工作，最终运用定性分析方法形成评估结论。从科学研究意义看，定性评估方法是指在调查研究基础上，运用归纳与演绎、分析与综合、抽象与概括等方法，对评估对象、内容、方案等进行分析研究的方法步骤。简单地讲，定性评估方法可界定为"任何不是通过统计方法或者其他量化方法开展的评估研究"。常用的评估法有头脑风暴法、德菲尔法等。

### （一）头脑风暴法

在群体决策中，由于群体成员心理相互作用的影响，容易屈于权威或大多数人意见,形成所谓的"群体思维"。为了保证群体决策的创造性、提高决策质量,管理上发展了一系列改善群体决策的方法,头脑风暴法就是其中之一。头脑风暴法由美国创造学家奥斯本于1939年首次提出,1953年正式发表的一种激发思维的方法。头脑风暴法激发创新思维主要依靠联想反应、热情感染、竞争意识、个人欲望等途径。头脑风暴法主要采取会议研讨进行,会议类型为设想开发型和设想评估型,会议原则是畅所欲言,互相启发和激励,达到较高效率。会议实施步骤是会前准备,设想开发,设想的分类与整理,完善实用型设想,幻想型设想再开发。会议专家小组由方法论学者、专家会议的主持者、设想生产者、专业领域专家四类人员组成。参与成员一般为5~10人,最好由来自不同专业或者不同岗位的成员组成。实践经验表明,对所讨论问题通过客观、连续的分析比较,能够找到一组切实可行的方案,因而头脑风暴法在各种决策中得到了广泛的应用。

## (二) 德尔菲法

1964年美国兰德(RAND)公司的赫尔默(Helmer)和戈登(Gordon)发表了"长远预测研究报告",首次将德尔菲法用于技术预测中,以后便迅速地应用于美国和其他国家。除科技领域之外,还几乎可以用于任何领域的预测,如安全预测、人口预测、医疗保健预测、经营和需求预测、教育预测等。此外,还用来进行评价、决策和规划工作,并且在长远规划者和决策者心目中享有很高的威望。德尔菲法本质上是一种反馈匿名函询法。其做法是,在对所要预测的问题征得专家的意见之后,进行整理、归纳、统计,再匿名反馈给各专家,再次征求意见,再集中,再反馈,直至得到稳定的意见。其过程可简单如下所示:匿名征求专家意见——归纳、统计——匿名反馈——归纳、统计……若干轮后,停止。总之,它是一种利用函询形式的集体匿名思想交流过程。它有区别于其他专家预测方法的三个明显的特点:匿名性、多次反馈、小组的统计回答。

## 二、定量评估法

现实世界中的任何事物都既具有质的特征,也具有量的特征,这为从数量方面开展评估提供了可能。定量评估方法主要来自数理统计学、系统工程学、运筹学等基础学科。定量方法从本质上讲是数学方法,即用数学方法对战略评估工作中存在的各种现象进行研究,利用数学变量来描述和刻画其中蕴含的客观规律。评估的本质是辅助科学决策和精细化管理,因此需要尽可能做到定量化,用数学语言刻画并解释评估问题。根据定量评估承担的任务,将定量评估方法大致分为系统分析方法、决策分析方法、预测分析方法和权衡优化方法四大类,分别用于解决评估所关心的分析、决策、预测和优化问题。下面对常用的层次分析法、预测分析法进行概述。

## (一) 层次分析法

层次分析法(Analytic Hierarchy Process,AHP)是将与决策有关的元素分解成目标、准则、方案等层次,在此基础之上进行定量分析的决策方法。该方法是 20 世纪 70 年代初美国运筹学家萨蒂教授在为美国国防部研究"根据各个工业部门对国家福利的贡献大小而进行电力分配"课题时,应用网络系统理论和多目标综合评估方法,提出的一种层次权重决策分析方法。这种方法的特点是在对复杂的决策问题的本质、影响因素及其内在关系等进行深入分析的基础上,利用较少的定量信息使决策的思维过程数学化,从而为多目标、多准则或无结构特性的复杂决策问题提供简便的决策方法,尤其适合于决策结果难于直接准确计量的问题。

层次分析法的基本思想是根据研究对象的性质将要求达到的目标分解为多个组成因素,并按因素间的隶属关系,将其层次化,组成一个层次结构模型,然后按层分析,最终获得最低层因素对于最高层(总目标)的重要性权值,或进行优劣性排序。层次分析法把一个复杂的无结构问题分解组合成若干部分或若干因素(统称为元素),例如目标、准则、子准则、方案等,按照属性不同,把这些元素分组形成互不交互的层次。上一层次对相邻的下一层次的全部或某些元素起支配作用,这就形成了层次间自上而下的逐层支配关系,这是一种梯阶层次关系。在层次分析法中,梯阶层次思想占据核心地位,通过分析建立一个有效合理的梯阶层次结构对于能否成功地解决问题具有决定性意义。

## (二) 预测分析法

预测分析就是根据系统发展变化的实际数据和历史资料,运用现代的科学理论和方法,以及各种经验、判读和知识,对事物在未来一定时期内的可能变化情况,进行推测、估计与分析。目前预测分析法大致可以分为两类:一类是直观预测法,根据经验进行直观的分析判断,从而作为结论和判断的方法,如专家调查法;另一类方法是解析法,根据数据和资源进行分析和解析计算,由解析计算结果得出预测的结论,如回归分析、时间序列分析、平滑预测法。

### 1. 时间序列分析

时间序列分析（Time Series Analysis）是一种动态数据处理的统计方法。该方法基于随机过程理论和数理统计学方法，研究随机数据序列所遵从的统计规律，以用于解决实际问题。它包括一般统计分析（如自相关分析、谱分析等），统计模型的建立与推断，以及关于时间序列的最优预测、控制与滤波等内容。时间序列分析则侧重研究数据序列的互相依赖关系，实际上是对离散指标的随机过程的统计分析，所以又可看作随机过程统计的一个组成部分。时间序列分析在第二次世界大战前就已应用于经济预测。第二次世界大战中和战后，在空间科学和工业自动化等领域的应用更加广泛。

### 2. 平滑预测法

平滑预测法通常包括全期平均法、移动平均法和指数平滑法。全期平均法是对时间数列的过去数据一个不漏地全部加以同等利用；移动平均法则不考虑较远期的数据，并在加权移动平均法中给予近期数据更大权重；指数平滑法则兼容了全期平均和移动平均所长，不舍弃过去的数据，但是仅给予逐渐减弱的影响程度，即随着数据的远离，赋予逐渐收敛为零的权数。因此，指数平滑法是在移动平均法基础上发展起来的一种时间序列分析预测法，它是通过计算指数平滑值，配合一定的时间序列预测模型对现象的未来进行预测。其原理是任一期的指数平滑值都是本期实际观察值与前一期指数平滑值的加权平均。

## 三、综合评估法

在评估实践中，单纯依赖定性或定量评估方法都难以满足实际需要，把定性分析和定量分析结合起来，早已成为科学界的共识。一般用定性分析引导定量运算，用定量结论支撑定性分析，通过相互促进、相互支持实现分析研究的螺旋递进。主要有综合集成方法、净评估方法、SWOT 方法、OODA 方法、探索性分析方法、建模与仿真方法等。以下介绍前四种方法。

### （一）综合集成方法

#### 1. 概念内涵

20 世纪 90 年代初，钱学森等首次把处理开放的复杂巨系统的方法定名为从定性到定量的综合集成方法。钱学森指出："综合集成方法不同于近代科学一直沿用的还原论方法，是现代科学条件下认识论方法论上的一次飞跃。"综合集成方法是思维科学的应用,既要用到思维科学成果,又会促进思维科学发展。它向计算机、网络和通信技术、人工智能技术、知识工程等提出了高新技术问题。这项技术还可用来整合千千万万零散的群众意见、提案和专家见解以至个别领导的判断,真正做到"集腋成裘"。

综合集成方法是在对社会系统、人体系统、地理系统和军事系统这四个开放的复杂巨系统研究实践基础上提炼、概括和抽象出来的。在这些研究中通常是科学理论、经验知识和专家判断相结合,形成和提出经验性假设(判断和猜想),这些经验性假设不能用严谨的科学方式加以证明,需借助现代计算机技术,基于各种统计数据和信息资料,建立起包括大量参数的模型,这些模型通常建立在经验和对系统的理解之上并经过真实性检验。

这里包括了感情的、理性的、经验的、科学的、定性的和定量的知识综合集成,通过人—机交互,反复对比逐步逼近,最后形成结论。综合集成方法的实质是将专家群体、统计数据和信息资料三者有机结合起来,构成一个高度智能化的人机交互系统,它具有综合集成的各种知识,能够实现从感性上升到理性、从定性深入到定量的功能。其主要特点如下:定性研究与定量研究有机结合;科学理论与经验知识结合;应用系统思想把多种学科结合起来进行综合研究;根据复杂巨系统的层次结构,把宏观研究与微观研究统一起来;强调人—机结合,以人为主。应用综合集成法对开放的复杂巨系统进行探索研究,开辟了一个全新的科学领域,对太空安全战略评估具有重要指导意义。

**2. 基本原理**

太空安全战略的复杂性从哲学上分析,可以归结为"本体复杂性"和"认知复杂性"两类复杂性,本体复杂性在太空安全战略中表现为涉及领域广、包含要素多、全局性强、时间跨度大,认知复杂性在太空安全战略中表现为短时间内难于达成全面、系统、客观的认识。客观上要求以群体专家智慧应对战略评估问题的本体复杂性,以定性定量相结合的专家集体研讨方式实现专家认识的升华,从而应对太空安全战略的认知复杂性。

综合集成方法是一种将专家体系、信息与知识体系和计算机体系有机结合起来构成的高度智能化的人机结合系统,体现了评估科学从定性判断到定量分析的特点,也体现了从以形象思维为主的经验判断到以逻辑思维为主的精密定量解算的过程。综合集成方法采用精密科学方法,其理论基础是思维科学,方法基础是系统科学和数学,技术基础是以计算机为主的信息技术,哲学基础是实践论和矛盾论。综合集成方法的重点在于集成与综合,集成注重物理意义上的集中,主要反映量变;综合注重整体上的融合,主要反映质变。

定性定量相结合的专家集体研讨方法,首先是群体专家对评估问题的定性研讨,然后是在定性研讨基础上对战略评估问题的定量分析、群体专家的基于定量结果的定性研讨反思,以及循环迭代的过程。综合集成研讨厅是以计算机为核心的现代高新技术的集成与融合构成的机器体系、专家体系和知识体系,其中专家体系和机器体系是知识的载体。

### 3. 主要步骤

利用综合集成研讨厅方法解决战略评估问题,需要相应的过程和不断地反复。第一步是提出问题和形成经验假设。系统中的专家形成专家体系,并依据他们所具有的科学理论、领域知识以及专家判断力和智慧,提出研究的问题并给出经验性的假设。这个过程通常可以提出多个问题和猜想,一般是定性命题。因为尚未经过严密的评估,这个假设并不是科学结论。第二步是对提出的问题和猜想组织研讨。研讨过程要求充分发扬学术民主、畅所欲言、互相启发,将专家的创造性激发出来。这个过程通常以论坛研讨的方式进行。从思维科学的角度分析,前两步以形象思维和社会思维为主。第三步是严格的评估。精密的严格评估是通过人机结合、人机交互、反复对比、逐次逼近,对经验性假设做出明确结论。如果经验性假设被否定,就需要对经验性假设进行修正,提出新的假设,再重复评估过程。从思维科学角度看,这一过程以逻辑思维和辩证思维为主,充分应用数学、系统科学、控制科学、人工智能,在以计算机为主的信息系统支撑下的各种方法手段的综合运用。

## (二) 净评估方法

美战略净评估(Net Assessment)起源美苏核冷战,20 世纪 70 年代由美国国防部净评估办公室主任安德鲁·马歇尔提出,主要用于解决国防、军事等领域的战略决策性问题。其实质是对多种影响战略的不确定性因素进行综合分析评估,得出各方的优势与劣势、机会与威胁,为决策者提供决策支持。目前,战略净评估方法已成为美国国防部采用的一种综合分析框架和辅助分析手段。

### 1. 战略净评估的定义

在学术文献中很难找到"净评估"的准确定义。提到净评估,不能不提到美军净评估办公室主任马歇尔。1966 年,马歇尔将美军"净评估"解释为:"国家之间军事实力的比较"。20 世纪 80 年代,净评估办公室的军事助理艾略特·科恩(Eliot Cohen),把"净评估"简单定义为"军事均势的评估";净评估办公室的文职助理斯蒂芬·罗森（Stephen Rosen），将"净评估"定义为"在和平和战争时期，对国家安全机构之间相互作用的分析"。2009年12月23日美国国防部颁布国防部指令《净评估办公室主任》（DODD 5111.11），将"净评估"定义为："对军事、技术、政治、经济等控制国家间相对军事能力的因素进行比较分析。其目的是识别出值得高层国防官员关注的问题和机会。"

**2. 战略净评估的实质**

根据美军"净评估"的定义可知，净评估是具有比较分析、诊断性和前瞻性特征的评估国家安全的多学科多方法分析系统，是一个评估国家间长期政治和军事战略竞争的框架。净评估的目的是诊断与竞争对手之间的战略不对称性，寻求机遇，以支持高层决策者的战略决策。用通俗的语言讲，"净评估"就是"纯评估"或"基本评估"，是相对"毛评估"而言的，其"净评估"的"净"与"净重""净利润"之"净"类似，因此，"净评估"是除去假象和虚幻、挤掉"水分"之后的评估。简言之，就是把敌对双方对等的军力要素去掉，对比双方剩下什么，以明确各方的优势和劣势。如同商业活动中的净利润，是将"毛收入"中成本扣除后的净收入。净评估采用类似的方法，把各方相关情况统筹考虑，在各方竞争或对抗情势下，得出一个在全面的"净"结果。考虑到各种不确定因素，美军净评估办公室主任马歇尔认为，净评估报告的结论通常有多种可能的发展方向和方案，而非一种解决方案，以便决策部门和决策者根据实际情况，进行判断和决策。

**3. 战略净评估的主要作用**

美军战略净评估的作用包括破除组织约束和提供战略警醒两个方面，主要在国家安全战略形成之前的酝酿和讨论阶段的"公共区域"与"话语体系"中发挥作用，从而影响国家安全战略的规划、制定和调整。

（1）破除组织约束

组织往往关注短期挑战，而忽略了长远的、战略性思考。美国的国家安全机构非常庞大、松散，在这方面也不例外。主要原因如下：一是随着互联网、移动终端用户越来越多，信息传递周期大大缩短，信息的快速传递常常迫使高层决策者忙于处理短期突发危机，大量工作、精力消耗在日常事务处理中。二是国家或部门的预算机制也进一步加速了这一现象，政府主要由"年度预算周期"推动，华盛顿的国家安全议程通常由当前的新闻报道或总统内阁的换届驱动。三是美国国家安全机构的各个办公室、国防部大多数主要军事机关通常按区域或功能组织，在这些机构的人员往往只关注自己区域或相关功能的责任,几乎没有同时对红、蓝双方进行能力分析,往往只负责其中的一个方面。因此,各部门、机构和办事处之间缺乏对国家安全信息的共享和整合,往往导致忽视了对全局性、系统性、长远性的战略问题的论证和思考。

净评估在统一术语和相关概念的基础上,描绘战略的图景,提供一个全球性的视野,进行沟通、辩论,跨越了机构、部门障碍,为国防战略规划人员和决策者们提供一个沟通交流的内部平台,通过分析整体的竞争关系——包括政治的、军事的、经济的变化,得出不受组织限制的分析结论,从而可避免分析时的弊端,推进国家战略规划水平。

(2)提供战略警醒

"净评估"的对战略家最大的贡献是克劳塞维茨式警醒。战争是"以其他手段延续政策",不在更广泛的政治背景下考虑军事问题会给国家带来灾难性后果。历史上,忽视了战略、体系层次的政治家面临着重重阻力。菲利普二世领导的西班牙哈布斯堡王朝,虽然能打胜仗,但他们几乎无法取胜,问题源于国王没有"战争办公室",不存在五角大楼或净评估办公室这样战略评估机构,缺乏负责高层次的战略规划。"二战"德国军队虽然能够确保在战术和战役上赢得完美胜利,但由于希特勒和德军统帅部没有成功评估全球军事形势,未能采取与其手段相称的大战略,从而导致了德国在第二次世界大战中的战败。历史一再表明,政治家忽视"战略净评估",会使他们自身陷于危险之中。

"净评估"通过描绘战略的图景,提供一个全球性的视野,注重分析整体的竞争关系——包括政治的、军事的、经济的变化,促使政治家们思考未来,识别竞争者之间的战略性不对称,认识战略环境中新威胁、新机遇,确定、探究相对优势领域,并整合到战略中。"净评估"作为一个支持战略决策的重要工具,其过程类似于医疗诊断。政治家,就像医生一样,必须诊断当前和潜在的威胁,在病人发病伊始就识别发现原因,通常会有很多的治疗办法;如果病入膏肓了再发现病因,几乎没有任何补救措施。同样的原理,适用于政治家诊断国家面临的问题,提早发现问题所在,就有更多的机会有效管控新威胁。

## (三) SWOT 方法

SWOT 是英文 strengthen(优势)、weak(弱点)、opportunity(机遇)和 threat(威胁)的缩写。SWOT 体现出的逻辑为:战略是实现优势与机遇匹配,避免威胁、克服劣势。该分析方法最早由美国哈佛大学商学院安德鲁斯在 20 世纪 60 年代提出。一经提出立即为战略学界所接受,成为战略学界评价战略环境的主要工具(表 11-1)。

**表 11-1　SWOT 组合矩阵**

| 外部条件 | 内部条件 | |
| --- | --- | --- |
| | 自身优势(S) | 自身劣势(W) |
| 机会(O) | SO 战略(增长型战略)发挥自身优势,利用外部机会 | WO 战略(扭转型战略)利用外部机会,克服自身劣势 |
| 威胁(T) | ST 战略(多样化战略)利用自身优势,规避外部威胁 | WT 战略(防御型战略)克服自身劣势,回避外部威胁 |

借鉴 SWOT 评估方法分析太空安全发展战略,考虑太空安全的外部因素和内部因素,以及自身的优势和弱点,把各种因素相互匹配起来,可以配对得到四组策略矩阵。

在建立太空安全发展战略选择的 SWOT 分析模型时,构建递阶层次结构模型,采用层次分析法(Analytic Hierarchy Process, AHP)对各层次各因素的相对重要性进行判断。通过专业问卷和访谈,得到各层次各因素的重要性的判断值,构成判断矩阵 A,然后求出其对应于最大特征值 $\lambda_n$ 的特征向量 W,经归一化后即为同一层次相应因素对于上一层次某因素相对重要性的排序权值,得到层次单排序,然后进行一致性检验,以便确定是否接受。通过一致性检验之后,以优势值 S、劣势值 W、机会值 O 和威胁值 T 四个变量各为半轴,构成四半维坐标系,根据算出的变量值,在坐标系的相应半轴上描点、连线得到战略四边形,计算各象限三角形面积来判定战略地位,提出战略选择方案。

## (四) OODA 方法

OODA 法来源于著名的博伊德空战模型,是一种强调连续迭代、循环改进的综合性方法。20 世纪 50 年代,美国空军飞行员博伊德在总结空战经验基础上,提出了博伊德空战模型(也称为 OODA 循环)。该模型将空战过程分为观察(observe)、调整(orient)、决策(decide)、行动(act)四个环节,用来描述飞行员进入作战空域后需要开展的四步活动。实质上每次空战过程,都是上述四个步骤的迭代重复,因此该模型被称为 OODA 循环。该循环是一个基于观察、形成判断、做出决策,并将决策付诸行动的迭代过程。它建立在实践基础之上,充分体现了人们认识事物的客观规律。

在评估中参照和运用 OODA 法,就是按照定性考察、定量分析、权衡优化和制定决策四个步骤推进论证工作循环递进,实现关于评估目标的最优选择。评估中的 OODA 法,实际是描述了评估活动中的考察、分析、权衡和决策四个环节循环往复的过程,要求评估人员通过四步评估活动的往复循环,得出评估结论,修正评估结论,逐步逼近最优选择,从而提高评估工作的质量和效率。该方法的核心要义是通过循环递进实现最佳评估结果。在具体应用中,既可以根据评估全过程需要来设置四个步骤的大循环,也可以根据某个评估环节需要来设置本环节内四个步骤的小循环,小循环是实现大循环的保证,正是通过一系列小循环的圆满完成,才保证了大循环目标的实现。

## 第五节　太空安全战略评估的组织实施

太空安全战略评估的一般步骤,同其他评估类似,可按评什么、谁来评、怎么评的程序,对评估步骤进行划分,评什么就是确定评估的内容,即评估目标,主要包括评估对象、评估目的、约束条件;谁来评就是确定实施评估的人员,即组建评估机构,主要组建 3 个评估小组,即综合组、专业组、保障组;怎么评就是采用什么系统、工具或方法进行评估,评估后如何进行优化,主要包括制定评估原则、分配评估任务、构建评估系统、进行评估优选、撰写评估报告等步骤。

### 一、确定评估目标

在确定评估目标时,要做到评估"四明确",即明确评估目的、明确评估对象、明确评估约束条件、明确评估场景。明确评估目的,即通过评估以后太空安全战略所能提高的程度,具体可理解为太空安全战略项目、方案的完善程度或需评估的问题解决程度。明确评估对象,即太空安全战略活动中有哪些项目、方案和问题需要评估。明确约束条件,即实现目标的有利与不利的条件,并进行分析汇总。明确评估对比场景,即通过描述法概述星球大战、恐怖袭击等场景,通过假想敌法引入蓝军,红蓝对抗,通过模型法建立诸如施里弗兵棋推演的评估模型。

### 二、组建评估机构

在组建评估机构时,要做到组建评估"三小组",即组建评估综合组、组建评估专业组、组建评估保障组。评估综合组,由领导、机关人员等组成,作为评估事务日常处理机构,主要负责评估事务的组织、计划、协调、实施等。评估专业组,由退休领导、现任领导、专家学者、科研人员、部队人员等组成,主要负责进行具体的评估活动。评估保障组,由系统、会议、交通、住宿等保障人员组成,主要负责评估机构日常运行和大型评估活动保障。

## 三、制定评估原则

太空安全战略评估的原则,应根据太空安全战略的一般原则,结合其特点和现状进行确立。

### (一) 科学性原则

太空安全战略评估一定要建立在科学基础之上,能充分反映太空安全的内在机制,评估指标的物理意义必须明确,测算方法标准,统计计算方法规范,具体指标能够反映太空安全战略的含义和目标的实现程度,这样才能保证评估方法的科学性、评估结果的真实性和客观性。

### (二) 全面性原则

太空安全战略评估必须能够全面地反映太空安全战略的各个方面或体系,不仅要有反映太空进入安全、太空利用安全、太空探索安全、太空控制安全等的评估指标,又要有反映太空政治安全体系、太空军事安全体系、太空经济安全体系、太空科技安全体系等的评估指标,还要有反映以上各体系相互协调的指标。

### (三) 系统性原则

太空安全战略评估要求把太空安全战略看作一个系统,从实现系统整体目标出发,以获取整体功能最优为目的。首先,在范围上,不能孤立地把评估的衡量标准仅仅局限在国家航天、商业航天的太空安全活动和太空安全软硬件建设上,而应该将国家航天、商业航天的太空安全战略和国际的太空安全战略联系起来,站在更高的层次上正确把握评估的衡量标准,得出的评估结论才比较全面。其次,在要素上,把战略系统看成是一个有机的整体,系统的效能并不是构成系统诸因素效能的简单相加,而是一个综合性的新质,能够实现"1+1>2"的效果。最后,在时间上,应是对战略指导、建设和运用活动全过程的评估。这样可以避免以点代面、以偏概全,防止片面乃至错误的评估结论产生。

### (四) 可行性原则

太空安全战略评估要符合战略的客观规律,并建立在客观条件基础上,使太空安全战略既有实现的条件,又有好的实施效果。从特质条件方面,要分析人力、物力、财力和时间等方面是否有保证;从科学技术方面,要分析是否可行,是否适应国家和国防建设和环境因素的要求。总之,要分析是否具备了实现太空安全战略的各种必备条件。从效果方面,主要评估太空安全战略的军事效果、技术进步、经济效益、政治影响以及学术价值等。无论对条件或对效果,都要进行全面、系统、综合的分析。可行性的又一个表现是具有弹性。即应允许评估指标标准有一定的弹性范围,在评估中建立的指标应允许作合理的修正。在综合评估时,对战略活动中创新的成分,可作适当加权。但弹性要适当,不可超出规定的范围。

### (五)动态性原则

太空安全战略既是一个目标,又是一个过程,在一定时期应保持相对稳定性,这就决定了太空安全战略评估指标体系应具有动态性。动态指标综合反映太空安全战略的趋势和现状特点。

### (六)可比性原则

太空安全战略评估的优劣是通过统一标准下的鉴别、比较、竞争而衡量出来的。如果没有统一的衡量标准、统一的测量单位和统一的测量方法,鉴别、比较、竞争就无从谈起,进行太空安全战略评估也将失去意义。太空安全战略是由它的层次性和结构性有机构成的。战略的各个层次、各个要素、各个领域、各个系统,从自身整体的、重大的、全局的、长远的角度去研究评估可比性性原则,谋划评估目标,采取评估行动,做好战略评估。因此,从战略长远发展的角度讲,太空安全战略评估必须遵循可比性原则,即采用通用的名称、概念与计算方法,建立统一的评估指标和标准,采用统一的评估方法,做到与其他单位、部门组织制定的太空安全战略指标具有可比性,同时,也要考虑与本单位历史资料的可比性问题。

## 四、分配评估任务

在分配评估任务时,要做到"制订评估计划、部署评估任务、提出评估要求"这三点。

### (一)制订评估计划

制订评估计划主要包括拟订评估的内容提纲,优选各任务单位及负责人,确定完成的时间及要求。

## （二）部署评估任务

部署评估任务主要包括召开评估工作部署会、下发评估任务文件两项主要工作。第一，召开评估工作部署会。为体现评估工作的重要性，引起参与评估人员的高度重视，确保评估工作按计划的顺利实施，在正式启动评估工作时，通常召开评估工作任务动员部署会。部署会主要完成以下工作：一是讲清评估工作的任务背景和重大意义，统一全体人员的思想；二是讲清评估工作的重大任务，使参与者全面系统地了解整个评估任务；三是讲清评估组织实施的重要时间节点，使参与者熟悉评估工作进程，确保各项评估协调顺利推进；四是讲清评估的原则；五是讲清评估的具体要求。第二，下发评估任务文件。为体现评估任务的正式性，部署评估任务，除召开部署会外，还有以正式文件的形式下达，具有一定的法律效益或带有一定的行政指令色彩。评估文件的内容主要包括：评估的背景、评估的内容、评估的指导思想、评估任务及责任单位（个人）、评估的组织实施、评估的要求等。

## （三）提出评估要求

提出评估要求主要包括评估时间、质量、保密、经费使用等要求。对评估质量、评估原则、评估方法、评估步骤、评估奖励、评估时限等提出明确要求，让所有参与评估的单位、个人，进一步明晰评估的任务、责任、权利等，熟知评估的计划、重要时间节点，确保评估要按既定计划顺利实施。

## 五、构建评估系统

首先，要根据评估目的和评估对象的具体情况，建立相应的评估指标体系的层次结构，并依据指标在指标体系中的重要程度赋予其恰当的权重值；其次，针对所建立的指标体系中每个指标的特性，选择适宜的评估方法（包括量化方法）；最后，要根据所选评估方法，结合评估问题，构建相应的评估模型。

## （一）建立评估指标体系

太空安全战略的评估需要有一套科学的、行之有效的指标体系，这是进行评估的必要条件之一。太空安全战略指标的筛选和体系的构造过程本身就是太空安全战略的一部分，它可使决策者确定太空安全战略中优先考虑的问题，同时给决策者和部队提供一个了解和认识太空安全战略的有效工具。

### 1. 太空安全战略评估指标的概念内涵

指标是指反映总体现象的特定概念和具体数值,由指标名称和指标数值构成。指标名称表明所研究现象数值方面的科学概念,即质的规定性,它表示一定的装备范畴。依据指标名称所反映的装备内容,通过实战获取、分析统计、专家评估等方式获得的数字,就是指标数值。因此,指标是质与量的统一体。

评估是以一定的目标、需要和目的为准绳的价值判断的过程。按照马克思主义的观点,价值是用以表明客观对主体特殊效用关系的概念。价值表示在实践的认识活动中,客体的存在属性和合乎规律的运动变化结果向主体接近的现实性和可能性。评估活动的这一本质,决定了任何评估活动都要以目标、需要和目的作为最高指标。但是由于评估目标、目的具有较大的原则性和抽象性,一般情况下目标、目的很难直接作为评估的指标,而是将其分解为若干具体的指标,即确定能具体衡量太空安全战略高低的尺子。

评估指标是指反映太空安全战略指导、建设、运用效果在某些方面利弊得失的指标,如智能化装备占太空装备的比重、太空安全建设支出占整个太空建设支出的比重等;评估指标是以某种理论为指导、为说明战略问题而将两种或两种以上战略问题作比较或进行计算而得出的结果。例如,"智能化或信息化太空资产占整个太空资产的比重",是根据太空资产结构理论,为说明智能化或信息化太空资产规模而将智能化或信息化太空资产的数质量除以整个太空资产的数质量而计算求得的。"太空安全建设支出占整个太空建设支出",是根据恩格尔定律,为说明太空安全建设水平而将太空安全建设支出除以整个太空建设支出而得出的。这说明,评估指标不仅是对太空安全战略的简单、客观描述,而且还具有分析、判断、评论的性质。

太空安全战略评估指标,是具体的目标在一个方面、一个局部的规定。某一评估指标只能反映目标的一个局部的状况,而指标的集合即指标系统,才能反映目标的全部。对太空安全战略的评估,必须制定出一个充分体现太空安全战略特点的完整的指标体系,才能产生对太空安全战略全面的客观的认识,从根本上保证评估的科学性,有效防止因评估者认识不同而产生的巨大差异,克服单凭主观印象而笼统评估的弊端。

### 2. 建立太空安全战略评估指标体系的主要步骤

建立太空安全战略评估指标体系的主要步骤,分为划分指标体系的层次、确定各项指标的权重、明确各项指标的标准等级三步。

（1）划分指标体系的层次

由于指标与总目标(评估目的)具有一致性,因而,可以采用逐层分解目标的方法来建立指标体系的结构。即以总目标(评估目的)为"根",分列出一级指标,再根据每项一级指标的内涵逐项分出二级指标,依此类推,逐层细化。这样在总目标与具体指标之间设置若干中间过渡环节,形成了层次分明的"树"型评估指标体系。指标体系层次的划分,要兼顾以下两个方面:一是下一级指标应能反映上一级指标的主要项目,避免面面俱到、无所不包;二是层次不宜过少或过多,少了不能反映影响太空安全战略因素之间的复杂从属关系,使评估显得笼统、粗略,多了会过于繁杂细微,使评估工作量显著增大。考虑到影响太空安全战略的因素比较复杂,为了尽可能减少评估工作量,太空安全战略评估的指标体系以三层结构型较为合适。

（2）确定各项指标的权重

指标一般包括两方面:一是内容,即评什么;二是权重,即指标在指标体系中的重要程度,或者是人们对其的重视程度。由于每个指标在指标体系中的重要程度不一样,建立完善的指标体系,不仅要划分指标体系的结构层次,还要确定各项指标的权重。只有正确赋予指标体系各个层次每个指标的权重值之后,指标体系才能为评估活动所用。

（3）明确各项指标的标准等级

明确指标的标准,是确立太空安全战略指标基本评定值的基础。确定太空安全战略的指标标准,是一项细致、复杂的工作。其基本要求:一是标准要科学合理,具有激励性。所确定的标准要公正合理,有利于调动评估人员的积极性和主动性。标准难易程度要合理,既不是高不可攀,又不能轻易达标。二是指标要简明,便于量化和划分等级,便于评估人员组织实施。三是标准要具有统一性和系统连贯性。同一层级的标准是共同的、通用的,各级评估指标层次的标准有所不同,应根据各评估指标层次的工作职能和内容,确定标准。

**3. 建立太空安全战略评估指标体系的基本要求**

建立太空安全战略评估指标体系的基本要求,主要有目标效果的基本一致性、指标体系的全局完整性、评估指标的直接可测性、指标定义的相对独立性、评估指标的现实共享性。主要步骤为划分指标体系的层次、确定各项指标的权重、明确各项指标的标准等级三步。

（1）指标目效的基本一致性

太空安全战略评估的指标体系既是评估的指标和内容的集合,又是评估目的的具体化和可操作化,所产生的客观作用必须与提高战略效益这个根本的评估目的相一致。否则,即使指标体系设计得很完整,考虑得很细致,但因忽视了太空安全战略的特点,偏离或违背了评估目的,就会得到错误的结论,从而产生错误的导向。

(2) 指标体系的全局完整性

完整的指标体系是全面、正确地评估太空安全战略的一个基础,它要求所建立的指标体系不遗漏任何一个重要的指标。只有这样,才能保证对装备战略建设整体的、全面的认识。残缺不全的指标体系,必然产生对评估对象片面乃至错误的认识。当然,指标体系的这种整体完备性只是相对的。实际评估时,为了提高评估的速度,有意识地在指标体系中省略一些虽有影响但属次要的因素,也是允许的。但指标的取舍,要根据该指标在指标体系中的权重以及评估的目的来确定。

(3) 指标数值的直接可测性

指标的直接可测性,是指指标可用操作化的语言加以描述和定义,所规定的内容可以通过实际观察、统计、测量以获得明确的结论并量化。对太空安全战略中可以测量、能够量化的内容,例如信息化装备数量占整个太空装备数量的比重,应采用测量、试验、计算等方法直接给出明确的数值结果。由于太空安全战略是个极端复杂的动态过程,远非所有指标均可通过测量、试验和计算直接得出的数字来表示。对这些难以量化的因素,可以运用专家评判打分等方法,比较客观地给出其相对数值,然后运用模糊数学等现代数学方法和数学模型进行处理。在这种情况下,数字不是测量或试验的结果,而是根据逻辑推理所得到的某种定性的标志数。

(4) 指标定义的相对独立性

太空安全战略评估的指标体系是由一组相互间有着紧密联系的指标共同构成的,但各个指标必须是相对独立的。也就是说,在同一层次的各项指标必须互不重叠,不存在横向的因果关系,当然,这种相对独立性是指同一层次中的各项指标。在不同层次指标之间,可以存在包容关系。指标的相对独立性,要求在建立指标时,必须考虑防止指标的重复,减少不必要的重复评估项目,提高评估效率。否则指标的重复,就会加大该项评估内容的权值和评定值。在实际评估中,这种偏差的出现,无疑会影响整个评估的科学性和准确性。

(5) 评估指标的现实共享性

评估指标要具有简单、明显的安全价值和物理意义,能反映太空安全战略真实目的,便于评估人员理解和接受。评估指标能敏感反应太空安全战略的变化,从而真正能反映不同太空安全战略体系、不同太空安全战略活动的效果差异。评估指标应便于计算,或便于进行逻辑推理评估,或可用试验方法测量,或可用装备演示、计算机仿真模拟等方法进行评估。

**4. 太空安全战略评估指标体系的选取**

太空安全战略评估指标体系要完整,每个指标的确定要明确具体。要注重可操作性,突出效费比,在不同的国家,因国情不同,对战略的要求不同,所以评估指标也各不相同。一个好的太空安全战略评估方案应该是效费比最佳、结构最优。即能用最少的钱实现在最大程度上维护国家太空安全,能通过发现未来太空安全战略竞争要点、优化太空安全体系结构而不完全靠研制和购买新型太空装备来提升太空安全能力,这是衡量太空安全战略评估方案优劣的重要指标。

太空安全战略的状态是由若干指标来反映的,但太空安全战略评估的指标数量众多、体系庞大,若全部采用势必使评估难以进行,因而必须选取一些对太空安全战略评估效果有较大影响的且为本次评估所关心的指标作为评估指标。

评估指标选取得好坏,对评估结果有着举足轻重的影响。选取过程中应遵循下述原则:全面性原则,评估指标集应能全面反映方案各方面的特性特征;简洁性原则,在保证全面性的前提下,评估指标宜少不宜多,宜简不宜繁;重要性原则,要选用那些对方案性能有较大影响的指标;独立性原则,要求指标之间是相互正交的,即指标相互间关联度要小或不存在因果关系,同一层次的各指标应能各自反映方案的某一方面特征,避免相互重叠;可行性原则,选取的指标应是能得到其属性值的指标,并且真实可信;灵活性原则,根据形势的变化与评估要求的不同,一些指标可按需要增减。

## (二) 选择评估方法

评估方法很多,可采用静态计算为主,动态模拟为辅。动态模拟可以采用图上推演与计算机模拟计算相结合的方法及系统动力学方法;静态计算可以用效能指数法、专家评定法、层次分析法等。从有关单位的研究情况看,用的比较多,比较成功的是图上推演与计算机模拟计算相结合的方法。为了使评估符合实际,在分析问题时,要充分考虑各种相关的因素,以防止片面性。

根据上述情况分析,为了有效地从宏观角度研究各种因素在较长时间内对结果的影响,应根据宏观决策问题的特点和评估课题的实际需要选择评估方法。具体选择时,可以是一种综合性的方法,也可以是一种方法为主,辅以其他方法,或多种方法综合运用。无论采用何种方式,都必须紧密联系太空安全发展水平和建设实际,做到评估方法与评估内容相对应,并反复迭代,直到获得满意的结果为止。

## （三）建立评估模型

评估模型的建立应紧密联系实际，以确保评估结论的准确性和实用性。建立评估模型应遵循如下基本原则。一是能合理地抽象和有效地模拟所评估的系统，并能科学地和客观地反映各待选方案的优劣。二是能充分地表达系统的功能以及系统与各组成部分之间的有机联系，并能与战略中的重要任务或举措协调一致。三是能从总体上反映评估对象的主要矛盾，在满足评估要求的前提下，模型的数量应尽量少。四是能为决策提供明确的选择方案。

# 六、进行评估选优

计算出太空安全战略每个项目、方案的综合评定值，反复比较，权衡利弊，从中选出最优方案。

## （一）基本要求

评估优选是进行方案比较的重要环节，评估优选时应注意以下几点。一是以实现战略整体最优为着眼点，从整体与部分、部分与部分、整体与环境的协调匹配等方面进行全面系统的评估。二是评估要通过全面系统的定性分析，找出各方案的共同点和差异点，为定量评估提供前提和确定评估重点；通过定量计算再为定性分析提供量的概念和数据依据。定性分析和定量计算有机结合，互相补充，可确保评估结论准确可靠。三是评估要综合运用多种方法，从不同的侧面、不同的角度和要求出发，对太空安全战略的各种方案进行全面分析比较，并反复迭代，逐步深入，不断对方案进行补充、调整、修改、完善。四是评估方法的选择和模型的建立，要充分考虑科学性、系统性、协调性和实用性。

## （二）综合权衡和优化

综合权衡和优化的目的就是在投入与产出之间寻求最佳平衡点。在优化时，首先根据不同的研究对象和要求合理制定目标函数，然后建立一套模型。对各种方案可在计算机上对比选优，也可用人工和计算机相结合的方法进行选优。其衡量标准通常是安全、费用、人力等，即在达到某个目标的前提下，安全水平高、费用代价低、人力支出少者为优；或者在定量经费约束下取得的安全水平高者为优。

　　由于受经济实力、国防科研生产能力等多种因素的制约,在评估中通过可行性分析后得出的太空安全战略方案,一般都远小于太空需求方案。为此,在太空安全战略宏观综合评估中,应根据具体的限定条件进行综合优化,其原则是在某指标限制下,得出的太空安全战略方案对各种预定的太空环境适应性最强,竞争性最佳。进行优化分析时,目标函数可能是单个,也可能是多个,应根据需要确定,但尽量用单个目标函数进行比较,这样可使评估方便些。

　　在优化时,应通盘考虑各个方面,既注意确保完成近期重点和应急的战略目标任务,又能兼顾到长远目标任务,能适应多元国家政治安全、经济安全、军事安全、科技安全等需要。这样通过优化得出的太空安全战略,就能较好地满足未来国家太空安全需求。

　　通过上述各方面的综合分析比较,找出各种太空安全战略方案的安全能力、经济发展和科技创新上的进步点,同时指出存在的问题、薄弱环节和应当采取的措施,可从多方面为方案选择提供依据。

## 七、撰写评估报告

　　撰写评估报告是评估的最后一道程序,也是评估结果的最终体现。评估报告中应系统反映各分项评估以及方案比选的结果,并写明对所有方案的最终决策和建议。评估分析报告主要内容包括以下内容。一是评估的基本原则和依据。评估的基本原则有科学性、全面性、系统性、可行性、动态性、可比性等原则。评估的依据主要有:国际战略、国家战略、国家安全战略、军事战略、国内外太空安全战略形势等。二是选择的主要方法。评估方法的选择,结合具体的评估问题,在遵循评估原则的基础上,可灵活选择评估方法,以满足评估要求为目的。三是建立的主要模型。评估模型的建立,要结合具体的评估问题,结合评估人员的专业特长,结合评估的时间,在满足评估要求的基础上,尽量建立简单实用的评估模型。四是方案满足要求的程度。方案满足要求程度,要坚持实事求是的原则,根据评估的结果,在综合分析概括的基础上,以定性定量的评估数据、结论为依据,尽量科学准确地说明方案满足要求的程度。五是方案优选顺序和理由。方案优选是将各方案评估的结论分别归纳为几个大类,从方案的必要性、先进性、可行性等方面,要依据不同方案的不同重点问题进行深入分析,并进行一些必要的补充分析,在此基础上排出方案的优先顺序。六是结论、意见与建议。在完成各方案优选排序后,便可进一步再归纳,提出方案应否实施的建议。进行决策时,应将必要性、先进性、可行性等方面结论综合起来考虑。

## 第六节　太空安全战略评估的典型案例

在进行太空安全战略典型案例的选取时,本书主要考虑高层关切、资料详细、应用可靠等几个方面,概括为"高、说、用":高,即高层的忧思关切,一般指从国家太空安全关注的重大战略问题;详,即详细的历史资料,一般指具有支撑研究分析的可用历史文献资料,越详细越好;用,即应用的可靠证明,一般指对国家太空安全战略制定或决策提供有效可用的历史支撑。按照以上几点考虑,对相关太空安全战略评估案例进行筛选,选择了2001年美国国家太空安全管理与机构评估委员会报告、2009年美国太空能力净评估等典型评估案例。

### 一、2001年美国国家太空安全管理与机构评估委员会报告

2001年1月11日,美国航天委员会公布了美国国家太空安全评估报告《美国太空军事化管理与组织的过去、现在和将来》。报告对美国的航天活动进行了全面评估并对未来发展提出了建议。应如何解析这个评估报告呢,从战略问题或战略思维的角度,一般会产生以下问题:为什么要评估、评估持续多少时间、由哪些人进行评估、具体评估哪些内容、评估出哪些结论、有哪些实际应用。下面围绕这些战略问题,对《美国太空军事化管理与组织的过去、现在和将来》评估报告进行简要剖析。

#### （一）评估背景

根据《2000财年国防拨款法案》的要求,2000年7月,美国国会参众两院武装部队委员会主席和国防部长指定"美国国家安全空间管理与机构评估委员会",研究美未来空间军事活动的发展问题。

#### （二）评估时间

本次评估的起止时间是,从2000年7月开始,至2001年1月11日发布评估报告止。评估的时间跨度包括过去、现在和未来三个阶段。

##### 1. 过去

第一个太空时代,是一个试验和探索的时代。通信卫星、水星号和阿波罗计划、旅行者号和哈勃望远镜以及航天飞机,教会了美国人如何在太空中遨

游,使他们在太空操作方面迈出了试探性的第一步,同时增加了他们对宇宙的了解。

**2. 现在**

太空新时代。我们现在站在新的太空时代的起点上,正致力于掌握太空操作技术。美国及其盟国和友邦的国家安全和经济状况,取决于美国成功地在太空进行操作的能力。美国必须具有能力将太空作为其整体实力的一个有机部分,以应对各种危机,用威慑阻止冲突;如果威慑失败,要保证在冲突中获胜。

**3. 未来**

对近地太空操作技术的掌握,仍处在初级阶段。在掌握了太空操作技术之后,太空活动的价值将得到提高。商业太空活动对全球经济将会起到越来越重要的作用。民用活动,将使更多的国家、国际财团和非国有参与者卷入其中。美国在太空中的国防和情报活动,将在追求美国国家安全利益方面变得日益重要。

## (三)评估机构

评估机构为美国国家安全空间管理与机构评估委员会,主席为拉姆斯菲尔德。拉姆斯菲尔德在接受国防部长提名后退出该委员会。

人数共 77 人,组成有前国防部高级官员、三军退役高级将领、科学界、战略学界、企业管理界等人员,类别有现任的、也有卸任的,有官方的、也有民间的,有军队的、也有地方的。

## (四)评估内容

评估前要求的评估内容:研究美未来空间军事活动的发展问题。

评估后提交的评估内容:①对美目前空间军事活动的现状及未来的发展进行了评估和展望。②对美军事空间管理机构的改革提出一系列建议。

**1. 太空新时代**

民用太空活动方面,正在接近一个长期目标,就是通过把宇航员送到国际太空站,实现人类在太空永久居住的目的。商业太空活动方面,2000 年收入超过了 800 亿美元,国际轨频竞争激烈,商业革命废除了国防、情报和其他政府机构对太空的垄断。国防太空活动方面,可用于搜集和传输信息、导弹预警、远程精确打击、保护其太空资产等。情报太空活动方面,敌对秘密区域的情报的需求,推动了天基情报收集系统的发展,可用于外交和国防政策的制定,提升总统处理危机和冲突的能力,促进军事行动的把握,牵引军事能力的发展。国家太空安全活动就等于国防太空活动加上情报太空活动。美国在太空中的国防和情报活动,在美国追求国家安全利益方面将变得日益重要。

太空的机遇,不仅属于美国。虽然没有国家有能力拥有与美国相匹敌的全面太空项目,但越来越多的国家开展了太空项目或参加国际合作项目,目的是提高国家安全太空能力、商业太空能力和民用太空能力。合作项目,使太空知识、太空技术、太空能力和太空应用的可获得性日益提高。

随着时间的流逝,美国将受到竞争项目的考验,或受到那些想通过国际法规限制美国太空活动的种种企图的考验。在一些国家,如俄罗斯、中国和印度,所谓"商业"太空计划是由政府运营和控制的,不是私人企业。在另一些国家,如以色列、法国和日本,政府对太空公司有强烈的影响,但是他们也还有一个商用太空工业。所有这些国家的国有和私营公司,在国际市场上变得越来越有竞争性。

**2. 太空系统的弱点和来自太空的威胁**

(1)威胁环境

在太空或来自太空的针对美国及其盟国的威胁,并没有受到负责国家安全事务的美国政府各部门和机构的应有重视。当前在关于搜集和分析资源的竞争中,对美国太空能力威胁的评估工作没有得到足够重视。应多注意威胁可能发生的技术形式和作战形式,政治和军事领导者们要明白威胁的性质,应寻求从情报部门接收一些关于太空威胁的必要信息。不进行可信的威胁分析,使美国在面对太空中的突然袭击时处于弱势,缺少证实和了解的威胁信息将导致发展天基能力方面的决策延误。面对那些未被料到或其重要性未被完全理解的经济或军备控制提案,美将感觉受到了突然袭击。

(2)主要威胁

现有的和新兴的威胁,一是对往返太空并在太空中进行操作的自由加以限制或拒绝的能力,不再是世界上军事大国的专利。二是对太空系统的了解以及对抗它们的手段,在国际市场上越来越容易买到。三是敌视美国的国家,拥有或可买到的能力,攻击太空中的卫星,或攻击这些卫星在太空和地面的通信节点,或攻击指挥这些卫星的地面节点,破坏和摧毁美国的太空系统。

有许多现成的能力可以对抗、破坏或物理上摧毁太空系统及地面上使用和控制卫星的设施。一是攻击地面站。从物理攻击到计算机网络侵扰。二是限制和欺骗。通过充分掌握卫星轨道道和传感器特性信息,敌对国家可以尝试击败美国卫星的侦察功能。关键时刻阻止美国卫星获取侦察目标信息,或通过欺骗活动来混淆目标特征。三是对在轨卫星进行干扰。例如,印度尼西亚干扰了中国卫星上的一个转发器,伊朗和土耳其干扰了持不同政见者的卫星电视广播,市场购买干扰器,等等。市场购买的干扰器产品主要有两种,一种是功率为1W,香烟盒大小,可使80km范围内的GPS收发装置不能工作;另一种是规格稍大,可限制192km范围的GPS收发。这两种产品结构紧凑,功率能干扰一架飞机的GPS接收信号,可破坏军事飞行任务或致民用飞机出现灾难后果。四是部署小卫星。小卫星重量10~100kg,可完成卫星检查、成像和其他功能,经改造可成武器。可放在一个拦截轨道上,由程序控制去跟踪一颗卫星。可傍一个目标飞行直到接到命令去破坏、干扰、摧毁这个目标。探测或防御该攻击非常困难。五是核爆炸。5万吨级低当量核爆炸,环境辐射严重损害附近的卫星,使低地球轨道卫星的寿命从数年缩短到几个月甚至更短。辐射效应滞留不散,会使卫星在数月内的运行失效。1万吨当量核爆炸,严重影响卫星长达数月之久。伊朗、朝鲜、伊拉克和巴基斯坦等国家拥有可携带弹头到达必要高度的导弹,这些国家已经拥有核武器或被认为正在发展核武器。

（3）系统弱点

招人靶子。随着太空的商业应用和国家安全应用的增加,美国在太空和地面上的设施,提供了一个招人的靶子。美国是"太空珍珠港事件"的一个具有吸引力的候选目标,就要付出被袭击的代价。正好是这样的靶子。

警告信号。①1998年银河4卫星出现故障,使美国80%的寻呼机关闭,同时关闭的还有有线电视和广播传输、信用卡授权网络和公司通信系统。为了恢复卫星服务,不得不移动多颗卫星,并且不得不对数以千计的地面天线进行手工重新定位。在有些情况下,这样的工作,要花好几个星期才能完成。②2000年年初,美国地面站的计算机出现了故障,导致有3小时无法获得许多颗卫星的任何信息。③2000年7月,新华社报道中国军方正在研究在未来高科技和天基战争中战胜美国军队的方法和战略。报道说"对于使用坦克和飞机在战争中不可能获胜国家来说,打击美国的太空系统可能是一个不可抗拒的、最诱人的选择……"这些报道表明了一个关于未来的令人担忧的、但还很少被注意到的观点。④电脑黑客正在每日每时地刺探着国防部的网络和计算机。据美国太空司令部计算机网络防御联合工作组的报告称,被探测到的刺探行为和扫描行为正在增加,黑客工具的获得也越来越容易,而且黑客技术也越来越高级。1999年,攻击国防部系统的刺探和扫描只有22 000次,但2000

年的前 11 个月,这个数量就超过了 26 500 次。⑤如果 GPS 系统大范围损坏或遭到破坏,后果将非常严重。失去了 GPS 授时功能,全球的警察、火灾和急救通信将瘫痪;靠 GPS 授时功能保持全球金融中心互连的银行和金融系统将陷入混乱;配电系统将中断。

迄今,这些警告信号还没有充分的说服力或不够动人心魄,不足以动员美国去采取适当的防御措施。为此,该委员会认为,美国还没有做好准备去应对太空系统面临的大量潜在威胁。危机的类型主要有和平时期的恐怖分子的行动,危机时刻的胁迫和升级的一种行动,战争时期的降低美国情报能力或军事能力的行动。潜在危机主要有恐怖分子、台海冲突、中东战争、大规模杀伤性武器、南亚危机等。

在上述可能出现的意外事件中,美国的太空系统受到威胁和打击的可能性看起来似乎不大。然而,正如政治经济学家托马斯·谢林指出的:"在我们的计划中有一种倾向,就是把不熟悉的事物与不可能的事物混淆起来。我们不曾考虑到的意外事件,看起来显得很陌生;看起来陌生的,就觉得它们不大可能发生;不大可能发生的事情,就不需要认真考虑。"偷袭的发生,常常不是因为缺乏警告信号,而是由于我们往往倾向于对我们认为不大可能发生的事情不予理睬。只有使国家瘫痪和使人民伤残的攻击——太空珍珠港事件——才会刺激这个国家,使美国政府采取行动。危险的信号就在面前,但是我们却仍然视而不见。

### 3. 国会指导

(1) 成立太空军

利用航天保护美国的利益,可能也需要在将来的某个时候成立一个负责航天的军事部门。负责组织、训练和装备一个部队,使之能够在确定的活动范围之内完成作战任务。本委员会相信,马上就成立这样一个部门,其弊大于利。主要理由是合格的人力资源不足、经费不足、需求和任务量也不足。近期和中期机构调整,应能不排除在必要的时候演变出一个太空军的可能。

(2) 成立空军天战队

在空军部内成立一个空军天战队。有两种模式,一是类似第二次世界大战时期的陆军航空部队与陆军的关系,二是类似海军陆战队与海军部的关系。优点是一个适宜的模式,是一个正确而有效的向天军部过渡的阶段。缺点是不会消除目前在空军里面已经存在的空域和天域平台之间资源的争抢现象,不能减轻其他军兵种和机构对空军航天资源配置的忧虑。

### （五）评估结论

一是将美国国家太空安全利益作为美国最高的国家安全重点之一。唯一能体现这种重要性的方法是政府最高层颁布具体的指导和指令。首先，只有总统有权确定国家太空政策；而后，再向高级官员发布指导和指令；最后，两者的结合对于确保美国作为世界上领先的从事太空活动的国家是必不可少的。只有总统的领导才能确保必需的所有太空部门——商业、民用、防务和情报的合作。

二是尚未安排或重视 21 世纪美国国家太空安全需求。对太空依赖的增加、在太空的薄弱环节以及太空迅速发展的机会，未能从当前的机构安排中体现出来。"美国对空间的日益依赖和由此产生的脆弱性，要求保卫空间利益作为国家安全优先考虑的重点。""美国必须警惕空间珍珠港的威胁。"应立即合并一些不同的太空活动，调整指挥体系，建立沟通管道，修改政策以承担更大的责任和义务。

三是国家太空安全计划对于和平与稳定至关重要，主要负责的两个官员是国防部长和中情局局长。他们之间的关系对于发展和部署在战时、危机时及平时支持总统所需的太空能力至关重要。他们必须密切、有效地配合，形成一种伙伴关系，既要确定和保持国家太空安全计划的进程，又要解决双方相关机构间产生的分歧。只有这样，武装部队、情报界和国家指挥当局才能获得所需的信息，在这个复杂、变化和仍然危险的世界成功地谋求威慑和防务目标。

四是必须发展既可威慑又能防御在太空和来自太空的敌对行动的手段。空中、地面和海上等生存环境都发生过冲突，空间也不会例外，因此美需要领先的太空能力，到目前为止美国家太空政策的广阔蓝图是完好的，但美国尚未采取必要步骤发展所需的能力，以及维持和确保连续不断的领先地位。

五是对科学技术资源的投入——不仅是设施，还有人力——对于美国保持从事太空活动国家的领先地位是必要的。美国政府在扩大和深化国家所需的人才库方面，需要发挥更为积极和富有远见的作用。美国政府需要维持对启动和突破技术的投资。

## 二、2009 年美国太空能力的净评估

《太空与美国安全净评估》报告由美国国务院国际安全咨询委员会（ISAB）的重要成员、外交政策分析研究所（IFPA）小罗伯特·L.弗兰兹格兰夫博士所著，是在 2009 年 1 月主题为"美国与 21 世纪太空战略：短板、竞争对手

与优先发展事项"的研讨会的基础上整理而成的。首先,该报告考察当前美国的太空项目与活动,分析其短板或弱项,并同中国、俄罗斯、伊朗、欧盟(包括法国、德国、意大利、英国等成员国)、日本、印度、以色列等其他太空大国进行系统比较。其次,对未来 10~20 年内世界太空领域的发展趋势进行预测,识别那些可能对美国在世界太空领域的领导地位产生积极或消极影响的因素。最后,得出几点重要结论与建议。该报告的主要观点包括:① 随着全球太空技术的迅速发展与扩散,美国在太空领域的领导地位正在被削弱;② 随着弹道导弹技术、核武器的扩散以及其他国家反卫星技术的发展,美国国家安全面临的威胁正在不断增加;③ 美国必须大力发展太空项目与弹道导弹防御系统,特别是天基导弹防御系统。

## 三、美国成立天军的论证评估

美国重组太空力量架构,破解体制障碍,抢占组织形态优势。自 2017 年 6 月重启国家太空委员会后,加速推进独立"天军"建设进程,先后组建航天发展局、签发 4 号政策令、制定"天军"战略和五阶段计划,2019 年 8 月底建立联合太空司令部并在新框架下演练组织指挥模式,2019 年 12 月 20 日《2020 财年国防授权法案》正式批准组建美国太空军。2020 年 3 月 6—19 日,美国国防部再次提交太空军立法议案,正式启动《美国法典》第 10 章关于设立独立太空军的法案章节修改议程。2020 年 6 月 30 日,天军推出组织架构方案,在天军总部下设太空作战司令部、太空系统司令部、太空训练与战备司令部三个"一级司令部"。2020 年 7 月 24 日,天军宣布解散三个原美国空军航天联队,代之以新成立的"航天三角队"(delta)和"守备队"(garrison)。

## 习题

1. 简答评估、战略评估、太空安全战略评估的概念内涵。

2. 简答太空安全战略评估的地位作用。

3. 简答太空安全战略评估的主要内容。

4. 简答太空安全战略评估的基本方法。

5. 简答太空安全战略评估的基本流程或组织实施步骤。

6. 论述 2001 年美国国家太空安全管理与机构评估报告的主要内容、结论及启示。

# 第十二章　太空安全战略危机管理

## 第一节　太空安全战略危机管理的概念内涵

### 一、危机

#### （一）危机的概念内涵

追根溯源，"危机"一词则来源于古希腊医学术语，意思为"转折点"，是指病人病情发展的关键时刻，要么逐渐康复，要么进一步恶化直至死去。古希腊历史学家修昔底德曾最早使用"危机"一词来形容国家间关系发生变化的关键时刻。据《朗曼现代英语词典》的解释，"危机"是事物发生过程中的一个转折点、不确定的时间或者状态、非常危险或者非常困难的时刻，一种至关重要的、需要立刻做出相应决断的状态。《韦伯辞典》将"危机"一词定义为有可能变好或变坏的转折点或关键时刻。《现代汉语词典》对"危机"的解释有两个：危险的根由，如危机四伏；严重困难的关头，如经济危机。

综合国内外研究，对危机概念大致有三种界说。一是态势或情势说。该流派认为，危机是一种决策态势，威胁到了决策集团的重要或核心利益，使决策集团不得不在有限的时间内做出反应。二是事件说。该流派认为，危机由一系列发生的事件组成，这些事件对整体产生不稳定作用，超出了正常的水平，影响到整体安全，必须做出关键性决策。三是临界说。该流派认为，危机是矛盾冲突的临界点或转折点，即矛盾冲突积累到一定程度，引起事物内在矛盾的激化，事物即将发生质变或质变已经发生但未稳定的状态，这种质变将会给组织或个人带来严重的损害。

目前在学术界影响最大的仍是由美国著名学者迈克尔·布莱彻和乔纳森·威尔肯菲尔德提出的定义。他们认为，危机是"因国内外环境变化而引发的一种情势，这种情势在该国的决策者们看来是对基本价值的一种威胁，而决策者对此做出反应的时间有限，并有可能使国家卷入军事对抗"。综上所述，危机是指对国家安全、社会稳定构成或可能构成严重威胁的危险状态，包括现实和潜在两种危机。

## （二）危机的构成要素

危机作为一种客观事物，是由多种要素构成的。一般来讲，这些构成要素包括危机爆发点、危机行为体、危机行为、危机互动、危机结束等方面。

### 1. 危机爆发点

危机爆发点是指引爆危机的事件，通常由时间、事件、威胁来源三要素构成，即何时、爆发何种事件、带来何种威胁。危机爆发点通常由某一突发事件引起，对抗双方对危机爆发的认知有时一致，但有时则不一致，而危机起算时间一般从一方对危机的确认开始，如斯普特尼克危机。

### 2. 危机行为体

危机行为体是指危机所涉及的参与对象，主要包括对抗的红方、蓝方和第三方。危机行为体复杂多样，包括国际组织、地区组织、国家，也包括军用、民用、商用组织。

### 3. 危机行为

危机行为是指危机行为体在危机中的主要活动，包括危机决策、危机反应、危机管理技巧等内容。其中，危机决策包括决策单元规模、决策单元结构、信息沟通与共享三项内容。危机反应则包括什么时间、采取何种措施以及行动酝酿的过程。危机管理技巧主要分为和平型、暴力型和复合型三种类型。危机决策、危机反应和危机管理技巧三者合起来，就是通常所说的危机管理。

### 4. 危机互动

危机互动是指在系统角度下对抗双方危机行为相互作用的表现形式，主要包括危机认知、危机措施与危机反措施。危机认知包括对对方意图、能力和决心以及自身面临威胁的认知。危机措施包括政治、经济、军事、外交、文化等方面手段，危机反措施与此相同，只是由于力量不同，所带来的强制力有区别。危机互动的两种基本模式是敌意螺旋和良性互动。

### 5. 危机结束

危机结束是指当决策者对危机所造成的威胁、时间压力、战争可能性的认知水平，下降到危机爆发前的水平后，危机出现的实质性降级。对于各行为体来说，危机爆发时间是不一致的，但危机的结束日期和标志性事件是相同的。危机的结束点对行为体来说标志着各行为体对危机认知的最终降级。

### （三）危机与风险、冲突、战争的区别与联系

在厘定危机内涵后，还需廓清危机与风险、冲突、战争等概念既密切联系，以及相互区别。

**1. 危机与风险**

从词义上看，风险是指有遭遇危险和损失的可能性，危机则是指发生在即的重大损失。从发生过程看，风险是危机的前奏或潜在可能，向危机则是风险的潜在危险触发后呈现的表现形态，两者之间不仅具有发生上的连续性，风险更是危机发生过程中的一个"子集"。从发展后果看，风险只具有潜在的危害性，而危机要么造成损失，要么带来机遇，其影响的广度和深度远远超过风险。从可控程度看，风险是一种可以用概率来描述的随机事件，可以使用常规方法进行评估和管理，而危机的爆发具有很大的不确定性，通常必须采取超常的管理方法，而且即使这样也很难实现精准预测和预防控制。

**2. 危机与冲突**

危机本质上属于一种冲突，其位于冲突链条的中间环节，是一般性冲突升级和矛盾激化的产物。就本质而言，危机是一个小于且含于冲突的概念，危机本身就是一种特殊的冲突形式。危机反映了竞争对手之间的"冲突"状态，但并非所有的冲突都会以危机的形式反映出来。此外，危机解除并不意味着消除了冲突，冲突的激化将升级为新的危机。

**3. 危机与战争**

通常情况下，危机是介于和平与战争链条的中间环节，是两者之间转换的节点。战争位于一般冲突链条的顶端，是冲突的最高形式，是运用武力实现国家目的的行为。可以讲，冲突大于危机，危机大于战争。作为危机的子集，所有的战争都源于危机，但并非所有的危机都导致战争。从危机走向战争，原因主要有三个方面：一是非对称性危机，双方实力悬殊，较强一方倾向以战争管理危机；二是一方蓄意通过危机发动战争，以达成战略目标，这类危机无法有效制止；三是双方危机管理出现重大失误，最终导致战争。

## 二、国家安全危机

国家安全危机，是指国内外安全遭受重大事故或事件所面临的一种紧急而危险的状态。这一状态下，国家核心价值或重要利益遭受严重威胁，决策者反应时间有限且易导致连锁反应，以及爆发敌对性暴力冲突的可能性增大。

比如,国家全局或局部出现严重大规模混乱、暴力、武装冲突、战争、天灾等,社会秩序遭受严重破坏,人民生命财产和国家政权安全遭受重大威胁等状态。

国家安全危机依据不同的标准可做不同的分类。从危机领域上看,可分为政治危机、军事危机、经济危机、社会危机、自然灾害危机、生态危机、网络危机、太空危机、生物危机。从参与者角色看,可划分为大国之间的危机、政治集团内部或盟国之间的危机、大国与小国之间的危机、国家之间特别是敌对国家之间的危机、国内对立势力之间的危机、恐怖主义造成的危机。从危机内涵的时代变迁看,可分为传统安全危机和非传统安全危机。从发生机制上看,按"有意无意"可分为有意性危机和无意性危机;按"内在外在"可分为内因导致性危机和外因导致性危机。从发生频率上看,可分为偶发性危机和常发性危机。从对抗等级上看,可分为低强度危机、中等强度危机和高强度危机。突发事件通常属于低强度的危机,紧张对峙大多属于中等强度的危机,武装冲突为高强度危机。

## 三、太空安全战略危机

### (一) 太空安全战略危机的概念内涵

太空安全战略危机,是指国际或国家太空领域安全遭受重大事故或事件所面临的一种紧急而危险的状态。这一状态下,太空领域核心价值或重要利益遭受严重威胁,决策者反应时间有限且易导致连锁反应,引发重大损失的可能性增大。

### (二) 太空安全战略危机的主要特征

太空安全战略危机是一种特殊的安全现象,从危机发生、发展、管控及结果等视角看,具有以下特征。

#### 1. 突发性与紧迫性

从危机爆发情况看,太空安全战略危机往往事发突然、情势紧迫。太空安全战略危机爆发前虽有一定征兆,但由于爆发时间、爆发内容、人们的重视程度、影响程度等原因,许多危机的爆发仍出乎意料。一般来看,自然环境类危机具有很大的偶然性和随机性,目前人力还无法充分预料和把握。社会性、人为类太空安全战略危机发生前,由于人们无法及时获得全面完整的信息,或者对信息分析研判认知不深入、不系统、不翔实,无法及时准确预测预报,导致危机发生。例如,历史上发生了多起载人航天危机,造成无可挽回的重大损失。

危机一旦发生,应对形势就变得十分紧迫,决策反应时间也非常受限。对于危机决策者而言,在复杂严峻紧迫形势和有限时间内,做出正确决策的压力空前变大,有时这种压力是客观存在的,有时则是决策者的直觉或感觉。

### 2. 偶然性与必然性

从危机爆发根源上看,太空安全战略危机发生、发展过程中常常受到许多不确定因素的影响,导致危机事件带有某种随机性和偶然性。在这种随机性和偶然性的背后,往往有某种必然性相连,主要原因在于人类活动长期对太空环境破坏、航天器数据增多、太空竞争的加剧、国家太空利益的不可调和等,造成在特定阶段激化后的必然结果。如果太空碎片日益增加,必然影响航天器发射安全、空间站运行安全。

### 3. 渐进性与突变性

从危机发展演变上看,太空安全战略危机演化具有一般危机演化的普遍规律,是一个渐进过程。在危机渐变期,因危机变化幅度较小,危机方应避免麻痹大意心理而导致对危机管控盲目乐观。从控制危机看,可以人为打乱危机发展的渐进过程,引起危机事态突变。一旦太空安全战略危机突然升级,则意味着危机强度显著升级或性质的转变,意味着危机进程出现了重大拐点,极易造成危机管控的被动局面。在此情况下,危机方应加强预见性,持续密切跟踪危机,预研预判危机发展趋势,加大危机管控力度。

### 4. 对抗性与可控性

从危机表现形式看,太空安全战略危机具有对抗性和可控性。太空是未来战略竞争制高点,太空利益冲突不可避免,世界各国或太空利益集团力图通过政治、经济、军事、外交、舆论等手段,去协调解决相互间的利益矛盾,当利益矛盾无法协调和有效解决时,一方或双方会转向采用对抗冲突方式解决利益冲突,从而引发危机,太空安全战略危机呈现综合对抗性。然而,无论是挑起危机一方还是应对危机一方,除故意向战争的危机外,危机各方都希望找到利益的平衡点,通过讨价还价、彼此让步和妥协,实现对危机的管控,形成一种"形危神控"的微妙状态,太空安全战略危机呈现可控性。

### 5. 危险性与机遇性

从危机影响和结果上看,太空安全战略危机处理得当与否,会导致高度危机或创造重大机遇,呈现危险性与机遇性并存的复合性特征。一方面,太空安全战略危机是矛盾激化的产物,管控不当,会改变或破坏系统平衡状态,引发国家间、集团间冲突,造成巨大人才物损失,影响和平发展的良好环境和稍纵即逝的战略机遇期,甚至影响国内民心安宁、国家政权稳定。另一方面,太空安全战略危机也为拓展自身太空利益提供了难得的战略机遇。大危险伴随大机遇,小危险伴随小机遇。从历史实际情况上看,如果太空安全战略危机能够管控得好,则可以对太空领域产生积极而深远影响,不仅可以有效缓解太空领域竞争关系、塑造良性互动模式,还可以达成新的战略平衡,实现较长时期和平,加速太空领域快速发展。

## 四、太空安全战略危机管理

### (一) 太空安全战略危机管理的概念内涵

目前学术界对太空安全战略危机管理的理解主要分为三派:避战派、利益派和折中派。避战派将太空安全战略危机管理等同于和平解决冲突,认为危机管理的成功与否取决于能否避免太空战。这一学派认为,危机管理目的在于预防危机及遏制危机的发生,一旦危机发生,则立即启动危机处理的机制,以降低危机所造成的损害,控制危机情势并迅速将损害复原。利益派将太空安全战略危机管理看作是争取太空利益的过程,其目标是迫使对手让步,并在国际上进一步推进己方的利益。折中派取中间路线,太空安全战略危机管理是不诉诸武力,将危险和冒险限制在双方所能忍受的范围内,在确保维护至关重要利益的基础上,达成一个能为双方所接受的解决方案,圆满化解危机。既要追求利益又要避免战争的本身就是两难,这一内在矛盾被称为"危机管理的困境"。

太空安全战略危机管理也有狭义和广义之分。狭义定义是指决策者通过对危机施加影响,使已呈现的突变形势得到有效控制并恢复常态。其任务是尽可能控制事态,在危机状态下把损失控制在一定的范围内,在事态失控后要争取重新控制住。因此,狭义太空安全战略危机管理就是对危机反应式管理或对太空安全战略危机事件的应急处置。从时间上看,它强调危机发生后的管理;从性质上看,它属于一种被动的、回应式的管理;从价值取向上看,它把避免危机或者危机降级作为管理的诉求与目标。广义太空安全战略危机管理是指决策者针对突然出现或可能突然出现的危险情势,通过危机管理体制机制对所拥有的资源主动进行计划、组织、决策、控制和指挥,以求避免风险、创造和把握机遇,最大限度地维护、实现和发展太空利益的科学和艺术。

综合各种观点,所谓危机管理,就是通过对危机的处理,使已呈现的恶性形势或状态得到控制或恢复常态。太空安全战略危机管理是通过综合运用政治、经济、军事、外交、舆论、科技等手段,当事方(国家、地区、组织、国际社会等)对太空安全战略危机进行控制和处理的行为。其目的是避免危机失控或引发战争,确保危机能在当事方重大利益不受损害的前提下得以和平解决。

## (二)太空安全战略危机管理的主要特征

太空安全战略危机管理从过程上讲,主要包括危机的事前管理、事中管理和事后管理;从内容上讲,主要包括危机预防、危机反应和危机恢复;从动机上看,主要包括危机控制和危机利用;从价值取向上看,主要包括消极管理和积极管理。虽然太空安全战略危机管理有许多不同类型的,但它们却有积极性、战略性、全程性等一些共同的特征。

### 1. 积极性

对待太空安全战略危机要采用辩证和历史的观点,既看到其不利的一面,也要看到其有利的一面。当下特别需要强调从积极的和正面的角度来理解和看待危机。

(1)危机发展的利与弊

要坚持以一分为二和发展的观点看待太空安全战略危机。太空安全战略危机既有不利的危机,也有有利的危机;既有不利的方面,也有有利的方面。太空安全战略危机管理要树立危机既是坏事也是好事的辩证观念。

(2)危机成因的主观与客观

要充分认清太空安全战略危机成因的客观性和主观性。所谓客观性,是指太空安全战略危机是客观规律作用下的结果;所谓主观性,是指太空安全战略危机是有关国家、组织等所赋予其意义的结果。太空安全战略危机管理既是对危机事件中危险、威胁的管理,也是对危机事件所提供契机、生机、转机的把握。前者是危机客观性的根源,后者则是危机主观性的动力来源。

(3)危机管理的忧与乐

要懂得太空安全发展中"生于忧患,死于安乐"的道理。主观上,都不希望太空领域面临生存安全与发展安全的危机;客观上,太空安全环境中不可能不存在危机,而且适当的危机有利于凝聚力的加强和危机应对能力的提升。

### 2. 战略性

在清醒认识危机两面性的基础上,能够及时捕捉危机所提供的难得契机,在克服危机不利一面的同时,通过精心设计的战略策略,将危机巧妙转化为自身生存和发展壮大的生机、契机与转机。

（1）太空安全战略危机管理具有战略背景和影响

当今时代,合作与竞争成为太空领域的常态。随着新兴航天国家和组织的崛起,传统航天国家和组织对其围堵、渗透、演变、颠覆的力度也在加大。在这种特殊背景下,决策者要特别警惕"小危机"事件发生,防止它们成为燎原式危机的引信与前奏,以及外部势力借以分裂国家与颠覆政权的抓手。对于面临的各种太空安全战略危机,决策者一定要站在战略的高度、全局的角度去审视和管理,把它们放到国际斗争和战略力量对比的大格局中去认识,在辨析其不利的一面和有利的一面基础上,重点思考如何管理危机才能确保对国家太空安全的有利影响最大而不利影响最小,如何进行危机管理有利于国家的当前,更有利于国家的长远。从战略的高度去管理危机,核心是要求决策者要超越部门利益、区位利益,坚持把国家太空利益作为危机管理的唯一尺度,始终以维护国家太空安全与发展为着眼点和落脚点。认真筹划,科学实施,及时调整,确保实效。

（2）太空安全战略危机管理调节战略关系和利益

危机管理的重点是危机处置与响应,目标是通过和平手段解决争端,避免战争,消除危险事态,恢复和平。太空安全战略危机管理的目标只有一个,即努力维护并尽可能地扩展和增加国家利益。太空安全战略危机管理是调节国际国内关系的重要手段。在对外关系上,危机方可以通过危机管理进行国家间博弈,借此划出自身利益底线、摸清对手底牌、传递明确的和解或对抗信号、显示实力和决心等,通过危机博弈促进国家间合作。在对内方面,危机方也可以通过转移矛盾、转嫁危机、控制危机和消解危机等方式,展示政权的执政能力,凝聚和提振国内士气、赢得国内民心从而巩固政权,提升政权的合法性等。

（3）太空安全战略危机管理是战略设计与筹划

危机管理的最高境界是积极借重、控制、转化、利用甚至制造危机,有计划有步骤地进行国家太空利益的战略筹划和设计,巧妙维护国家太空利益,保障国家太空资产,提高国家太空地位和影响。在一些情况下,危机是涉及重大利益的一方首先挑起的,也就是说有预谋的,其动机是企图改变利益冲突的现状,在危机管理过程中获得好处。需要指出的是,如果挑起方没有充分评估自己的实力和利益,结果可能适得其反,自己的利益可能遭到损失,其动机也不可能实现;如果挑起方对危机的发生和结果做了充分的研判,而对方却没有让步,结果可能导致形势恶化,甚至走向战争。

（4）太空安全战略危机管理运用战略策略和智慧

太空安全战略危机管理强调战略策略的巧妙运用,提倡诸多策略的不同组合、拼接、串联、穿插,追求危机管理效果的艺术性创造。无论太空安全战略危机管理策略有哪些和怎样分类,太空安全战略危机管理强调的是不同策略视情(时间、事件、地域等)下的灵活组合和巧妙运用。认为在力量不对称的情况下,应做出对应反应或关联性反应,而不是对等的反应,主张把有事压事、事来躲事、借事说事、没事挑事等战略策略和智慧灵活运用到太空安全战略危机管理领域。太空安全战略危机管理强调综合管理,认为应对手段和目标都是综合的,涵盖政治、经济、军事、文化、信息、科技、环境、法规等方方面面,目标是实现对危机的合力共治和综合安全。太空安全战略危机管理强调分类管理,是升级策略管理与降级策略管理的综合。

### 3. 全程性

太空安全战略危机从哪里发端,太空安全战略危机管理研究就应从哪里开始。目前,人们对太空安全战略危机管理的认识已由以往狭义的危机管理转变为广义的危机管理,由危机发生后的一般处理上升到危机全过程的系统管理。一般来看,太空安全战略危机管理的过程可分为危机事前、危机事中和危机事后三个阶段。

(1) 事前管理

太空安全战略危机事前管理是危机管理的首要环节,其目的在于积极地预防危机,尽可能地降低危害。它主要包括三个环节:预测、预警和预备。预测就是进行长波段的风险评估,找出高风险的威胁,为预防和应对危机确定方向。预警就是保持实时监控,争取及时发现危机来临的征兆,其本质是要防止出现不利结果。预备就是要采取积极行动,进行相关资源配置。事前管理不仅要有安不忘危、治不忘乱的忧患意识,还要有警钟长鸣的危机防范意识。危机发生前往往有预兆,决策者应对危机时刻保持警惕,特别要建立起危机预警和预备机制。

(2) 事中管理

太空安全战略危机事中管理是危机管理的关键环节,其目的在于准确辨识危机的发展变化,决策危机的应对策略方案。在事中管理阶段,危机自身变化起伏不定、信息混乱、扑朔迷离,既有可能发展升级为冲突或战争,也有可能暂时得到缓解或平息,因而要把重点放在做好危机决策上。一旦危机发生,决策者一定要沉着冷静决策,依程序果断而恰当地处置。首先,要依托太空安全战略危机管理机制,以最快的速度启动危机处理预案,并随时修正和充实危机处理对策,防止初期反应滞后,从而导致危机的蔓延和扩大。其次,审慎甄选危机处置模式。根据决策者反应的烈度和反应的范围,合理采取冷处理、转移、利导、借力、战争边缘和强力等危机处理模式。最后,通过危机决策方案进行具体处理,主要包括生成决策方案、确定实施计划和执行计划三部分。

（3）事后管理

太空安全战略危机事后管理是危机管理的后期阶段,其目的是控制危机震荡产生的后果,尽可能引导危机、平息危机。在危机事后管理阶段,太空安全战略危机风险大大降低,危机明显表象不复存在,决策者容易产生身心疲劳和思想麻痹,认为危机之后再次发生危机的概率相对较小,危机复发需要一个新的酝酿过程,短时间不会出现人的问题。而实际上,危机再发生与危机发生一样,有其复杂的内部和外部动因,危机平息也有一个逐渐变化的过程,而这一过程也会出现反复,只不过有些反复并未明显表现出来。因此,决策者在这一阶段的关注点应继续放在防止危机再发生和次生危机管理上,直至有足够把握判定危机彻底平息。

## 第二节　太空安全战略危机管理的地位作用

太空安全战略危机管理直接影响战略效果,在太空安全战略贯彻落实过程中,发挥预防危机、控制危机、利用危机、制造危机等关键支撑作用。

### 一、预防危机

任何太空安全战略危机的形成都有一个酝酿和发展的过程,这个过程有长有短,都会表现出某些特有的先兆来。着眼危机的事前管理,在太空安全战略危机的萌芽期,就应采取有效的防控措施,加强对一些可能导致太空安全战略危机的威胁因素的先期控制,遏制危机事态的发生或发展。理论上,若发现危机的苗头或导火索,就提前预防或拔除;若发现危机已不可避免,则提前做好各种应对准备。实践中,要加强太空安全战略危机预警与监测系统建设,提高太空领域安全危机决策能力,洞察太空安全战略危机的各种征候,在危机发生之前最大限度地预防危机。

### 二、控制危机

当太空安全战略危机发生后,各当事方在正确评估危机所带来或可能产生的危害基础上,按照适当时机介入、兼顾各方利益、量力而行的原则积极介入危机管理,果断采取有效措施,对危机进程施加必要影响,控制危机的继续升级或蔓延,使危机朝向有利于己的方向发展,最大限度地消减危机带来的损害或影响。

## 三、利用危机

随着太空领域战略竞争的日益加剧和世界太空安全战略格局的加速演变,太空安全战略危机管理已上升到国家安全战略全局上,世界各国愈加重视"转危为机"的积极管理策略。采取加强国家太空战略实力、搭建太空危机管理平台、定期优化战略目标等措施,在太空安全战略危机的诸多不确定因素中,去发现那些最有利用价值的关键因素,将一个即将或已经发生的太空安全战略危机,因势导向对己方更为有利的发展方向,顺势或借机来实现己方某一既定的战略企图,或谋取更大的太空战略利益。

## 四、制造危机

在无危机时,充分利用一定时期的太空安全战略危机影响因素,通过各种手段制造事端,巧妙掩盖一些有可能影响太空安全战略局势走向的现象,以达成特定的太空安全战略目标。通常采取以下方式:

以主避被。主动利用特定时机出手,挑起与对方的太空安全冲突,转移视线并改变不利态势。

以小释大。通过小危机提前释放已聚矛盾,防止矛盾激化导致大动荡、大危害。

以无制有。强行塑造成现实威胁对象,以便提前预先设计合法应对方案和行动。

以埋赢利。在一些核心利益上,当难以做出实质性让步时,可暂时搁置矛盾,预先埋伏下一场危机源,以便日后矛盾激化时,利用特殊地位和优势,获取更大利益。

## 第三节　太空安全战略危机管理的主要内容

### 一、危机预警

#### (一) 概念

危机预警就是通过提前收集和分析相关信息,预测危机形势的紧张程度和发展方向,适时地向卷入危机的行为主体发出警告信号,并提出可能的应对措施。

## （二）基本内容

危机预警主要包括两部分内容：一是判断危机的发生，预测危机未来发展可能出现的前景；二是预测危机另一方在危机状态下可能的行动，并拟制应对危机的预案，将对危机局势的预测分析转化成干预危机的行动策略和政策选择。对危机的预测分析和应对预案是危机预警两个有机的组成部分。预测分析是拟制危机应对方案的前提，危机应对预案是预测分析的具体化。如果没有预测分析，危机预警就是缺乏依据的不科学的预警；同样，如果没有应对方案，危机预警就是不完整、不彻底和缺乏实际意义的预警。

## （三）基本途径与步骤

危机预警可通过寻找危机发展的规律、分析引发危机的动因，以及监测危机征兆三条基本途径来展开实施。其一般步骤包括态势监控、趋势分析和拟制预案三部分。态势监控是通过分析危机的历史情况，了解导致危机的根本原因，确定危机监控指标，进行有针对性的信息收集；趋势分析是对危机的发展方向及发展水平的预测判断，包括危机的类型、发生的时间和地理位置、危机强度、危机前景和危机的危险性等；拟制预案是在危机预测的基础上，制定不同的应对预案。预案通常须包括最佳、中等和最次三个方案，并对每个方案进行风险评估，制定相应的方案实施时间表，最后将这些方案转化成可能的决策选项或行动日程，提供给各个层次的危机决策行为主体。

# 二、危机决策

## （一）概念

危机决策是在危机状态下做出选择的行为，是针对国际危机，综合运用多种手段和方法进行处置的一系列决定和对策。危机决策在国际危机管理中处于核心地位，它关系到危机走向与危机管理的成败。

## （二）基本内容

危机决策主要包括决策主体、决策目标、决策方案等。

危机决策主体即危机决策的行为体。对危机决策而言，决策主体有广义和狭义之分。广义上的决策主体是太空安全政治行为体，即与太空安全战略危机相关的国家或国际性组织，国家的性质、国内政治、利益集团间的竞争及政府部门间的竞争都对危机决策主体的决策产生重要的影响与作用。狭义上的决策主体是相关国家或国际性组织的主要决策者,包括重大决策是由谁提出的,谁是最后的裁定者,这都将影响决策主体角色的确定。对个体决策者而言,决策者的成长经历、时代背景、人际关系、个人风格、个人性格、知识结构、宗教信仰、行为特征、决策者之间的组织方式及相互影响方式等因素都将对决策主体的决策产生一定的影响。

决策目标也称决策动机或目的,即危机决策所要达成的目标。决策目标是危机决策的核心,决策目标直接决定行为,也决定了危机决策的过程和结果。在太空安全战略危机决策中,确立目标是危机决策的第一步,决策者在危机决策的初期就要清楚地界定所要达到的目标。确立决策目标时须明确以下几点:时间、地点、运用的资源数量、各个阶段的目标等。目标还应有主次之分,有些目标是必须达成的,有些则是争取达成的,有些是需要淘汰舍去的,以保证使用可运用的资源来实现有效、合理、可实现的目标。

决策方案包括制定方案和选择方案两部分内容。制定方案就是在确定目标的基础上,依据所搜集的信息,制定可能采取的行动方案。对于实现既定的目标,危机决策可能有多个可供选择的方案。如在斯普特尼克危机中,美国危机处理小组为实现快速进入太空的目标,提出了先锋计划、红石计划两种可行性方案。制定方案时,往往需要依靠有关业务部门的专家及参谋决策机构,汇集各方意见制定多种预案。选择方案是对所拟定的方案进行分析,在所有可选择的方案中,寻找一个有助于实现目标的方案。选择方案是危机决策中最为关键的阶段,也是决定最后决策成功与失败的关键。因此,选择方案要综合考虑各种因素,对各种方案进行比较,反复权衡,必要时借助于多种辅助分析决策方法,用数学模型等定量分析工具对现有的方案进行分析,以便做出科学的决策。

## (三) 决策模式

从危机决策的条件和影响决策的主要因素来看,危机决策的行为模式主要有理性决策模式、有限理性决策模式和控制型决策模式三种。

理性决策模式又称古典决策模式,是将决策本身看作一种完全理性的行为。其表现为,决策者是在拥有完整的信息后才做出决策;决策过程的每一个环节都是理性思维的过程;决策者能够以合乎理性的方式进行思考。受危机决策时效性和不确定性等因素的影响,在现实危机决策中,完全的理性决策是难以实现的,它只能是一种理想的决策方式。

有限理性决策模式是在理性决策模式的基础上发展而来的,它承认信息本身以及人们处理信息的能力都是有一定限度的,因而在危机决策中决策者所能达到的理性要求也是有一定限度的,所以,决策是基本"令人满意""合乎要求"而不是"最优""完全合理"方案。有限理性决策模式比完全理性决策模式更为务实可行,但其出发点仍是理性思维。

控制型决策模式是将应用系统论用于危机决策的一种模式,它强调危机决策中的控制与反馈机制。其决策方式是,在确定目标后,有限度地采取应对措施,为之后决策调整保留回旋余地。当在决策过程中发出一定的信号后,同时接受反馈并对此做出实时反应,然后再通过反馈对目标加以修正。如此通过不断地做出反应和接受反馈,使决策更加符合实际,并逐步达到预定的目标。控制型决策模式是一种渐进和根据形势不断调整的决策方式,对于处理形势非常复杂和急迫、不确定性高的重大危机较有实际意义。

## 三、危机处置

### (一) 概念

危机处置是在危机预警和危机决策的基础上,按照决策方案,针对危机事前、事发和事后所呈现的状态,对危机进行处理的具体过程。危机处置的根本目的,在于合理运用现有机制和资源,使危机走向最大限度地按照决策者所希望的方向发展。危机处置贯穿于整个危机管理的全过程,是危机管理中最具实践性的关键环节。

### (二) 基本内容

危机处置是一项风险极大的应急行动,必须制订一套系统、周全的计划和科学而慎重的实施方案,以便使之尽可能有序地展开,有效地达成危机控制目标。危机处置主要包括两部分内容:危机处置计划和危机处置方案。

危机处置计划是在紧急状态下进行危机预控和处理的有关组织指挥、行动方法、物资装备、情报与通信保障、专业培训与演练等方面的综合计划,也可看作是危机处置的预案。它通常针对可能发生的危机而事先制定,是进行危机处置的基本行动依据,在危机处置中具有重要作用。危机处置计划的内容通常包括:政策与目标(原则与要求)、指挥与决策、风险评价、事前处置、预警与警报、行动与协调、重建与恢复、后果与评估、计划启用程序和各种附表等。

危机处置方案既是应对危机的具体行动规划或事前处置的准备措施,也可视作危机处置计划的一个组成部分。一套科学合理的危机处置方案,应该融管理决策支持技术和战略分析技术为一体,它是处理危机突发事件中的复杂问题,提高决策效率的重要手段。其目的在于:避免盲目性,特别是在紧张状态下可能出现的非理性行为;增加决策的灵活性和灵敏性;提高对复杂问题的分析处理能力,为危机事前处置提供科学依据,满足对突发事件的处置要求。为验证危机处置方案的科学性和可行性,必要时可利用现代科学方法对危机处置方案进行评估,以发现其利弊,及时对方案进行修改完善。

## 第四节　太空安全战略危机决策的基本程序

在实施危机决策的过程中,太空安全战略危机决策者一般要经过判断危机情况、确定决策目标、制定决策预案、评估优选方案、实施决策方案、积极监督调整等六个基本环节。

### 一、判断危机情况

太空安全战略危机发生后,首先要判断危机性质和对手意图,这是危机决策的第一步。只有正确判断危机性质和对手意图,才能确保危机后续决策的针对性,做到知彼知己,有的放矢,最大限度地维护国家太空安全利益。

通常情况下,对危机性质的判断不是一次就能完成的,需要通过多次反复定性、修正和调整,才能使对危机性质的判断更准确、更完整、更接近实际。当危机发生时会显现出许多不确定的情况,在危机性质判断时应重点把握好四个判断:一是属性判断,包括当前危机属于何种类型、何种层次、何种特性等;二是原因判断,即危机为何发生,找出引发危机的诱因及相关影响因素,分析评估这些要素对引发危机所发挥的作用;三是过程判断,即危机如何发生,以何种方式、何种途径、何种节奏、何种样式发生;四是危害判断,即危机可能的危害程度,危机已经造成哪些影响,对国家政治、经济、军事、科技、社会、文化、舆论等方面带来哪些冲击,这些冲击已达到何种程度,若危机持续发展和升级,会给国家太空安全利益带来哪些进一步影响,后果可能严重到何种程度。

对手战略意图判断是危机判断过程中最重要、最复杂、最困难的。一般情况下,可以通过对对方决策人行为(包括对方的决策轨迹、编制调整、能力建设、资源准备等)的判定了解其真实意图。在很多情况下,对方决策者为了防止己方的真实意图暴露,会采取一系列防范措施,如采取战略政策诱骗、先进科技展示、舆论假信息等方式误导视听,这就需要通过战略逻辑分析和从蛛丝马迹的信息中准确把握对方真实意图。

## 二、确定决策目标

确定目标是危机决策的灵魂,是制定决策方案的基本指向,没有目标的决策是盲目的决策,目标不准确的决策是危险的决策。任何目标方面的任何缺失都会直接导致决策方案的风险和一切后续行动的偏离。在确定目标时,目标要准确、清晰、直接、具体,不能过于原则和抽象,模糊不清。在多目标决策中,目标通常有主次之分,要尽可能区分主次,重点确定主要目标。为便于落实目标,通常可把目标分解成不同层次的分项目标,更利于各个执行者分别理解和把握。目标一经确定,不能随意变更。当需要对目标进行变更时,要把握好变更时机和方式,防止留下决策空隙被对方利用。在危机决策实践中,决策目标通常分为最高目标、最低目标和最佳目标三类。

最高目标是指决策者对危机管理结果的最大期望值,是决策人对危机发展进程特别是风险和困难要素进行最乐观判断之后得出的目标取值。在目标的选择上,最高目标在主观上容易成为决策者的理想目标。但事实上,最高目标或理想目标不一定是最佳目标,片面追求最高目标或理想目标,有可能使其成为可望而不可即的最坏目标,使危机决策脱离实际。

最低目标是指决策者对危机管理效果的最小期望值,也是决策者的基本目标底线,是决策者对危机发展过程中的危险、风险和困难要素最悲观判断的目标取值。在目标的选择上,最低目标在主观上容易成为决策者的最坏目标,但事实上,最低目标不一定是最坏目标。由于它比最高目标的要求低,反而有时能成为最容易实现的最佳目标。

最佳目标是指决策者对危机管理效果的客观取值,是一定环境条件下各种决策目标的最优化结果。从理论上看,最佳目标不一定是最高目标,也不一定是最低目标,往往是两者之间的某一区间取值。有时偏向最高目标,有时偏向最低目标,有时则为两者的均值。

在危机决策实践中,厘清最高目标、最低目标和最佳目标,有助于决策者对最终目标的确立。虽然最高目标往往最理想、最诱人,被赋予正面和主动意义,但同时伴随着最大的困难和风险;最低目标往往最不理想、最平淡,被赋予负面和被动意义,却伴随着最小的困难和风险。一般而言,危机形势看似对己有利时,决策者易于追求最高目标;危机形势对己特别不利时,决策者易于选择最低目标。所以,最高目标和最低目标都可能成为决策者的最佳目标。当然,决策者也可以最高目标和最低目标为参考,权衡利弊,确定一个最佳目标。

### 三、制定决策预案

预案是方案的基础,也是危机决策过程中的重点和难点,没有足够的、高质量的、可供选择的决策预案,就不可能生成高质量的决策方案。制定决策预案要符合目标性、可行性、完整性、灵活性等要求。

一是目标性。无论制定何种预案,都必须紧紧围绕决策目标来进行。要运用多种决策方法,从全方位、多途径和多角度来思考和制定决策预案。预案力求具体化、多样化,以便优中选优。

二是可行性。任何一项预案都可能成为最终的选择方案,预案与方案同等重要,不能因为是预案就降低标准。预案应建立在切实可行、有科学根据的基础之上。对于每一套决策预案,都要进行可行性研究论证。在时间许可的条件下进行反复对比,权衡利弊。条件允许时,还应当进行必要的模拟推演和实验。

三是完整性。预案要完整准确,所有相关要素、所有可能性都应当尽可能考虑到,基本构成要素通常包括危机的性质与决策目标、组织与指挥、资源配置与运用、后续管理等。同时,方案要清晰精炼,不能模棱两可,含糊不清,要主次分明,线条清晰,结构精干,在关照全面的同时突出重点和关键环节。

四是灵活性。决策预案要适应多种可能的情况,关照到危机局势发展变化的不确定性。同时,要便于吸纳新的信息、新的思路、新的方法,使预案既有完整清晰的要素和内涵,又有多个开放性接口,以灵活适应不断变化的条件和环境。当然,预案的灵活性是以原则性为前提的,而原则性也不能排斥或削弱灵活性。

### 四、评估优选方案

制定完决策预案之后,最重要的工作就是从多个预案中评估优选出最优的决策方案,主要包括预案评估和决策方案确定。

预案评估是决定方案生成的重要环节。条件许可时,决策预案都应进行相应的分析评估。评估主要有两项内容。一是预案对比。由决策圈或智囊机构召集相关部门和专家,对预案进行对比分析,包括预案可能面临的问题、预期效果、风险代价,以及规避风险与代价的可能性等。为提高评估效果,应对评估后的每一套预案提出改进建议和要求。二是预案排序。在分析论证和权衡利弊得失的基础上,对所提交的预案进行可选性排序,推荐出最佳决策预案和最佳备选预案,辅之以取舍意见,供决策者选择确定。

决策方案确定是危机决策过程中的最重要环节,是决策实施前的最后一道程序,也是决策者面临的最大挑战和最困难的选择,它不仅关系到危机管理的成败,也关系到国家安全利益的得失。决策者要着眼长远目标和长远利益,综合考虑将全局性、稳妥性、效益性和长远性四方面因素,最终选定决策方案。

## 五、实施决策方案

实施决策方案是决策方案得到执行的过程,也是危机管理的最后一个环节,并将一直持续至危机平息。对危机管理的成败而言,决策实施的重要性仅次于决策方案,因为它既要将决策方案转化为实际行动,同时也将对决策方案的可行性进行检验。危机管理实践证明,对于同一个决策方案,使用不同的途径和方法来实施,常常会产生不同的结果。因此,科学组织实施决策方案是危机管理的重要环节。实施决策方案主要包括两项内容。

一是制订决策实施计划。尽管决策方案力求详细、全面、可操作性强,但决策方案不能代替决策实施计划,与决策方案相比,决策实施计划的可操作性更强,更便于执行者按计划展开行动。危机决策部门在制订整体行动计划的同时,参与危机决策的政治、经济、军事、外交、社会、舆论、文化、法律等领域部门,都要围绕各自所要实现的目标制订专门的实施计划。决策实施计划内容一般包括情况、目的和任务、拟采取的行动、保障和指挥与通信等。决策实施计划既可以在预先制订的危机处置计划的基础上修改完善而成,也可以根据决策方案重新制订,使其更符合危机的现实情况。

二是执行决策实施计划。参与执行计划的各种资源和力量,应在危机决策最高机构的统一指挥下,严格按计划展开各种行动。在执行计划的过程中,危机决策最高机构与下属的各分支指挥机构之间要保持密切的信息沟通与联络,以便于将计划执行情况及时上报,同时对在计划执行中出现的新情况做出妥善处置,使计划的实施始终处于最高决策机构的掌握与控制之下。

## 六、积极监督调整

在决策实施过程中,随着危机情势的急速变化和对抗强度的提高,一些先前没有预见到的新情况、新问题、新困难、新机会有可能在实施阶段出现,在制定方案时考虑不充分的次要因素也可能会突显出来成为主要因素,对既定决策目标产生影响和冲击,从而不得不对决策目标进行适当调整。同时,随着决策方案的全面实施,危机情势可能会随之发生变化,方案部分内容可能已经不适合或不完全适合新变化,必须及时进行调整补充,使决策方案内容不断适应新情况、新变化、新特点,由此构成了一个"决策—执行—反馈—补充—再执行—再反馈—再补充"的螺旋式互动链条,从而使整个决策过程进入良性循环,使决策方案更加科学有效、更具针对性和创造性。

在危机决策方案实施过程中,无论是目标的调整与完善,还是方案内容的补充与调整,都有赖于危机决策指挥机构和情报系统在危机决策方案实施过程中的全程监督,有赖于对新情况和新问题的及时反馈。这就需要决策者审时度势,灵活果断,准确高效地临机处置决策实施中出现的各种情况,积极调整各种相关因素,有效控制危机发展进程和方向,最大限度地维护国家太空安全利益。

## 第五节　太空安全战略危机的典型案例

自人类 20 世纪 50 年代进入太空时代以来,发生了许多太空安全战略危机,例如斯普特尼克危机、星球大战危机、太空互联网危机、太空资源争夺危机、太空碎片危机、太空交通管理危机等。本节以"斯普特尼克危机"为例,以危机的突然爆发、原因分析、战略应对为主线,重点对这一历史上影响深远的危机进行剖析。

### 一、"斯普特尼克危机"的突然爆发

1957 年 10 月 4 日,苏联成功发射人造卫星"斯普特尼克 1 号";1957 年 10 月 26 日,卫星无线通信结束;1958 年 1 月 4 日,卫星返回大气层日期。在卫星重量上,"斯普特尼克 1 号"卫星重 184 磅(83 公斤),8 倍于美国计划发射的先锋者卫星;在火箭推力上,"斯普特尼克 1 号"卫星所用 R-78K71PS 运载火箭的推力约有 20 万磅,远大于美国计划使用的海盗火箭;在动力源上,使用银锌电池。

1957 年 10 月 5 日,苏联官方报纸《真理报》宣布了这颗卫星的成功,并自豪地宣称"第一颗人造地球卫星的成功发射为世界科学与宝库做出了最为重要的贡献""我们的时代将见证:在实现人类大胆的梦想上,新的社会主义社会的人们做出了怎样自由而尽责的努力"。

美国《纽约时报》当日就用极为罕见的 0.5 英寸大写字母的三行标题横贯

首页报道了这一消息,"苏联发射地球卫星进入太空;它在 18 000M. P. H 处环地球飞行;球形跟踪发现有 4 次飞越美国上空"。

英国《曼彻斯特卫报》肯定地说:"俄国人现在可以制造能够打到世界任何既定目标的弹道导弹了。"

太空中传来的哔哔声终于惊醒了酣睡已久的老翁。

1957 年 11 月 3 日,苏联"斯普特尼克 2 号"成功将"一只莱卡犬"送入太空,该莱卡犬成为世界上第一只进入太空的生物。

苏联连发两颗卫星,连续创造两个世界第一,这对一直认为自己是世界领导者的美国来说,如鲠在喉。然而美国政府寄于众望的先锋计划,在没有任何试验的基础上匆忙发射,美国还对此次发射大肆宣传。1957 年 11 月末,美国政府宣布将于 12 月 6 日发射先锋者卫星,邀请媒体现场参观发射,希望有助于恢复公众信心。但更令艾森豪威尔政府狼狈不堪的是,1957 年 12 月 6 日,火箭点火后刚刚离地就一头栽了下来,在发射台上爆炸了,而此前消息已经公布出去,全世界科学家都在静候接收卫星传输数据。次日,在国家安全委员会会议上,美国国务卿杜勒几次按捺不住自己的情绪,连连说"昨天的事对美国的外交关系产生了可怕的影响……对美国来说是一场悲剧"。苏联的联合国代表团成员询问美国代表:是否需要苏联为欠发达国家提供技术援助。1958 年 2 月,在美国第一次发射先锋者卫星两个月之后,美国进行了第二次先锋者卫星发射试验,再次失败,先锋者火箭到达 4 英里(约 6.44 千米)高度后再次爆炸。

## 二、"斯普特尼克危机"的主要影响

### (一) 美国民众置疑

美国民众对本国的技术能力、教育水平、政治制度甚至民族素质都提出了疑问,有人甚至将其比作珍珠港事件。美国人最大的担忧是,既然苏联能够把一颗重 184 磅的卫星送入太空,他们当然能把洲际弹道导弹打到美国。两个月之前,苏联曾宣传成功试射了洲际导弹,当时美国舆论认为这是吹嘘,不以为然。现在,噩梦变成了现实,舆论甚至认为,今后一段时间内美国的生存要靠苏联的恩惠。

### (二) 美国反对党抨击政府

美国反对党猛烈抨击艾森豪威尔的国防和空间计划:"简单的事实是,我们不能再认为俄国人在技术上比我们落后了。他们用 4 年时间在原子弹领域赶上我们,在氢弹方面只用了 9 个月。现在我们却在努力追赶他们。"

### (三) 总统民意支持率下降

苏联"斯普特尼克 1 号"的成功发射,曾引发艾森豪威尔政府最为严重的政治危机,从艾森豪威尔总统的民意支持率便可窥其一斑。危机之前,1957 年 1 月艾森豪威尔总统的民意支持率为 79%;危机之后,1957 年 11 月艾森豪威尔总统的民意支持率为 57%。危机前后总统的民意支持率下降了 22 个百分点。

### (四) 美国盟国立场动摇

斯普特尼克事件对全世界各国人民的心理冲击削弱了美国与盟国的关系,影响了美国与共产党集团的关系,以及与中立国和非结盟国家的关系。如果苏联继续展示在外空能力的领导地位,而美国无所建树的话,"必将更加损害世界民众对美国领导权威的信心"。

### (五) 苏联彰显优势

苏联卫星的成功发射使苏联乃至整个社会主义社会都欢欣鼓舞,为之振奋。在冷战的背景下,美苏之间的对抗实质上是两大社会制度之间的较量,斯普特尼克卫星的成功发射,在一定程度上彰显了社会主义制度的优越性,让全世界对苏联和社会主义制度的印象大为改观,提升社会主义阵营的国际形象。时任苏联总理赫鲁晓夫曾向西方世界喊话:"我们将埋葬资本主义。"在美国几近恐惧的反应中,他对共产主义科学与工程的宣传得到了支持。

### (六) 中国拟发卫星

毛泽东同志在听到苏联成功发射卫星的消息后,作出了"东风压倒西风"的战略判断,认为国际战略形势正处在新的转折点。同时,宣布中国在不久的将来也要发射自己的卫星。

### (七) 其他反应

1957 年斯普特尼克 1 号的成功发射,原本是应该用来庆祝的一件科学大事,但是在比较狭隘的按国籍和民族来划分人群的人看来,却着实成了一件值得热议的事情。

斯普特尼克 1 号的成功发射同时也造成美国股市大跌,在美国道琼斯指数走势图上永久地留下了印记。

斯普特尼克 1 号的成功发射极大地促进了与"斯普特尼克 1 号"卫星相关的邮票、展览、日用品的快速增长。

## 三、"斯普特尼克危机"的原因分析

"二战"结束后，美、苏两国之间的竞争日益激烈，两国之间的关系由合作变成了对抗。杜鲁门主义的出台标志着冷战正式开始，世界分成美、苏两大阵营，以美国及北大西洋公约组织为主的资本主义阵营和以苏联和华沙条约组织为主的社会主义阵营，这两大阵营之间在太空、核等领域展开了激烈竞争。"斯普特尼克危机"爆发的原因，即分析当时美国所处的战略环境，主要有战略人才、战略思想、战略项目、战略误判等原因。

### （一）回形针行动

美国的太空战略人才主要来自两个方面，一是本国自己培养，二是从德国等国家招募抢夺。1926 年，美国火箭先驱罗伯特·戈达德发射第一架液体推进剂火箭，使他的理论得到证实。他对太空旅行的其他计算包括火箭脱离地球引力所需的速度与燃料，还提出了多节点火箭的观点。他的代表作是科学幻想小说《在地球之外》，大约 1896 年开始写，而写的是 2017 年发生的事。

"二战"末期，美、苏两国就开始在纳粹德国人才招揽上进行较量。1942 年沃纳·冯·布劳恩的 A 系列火箭中最出色的 A4 火箭试飞成功，飞行了约 200 公里，高度可达 100 公里，当希特勒得知大型的 A4 火箭能把近 1 吨的爆炸物送到 200 公里开外的地方，他看到了火箭的战场价值，后来德军将 A4 火箭改造成导弹，并取名 V-2，V 在英文中是胜利的首字母，在德语中有复仇的意思。

1944 年 6 月，V-2 导弹应用于"二战"战场，它速度快，当时没有任何的武器能够拦截，在战场上释放出惊人的威力，纳粹德国先后在英国和比利时投放了 V-2 导弹，造成了严重伤亡。艾森豪威尔曾经说过，如果 V-2 导弹早几个月研制成功，应用于诺曼底登陆，那么战争的历史可能会因此改变。为了控制战场的局势，盟军非常想要获得 V-2 导弹的研发人员，美、苏也悄悄地展开较量。美国启动了回形针行动，1945 年就在战争结束前的一段时间，盟军占领德国。美国军队进驻的同时，杜鲁门还派了一个部分力量进入一个叫作佩内明德的小镇，这里是 V-2 导弹的研制基地，聚集了大量的科研人员和资料设施。按照 1945 年 2 月 4 日至 11 日召开的雅尔塔会议，这个地区将归苏联接管，等到苏联进驻的时候，只剩下一些半成品。1945 年 5 月 27 日，美军按照《奥森伯格名单》，开始系统地在德国搜集科学家和工程师。包括冯·布劳恩博士在内的100多名与 V-2 导弹直接相关的设计人员被转移到美军占领区。1945年9月20日，700多名多个工程技术领域的科学家被转移到美国的纽卡斯尔基地。美国在这场人才争夺中获得优势。美国从德国获得了大量的研究资料，更为重要的是，美国从德国获得了包括著名火箭科学家韦纳·冯·布劳恩在内的纳粹德国科学家。韦纳·冯·布劳恩（1912—1977年），生于德国，第二次世界大战期间，他是德国著名的火箭专家，对 V-1 和 V-2 火箭的诞生起了关键性作用。大战结束之际，布劳恩及其科研班子投降美国，1955年他加入美国国籍。布劳恩继续在美国从事火箭、导弹和航天研究，曾获得一系列勋章、奖章和荣誉头衔。1969年，他领导研制的"土星"5号运载火箭，将第一艘载人登月飞船"阿波罗11号"送上了月球。1981年4月首次试飞成功的航天飞机，当初也是在布劳恩手里发明的。因此，他被称誉为"现代航天之父"。1977年6月，布劳恩病逝于华盛顿亚历山大医院。

"二战"后期，美国从德国获得的包括著名火箭科学家韦纳·冯·布劳恩在内的这些纳粹德国科学家，为美国日后的导弹科技和航天科技研究计划贡献了重要的力量。根据统计，截至1990年，回形针行动一共从德国收揽1800名科学技术人员（主要是航天工业领域），他们创造了价值100亿美元的专利和科研贡献，为美国航天时代初期的发展做好了人才准备。

## （二）基利安报告

"二战"结束后，美国政府内部就开始酝酿外层空间政策，早在1946年，刚组建的兰德公司就承担起卫星运载工具的可行性研究。兰德公司提交的第一份报告从技术和经验的角度肯定了发射人造地球卫星的现实可能性。之后，1946年到1957年，美国政府高层不断有报告或专题会议就发射卫星的影响进行探讨。基利安报告是其中最有影响力的报告之一。

20世纪50年代初期，美、苏关系正处在异常紧张的时期，双方在高新军事科技领域的竞争也越来越激烈，1949年苏联试爆核武器成功，比美国人的预期整整提前了3年；1953年在美国首次成功试爆氢弹后仅9个月，苏联也成功爆破了氢弹，而且技术水平要高于美国；1954年苏联在五一阅兵式上展示的野牛洲际战略轰炸机更是在美国内部引起轩然大波。当时的美国决策层开始将苏联视为一个危险的敌人。

由于缺少可靠的硬侦察手段，美国对苏联技术能力的疑惧不断加深。1954年3月27日，艾森豪威尔在一次白宫会议上要求科学顾问委员会评估可能来自苏联的突袭以及减少这种突袭威胁的技术能力。响应总统的要求，一个由42人组成的技术能力小组应运而生，小组负责人叫詹姆斯·基利安（James Killian），1948—1959年任麻省理工学院院长，后来成为总统科技特别助理。1955年2月14日，该小组完成了题为《应付突袭威胁》的报告，简称基利安报告。基利安报告对于"太空自由"、发射科学卫星等问题进行了讨论研究。1955年春，报告送呈国家安全委员会，很快得到上下一致支持。艾森豪威尔基于以下原因同意此报告：一是认为一颗为"国际地球物理年"而发射的卫星有助于确立"太空自由"原则，推进太空成为向所有国家开放的领域，太空运载工具的"越界飞行"和军事力量的存在都是自由的；二是科学卫星计划是由国家科学基金委而非国防部资助，可免于触动苏联对于"飞越领空"的敏感神经。

对于美国的外层空间政策来说，基利安报告第一次将制造人造卫星的问题提到美国国家安全委员会的议事日程上来。这份报告中有两处关于外层空间的建议：第一，报告建议对"太空自由"原则的国际法定义做重新审视。20世纪50年代初期，美国的导弹和空间技术逐渐走向成熟，人造卫星发射显现出了技术可能性。但是空间技术带来了一个政治问题，如果要将一颗人造卫星送入轨道，必然会飞越很多主权国家的领空。必然会招致包括苏联在内的很多国家的反对。对于美国来说，发射卫星在太空自由运行对于美国的情报侦察，尤其是美国对苏联进行情报侦查意义重大。基利安报告的重大贡献就在于它给出了一个可能的答案——"太空自由"，即先发射一颗小型的科学卫星确定"太空自由"原则的国际法地位，再研制可用于情报侦察的大型卫星。因此，报告要求美国政府从武器新技术发展的角度来考察太空自由的国际法原则与实践。继贸易自由、航海自由之后，太空自由成为美国全球战略第三大核心原则。自艾森豪威尔政府以来，太空自由为此后历届政府所遵循。第二，报告建议研究和评估人造卫星传输系统，通过更好更安全的通信手段来加强美国军力。

## （三）国际地球物理年

太空科技创新是确保进出太空的关键，因此必须关注科学界的活动。1950年春，一批美国科学家在马里兰参加著名的银泉聚会，讨论通过探空火箭、气球和地面观测来研究上部大气层和外层空间的国际科学项目的可能性。这一研究得到了欧洲科学家的响应，并将其扩大为一个广泛的国际项目——"国际地球物理年"项目，项目周期为1957年7月1日至1958年12月31日。

1954 年 10 月,在罗马举行"国际科学联盟委员会"会议,与会各国科学家第一次提出将地球卫星作为一个科学实验项目整合入"国际地球物理年"。

美国科学界不断游说政府积极参与"国际地球物理年"项目,发射一颗科学卫星作为国际地球物理年的贺礼,基利安领导的技术能力小组也就发射科学卫星问题进行论证,1955 年春,基利安报告送交国家安全委员会,很快获得了批准。美国国防部制定了发展科学卫星的计划。由于科学卫星计划与"国际地球物理年"相连,所以,科学卫星计划很快转入程序性的实施阶段。1955年 7 月 29 日,总统新闻秘书詹姆斯·哈格蒂在白宫举行新闻发布会,宣布美国将为"国际地球物理年"发射一颗科学卫星。

卫星由科学基金会资助科研机构完成,在这颗卫星的发射运载工具的选择上,美国陆军和海军各提供了一种发射运载工具,最终选择了美国海军提供的海盗探空火箭发射卫星计划,也就是后来的先锋计划。单从技术难度来看,当时陆军提供的由冯·布劳恩带领的德国科学家团队进行的"红石计划"要容易得多。在美国确定第一颗卫星发射计划时,陆军弹道导弹局在冯·布劳恩领导下已有了较成熟的基于"红石"导弹的"轨道"卫星计划,它可使美国在1955 年年末发射卫星,然而,"太空自由"的政策考虑使决策层选择了先锋计划,从而导致空间竞争的失败。当时有一种说法,听证会的许多顾问成员对冯·布劳恩及其带领的主要由德国科学家组成的团队心存偏见。也有观点认为,这是美国第一颗卫星,一定要百分之百由美国制造。艾森豪威尔在回忆录中提到:"虽然海军将为人造卫星提供发射设备……不能让它妨碍我们最优先的导弹工作。人造卫星的计划绝不能泄露任何秘级的导弹情报。"这也就是说,选择先锋计划既是为了不干扰冯·布劳恩正领导的导弹工作,同时又是为了不泄露美国弹道导弹发展的任何信息。

实际上苏联一直跟随美国的步伐,在抢夺纳粹德国人才方面,苏联失势,苏联启用了谢尔盖·帕夫洛维奇·科罗廖夫,他是苏联宇航事业的伟大设计师与组织者,第一枚射程超过 8000 公里的洲际火箭(弹道导弹)的设计者,第一颗人造地球卫星运载火箭的设计者,第一艘载人航天飞船的总设计师。当得知美国为"国际地球物理年"发射卫星的计划时,科罗廖夫提议修改原来的卫星发射计划,斯普特尼克卫星应运而生。

## (四)战略误判

总揽"二战"后美国的评估文件可知,无论美国的智囊机构还是政府决策层,都没有真正意识到苏联会抢在美国之前发射一颗卫星。这实际上反映了冷战进程中一个非常深刻的问题,即在 1957 年,尽管苏联在核技术及其运载工具等方面一直紧随美国并有后来居上之势,在政治方面也不断加强对东欧国家的控制,但从冷战心理上来说,综合实力的天平仍在美国一边。苏联对于美国来说,还不是一个有足够制约力的对手,只是一个因意识形态不同而必须加以遏制的潜在敌手。正是这种轻敌,导致苏联在 1957 宣布成功发射 R7 导弹时,美国相当一部分组织机构和人员还不相信这一事实,认为只是苏联单方面为提高自身国际地位而作的假宣传,从而没有引起足够的战略警醒。当苏联成功发射人类第一颗人造卫星时,引发了世界瞩目的"斯普特尼克危机"。

## 四、"斯普特尼克危机"的战略应对

### (一)建立健全太空组织机构

艾森豪威尔对相关政府机构进行了组织调整和新建。1957 年年底,应一些科学家建议,艾森豪威尔宣布了几项组织变更。

第一,设立总统的科技助理办公室,由基利安出任第一任总统科技特别助理。

第二,将原属防御动员办公室的科学顾问委员会移交给白宫,重组并扩大为总统的科学顾问委员会。

第三,建立国防部高级研究计划局。该局宣言如下:"1958 年 2 月 7 日,美国国防高等研究计划局创立。本部门的首要使命,是为了防止类似斯普特尼克危机事件再次发生。"1958 年 1 月 9 日,艾森豪威尔总统在的国情咨文中指出:"由于认识到有必要对我们最先进的发展计划进行统一领导,国防部长已决定把国防部负责的所有反导弹和卫星技术工作集中于一个组织。"1958 年 2 月 7 日,国防部建立高级研究计划局,统一管理三军太空项目。三军的空间项目在名义上都转入它的名下。其总部位于弗吉尼亚州阿灵顿县,负责研发用于军事用途的高新技术,以确保美国军事科技较其他潜在敌人更为尖端。

第四,批准成立国家航空航天局。"1958 年国家宇航法案"授权成立了指导外层空间活动的国家航空航天局。1958 年 4 月 2 日,艾森豪威尔把一个授权成立民间宇航机构的宇航法案送交国会。经过几个月讨论,国会参众两院审批通过。1958 年 7 月 29 日,艾森豪威尔签署美国 85-568 公共法案,成立了美国国家航空航天局。1958 年 10 月 1 日,美国国家航空航天局正式成立。同一年,美国航空咨询委员会(NACA)宣布解散。从此,倾向于民用技术和航空领域的 NACA 正式被倾向于先进太空技术的 NASA 取代,可以向美国总统直接汇报工作。"1958 年国家宇航法案"中在明确国家航空航天局的职权范围是非军事性质的同时,也规定其要在有关的空间活动中与国防部配合,法案的目的是强调美国要在大气层内外航空和空间科技及其和平应用领域扮演领导角色。同年,美国航空咨询委员会宣布解散。

## (二) 批准卫星项目为重点优先项目

放弃卫星计划和导弹计划相分离的原则,将卫星项目列为重点优先项目。在苏联卫星的巨大压力下,艾森豪威尔政府早期的空间政策几乎全部被推翻。卫星计划和导弹计划相分离的原则不得不放弃。1957 年 10 月 8 日,艾森豪威尔在白宫会议上指示,把之前否决的"红石计划"作为先锋计划的一个后备,与此同时,卫星项目终于能够与导弹项目平起平坐。1958 年 1 月 22 日,国家安全委员会第 352 次会议对弹道导弹和卫星项目的优先性进行讨论,两天后,艾森豪威尔批准了国家安全委员会行动备忘录 1846 号文件,将"国防部认为有重要的政治、科学、精神或者军事重要性的"卫星项目列为重点优先项目。

## (三) 开展卫星发射竞赛

为扭转被动局面,赢得战略主动,美、苏开展卫星发射竞赛。美国在进行先锋者工程研究的同时,国防部强烈坚持开展另一卫星工程,即探险者工程(Explorer Project)——红石计划。1958 年 1 月 31 日,美国东部时间晚上 10:55,"探险者 1 号"从卡纳维尔角顺利升空。1958 年 2 月 1 日,美国国家科学院召开记者招待会,宣布卫星发射成功。1958 年 3 月 17 日,美国先锋者 1 号被送入地球轨道。

1959 年 1 月 2 日,苏联发射世界第一颗绕太阳飞行的人造卫星"梦想 1 号"。1959 年 9 月 12 日,苏联发射的月球卫星"梦想 2 号"于第二天到达月球,拍到了第一张清晰的月球背面照片。赫鲁晓夫宣布将照片上的月球区域命名为"莫斯科海"。1959 年一年间,苏联共发射了 3 颗月球卫星,并在该年度实现了卫星回收。1959 年年底,美国向金星发射了"先驱者 5 号"探测器,以对抗苏联对月球的探测;从气象卫星传回了第一幅地球云图。1960 年,美国水星计划尚无希望把人送入太空;1960 年,苏联的两只小狗已经成功返回地球。1960 年 12 月 19 日,美国红石火箭把一个不载人的太空舱送入地球轨道,15 分钟后溅落在大西洋,实现了成功回收。但美国在制造大推力火箭推进器方面仍逊于苏联。

苏联进一步增长的外空成就令美国喘不过气来。美国认为自己在外空技术上仍处于劣势,苏联暂时还将取得多个"第一"。到艾森豪威尔离任前夕,美国成功发射了 31 颗人造卫星、5 个空间探测器,其中先驱者 5 号探测器被发射到太阳轨道上。

### (四) 启动载人航天竞赛

1958 年 7 月 28 日,艾森豪威尔总统决定将诸如月球探测和科学卫星这样的非军事计划交给新成立的"国家航空航天局",借此树立美国"和平利用外层空间"的形象。在第 10783 号行政命令下,原属空军的载人航天项目被重新命名为"水星计划"交给国家航空航天局管理。1958 年 10 月 7 日,国家航空航天局宣布"水星计划",打算把宇航员送入太空。"水星计划"是美国 1958 年开始实施的第一个载人航天计划,被称为美苏第二次太空竞赛。鉴于当时与苏联竞争的紧迫形势,该计划的基本指导思想是尽可能利用已经掌握的技术和成果,以最快的速度和简单可靠的方式抢先把人送上天。为确保宇航员能活着返回地球,美国投入了大量精力研究生命保障系统,各种试验在紧锣密鼓地进行。为接替 1958 年开始实施的第一个载人航天计划"水星计划",1960 年 7 月国家航空航天局提出了未来 10 年的初步空间计划,核心是阿波罗工程,计划在 1970 年把人送上月球,实现人类首次登月。

### (五) 改革教育模式

进行培育新一代工程师的教育计划,美国对中学数学教育进行新数学大改革,鼓励优秀学生进入工程领域,提升基础科学研究能力,向科学界倾注大量研究资金,1959 年美国国会拨付一亿三千四百万美元给国家科学基金会,比前一年增加了近一亿美元。到 1968 年,国家科学基金会的预算已经接近 5 亿美元。

艾森豪威尔政府太空安全战略确立军民双轨制太空战略,把太空利用分为军用、民用两个部分,"以民掩军"开发军用太空项目;同时打出"和平利用太空"的旗号,防止苏联与其进行太空军备竞赛。

### (六) 更新战略政策

斯普特尼克危机的爆发,标志着 1955 年 5 月制定的《美国科学卫星计划》(NSC5520)落后了。为应对斯普特尼克危机、建立美国在太空领域的领导地位,1958 年 8 月 18 日美国总统艾森豪威尔批准了《美国关于外层空间的初步政策》(NSC5814/1),该政策提出了 1958 年发射首颗科学实验卫星、1960 年年初实现月球软着陆、1960 年 10 月发射首颗火星探测器等战略任务。由于许多项目匆忙上马,无长期发展规划,随着时间的流逝,该政策的失意危机主义、急躁冒进主义的弊端日益凸显。

　　针对美苏在太空领域差距进一步拉大、美国民众普遍恐慌渐渐冷却的战略判断,基于苏联致力于把更大更精制卫星和有科研军事用途空间飞行器送上太空以实现其"世界规模的宣传和心理效果"的战略情报评估,1960 年 1 月12 日,美国第 321 次国家安全会议讨论通过了国家航空航天局呈报的《美国关于外层空间的政策(NSC5918)》,进一步从国家安全的角度肯定了"载人航天飞行和开发将代表对太空的真正征服"。1960 年 7 月,NASA 据此提出了可以最终实现月球登陆的阿波罗计划。1969 年 7 月,阿波罗登月成功,美国赢得太空竞赛胜利,建立太空领导地位。

## 习题

　　1. 简答危机的概念内涵及构成要素。
　　2. 简答太空安全战略危机的概念内涵和主要特征。
　　3. 简答太空安全战略危机管理的概念内涵和主要特征。
　　4. 简答太空安全战略危机管理的主要特征。
　　5. 简答太空安全战略危机管理的地位作用。
　　6. 简答太空安全战略危机管理的主要内容。
　　7. 简答太空安全战略危机决策的基本流程。
　　8. 论述"斯普特尼克危机"的主要影响、爆发原因、应对策略及启示。

# 参 考 文 献

[1] [美]彼得·L.海斯. 太空与安全[M]. 冯书兴等译. 北京:中国宇航出版社,2018.

[2] [德]卡伊-乌维·施罗格等. 太空安全指南[M]. 杨乐平等译. 北京:国防工业出版社,2019.

[3] 武天富. 空间安全战略理论研究[M]. 北京:核与空间战略研究中心,2005.

[4] 肖天亮. 战略学[M]. 北京:国防大学出版社,2020.

[5] 军事科学院军事战略研究部. 战略学[M]. 北京:军事科学出版社,2013.

[6] 寿晓松. 战略学教程[M]. 北京:军事科学出版社,2013.

[7] 李苏军. 太空安全战略创新研究[C]. 深圳:第二届航天工程论坛,2020.09.

[8] 李苏军. 世界太空安全战略形势研究[C]. 北京:雁栖航天论坛,2020.10.

[9] 李苏军,单玉泉,赵志勇. 新时代国际太空安全军事形势研究[C]. 上海:首届航天工程论坛,2018.12.

[10] 李苏军. 新时代太空安全战略形势和威胁挑战研究[C]. 长沙:中国航天大会,2019.4.

[11] 李苏军,单玉泉,张玉新. 天基网络信息体系装备建设研究[C]. 北京:第四届电子信息装备体系研究学术年会暨天基网络信息体系学术研讨会,2018.10.

[12] 王晓海,周昌宇. 欧洲航天局航天4.0时代及发展[J]. 空间电子技术,2017(3):69-79.

[13] 张仕波. 战争新高地[M]. 北京:国防大学出版社,2016.

[14] 房琳琳. 欧空局开启"空间战略4.0时代"[N]. 科技日报,2016-12-06(1).

[15] 周碧松. 战略边疆高度关注海洋太空和网络空间安全[M]. 北京:长征出版社,2015.

[16] 仲晶. 世界各国航天力量对比[J]. 兵器知识(B版). 2011(7).

[17] 张健志,何玉彬. 争夺制天权[M]. 北京:解放军出版社. 2007.

[18] 杨学军,张望新. 优势来自空间——论空间战场与空间作战[M]. 北京:工业出版社,2005.

[19] 李大光. 太空战[M]. 北京:军事科学出版社,2001.

[20] 王缉思. 大国战略[M]. 北京:中信出版社,2016.

[21] 阎学通. 世界权力的转移:政治领导与战略竞争[M]. 北京:北京大学出版社,2015.

[22] [美]兹比格纽·布热津斯基. 大棋局:美国的首要地位及其地缘战略[M]. 中国国际问题研究所译. 上海:上海人民出版社,1998.

［23］ ［俄］格·谢·霍津. 苏美宇宙大对抗—目击者的见证［M］. 北京：东方出版社,2004.

［24］ 蔡华堂. 美国军事战略研究［M］. 北京：时事出版社,2019.

［25］ 苏晓冰,刘学政. 美国国家战略［M］. 北京：军事科学出版社,2009.

［26］ 何奇松. 特朗普政府的太空战略［J］. 国际问题研究,2019(2)：124-136.

［27］ 何奇松. 大国太空防务态势及其影响［J］. 现代国际关系,2018(2)：25-32,40.

［28］ 蔡闻一,刘嬿,蒋佳玲,等. 美国最新《国家航天战略》要点分析［J］. 中国航天,
2018(5)：21-25.

［29］ 张杨. 冷战时期美国的太空安全战略与核战争计划研究［M］. 北京：九州出版
社,2017.

［30］ 托德·哈里逊,纳米约·托马斯. NASA 在第二个太空时代的三项使命：太空探索,
伙伴合作,国家安全［J］. 空天力量杂志,2017(3)：54-61.

［31］ 杨乐平. 专家解读美报告《第二个太空时代的冲突升级与威慑》［N］. 人民网,2017-
10-11.

［32］ 夏立平. 美国太空战略与中美太空博弈［M］. 北京：世界知识出版社,2015.

［33］ 王荣.《美国国家安全战略报告》研究［M］. 北京：时事出版社,2014.

［34］ 王勇军,孙勇,徐俊. 认识航天——航天飞机·空间站知识与鉴赏［M］. 北京：化学
工业出版社,2014.

［35］ 张杨. 肯尼迪政府时期美国的外层空间政策［J］. 东北师范大学(人文社会科学版)
2006(1)：57-62.

［36］ ［美］罗·麦克纳马拉,詹·布莱特. 历史的教训：美国国家安全战略建言书［M］.
张立平译. 北京：世界知识出版社,2005.

［37］ ［美］罗伯特·阿特. 美国大战略［M］. 郭树勇译. 北京：北京大学出版社,2005.

［38］ 郭培清. 斯普特尼克事件与美国航天"大纲"的出台［J］. 吉林师范大学学报(人文
社会科学版),2005(2)：97-100.

［39］ 林蔚然. 美国航天发展战略的调整及其影响［J］. 中国航天,2004(9)：8-13.

［40］ 袁俊. 美军太空战略与太空战演习［J］. 中国航天,2001(7)：26-29.

［41］ 洪兵,梁晓秋,赵德喜. 美国要打太空战［M］. 北京：解放军出版社,2001.

［42］ 梅孜编译. 美国国家安全战略报告汇编［M］. 北京：时事出版社,1996.

［43］ ［美］丹尼尔·奥·格雷厄姆. 高边疆——新的国家战略［M］. 张健志等译, 北京：
军事科学出版社,1988.

［44］ 吴小宁,薛京宁,李虹. 2017 年俄罗斯航天活动综述［J］. 中国航天,2018(2)：54-57.

［45］ 周生东,王永生. 俄罗斯联邦 2016—2025 年航天计划基本内容［J］. 国际太空,
2017(5)：14-18.

［46］ 赵爽,崔晓梅. 俄罗斯制定 2030 年前及未来航天发展战略［J］. 国际太空,
2012(7)：28-31.

［47］ 蔺陆洲. 从太空竞赛到空间合作航天外交的理论建构与现实转型［D］. 北京：外交
学院,2020.06.

［48］ 徐能武,高杨予兮. 太空安全秩序构建中的体系压力与战略指向［J］. 国际安全研究,2020(2)：116-134.

［49］ 刘韬. 俄罗斯"集成空间系统"导弹预警卫星系统发展初探［J］. 国际太空,2017(9)：32-35.

［50］ 李杨. 外空安全机制研究［D］. 北京:中共中央党校,2018.07.

［51］ 冯昭奎. 太空战争:国际安全的新视角［J］. 国际安全研究,2017(5)：3-25,155.

［52］ 金恂叔. 俄罗斯的天军建设［J］. 国际太空,2004(1)：23-25.

［53］ 李浩悦,马婧. 俄组建政企一体的"俄罗斯航天"国家公司强化航天管理［J］. 中国航天,2016(1)：26-27.

［54］ 马建光,孙迁杰. 俄罗斯国家安全战略的变化及影响［J］. 现代国际关系,2016(3)：15-22,63.

［55］ 李赟. 天军突起:俄罗斯航天兵揭秘［M］. 北京:解放军出版社,2015.

［56］ 张超,马建光. 俄罗斯谋求航天复兴的战略考量［J］. 战略决策研究,2014(2)：40-49.

［57］ 范海虹. 冷战时期苏联与美国外层空间竞争［D］. 北京:中国社会科学院,2014.

［58］ 何奇松. 太空强国:俄罗斯的梦想与现实［J］. 国际问题研究,2014(5)：76-88,130.

［59］ ［俄］别尔乌申. 108 分钟改变世界［M］. 刘迎晖等译. 北京:航空工业出版社,2012.

［60］ 李大光,王少杰. 美俄太空军事力量及其作战运用［M］. 北京:人民武警出版社,2011.

［61］ 李抒音等. 战略遏制+灵活反应——2010 年版俄联邦军事学说述评［J］. 俄罗斯东欧中亚研究,2010(4)：78-82.

［62］ 吴静,余凯. 俄罗斯当前空间力量及空间安全战略［J］. 国际问题调研,2009(7)：15-19.

［63］ 吴静,余凯. 俄罗斯当前空间力量及空间安全战略浅析［J］. 国际问题调研,2009(5)：14-18.

［64］ 石卫平,何继伟. 俄罗斯航天发展战略与管理体制的调整［J］. 航天工业管理,2001(3)：28-29,36.

［65］ 华宏勋. 苏美航天政策对比研究［J］. 中国航天,1992(1)：12-15.

［66］ 王晓海,周昌宇. 欧洲航天局航天 4.0 时代及发展［J］. 空间电子技术,2017(3)：69-79.

［67］ 张保庆,孙艺. 剑指九天:世界各国空间安全态势分析［J］. 军事文摘,2017(8)：21-25.

［68］ 孙红俊. 欧盟发布欧洲航天战略［J］. 中国航天.2017(1)：34-36.

［69］ 房琳琳. 欧空局开启"空间战略 4.0 时代"［N］. 科技日报,2016-12-06.

［70］ 孙忆鸿. 欧洲航天局局长访谈,阐释"航天 4.0"［J］. 国际太空,2016(4)：57.

［71］ 冯云皓. 欧洲航天局规划未来空间发展战略［J］. 防务视点,2015(2)：56-57.

［72］ 程群. 欧洲太空政策:观念、行动与障碍[J].《德国研究》,2010(1):35-41,79.

［73］ 何奇松. 浅析欧洲空间政策[J]. 欧洲研究,2009(3):119-129.

［74］ 李强. 从欧洲安全战略报告来看冷战后的欧洲安全战略[D]. 济南:山东大学,2007.

［75］ 冯书兴,王坤华. 欧洲:力走自主之路[J]. 瞭望新闻周刊,2005(31):26-27.

［76］ 范嵬娜,崔志译. 廖春发校. 欧洲航天政策白皮书(上)[J]. 卫星应用,2004(2):29-34.

［77］ 范嵬娜,崔志译. 廖春发校. 欧洲航天政策白皮书(中)[J]. 卫星应用,2004(3):56-65.

［78］ 范嵬娜,崔志译. 廖春发校. 欧洲航天政策白皮书(下)[J]. 卫星应用,2004(4):57-63.

［79］ 何奇松. 论印度太空战略[J]. 上海交通大学学报(哲学社会科学版). 2019.10:64-74.

［80］ 何彗东. 印度航天政策与战略分析[J]. 国际太空. 2018.4:41-46.

［81］ 张茗. 亚洲太空力量的崛起:现实与趋势[J]. 国际观察,2015(3):43-54.

［82］ 刘进军. 印度航天与卫星[J]. 卫星与网络,2010(9):20-23.

［83］ 李艳. 日本太空战略研究[M]. 北京:时事出版社,2018.

［84］ 何奇松. 日本太空政策的转变:从"和平利用"到"军事利用"[J]. 社会科学,2016(3):3-18.

［85］ 李秀石. 论日本太空战略与日美拓展"同盟对接"[J]. 日本学刊,2016(5):44-69.

［86］ 张茗. 亚洲太空力量的崛起:现实与趋势[J]. 国际观察,2015(3):43-54.

［87］ 中华人民共和国国务院新闻办公室. 2021中国的航天[M]. 北京:人民出版社,2022.

［88］ 中华人民共和国国务院新闻办公室. 新时代的中国国防[M]. 北京:人民出版社,2019.

［89］ 张建启. 中国航天的历史使命[M]. 北京:中国宇航出版社,2016.

［90］ 刘纪元. 中国航天事业发展的哲学思想[M]. 北京:北京大学出版社,2013.

［91］ 中国航天科技集团公司组织编写,石磊等著. 钱学森的航天岁月[M]. 北京:中国宇航出版社,2012.

［92］ 亢建明. 问鼎太空:中国航天"天路"征程全记录[M]. 西安:陕西人民出版社,2014.

［93］ 王济昌. 中国探月工程全接触[M]. 郑州:中州古籍出版社,2008.

［94］ 吴祖谋,李双元. 法学概论(13版)[M]. 北京:法律出版社,2019.

［95］ 冯书兴,陈凌云,王谦,等. 航天法规汇编[M]. 北京:北京航空航天大学出版社,2020.

［96］ 陈凌云. 外空安全国内立法研究[J]. 中国航天,2016(3):35-38.

［97］ 航空航天部政策法规司. 外空条约汇编[M]. 北京:宇航出版社,1991.

[98] 郭辉光. 外国军事演习概览[M]. 北京:军事科学出版社,2004.

[99] 李向阳,孙龙,慈元卓,等. 美军"施里弗"空间战演习解读[M]. 北京:国防工业出版社,2016.

[100] 黄承静等. 预己从严:兵棋推演及其应用[M]. 北京:航空工业出版社,2015.

[101] 汪永庆等. 兰德战略评估系统的方法与推演设计建模[M]. 北京:航空工业出版社,2015.

[102] 周丕启. 大战略评估:战略环境分析与判断[M]. 北京:时事出版社,2019.

[103] 王桂芳. 国家安全战略学[M]. 北京:军事科学出版社,2018.

[104] [美]小罗伯特·L. 弗兰兹格兰夫. 太空与美国安全净评估[M]. 杜燕波译. 北京:知远出版社,2015.

[105] 廖凯,李健. 净评估方法与不确定因素[J]. 空天力量杂志(知远战略与防务研究所)20150919(89-96).

[106] 孟大伟,赵家好,胡良辉. 兰德战略评估系统4.6版解读[M]. 北京:航空工业出版社,2015.

[107] 航天科技信息研究所(译). 美国国家太空安全评估报告(下)——未来的航天组织与管理及评估结论[J]. 卫星应用,2001(4):21-32.

[108] 航天科技信息研究所(译). 美国国家太空安全评估报告(中)——未来的航天组织与管理及评估结论[J]. 卫星应用,2001(3):15-25.

[109] 航天科技信息研究所(译). 美国国家太空安全评估报告(上)——未来的航天组织与管理及评估结论[J]. 卫星应用,2001(2):22-29.

[110] [美]帕特里克·M.克罗宁. 全球战略评估-美国在世界剧变中的国家安全[M]. 吴晓云等译. 沈阳:辽宁大学出版社,2010.

[111] [美]詹姆斯·多尔蒂,小罗伯特·普法尔茨格拉夫. 争论中的国际关系理论(第五版)[M]. 阎学通,陈寒溪等译. 北京:世界知识出版社,2003.

[112] 薛澜,张强. SARS事件与中国危机管理体系建设[J]. 清华大学学报(科学社会科学版),2003(4):1-6,18.

[113] 中国社会科学院语言研究所词典编辑室. 现代汉语词典(第5版)[M]. 北京:商务印书馆,2005.

[114] 赵子聿. 国家安全危机管理[M]. 北京:国防大学出版社,2014.

[115] 王勇,陈森林. 国家安全危机管理研究[M]. 北京:国防大学出版社,2011.

[116] 孙德刚. 危机管理中的国家安全战略[M]. 上海:上海人民出版社,2010.

[117] 李剑刚. 沃尔夫条款与中美航天合作[J]. 中国航天,2014(2).